环境设计CAD

主　编　　耿晓杰

副主编　　朱　婕　　李昌菊　　乔魁元

普通高等教育 艺术设计类
"十二五"规划教材·环境设计专业

中国水利水电出版社
www.waterpub.com.cn

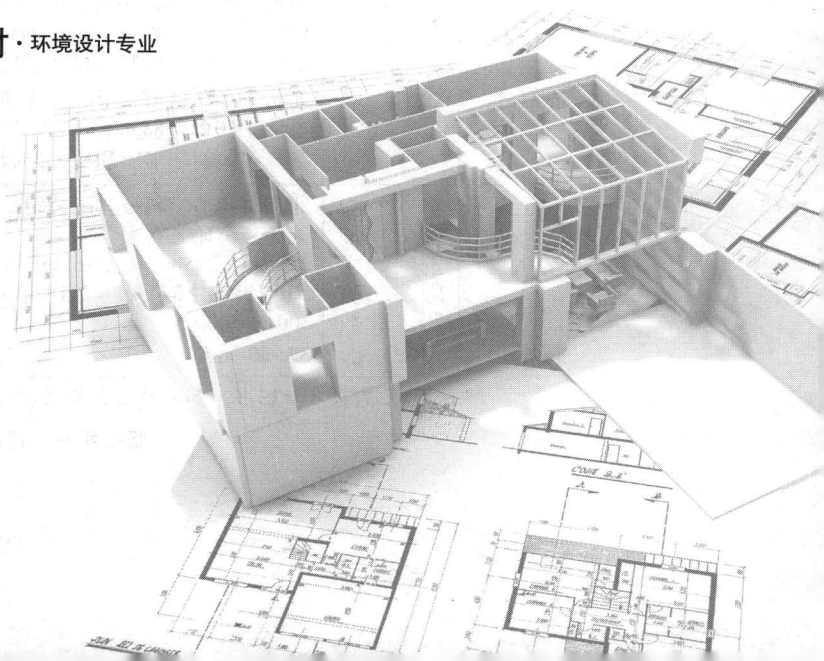

内 容 提 要

本教材用通俗的语言，大量的插图和案例，由浅入深详细地讲解了 AutoCAD 软件的强大功能，从 AutoCAD 的基础操作到专业相关的实际应用，都做了详细、全面地讲解。

全书共包括 6 章和 1 个附录，第 1 章 AutoCAD 2012 基础知识；第 2 章室内设计 CAD；第 3 章家具设计 CAD；第 4 章景观设计 CAD；第 5 章三维建模及渲染；第 6 章图纸输出；最后的附录中介绍了 AutoCAD 常用快捷方式。书中包含大量的实例，使读者在掌握 AutoCAD 基本操作的同时，对室内设计 CAD、家具设计 CAD 以及景观设计 CAD 的相关专业知识有更深入的了解。

本教材面向 AutoCAD 的初、中级用户编写，是一本适合于大中专院校、职业学校及各类社会培训学校的优秀教材，也适合广大制图爱好者及各相关行业从业人员作为自学手册使用。

图书在版编目（CIP）数据

环境设计CAD / 耿晓杰主编. -- 北京 ： 中国水利水
电出版社，2014.3（2018.7重印）
　　普通高等教育艺术设计类"十二五"规划教材. 环境
设计专业
　　ISBN 978-7-5170-1815-5

Ⅰ．①环… Ⅱ．①耿… Ⅲ．①环境设计－计算机辅助
设计－AutoCAD软件－高等学校－教材 Ⅳ．①TU-856

中国版本图书馆CIP数据核字(2014)第049122号

书　　名	普通高等教育艺术设计类"十二五"规划教材·环境设计专业 **环境设计 CAD**
作　　者	主编　耿晓杰　副主编　朱　婕　李昌菊　乔魁元
出版发行	中国水利水电出版社 （北京市海淀区玉渊潭南路 1 号 D 座　　100038） 网址：www. waterpub. com. cn E - mail：sales@ waterpub. com. cn 电话：(010) 68367658（营销中心）
经　　售	北京科水图书销售中心（零售） 电话：(010) 88383994、63202643、68545874 全国各地新华书店和相关出版物销售网点
排　　版	北京时代澄宇科技有限公司
印　　刷	天津嘉恒印务有限公司
规　　格	210mm×285mm　大 16 开本　17.75 印张　511 千字
版　　次	2014 年 3 月第 1 版　2018 年 7 月第 2 次印刷
印　　数	3001—5000 册
定　　价	**39.00 元**

前　言
Preface

　　AutoCAD 2012 是美国 Auto desk 公司于 2011 年 4 月推出的专业计算机辅助设计软件，是当今优秀的计算机辅助软件之一，被广泛应用于机械、建筑等诸多工程领域。AutoCAD 2012 系列产品提供多种全新的高效设计工具，帮助使用者显著提升草图绘制、详细设计和设计修订的速度。为了帮助广大学生和工程技术人员尽快掌握 AutoCAD 2012 的使用方法，本书用通俗的语言，大量的插图和实例，由浅入深详细讲解了 AutoCAD 软件的强大功能。

　　目前市面上有关使用 AutoCAD 软件进行建筑图的设计和绘制的书有很多种，但针对环境设计相关专业的专业性制图书籍还很少。本书从 AutoCAD 2012 的基础操作到专业相关的实际应用，都做了详细、全面的讲解，内容丰富、结构清晰、语言简练，图文并茂。

　　全书包括 6 章和 1 个附录，第 1 章介绍 AutoCAD 2012 基础知识，第 2 章介绍室内设计 CAD，第 3 章介绍家具设计 CAD，第 4 章介绍景观设计 CAD，第 5 章介绍三维建模及渲染，第 6 章介绍图纸输出，并在最后的附录中介绍了 AutoCAD 常用快捷方式。书中包含大量的实例，使读者在掌握 AutoCAD 2012 基本操作的同时，对室内设计 CAD、家具设计 CAD 以及景观设计 CAD 的相关专业知识有更深入的了解。基中第 6 章由朱婕完成，第 5 章由李昌菊完成，第 1 章 1.1、1.2 节由乔魁元完成，其余部分由耿晓杰完成。

　　本书面向 AutoCAD 2012 的初、中级用户，是一本适合于大中专院校、职业学校及各类社会培训学校的优秀教材，也适合广大制图爱好者及各相关行业从业人员作为自学手册使用。

　　本教材在编写过程中得到了许多同行的帮助和支持，在此表示感谢。编者水平有限，书中难免会有疏漏和不足之处，恳请读者及专家不吝赐教。

编者

2013 年 11 月

目　录
Contents

第1章
AutoCAD 2012基础

小贴士

什么是AutoCAD?

AutoCAD是美国Autodesk公司开发的一个计算机辅助设计（Computer Aided Design，缩写CAD）软件，问世于1982年7月，操作简单，广泛应用在机械、化工、电子、土木建筑、室内外环境设计、家具设计、服装设计等多个领域。

在计算机上用AutoCAD进行设计和绘图与使用传统制图工具铅笔、尺子、三角板在绘图板上进行设计大不相同，设计制图人员可以仅靠鼠标和键盘就能随心所欲地表达自己的设计思想。

要想顺利使用AutoCAD软件进行设计，首先要熟悉它的工作界面，了解与AutoCAD程序进行交流的基本操作。

1.1　AutoCAD 2012 概述

AutoCAD 2012是Autodesk公司于2011年初推出的AutoCAD软件新版本，与AutoCAD 2011等以前的版本相比，AutoCAD 2012在很多方面进行了改进，软件界面和操作习惯都发生了很大变化。

与AutoCAD 2011相比，最新推出的AutoCAD 2012具有简便易学、精确高效和强大的设计功能，并在操作界面、细节功能、运行速度、数据共享和软件管理等方面都得到了较大地改进和增强，集二维绘图、三维造型、数据库管理、渲染着色、互联网通信等功能于一体。借助AutoCAD 2012提供的设计工具，用户几乎可以创建所有形状。

AutoCAD 2012软件中的许多重要功能都实现了自动化，能够帮助用户提高工作效率，更好地完成设计工作，使设计者更方便、快捷、准确地完成设计任务。

与之前的版本相比，AutoCAD 2012的DWG图形文件存储格式发生了变化，但仍可以相互兼容，可以方便地打开任何早期版本的文件，使用AutoCAD 2012绘制的图形也可以用早期版本的文件格式保存，以方便与使用旧版本软件的用户交换数据。

1.2　AutoCAD 2012 工作界面

AutoCAD 2012工作界面，如图1-1所示，主要由标题栏、菜单栏、工具栏、功能区、工作区域（绘图区）、命令行提示区、滚动条、状态栏等部分组成，下面就分别对它们进行介绍。

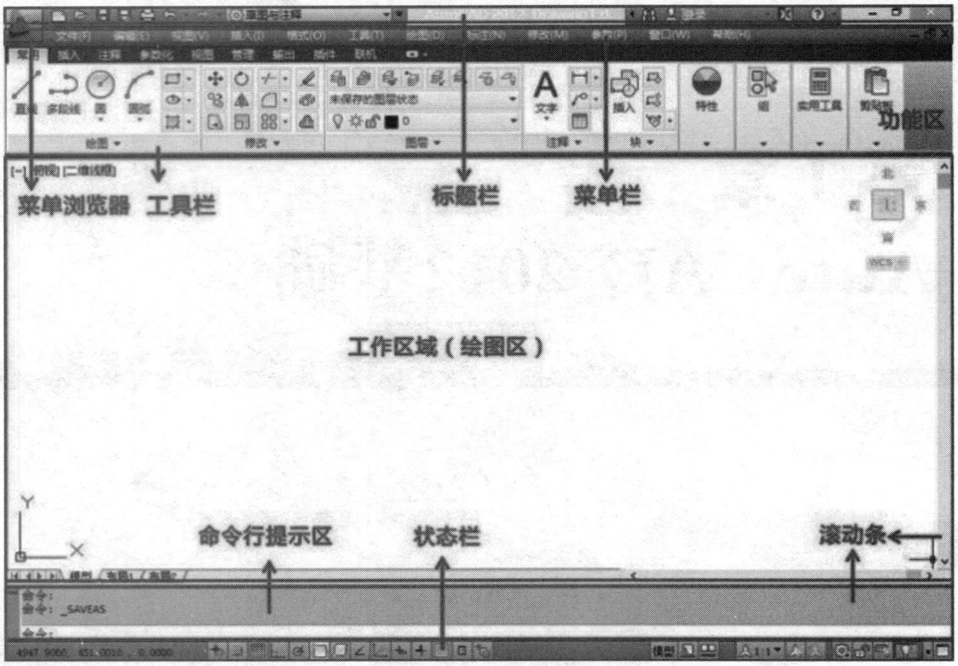

图1-1 AutoCAD 2012 的工作界面

1.2.1 标题栏

在标题栏中，所操作的图形文件的名称会有所显示，如图1-2所示，并可对 AutoCAD 文件进行最大化、最小化及关闭操作。与旧版本 AutoCAD 不一样的是，标题栏还增加了菜单浏览器、快速访问工具栏、程序名称显示区、信息中心和窗口控制按钮。

（1）菜单浏览器。

菜单浏览器主要包括文件菜单的使用、搜索以及文档的浏览与打开。

（2）快速访问工具栏。

快速访问工具栏主要用于快速访问某些命令以及自定义快速访问工具栏、添加分隔符等。

（3）程序名称显示区。

程序名称显示区主要用于显示当前正在运行的程序名和当前被激活的图形文件名称。

（4）信息中心。

信息中心可进行信息的搜索、查找和收藏。

（5）窗口控制按钮。

窗口控制按钮可对 AutoCAD 文件进行最大化、最小化、还原及关闭的操作。

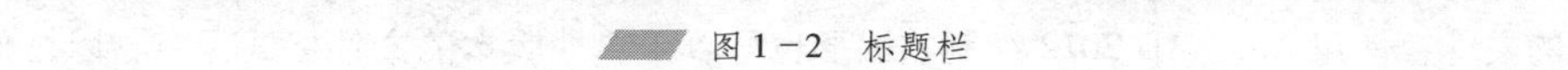

图1-2 标题栏

1.2.2 菜单栏

在 AutoCAD 2012 标题栏下方是 AutoCAD 2012 的菜单栏，如图1-3所示。单击菜单栏的任意一项都会弹出相应的下拉菜单，并且在菜单栏中可能还包含有子菜单。几乎所有的 AutoCAD 2012 的绘图命令都包含在这些菜单中。

图1-3 AutoCAD 2012 菜单栏

AutoCAD 菜单选项有以下 3 种形式。

（1）菜单项后面带有三角形标记，光标移动到上面后会展现出子菜单，可作进一步选择，如图 1-4 所示。

（2）菜单项后面带有省略号，如文字样式（S...），单击左键，屏幕上会弹出相应的对话框，可在对话框内设置相关选项，执行相应操作，如图 1-5 所示。

（3）还有些菜单，单击后直接执行操作命令，如图 1-6 所示。

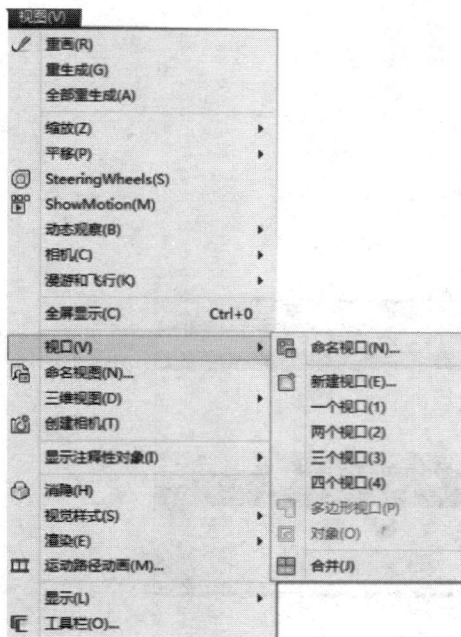

图 1-4　带有子菜单　　　　图 1-5　文字样式　　　　图 1-6　可直接执行的菜单命令

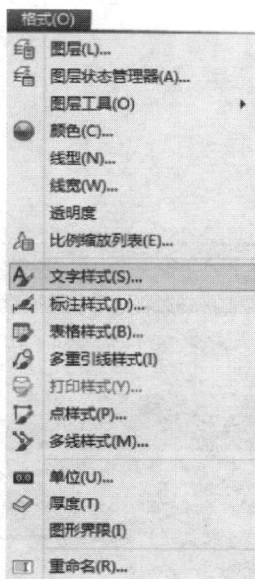

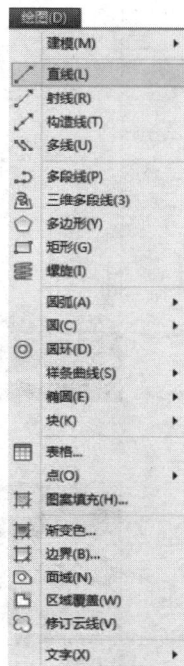

1.2.3　工具栏

工具栏提供了命令操作的快捷方式，AutoCAD 2012 在草图与注释工作空间下显示【绘图】、【修改】、【图层】、【注释】、【块】、【特性】等工具栏，如图 1-7 所示。

（1）单击工具栏中的命令按钮图标，直接执行命令。

（2）命令按钮图标的小三角形标记，表明这里还包含其他子命令，如图 1-8 所示，单击这个按钮并按住鼠标，显示出隐藏的其他命令。

1.2.4　功能区

在 AutoCAD 2012 的"二维草图和注释空间"下打开界面，就会看到绘图窗口上方有一排由执行各种工具任务的面板组成的选项板，称之为功能区。

默认状态下的功能区包括 7 个选项卡：常用、插入、注释、参数化、视图、管理和输出。每个选项卡中又包含有若干个工具面板，将工具栏中的许多命令以图标的形式集合在一起，如图 1-9 所示。

功能区各选项卡作用如下。

（1）常用。二维图形的绘制和修改以及图层的管理。

（2）插入。用于各类数据的导入和编辑。

（3）注释。文字的编辑以及尺寸的标注。

（4）参数化。尺寸的约束和尺寸参数化的标注以及参数化管理器的加入。

图 1-7 AutoCAD 的工具栏

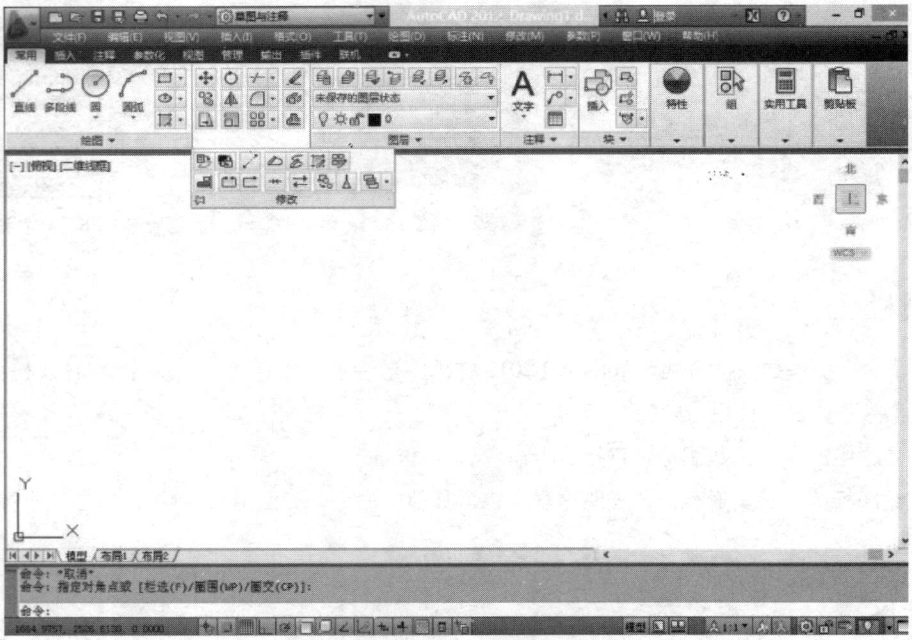

图 1-8 含子命令的命令

图 1-9 功能区选项板

（5）视图。用于三维绘制时各种视口的选择以及图样集的管理。

（6）管理。用于动作的录制，CAD 界面的设置和 CAD 的二次开发以及 CAD 配置等。

（7）输出。用于打印设置以及数据的导出。

1.2.5　工作区域 （绘图区）

　　设计图形的工作主要都在绘图区域完成。绘图区域就像是手工绘图的图纸，可以根据需要设定大小。

　　（1）鼠标在绘图区移动时，会显示出十字光标，十字光标在作图中用来确认鼠标的位置，进行绘图定位或选择对象。

　　（2）绘图的左下角是坐标系图标，它用来表示绘图时的坐标系形式，根据工作需要，可对该坐标系图标进行设置，如图 1 - 10 所示。

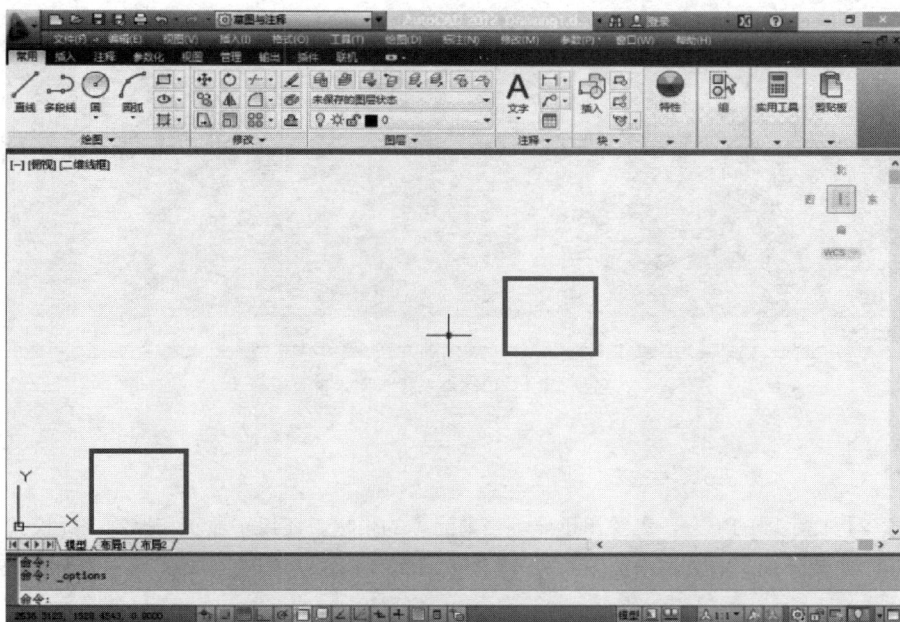

图 1 - 10　工作区域的十字光标和坐标系图标

1.2.6　命令行提示区

　　AutoCAD 执行的每一个动作都是建立在相应命令的基础上的，命令提示区位于绘图区域的下面，单击工具栏中的命令或从键盘输入的快捷命令、AutoCAD 的提示及相关信息都反映在这个窗口，如图 1 - 11 所示，可以通过鼠标的拖动来改变这个区域的大小。

图 1 - 11　命令提示区

小贴士

　　要了解更多的历史命令，按下键盘上的 F2 键可打开文本窗口，如图 1 - 12 所示，再次按下 F2 键可关闭此窗口。

1.2.7　滚动条

　　绘图区的右侧和底边都有滚动条，当拖动滚动条滑块或单击两端的箭头时，绘图窗口中的图形就会沿水平或垂直方向移动。

图 1-12　命令提示文本窗口

1.2.8　状态栏

状态栏位于命令行提示区的下方，主要用于显示当前光标的坐标，还用于显示和控制捕捉模式、栅格显示、正交模式、极轴追踪、对象捕捉、对象捕捉追踪、允许/禁止动态（UCS）、动态输入、显示/隐藏线宽、快捷特性的状态（被按下时为开）等，如图 1-13 所示。

图 1-13　状态栏

（1）捕捉模式。

打开【捕捉】，光标只能在 X 轴、Y 轴或极轴方向移动固定的距离，这样有利于光标的精确移动。将光标放在"捕捉"上单击右键，在弹出的对话框中选择"设置"，草图设置对话框，如图 1-14 所示，弹出在"捕捉与栅格"选项组中可以设置 X 轴、Y 轴或极轴捕捉间距。

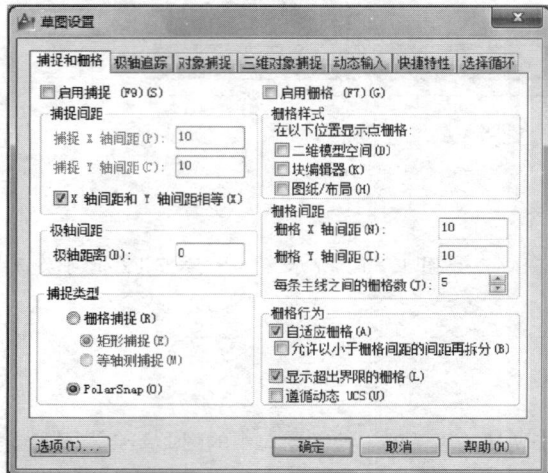

图 1-14　捕捉和栅格设置

（2）栅格显示。

栅格也用于辅助定位，打开栅格显示时，屏幕上布满小点。栅格的 X 轴、Y 轴或极轴间距也可在此对话框中显示，如图 1-15 所示。

（3）正交模式。

打开正交模式，绘制出的直线就只能是垂直直线、水平直线。

（4）极轴追踪。

打开极轴功能，光标会按照设定的极轴方向移动，Auto-CAD 将在该方向上显示一条追踪辅助线，如图 1-15 所示，在"草图设置"对话框中，选择"极轴追踪"选项卡，可以对极轴追踪进行设置，如图 1-16 所示。

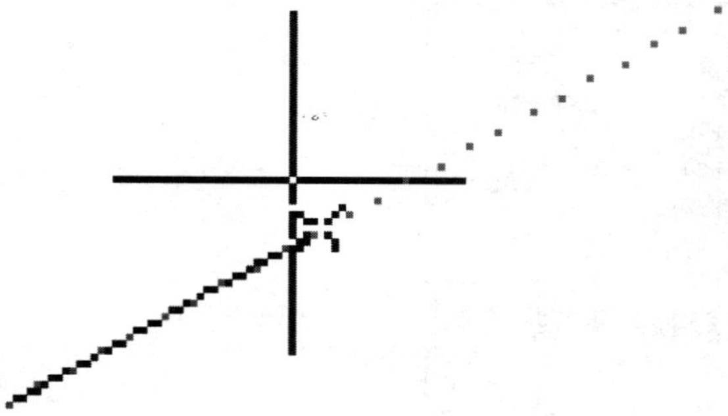

图 1-15　极轴追踪

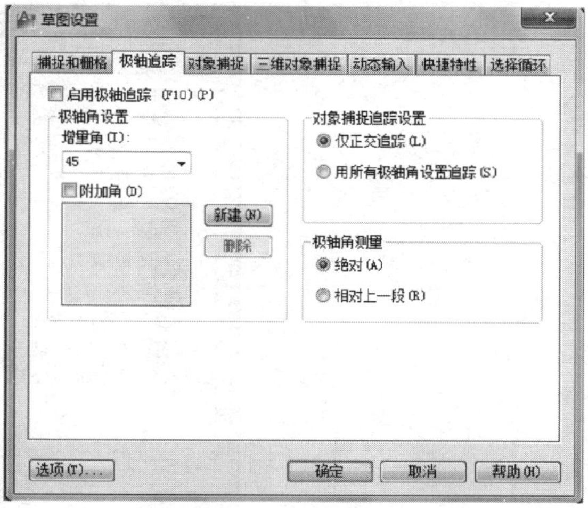

图 1-16　设置极轴追踪

（5）对象捕捉。

当绘制几何图形时，对象捕捉是非常有用的工具。圆心，直线的端点、中点、交点，最近点等都是精确作图时希望捕捉到的点，如图 1-17 所示。把光标放在【对象捕捉】上单击右键，在弹出的对话框中选择"设置"，弹出"草图设置"对话框，选择"对象捕捉"选项卡，可以对捕捉对象进行设置，如图 1-18 所示。当然，也可以直接在弹出的右键快捷菜单中选择需要捕捉的点。

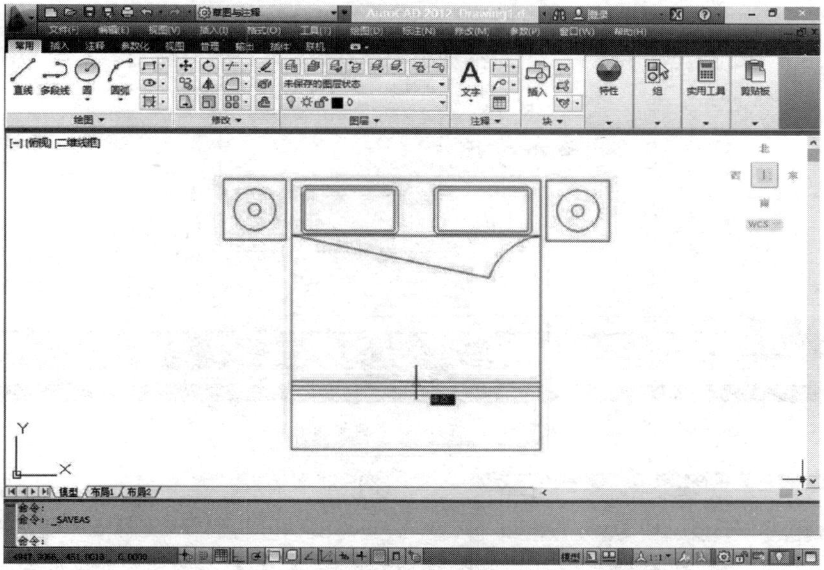

图 1-17　利用对象捕捉找到中点

（6）对象捕捉追踪。

打开"对象追踪"，通过捕捉对象上的捕捉点，沿正交方向或极轴方向拖动光标，系统将显示光标当前的位置与捕捉点之间的相对关系，可以快捷地找到符合要求的点，如图 1-19 所示。

（7）允许/禁止动态（UCS）。

UCS 用于允许或禁止动态的 UCS（用户坐标系）坐标。

AutoCAD 2012 中可以使用动态 UCS 在三维实体的平整面上创建对象，而无需手动更改 UCS。在执行命令的过程中，当将光标移动到面上方时，动态 UCS 会临时将 UCS 的 XY 平面与三维实体的平整面对齐。当将动态 UCS 激活后，指定的点和绘图工具（例如极轴追踪和栅格）都将与动态 UCS 建立的临时 UCS 相关联。

图 1-18　设置对象捕捉

图 1-19　对象捕捉追踪定位

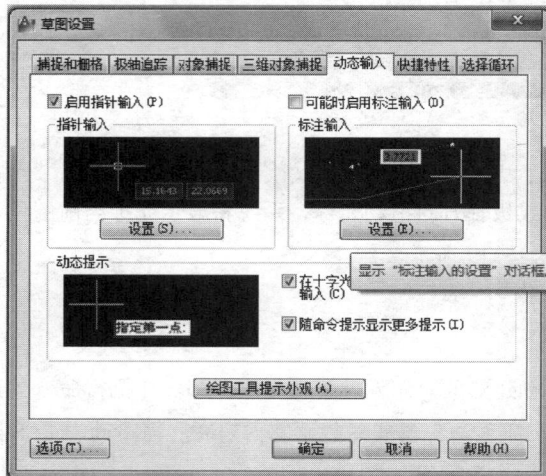

图 1-20　动态输入设置

（8）动态输入。

AutoCAD 2012 可以在光标后跟随的提示对话框中直接输入数值或命令，这样无需视线在光标定位点和命令行提示间往返，减少了视线走过的路径，提高了绘图的效率。当光标移动时，光标旁边显示的对话框提示信息将随着光标的移动而动态更新。当某个命令处于活动状态时，则可以在对话框提示中输入数值。

动态输入有两种类型：指针输入，用于输入坐标值；标注输入，用于输入距离和角度值。

将光标放在"动态输入"上单击右键，在弹出的对话框中选择"设置"，弹出"草图设置"对话框，如图1-20所示。单击指针输入对应的设置按钮，可以对指针输入格式及可见性等进行设置，如图 1-21 所示，单击标注输入对应的设置按钮，可以对标注输入的可见性进行设置，如图1-22所示。

図 1-21　指针输入设置

図 1-22　标注输入设置

打开指针输入后，在绘图区域中移动光标时，光标处将显示坐标值。在某个命令执行状态时可输入坐标，并按Tab 键将焦点切换到下一个提示对话框，然后输入下一个坐标值，如图 1-23 所示。在指定点时，第一个坐标是绝对坐标。第二个或下一个点的格式是相对极坐标。如果需要输入绝对值，请在值前加上前缀井号（#）。

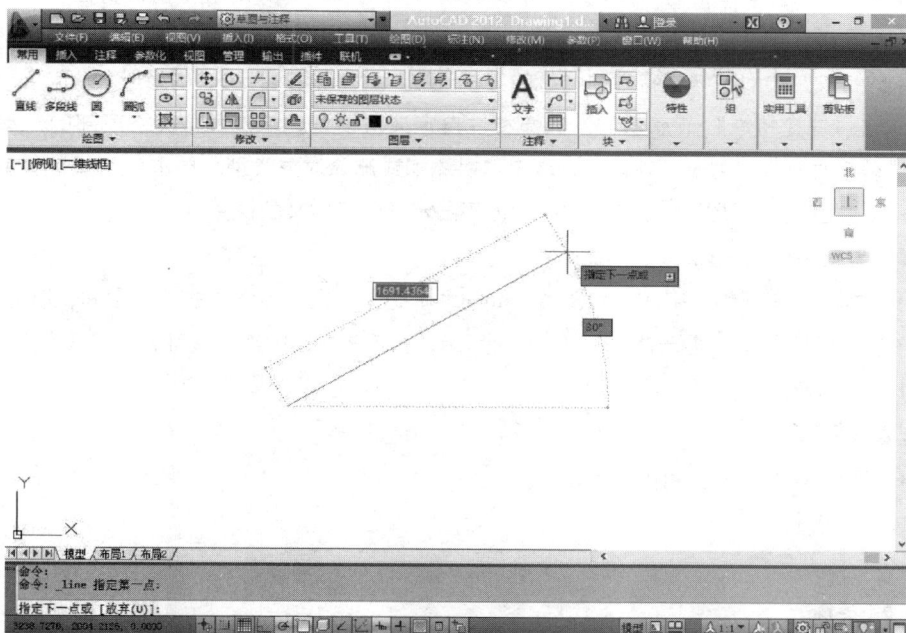

図 1-23　动态输入

启用"标注输入"后，坐标输入字段将与正在创建或编辑的几何图形上的标注绑定。工具栏提示中的值将随着光标的移动而改变。

（9）显示/隐藏线宽。

画图时可以为图层或图形单体设置不同的线型和线宽，若需要显示线的宽度时，单击这个按钮，不需要显示时，再次单击关掉线宽显示，如图 1-24 所示。

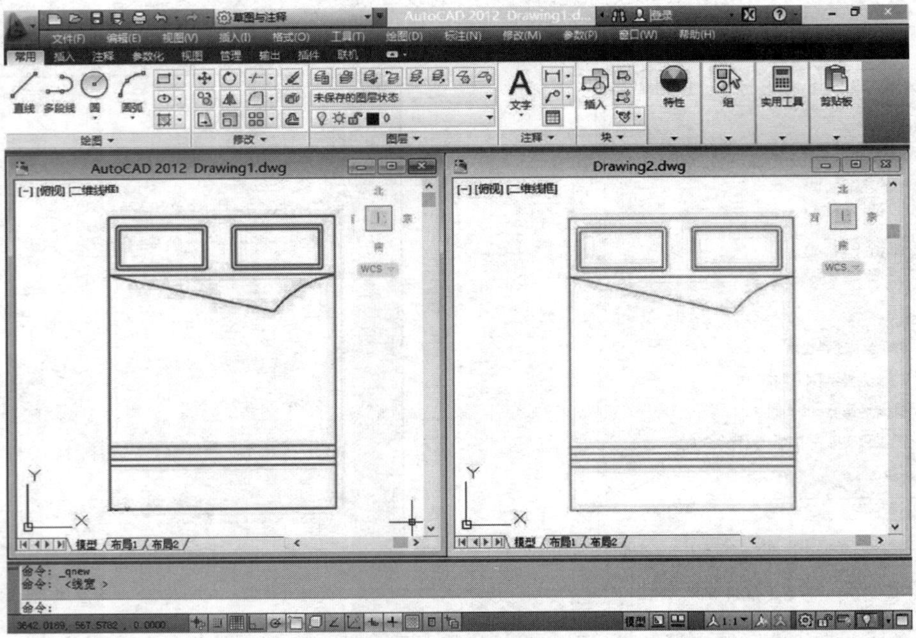

图 1-24　线宽设置（左图线宽开启，右图未开启）

（10）快捷特性。

面板中显示了每种对象类型的常用特性，从而使其更易于查找和访问。使用"快捷特性"面板，用户可以为一个选定对象或一个选择"集"中的所有对象编辑特性。可以为每种对象类型自定义"快捷特性"面板的内容。要更改所定义对象的特性并访问"快捷特性"面板的其他设置，请单击"自定义"按钮以显示"自定义用户界面"（CUI）编辑器。单击"快捷特性"节点以显示快捷特性自定义对话框。单击对象窗格顶部的"编辑对象类型列表"按钮以打开"编辑对象类型列表"对话框，从中可以添加或删除对象类型。单击"常规"按钮以显示和设置对象的常规特性（"颜色"、"图层"、"线型"等），而不显示任何已定义的快捷特性。

（11）模型（模型或图纸空间）。

这个按钮用于在模型空间和图纸空间之间切换，AutoCAD 提供了这两种不同的工作空间，以适应不同的要求。通常情况下，作图是在模型空间中进行的，如图 1-25 所示，当希望打印图纸时，可利用图纸空间安排图纸布局以方便打印，如图 1-26 所示。

（12）快速查看布局 。

快速查看绘制图形的绘制图形的图幅布局。

（13）快速查看图形 。

快速查看图形。

（14）注释比例 。

注释时可以通过此按钮调整注释的比例。

（15）注释可见性 。

单击此按钮，可选择仅显示当前比例的注释或是显示所有比例的注释。

（16）注释比例 。

注释比例更改时，自动将比例添加到注释性对象。

（17）切换工作空间 。

通过此按钮切换 AutoCAD 2012 的三个工作空间。

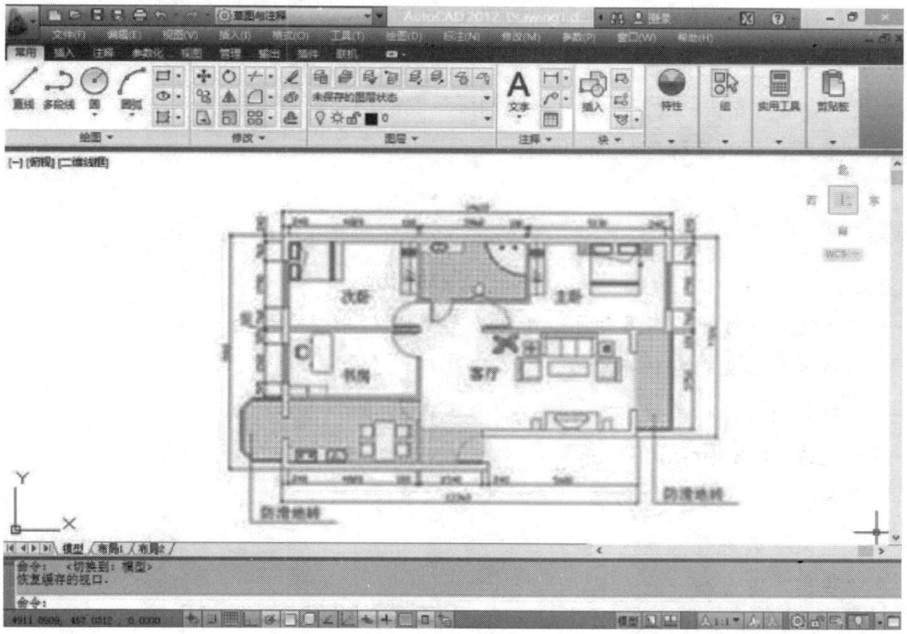

图 1-25　模型空间

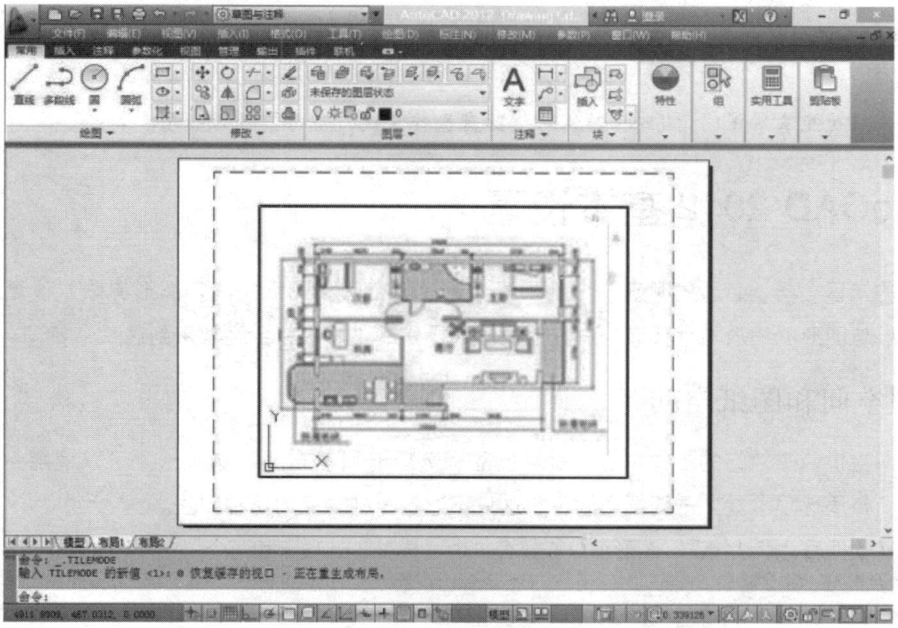

图 1-26　图纸空间

（18）全屏显示。

AutoCAD 2012 的全屏显示以及全屏退出。

（19）平移。

平移绘图区的图形。

（20）缩放。

放大或者缩小绘图区的图形。

（21）Steering Wheels ⊚。

单击此按钮后会更加方便地放大和观察绘制图形的大小、视图以及平移缩放绘制的图形等，常用于三维绘图。

（22）Show Motion 🗂。

播放或者停止渲染动画，或者创建快照以及一些动画录制的功能。

（注：最后四个状态栏出现在工作区域的右侧）。

你知道吗？

系统常用功能键

◆ F1 键——帮助键。当对命令不明白时，可以通过按 F1 键来寻求帮助。

◆ F2 键——CAD 的命令文本窗口开启键。

◆ F3 键——"对象捕捉"开关键。

◆ F6 键——"允许/禁止动态 UCS"开关键。

◆ F7 键——"栅格"开关键。

◆ F8 键——"正交"开关键。

◆ F9 键——"捕捉"开关键。

◆ F10 键——"极轴"开关键。

◆ F11 键——"对象捕捉追踪"开关键。

◆ F12 键——"动态输入"开关键。

◆ Enter 键——可执行命令，重复执行上一次命令，或在命令执行过程中，终止某一操作步骤，接着进行下一操作步骤。

◆ 空格键——功能基本等同于 Enter 键，对于键盘操作来说，空格键较为顺手。

1.3　AutoCAD 2012 基本设置

在学习后面的知识之前，必须先明确几个基本概念，模型空间和图纸空间，图形界限，设置单位、角度和比例，坐标系，图层与图形的缩放与平移等，在其他概念和操作的讲解中将会经常用到这几个名词。

1.3.1　模型空间和图纸空间

AutoCAD 窗口提供两个并行的工作环境，即"模型"选项卡和"布局"选项卡。可以理解为，模型选项卡就处于模型空间下，布局选项卡就处于图纸空间下，这只不过是一种物品的两种叫法。

运行 AutoCAD 软件后，默认情况，图形窗口底部有一个"模型"选项卡和两个"布局"选项卡，如图 1-27 所示。

图 1-27　"模型"和"布局"选项卡

一般默认状态为模型空间，如果需要转换到图纸空间，只要单击相应的布局选项卡即可。通过单击选项卡可以方便地在模型空间和图纸空间之间切换。

（1）模型空间。

模型空间就是平常绘制图形的区域，它具有无限大的图形区域，就好像一张无限大的绘图纸，可以按1:1的比例绘制主要图形，即在模型选项卡中按照实物的实际尺寸绘制图形。

（2）图纸空间。

在图纸空间上，可以布置模型选项卡上绘制的平面图形或三维模型的多个"快照"，即"视口"。并调用 AutoCAD 自带的已有尺寸的图纸和已有的各种图框。一个布局就代表一张虚拟的图纸，这个布局的环境就是图纸空间。

在布局空间中可以创建并放置多个"视口"，还可以另外再添加标注、标题栏或其他几何图形。通过视口来显示模型空间下绘制的图形。每个视口都能以指定的比例显示模型空间的图形。

布局可以创建多个并自行取名，每个布局都可以包含不同的打印设置和图纸尺寸。

AutoCAD 软件的开发者之所以设计模型空间和图纸空间，其目的就是便于使用者在模型空间中设计图形，而在图纸空间中进行打印准备并输出图形。

小贴士

什么是科学的制图步骤？

一般来说，正确的制图及最后输出的过程应该是：

◆　在"模型"选项卡上创建图形。

◆　配置打印设备。

◆　创建布局选项卡。

◆　指定布局页面设置，如打印设备、图纸尺寸、打印区域、打印比例和图形方向。

◆　将标题栏插入到布局中（除非使用已具有标题栏的样板图形）。

◆　创建布局视口并将其置于布局中。

◆　设置布局视口的视图比例。

◆　根据需要，在布局中添加标注、注释或创建几何图形。

◆　打印布局。

实际工作中，一般的室内和家具制图，在不涉及三维制图、三维标注和出图的情况下，不需要打印多个视口，这样，创建和编辑图形的大部分工作都是在模型空间中完成的。并且，也可以直接从"模型"选项卡中打印出图。

1.3.2　图形界限

"图形界限"可以理解为模型空间中的一个看不见的矩形框，在 XY 平面内表示能绘图的区域范围。但是图形不能在 Z 轴方向上定义界限。

可以调用"图形界限"命令：单击"格式"菜单选项中的"图形界限"命令；或者在命令行输入"Limits"命令。

命令行提示：指定左下角点或［开（ON）/关（OFF）］<0.0000，0.0000>：（鼠标在绘图区单击或者在键盘输入坐标以指定左下角点；通常情况下将系统默认的 0，0 作为原点，直接回车确认即可）。

命令行提示：指定右上角点 <420.0000，297.0000>：（根据实际需要指定右上角点的坐标）。

在 AutoCAD 2012 中可以打开"动态输入"，直接在动态输入的对话框中输入左下角点和右上角点的坐标，以设置图形界限。

需要注意的是，默认条件下，设置完两个角点坐标后，图形界限是关闭的，就是说图形界限检查不起作用，用户还是可以输入图形界限限制之外的点。只有运行"limits"命令后在提示后输入 ON，开启界限检查，图形界限的限制才发生作用。这时如果试图输入限制以外的点，命令行将会提示："＊＊超出图形界限"。

小贴士

如何查看图形界限？

想要直观地查看设置的图形界限，有一个简单的办法。因为图形界限将决定能否显示栅格网格点的绘图区域。不论输入"limits"命令后，设置为 ON 还是 OFF，开启栅格显示后，都将只能在图形界限设置值的范围内显示栅格点。所以可以在屏幕底部单击"栅格"按钮，栅格显示的区域就是图形界限的区域，如图 1-28 所示。

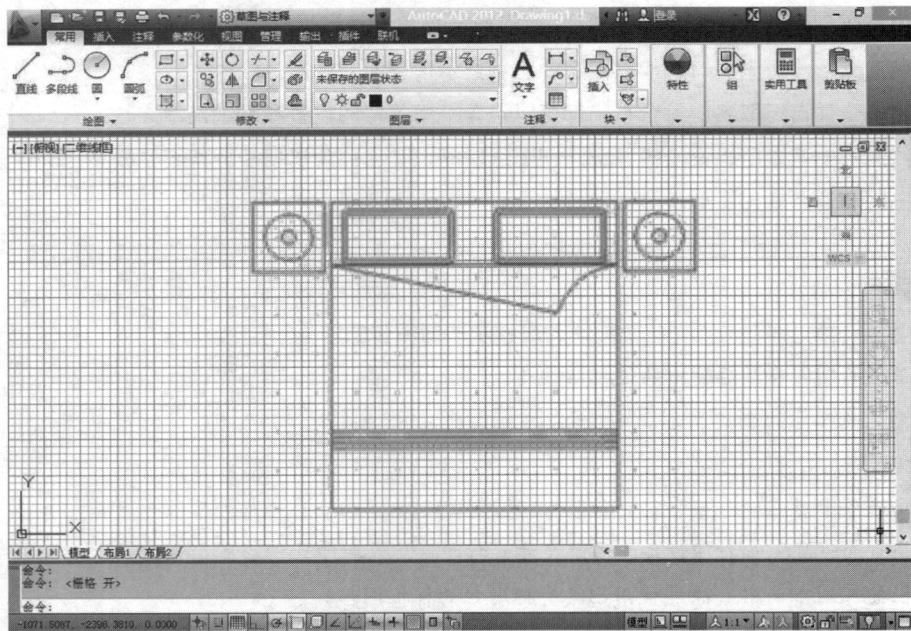

图 1-28　开启栅格表示图形界限

1.3.3　设置单位、角度和比例

1. 设置单位格式和角度惯例

在 AutoCAD 中，可以采用 1:1 的比例来绘制图形，也就是按照图形的实际尺寸绘制，因此在绘制前就要选择正确的单位。一般国内习惯使用公制，在建筑和室内及家具行业，一般精确度要求达到 1 毫米（mm）。

在 AutoCAD 2012 中，设置单位格式与精度的步骤如下。

单击"格式"菜单下的"单位"，或在命令行输入"UNITS"，则会弹出"图形单位"对话框，可以来设置绘图时的长度单位、角度单位，以及单位的格式和精度等，如图 1-29 所示。

在"长度"框中的下拉菜单内选择长度类型和精度，一般选择"小数"，精度为 0。在"角度"框中的下拉菜单内选择角度类型、精度和方向。

单击 方向(D)... 弹出"方向控制"对话框，如图 1-30 所示默认起点角度为 0°，朝向 3 点钟方向为正方向（正东），并且默认情况下，角度以逆时针方向为正方向。"输出样例"区域显示了当前精度下的此单位格式的样例。选择"确定"完成设置。

图 1-29　"图形单位"对话框

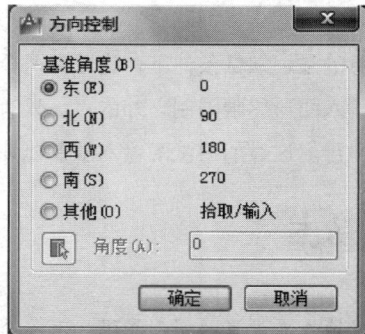

图 1-30　"方向控制"对话框

2．设置绘图比例

绘图比例和最终打印出图时的输出比例息息相关，没有接触过 AutoCAD 的新手可以先跳过此章节，或者只是粗略了解，学习过基本绘图的各种操作后，在需要打印出图时再仔细地研究这个比例。

绘图比例就是图纸距离与实际距离的比值（图纸上绘制的对象的尺寸与图形所表示的对象的实际尺寸的比值）。例如，在建筑图形中每 1mm 可能表示房间平面布置图的 1m，这时的比例就是 1:1000。

传统的手工制图使用铅笔或者针管笔在纸上绘图，一般是在画图之前根据图纸大小和要画的图形的大小先确定比例，以使图形布满图纸并且美观。而在 AutoCAD 中，矢量图形在屏幕上显示的时候是可以无限放大和缩小的，也就是说在屏幕上既可以放大显示出城市里一粒微尘的显微结构，也可以缩小显示整个城市的地图，这就为绘图提供了极大的便利。因为，只要按照物体实际的尺寸在电脑中绘制，最终打印输出时再控制打印机输出的比例，就可以得到各种精确比例的图纸。

也就是说，在图形绘制阶段，根本不用像在纸上画图一样，先计算出实际尺寸需要用图纸上的多少来表示后再画图，直接按照实际尺寸绘制即可。

但是，对于以下对象需要特殊处理。

（1）在模型空间中绘制的文字。

（2）在模型空间中绘制的标注。

（3）非连续线型。

（4）填充图案。

（5）在布局视口中的视图。

这些对象和直接绘制的图形不同，在打印出图前则必须缩放这些元素以确保在最终的图纸上得到它们的正确尺寸。

就是说图形是按照 1:1 的实际尺寸绘制，但是以上对象必须应用正确的比例因子才能保证在屏幕显示和图纸上都得到正确的尺寸关系。

如果计划从"模型空间"打印图形并输出到图纸，就应该通过将图形比例转换为比例 1:n 的形式计算出精确的比例因子，并将这个比例因子应用于以上 5 个对象。这个比例的意思是，1 个打印单位代表 n 个正在绘制对象的实际尺寸的图形单位。

例如，按照实际尺寸在 AutoCAD 中绘图，如果出图比例为 1:100，即打印出的图纸上的 1mm 代表实际距离 100mm，那么比例因子就为 100。在上面 5 个对象比例因子的设置中，应该设置为 100。

以文字为例，按照建筑制图的国家标准，打印出的 A3 图纸上的尺寸标注的数字高度应为 3mm，如果默认比例因子为 1，就需要在输入文字时，控制文字的高度为 300 个单位高，这样在打印输出时选择 1:100 的输出比例才能保证图纸上的文字高 3mm。

而如上述方法将输入文字的高度设定为：文字高度＝图纸要求高度×比例因子。这只是一种办法，但并不是最简便的方法，这导致了其他对象（如非连续线型）的相对关系也需要更改。简便的办法就是：按照国标，确定文字高度为 3mm，输入文字时，指定文字高度也为 3 个单位高，但是，控制文字的比例因子为 100，这样 1:100 的出图比例就方便地得到了。

应用比例因子的方便还在于，如果需要输出 1:50 的图纸，只要把比例因子改为 50 即可。而设置好文字高度、标注尺寸、非连续线型、填充图案和视口的比例因子后，对完成的图形，可以通过简单的调整比例因子就实现按任何比例打印图纸，或者按照不同的比例打印模型的不同视图的目的。

总结一下，几个控制的方法如下。

（1）文字。

创建文字时设置文字高度或在文字样式中设置固定的文字高度，在模型空间内的文字，高度应按比例因子增大，或者保持实际尺寸而更改比例因子。若直接在布局空间上创建的文字应设置为真实大小（1:1）。

（2）标注。

在标注样式中设置标注比例。直接在布局上创建的标注应设置为真实大小（1:1）。

（3）线型。

对于从模型选项卡（模型空间）打印的对象，应该使用 CELTSCALE 和 LTSCALE 系统变量设置非连续线型的比例。对于从布局选项卡（图纸空间）打印的对象，应该使用 PSLTSCALE 系统变量进行设置。

（4）填充图案。

在"边界图案填充"对话框和"填充"对话框（BHATCH）中设置填充图案比例。

（5）视图。

从布局选项卡（图纸空间）打印时，需要使用 ZOOM XP 命令，其中 XP 是视图相对于图纸尺寸的比例（比例因子的倒数）。

由于比例的概念过于抽象，难于弄清，初学者可以先作一般理解，在文字、标注、线型、填充图案、视图和打印出图的章节中还会结合例子详细讲解。

1.3.4 坐标系

本节将介绍世界坐标系（WCS）、用户坐标系（UCS）、绝对直角坐标、相对直角坐标、绝对极坐标和相对极坐标、坐标值的显示的概念和设置。

坐标系用来定位物体的绝对位置和相对位置。在 AutoCAD 中，针对定制对象的不同，分为世界坐标系（WCS）和用户坐标系（UCS）。按照坐标参考点的不同可以分为绝对坐标系和相对坐标系；按照坐标轴的不同，可以分为直角坐标系、极坐标系、球坐标系、柱坐标系。后两者主要用于三维实体的绘制。恰当地选择使用各种坐标系，对提高绘图效率至关重要。本章节主要讲解世界坐标系、用户坐标系、直角坐标系和极坐标系。

1. 世界坐标系（WCS）

世界坐标系（WCS），是 AutoCAD 2012 的默认设置，存在于每一个图形文件之中，是固定不变无法更改的坐标系。在 WCS 中，原点是图形左下角 X 轴和 Y 轴的交点（0，0），X 轴是水平的，Y 轴是垂直的，Z 轴垂直于 XY 平面，指向显示屏幕的外面，如图 1－31 所示。

图 1－31　操作界面两种不同背景颜色时，世界坐标系 WCS 的显示情况

2. 用户坐标系（UCS）

在 AutoCAD 中经常需要修改坐标系的原点和方向，即把世界坐标系转变为用户坐标系。UCS 是可移动和旋转的坐标系。实际上所有的坐标输入都使用当前的 UCS，或者说，只要是用户正在使用的坐标系，都可以称为用户坐标系即 UCS。

进行用户坐标系设置的操作可以采用以下方法调用 UCS 命令。

单击"UCS"工具按钮：⊾（需要在工具栏任意位置单击选择 UCS，调出该工具栏）。

或单击"工具"菜单中的"新建 UCS"、"命名 UCS"、"移动 UCS"等。

或在命令行输入：UCS。

小贴士

如何新建坐标原点？

在作图时，有时需要新建坐标原点，这样在接下来的绘制时就可以从零开始，使计算简单化，是一种方便绘图的好方法，使处理图形的特定部分变得更加容易。

单击"工具"菜单中的"新建 UCS——原点"，光标指针也变为十字，操作方法如上，也可以指定新的原点，如图 1-32 所示。

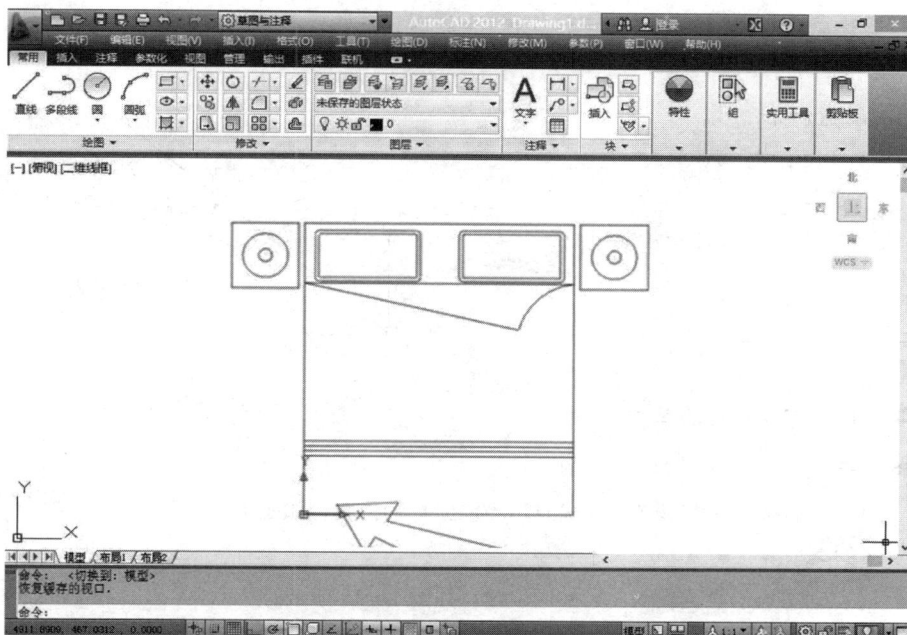

图 1-32　用户坐标系新建的原点

3. 绝对直角坐标

绝对直角坐标系就是通过指定坐标原点（0，0）和通过原点的两条相互垂直的有方向的直线为坐标轴，一个点的坐标就是指这个点相对于坐标原点的坐标值，也就是这个点距离 X 轴、Y 轴的距离。一般表达的方式为（X，Y），例如，点（5，4）表示这个点在 X 轴正方向上距离原点 5 个单位，在 Y 轴正方向上距离原点 4 个单位的点的坐标值，如图 1-33 所示。

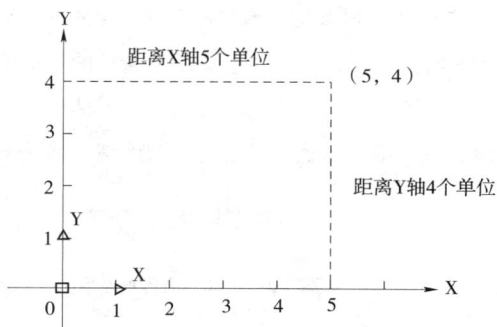

图 1-33　绝对直角坐标图

4. 相对直角坐标

一个点的相对直角坐标值即指其相对于非原点的点的相对值。在 AutoCAD 2012 中，相对坐标表示的是一个即将画出的新点相对于最近一次操作的点的坐标，其表示方法为（@X，Y）。例如，一个点的绝对直角坐标值为（4，3），那么这个点相对于点（5，4）的相对直角坐标为（@-1，-1）。相对直角坐标的采用可以方便绘图时坐标值的计算。接着上一个例子的操作，如果要画点（4，3），可以直接输入（4，3），也可以输入相对坐标（@-1，-1），如图 1-34 所示。

需要注意的是输入相对坐标一定要弄清楚是相对于谁的坐标，即最近一次操作过的点。

5. 绝对极坐标和相对极坐标

绝对极坐标是通过指定点距离原点的距离和角度来确定点的位置。原点向右的水平方向为距离的正方向，逆时针旋转方向为角度的正方向。其表示方法为（$\rho < r$）即（距离值 < 角度值）中间用小于号（英文输入法状态下，键盘上逗号上面的符号）来间隔。

相对极坐标就是指点相对于最近一次操作结束时的点的极坐标值。用（$@\rho < r$）表示。例如，利用极坐标作点 A（200 < 30）后，利用相对坐标作点 B（@200 < 15），这样一个边长为 200，顶角为 165° 的等腰三角形 △OAB 便轻易地得到了。可以看到 B 点是以 A 点为相对点，距离 A 点 200 个单位，以 A 点水平向右为正方向逆时针旋转 15° 得到的。如果在输入 B 点坐标时忘记输入相对坐标的标识符@，将得到点 C（200 < 15）即距离原点 200 个单位，从水平向右为正方向逆时针方向旋转 15°。需要注意的是：不论是相对极坐标还是绝对极坐标，其角度都是从相对点（绝对坐标可以把原点看作相对点）水平向右为正方向逆时针开始计算的，如图 1-35 所示。

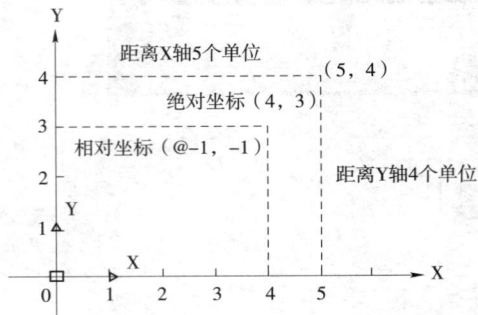

图 1-34　相对直角坐标

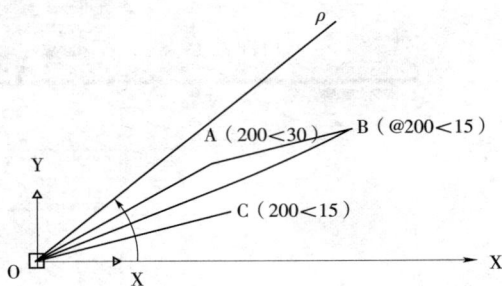

图 1-35　绝对极坐标和相对极坐标

6. 坐标值的显示

AutoCAD 在窗口底部的状态栏中以坐标形式显示当前光标的位置，如图 1-36 所示。

有 3 种坐标显示的类型。

（1）移动光标时，动态显示会更新 X、Y 坐标位置，如图 1-36 所示。

（2）移动光标时，距离和角度显示会更新相对距离（距离 < 角度）。此选项只有在绘制需要输入多个点的直线或其他对象时才可用。例如，画直线，输入第一点坐标后，在指定第二点坐标之前即如图 1-37 所示。

（3）在指定点时，静态显示才会更新 X、Y 坐标位置。这时，坐标值显示状态栏变为灰色，只有在指定了新的点的坐标的时候，数值才会更新为新点的坐标值，如图 1-38 所示。

可以通过单击状态栏右侧的箭头，然后单击"光标坐标值"。旁边带有复选标记的项目将显示在状态栏中。也可以通过右键单击状态栏上的空白区域，然后单击"光标坐标值"，如图 1-39 所示。

50.1202, 618.7993 , 0.0000

图 1-36　坐标的显示（一）

427.0399< 29　　 , 0.0000

图 1-37　坐标的显示（二）

-65.7906, 219.1110, 0.0000

图 1-38　坐标的显示（三）

图 1-39　"光标坐标值"

目前选中所有的可显示项目，状态栏如图 1-40 所示。

如果不复选"光标坐标值"一项，即没有黑色对勾显示，则状态栏中便不显示坐标值一项。

图 1-40　状态栏显示内容

1.3.5　图层

本节将主要介绍 AutoCAD 2012 的图层管理器，其中又涉及到颜色、线型、线宽和这些概念的相关知识，由于其既包容于图层的特性之内，又有一定的独立性，因此叙述中将互相交融。读者初期学习可能会有一点困难，但是在实际操作后就会有比较深刻的理解和体会。

1.3.5.1　图层的概念

图层就像是透明的硫酸纸，每张图纸上有不同的内容，重叠在一起构成完整的一张图。使用图层可以很好地组织不同类型的图形信息。比如，不同的图层可以具有不同的线宽、线型和颜色，也可以把尺寸标注、文字注释等设置到单独的图层以便于编辑。然后通过控制图层是否可见、是否可编辑以及打印样式等特性来控制该图层上的图形，如图 1-41 所示。

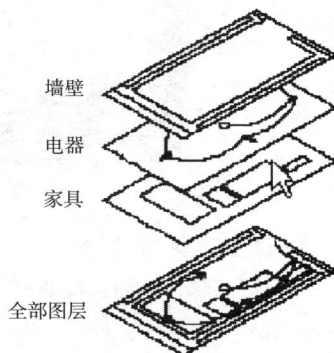

1.3.5.2　图层特性管理器

AutoCAD 2012 通过"图层特性管理器"来管理图层和图层特性。

可以通过以下几种方法打开"图层特性管理器"。

（1）单击图层工具栏的按钮 。

（2）单击"格式"菜单中的"图层"。

（3）在命令行输入：layer。

执行命令后，弹出"图层特性管理器"，如图 1-42 所示。

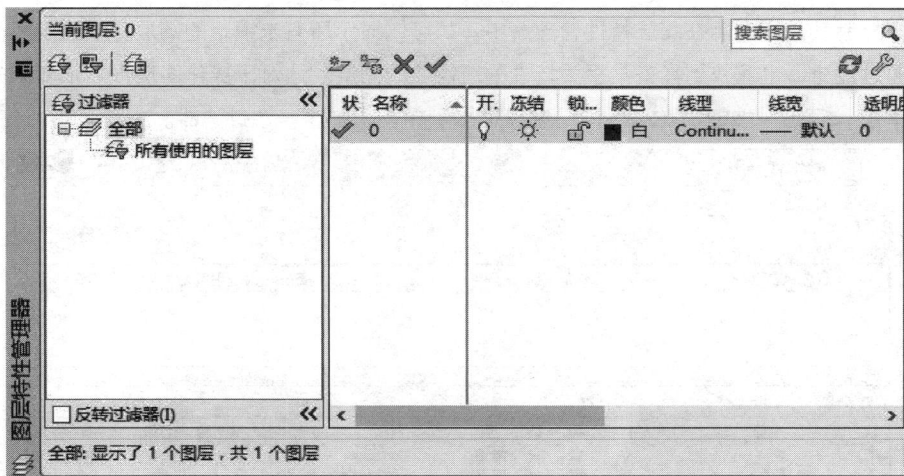

墙壁
电器
家具

全部图层

图 1-41　图层的概念

图 1-42　"图层特性管理器"

在"图层特性管理器"中，可以进行以下内容的设置。

1. 新建图层

在"图层特性管理器"中，单击"新建图层"按钮，可以创建新的图层，新图层自动显蓝色，此时可以输入图层名称，如图 1-43 所示，最长可以使用 255 个字符的字母或数字命名，再次单击"新建图层"按钮或直接回车，则再次创建新的图层，新建的图层自动继承上一层的特性，如颜色、线型、线宽、打印样式等。

2. 删除图层

选中图层后，单击"删除图层"按钮 来删除图层，但是被设置为当前的图层和 0 图层无法删除。

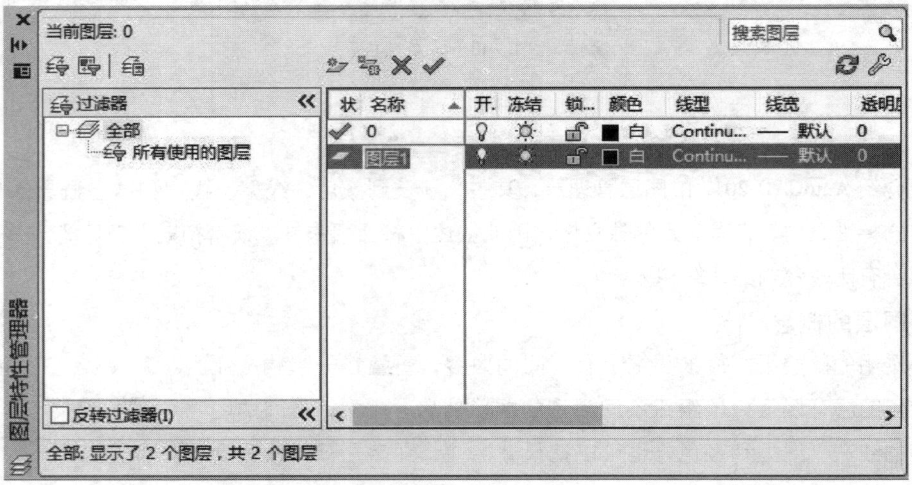

图1-43 新建图层

3. 设置当前图层

图层有两种，当前层和非当前层，一个文件只能有一个当前层。单击任一图层，选中显蓝色后，可以单击"置为当前"按钮✓，把它作为即将要进行操作的图层，也可以在"图层工具栏"的下拉菜单中选中这一图层或者双击选定的图层以达到同样目的，但是依赖外部参照和已经被冻结的图层无法被置为当前。将某一图层设置为当前图层后，任何随后创建的对象都与这一新的当前图层相关联并使用其颜色和线型。

4. 新建特性过滤器

与以前的版本不同，AutoCAD 2012对图层过滤器进行了改进，称为"新建特性过滤器"。单击"新建特性过滤器"按钮（快捷键：Alt + P），弹出"图层过滤器特性"对话框，如图1-44所示。在该对话框中可以利用各个图层的不同状态来控制其是否显示在图层特性管理器中，如可以显示所有未锁定的图层，或显示所有颜色为红色的图层等。还可以通过过滤器迅速找到具备某相关特性的所需要的图层。这对于操作图层很多很复杂的图形是很方便的。设置好后，单击"确定"按钮，在"图层特性管理器"中就增加了一个过滤器。

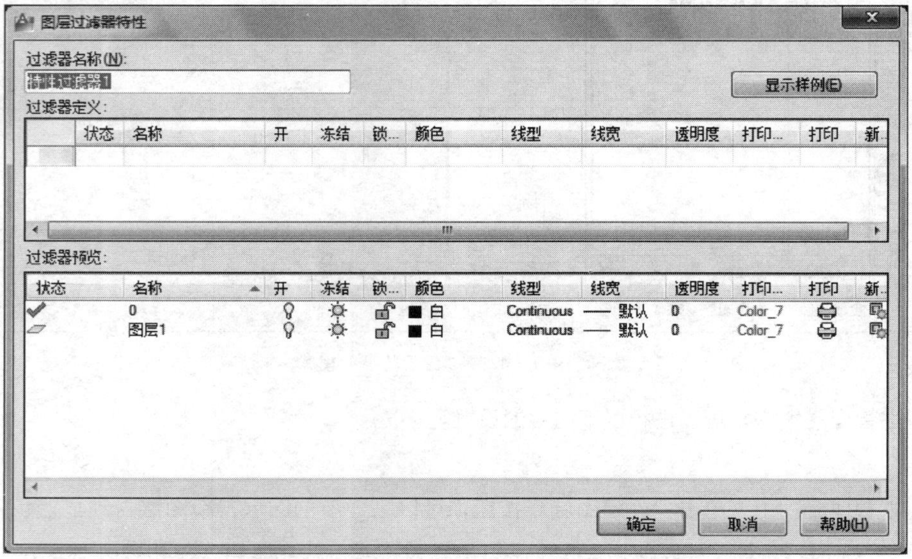

图1-44 "图层过滤器特性"对话框

5. 新建组过滤器

单击"新建组过滤器"按钮（快捷键：Alt + G），就会增加一个新组，如图1-45所示。可以在这个新组中新建图层，并对其进行各个属性的设置。

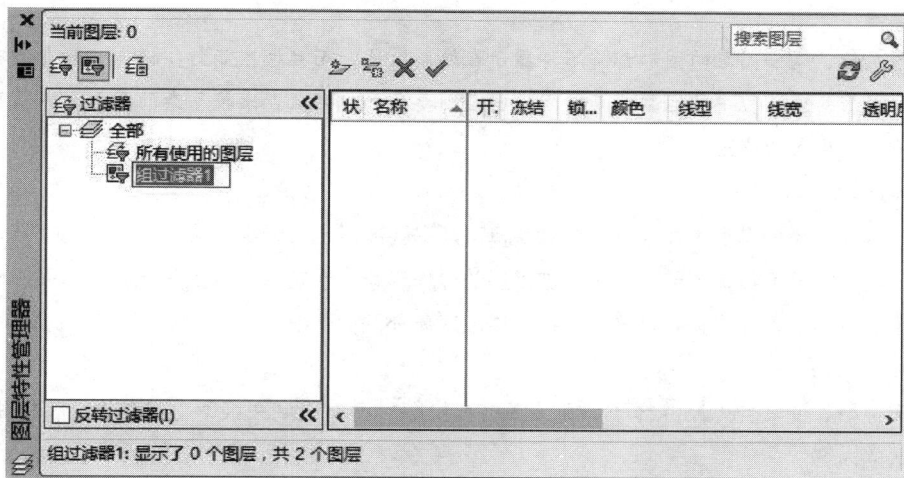

图 1－45　新建组过滤器

6. 图层状态管理器

单击"图层状态管理器"按钮⬛（快捷键 Alt + S），弹出"图层状态管理器"对话框，如图 1－46 所示。单击"新建"，弹出"要保存的新图层状态"对话框，如图 1－47 所示。在"新图层状态名"处输入名称，确定后就可以对图层的状态进行设定。该功能可以保存图形的当前图层设置，以后可以恢复此设置。在对话框中可以选择需要保存的图层状态（包括图层是否打开、冻结、锁定、打印等）和图层特性（包括颜色、线型、线宽和打印样式）。

图 1－46　"图层状态管理器"对话框

图 1－47　"要保存的新图层状态"对话框

1.3.5.3　图层特性和状态的控制

在选定的图层的图层名称上单击，则可以编辑图层名称。图层的名称将按照英文字母的顺序排列。

1. 开关图层

单击黄色灯泡💡使其变为蓝色灯泡💡则图层被关闭当前图层内的对象自动隐藏。当再次打开图层时，图层上的对象将自动重新显示。关闭当前图层时，系统会出现带有警告消息的对话框。

2. 冻结和解冻图层

单击黄色太阳☀使其变为蓝色雪花❄，则图层被冻结。可以通过解冻来重新显示冻结的图层。注意：不能冻结当前图层，也不能将冻结图层改为当前层。

关闭或冻结图层后，这一图层的图形都将不再显示在绘图区域，而且也不能打印输出。两者还有不同之处就是冻结的对象不参加图形处理过程中的运算，而关闭的图层则要参加，因此在比较复杂的图形中冻结暂时不需要的图层，可以加快系统重新生成的速度。

3. 锁定/解锁图层

单击黄色打开的锁头 🔓 使其变为蓝色锁上的锁头 🔒，则图层被锁定。锁定图层后，图层上的所有对象不可以修改，除非解锁该图层。如果不希望图层上的内容被以后的操作影响，锁定图层可以防止这样的误操作。同时锁定图层上的对象仍然可以使用对象捕捉，并且可以执行除修改对象外的其他操作。

4. 打印控制

单击打印机图标 🖨，使其变为 🚫 的样子，则该图层在打印时不输出到图纸，也就是说，在打印出来的图纸上将看不到这一图层的内容。

1.3.5.4 设置图层颜色

在颜色前的小色块上单击，就可以弹出"选择颜色"对话框，还可以通过以下方法打开"选择颜色"对话框，来实现对该图层上对象默认的初始颜色的控制。

单击"格式"菜单中的"颜色"；或在命令行输入：color。

在对话框中可以使用AutoCAD颜色索引或者真彩色以及其他配色系统来选择颜色，如图1-48所示。

如果"特性"工具栏上的"颜色"控件设置为Bylayer，即颜色随层，那么新建对象的颜色就取决于图层特性管理器中此图层的颜色设置，如图1-49所示。如果用户需要该图层上的对象具有不同于默认的图层颜色，可以在对象特性工具栏的颜色特性下拉框中选择其他颜色。

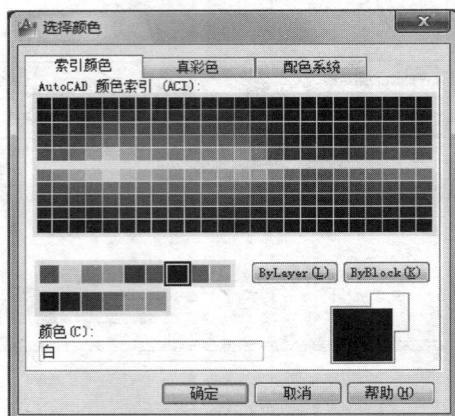

图1-48 "选择颜色"对话框

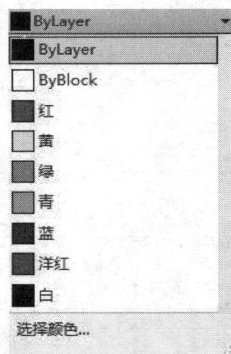

图1-49 "颜色"设置为ByLayer

1.3.5.5 设置图层线型

线型是由线、点和空格组成的图样。可以通过图层指定对象的线型，也可以不依赖图层为对象指定其他线型（这里所说的线型不包括：文字、点、视口、图案填充和块的线型）。

在"图层特性管理器"中的线型列的默认的"Continuous"上单击，就可以弹出"选择线型"对话框，如图1-50所示，在对话框中默认只有Continuous（实线）一种线型，如果需要虚线、中心线等其他线型则需要额外"加载"。在选择线型对话框中选择此图层所需要使用的线型使其显蓝色，然后确定。

单击 加载(L)...，弹出"加载或重载线型"对话框，如图1-51所示，用户可以选择需要的线型。选择时可以配合Ctrl和Shift键实现多种线型的一次性选择。

图 1-50 "选择线型"对话框

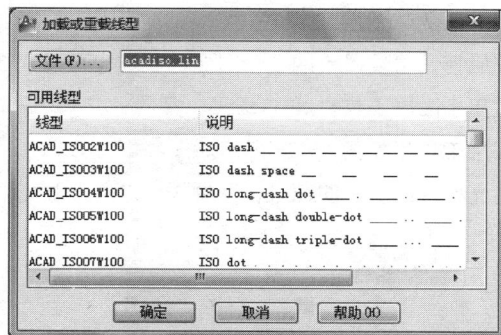

图 1-51 "加载或重载线型"对话框

1.3.5.6 设置线宽

在"图层特性管理器"中"线宽"列中单击某一图层对应的线宽，就弹出"线宽"对话框。在线宽对话框中选择需要使用的线宽，然后确定即可，如图 1-52 所示。

AutoCAD 2012 支持从 0.00mm 到 2.11mm 的线宽选择。在建筑、室内及家具设计行业内都有自己的制图规范，其中规定了各种线型所指定使用的线宽。这里的线宽指的是在打印输出图纸时，图纸上线条的宽度。

在模型空间中，线宽以像素显示，并且在缩放时不发生变化。如果还是觉得线宽度不够的话，可以使用多段线，对线宽自由设定。例如，如果要绘制一个实际宽度为 5cm 的对象，就不能使用线宽而应该用宽度为 5cm 的多段线表现对象。

图 1-52 "线宽"对话框

通过以下几种方法可以访问"线宽设置"对话框。

（1）单击"格式"菜单中的"线宽"。

（2）在命令行输入：lweight。

（3）在状态栏上的"线宽"按钮 显示隐藏线宽 上击右键，然后选择"设置"。

（4）在"选项"对话框的"显示"选项卡上选择"线宽设置"。

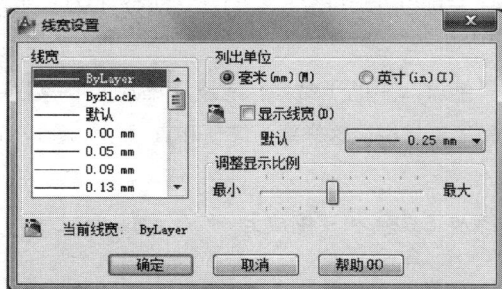

图 1-53 "线宽设置"对话框

弹出"线宽设置"对话框，如图 1-53 所示。

在对话框中可以更改系统默认的线宽单位，一般设置为 0.25mm。线宽在屏幕上显示的相对粗细就由"调整显示比例"的滑块决定。

线宽的显示在模型空间和图纸空间布局中是不同的。在模型空间中，0 值的线宽显示为一个像素，其他线宽使用与其真实单位值成比例的像素宽度。而在图纸空间布局中，线宽以实际打印宽度显示。

在模型空间中显示的线宽是不随缩放比例因子变化的。例如，无论如何放大，以四个像素的宽度表现的线宽值总是用四个像素显示。要想使对象的线宽在模型选项卡上显示得更大些或小些，就需要使用线宽设置它们的显示比例（显示比例的更改并不影响线宽的打印值）。

在布局和打印预览中，线宽是以实际单位显示的，并且随缩放比例因子而变化。可以通过"打印"对话框的"打印设置"选项卡来控制图形中的线宽打印和缩放。

在图纸空间布局中，可以通过单击状态栏上的"线宽"打开或关闭线宽的显示。此设置不影响线宽打印。

1.3.5.7 图层工具栏

图层特性管理器中的各个图层的属性也可以在图层工具栏进行修改。在图层特性管理器中讲解的各种图标操作同样适用于图层工具栏。

图层工具栏如图1-54所示。

当光标指向各个图标时，系统会自动提示其功能，如图1-55所示。

图1-54 图层工具栏（一）

图1-55 图层工具栏（二）

1. 切换当前图层

选择想在上面进行操作的图层中的对象，之后单击"将对象的图层置为当前"的图标，就可以方便地在此图层上进行针对此图层的操作，之后所创建的对象自动继承此图层的各种特性。

2. 放弃图层设置

如果对图层进行若干设置后想放弃之前所作的一系列操作，回到一开始的图层设置状态，可以单击"上一个图层"图标，放弃对图层设置所作的更改。

可以像在"图层管理器"中一样，通过单击灯泡、太阳、锁头等图标来实现图层状态的控制。

1.3.6 图形的缩放与平移

1.3.6.1 图形的缩放

在AutoCAD的绘图过程中，有时会希望改变图形在屏幕中显示的大小，比如要观察图形的某个细节或查看图形的整体效果，这就需要对图形的显示进行放大或缩小。可以利用"缩放"功能来实现。

使用"缩放"功能可以有以下3种办法。

（1）使用"缩放"工具栏。

（2）单击"视图"菜单中的"缩放"，使用其中的子命令。

（3）在命令行输入ZOOM（快捷键Z）。

命令行提示：指定窗口角点，输入比例因子（nX或nXP），或［全部（A）/中心点（C）/动态（D）/范围（E）/上一个（P）/比例（S）/窗口（W）］＜实时＞。

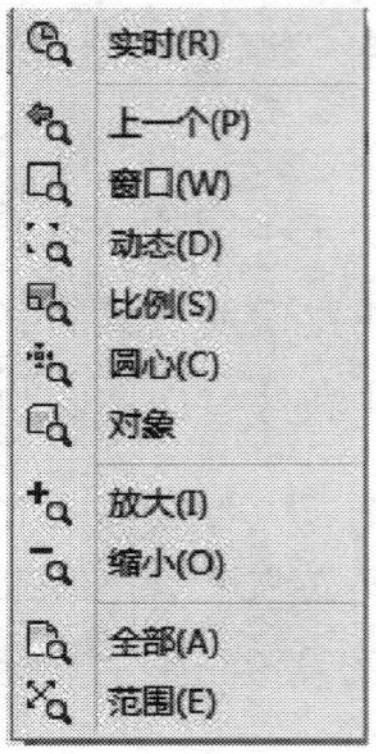

图1-56 "缩放"工具栏

命令提示中的各项与"视图"菜单中的"缩放"中的子命令，以及"缩放"工具栏中的各项都是一一对应的，习惯上会使用"缩放"工具栏，这样更为简便和直观，如图1-56所示。

此外，在"标准"工具栏还有"实时"缩放工具和"缩放上一个"。

下面逐一对以上工具进行讲解。

（1）"实时"缩放。

单击该工具按钮，光标会变为放大镜符号，当按住鼠标左键拖动光标时，图形的大小也随之改变。向上拖动，则图形放大，反之向下拖动，则图形缩小。释放鼠标按钮后缩放停止。

（2）"窗口"缩放。

通过在屏幕上拾取两个对角点来确定一个矩形窗口，被选中的矩形窗口内的图形会被放大到整个屏幕。

单击鼠标左键确定，则刚才选中的矩形区域内的图形被放大到整个屏幕。

（3）"动态"缩放。

在动态缩放模式中，屏幕上会显示一个中心带"×"的矩形方框，且当鼠标移动时，这个矩形框也会随着一起移动，确定位置后单击鼠标左键，"×"会消失，而矩形的右边框处又会出现一个箭头，拖动光标可以改变窗口的大小。选择好后，按回车键结束，刚才选中的图形就被放大了。

（4）"比例"缩放。

以一定的比例来缩放图形，当单击该工具按钮时，命令行会提示输入比例因子：［全部（A）/中心点（C）/动态（D）/范围（E）/上一个（P）/比例（S）/窗口（W）］＜实时＞：_s。

输入比例因子（nX 或 nXP）：当输入的数字大于 1 时放大图形，等于 1 时显示整个图形，小于 1 时则缩小图形。

（5）"中心"缩放。

在图形中指定一点，作为新视图的中心点，然后指定一个缩放比例因子或指定高度，来显示新的视图。

（6）"缩放对象"。

执行该命令时，光标变为选取框，选择要缩放的对象，一次可以选择多个对象，确定后被选定的对象将重新显示，覆盖到整个绘图区域。

（7）"放大"命令。

单击该工具按钮一次，则视图放大 1 倍，其默认的比例因子为 2。

（8）"缩小"命令。

单击该工具按钮一次，则视图缩小 1 倍，其默认的比例因子为 0.5。

（9）"全部"缩放。

单击该工具按钮，视图以所设置的图形界限或当前图形范围为显示边界，将整个图形中所有的对象显示在屏幕上。即使图形延伸到图形界限以外，也仍显示图形中所有对象，此时显示的边界是图形范围。

（10）"范围"缩放。

在屏幕上尽可能大地显示所有图形对象，所采用的显示边界是图形范围，而不是图形界限。

（11）"缩放上一个"命令。

单击该工具按钮可以依次返回前一屏幕的显示，最多可以返回 10 次。

1.3.6.2　图形的平移

使用"平移"，可以将视图重新定位，以便能看清需要观察或修改的部位。

使用"平移"可以有 3 种方法。

（1）单击"标准"工具栏中的"实时平移"按钮 。

（2）单击"视图"菜单中的"平移"下的子命令。

（3）在命令行输入 Pan。

进入"实时平移"模式后，鼠标变成一只小手的形状，按住鼠标左键拖动，可以移动图形的位置，释放鼠标左键，返回到等待状态，按回车键或是在右键快捷菜单中选择退出即可结束实时平移命令。使用"平移"命令时，要注意的是图形的显示比例不变。

1.4　AutoCAD 2012 基本操作

在室内或家具设计绘图工作中，绘制图形、编辑图例、控制对象的特性、文字注解和尺寸标注等操作是最重要的，也是设计制图人员必须熟练掌握的。

本节将着重介绍在 AutoCAD 2012 中，室内或家具设计人员必须非常熟悉的基本操作。

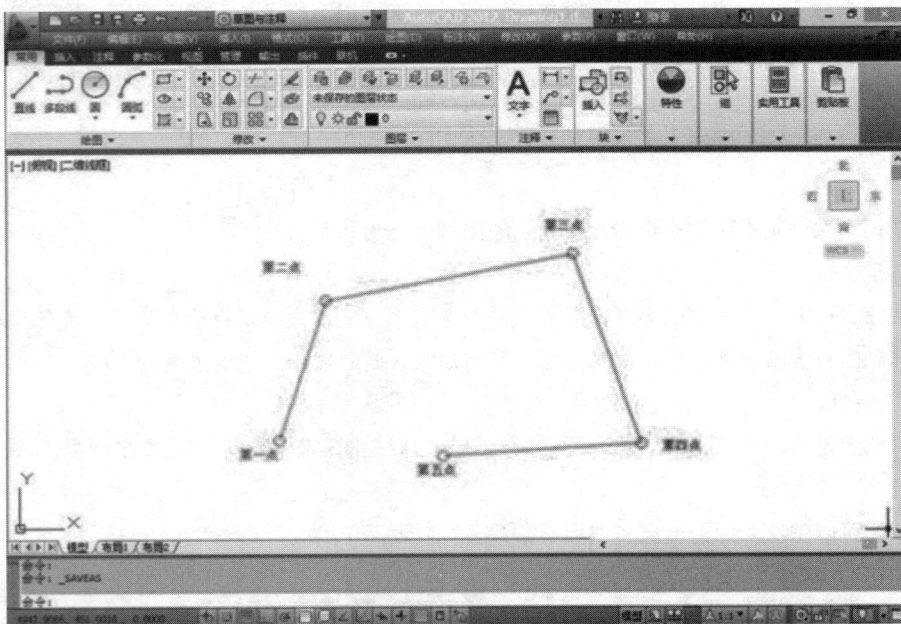

图 1-57 "绘图"工具栏

1.4.1 绘制图形

在 AutoCAD 2012 中，所有的基本绘图命令都以图标的形式包含在"绘图"工具栏中，如图 1-57 所示，几乎任何复杂的图形都可以通过这些工具来绘制。

1.4.1.1 绘制直线

直线是基本图形中最常见的图元之一，二维线框图形基本都可由直线构成，绘制一条直线可以采用以下任意一种方法。

（1）在命令行输入"l"（LILE 的缩写）命令。

（2）在"绘图"菜单中选择"直线"命令。

（3）单击"绘图"工具栏中的 ☑。

执行上述操作之一后，用鼠标在绘图区域定下直线的起点位置，再点一下，确定直线第二点位置，然后是第三点、第四点……，如图 1-58 所示，然后按确认键结束命令。

图 1-58 绘制直线

小贴士

如何绘制水平或垂直线？

◆ 单击状态栏中的【正交】按钮，开启"正交"功能。

◆ 单击 F8 键，开启"正交"功能。

直线如何精确拾取点？

绘制直线时，常常需要将起点或终点定在特殊的点上，这时就需要开启"对象捕捉"功能，如图 1-59 所示。

◆ 单击状态栏中的【对象捕捉】按钮，开启"对象捕捉"功能。

◆ 单击 F3 键，开启"对象捕捉"功能。

如何确定线的长度？

绘制直线的时候，往往需要有固定长度，这时可以先定下起点的位置（"正交"打开），将光标移动到需要延伸的方向，以确定直线的方向，然后从键盘输入确切的数值，按确认键即可。双击确认键即可结束直线绘制命令。

图 1-59　精确捕捉点绘制直线

例如，绘制一条长度为 20 的水平线和长度为 5 的垂直线，如图 1-60 所示。

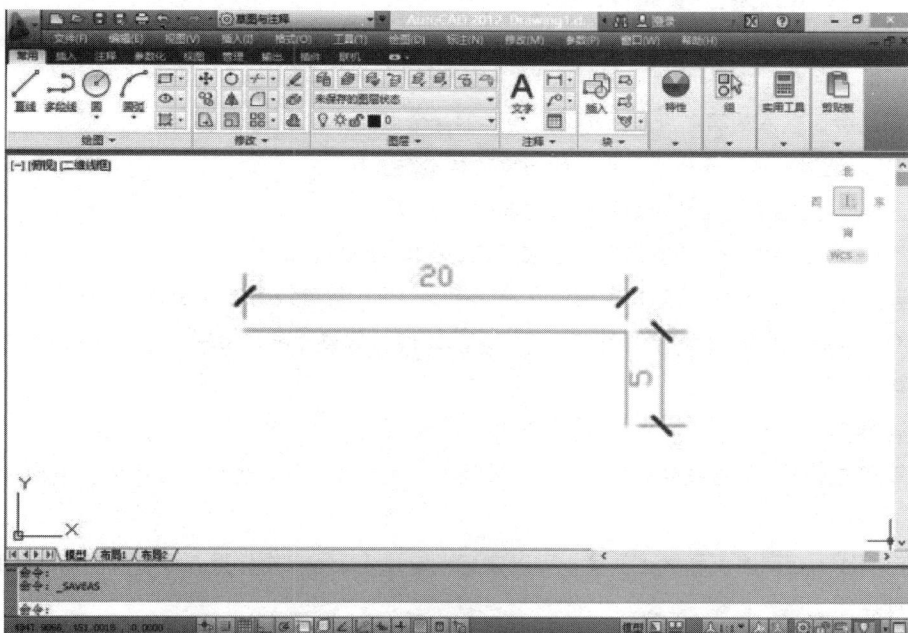

图 1-60　绘制某确定长度的线段

如果要绘制的是一条有固定长度的斜线，则在先确定第一点的位置之后，通过键盘输入"@20＜45"极坐标法，"20"表示长度，"45"表示角度，如图 1-61 所示。也可以打开动态输入，直接在动态输入提示栏中输入坐标值。

1.4.1.2　绘制构造线

构造线就是两端都无限延长的直线，在设计制图中构造线常常作为辅助线，以下任意一种方法可以绘制构造线。

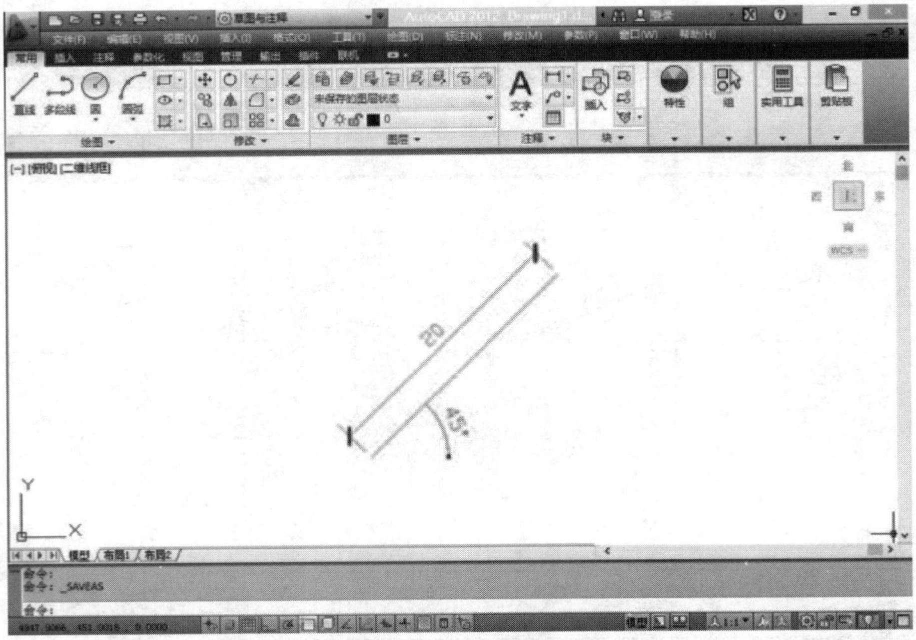

图 1-61 绘制某确定长度和角度的斜线

（1）在命令行输入"Xl"（XLILE 的缩写）命令。

（2）在"绘图"菜单中选择"构造线"命令。

（3）单击"绘图"工具栏中的◢。

命令行提示：指定点或［水平（H）/垂直（V）/角度（A）/二等分（B）/偏移（O）］。

（1）指定点系统会以输入的第一点作为构造线通过的一个点。

（2）水平（H）。通过拾取的第一点绘制水平方向的构造线。

（3）垂直（V）。通过拾取的第一点绘制垂直方向的构造线。

（4）角度（A）。通过拾取的第一点绘制一条成指定角度的构造线。

（5）二等分（B）。按指定角度的定点为通过点，以指定角度的等分线为方向绘制一条构造线。

（6）偏移（O）。以一个已有的对象为基准，已指定的距离为偏移距离，绘制与已有对象方向相同，距离该对象为偏移距离的构造线。

1.4.1.3　绘制多段线

多段线是由等宽或不等宽的直线或圆弧构成的，被视为一个单独对象，也可被分解为多条独立的线段或圆弧，如图 1-62 所示。

多段线可以控制线的起始宽度和终止宽度，可以在直线与弧线之间自由转换，还可以控制线的长度，是一种非常有用的绘图工具。

（1）在命令行输入"Pl"（PLILE 的缩写）命令。

（2）在"绘图"菜单中选择"多段线"命令。

（3）单击"绘图"工具栏中的┗。

命令行提示：指定下一点或［圆弧（A）/半宽（H）/长度（L）/放弃（U）/宽度（W）］。

（1）指定下一点系统默认选项。

（2）圆弧（A）。将绘制直线方式转到绘制圆弧的方式，输入"A"后确认，系统会进一步提示：指定圆弧的端点或［角度（A）/圆心（CE）/方向（D）/半宽（H）/直线（L）/半径（R）/第二个点（S）/放弃（U）/宽度（W）］。

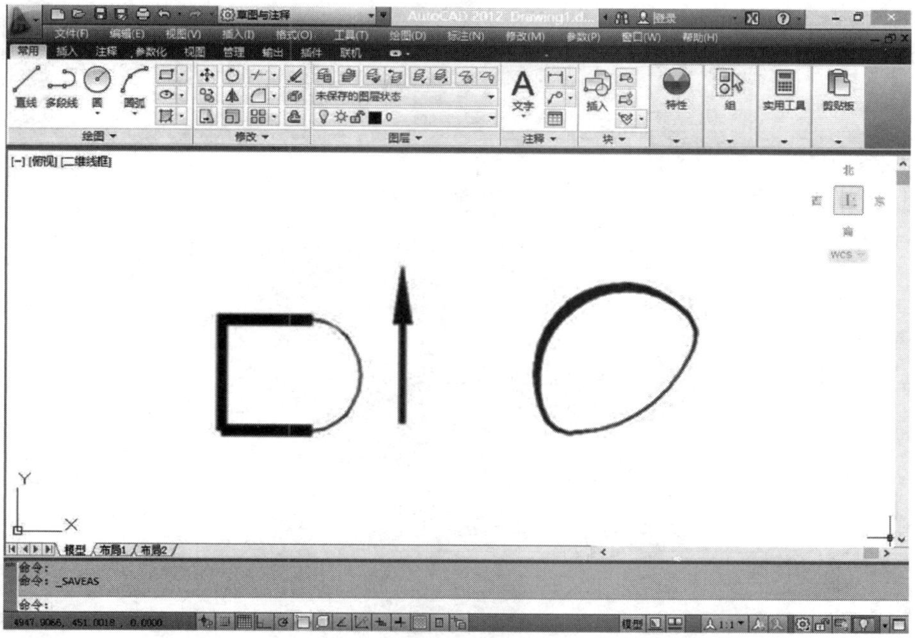

图 1－62 多段线应用举例

1）角度（A）。根据圆弧包含角绘制圆弧。

2）圆心（CE）。根据圆弧的圆心位置绘制一段圆弧。

3）方向（D）。绘制的圆弧在起始点处的切线方向。

4）半宽（H）。确定圆弧的起始半宽和终点半宽。

5）直线（L）。将绘制圆弧的方式转换成绘制直线。

6）半径（R）。根据所给的半径绘制圆弧。

7）第二个点（S）。根据指定的三点绘制圆弧。

8）放弃（U）。删除上次绘制的圆弧。

9）宽度（W）。确定圆弧的起点宽度和终点宽度。

（3）半宽（H）。系统根据输入的数值确定多段线的半宽度。

（4）长度（L）。根据指定的长度绘制多段线。

（5）放弃（U）。系统删除前一次绘制的多段线。

（6）宽度（W）。确定多段线的起始宽度和终点宽度。

1.4.1.4 绘制正多边形

（1）在命令行输入"POL"（POLygon 的缩写）命令。

（2）在"绘图"菜单中选择"正多边形"命令。

（3）单击"绘图"工具栏中的◇。

命令行提示："输入边的数目＜4＞（默认值是4）:"（可输入多边形的边数，后确认）。

命令行提示："指定多边形的中心点或边长:"（在绘图区域指定中心点或输入边长）。

命令行提示："若选择指定中心点则提示：输入选项［内接于圆（I）/外切于圆（C）］＜I＞:"（选择内切或是外接，如图 1－63 所示）。

若选择输入边长，则直接按照提示输入边长绘制出多边形，如图 1－64 所示。

1.4.1.5 绘制矩形

（1）在命令行输入"REC"（Rectangle 的缩写）命令。

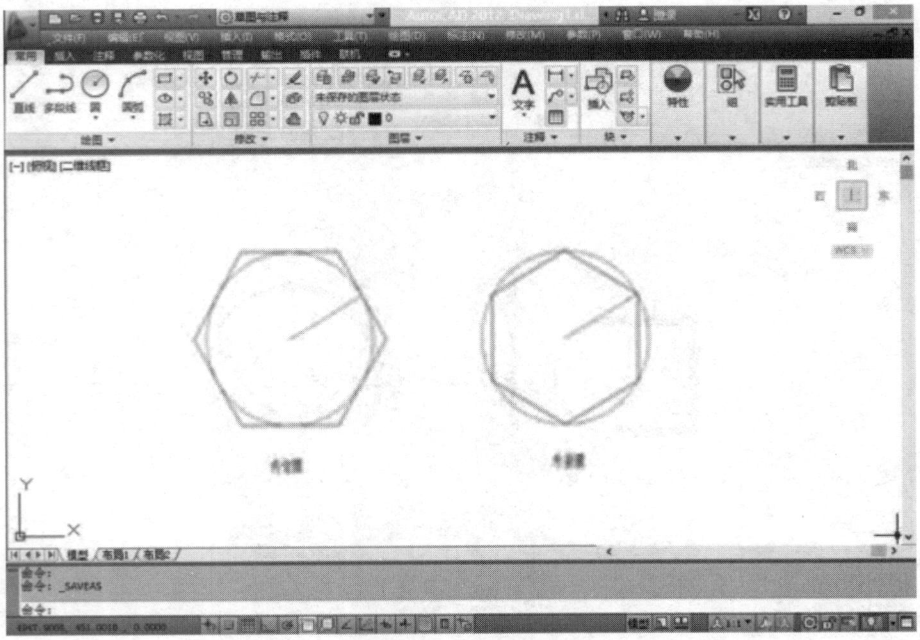

图 1-63　多边形绘制（内切圆和外接圆）

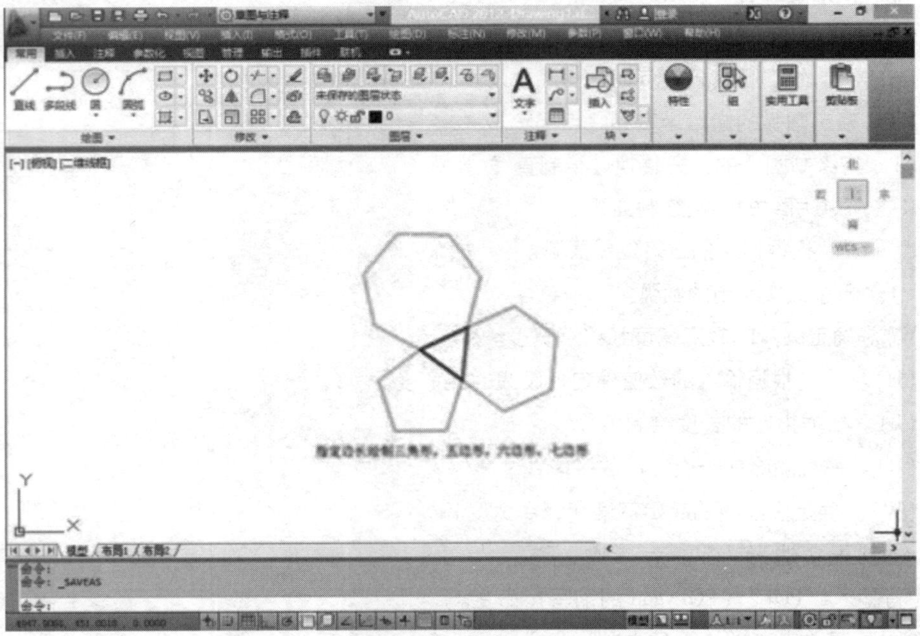

图 1-64　多边形绘制（指定边长）

（2）在"绘图"菜单中选择"矩形"命令。

（3）单击"绘图"工具栏中的 ▭ 。

命令行提示：指定第一个角点或 ［倒角（C）/标高（E）/圆角（F）/厚度（T）/宽度（W）］。

（1）指定另一个角点。可以直接在绘图区用光标指定这个点。

可以用键盘输入指定点的 XY 坐标值，中间用","隔开；

可以用键盘输入指定点相对于第一点的 XY 相对坐标值，前面加上"@"符号，中间用","隔开；例如 @20，10（即另一个角点位于第一个角点 X 方向 20，Y 方向上 10），如图 1-65 所示。

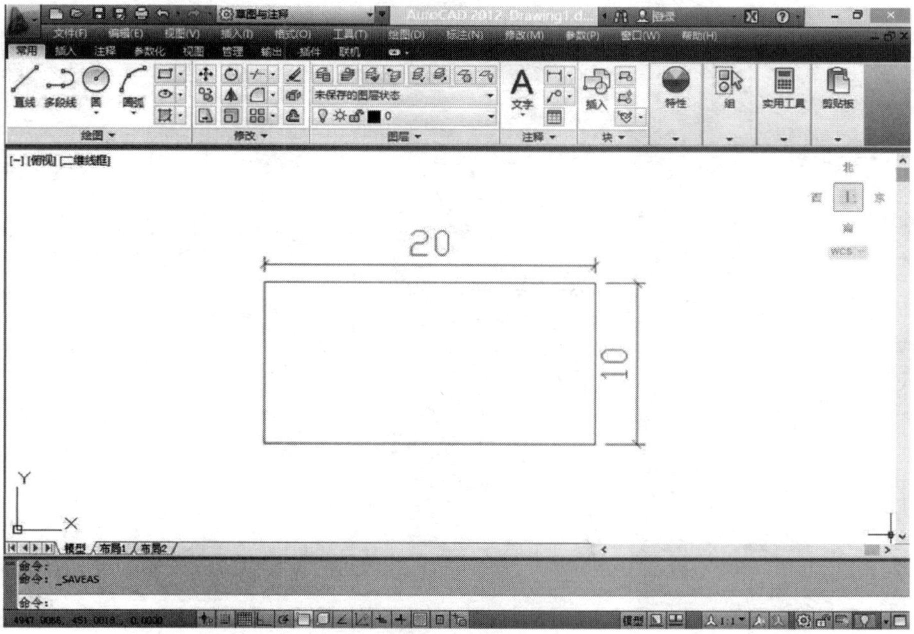

图 1-65　边长 20×10 的矩形

（2）倒角（C）。可以设置所绘矩形的倒角。

（3）标高（E）。可以设定矩形的高度。

（4）圆角（F）。可以设定矩形的圆角。

（5）厚度（T）。可以设定矩形的厚度。

（6）宽度（W）。可以设定矩形的线条宽度。

1.4.1.6　绘制圆弧

室内设计平面图、施工图和家具设计图中，常常会遇到一些圆弧形处理，如开启的门扇，拱形的窗户立面，家具上的弧形拉手等，这些都需要用"圆弧"命令来完成。

（1）在命令行输入"A"（Arc 的缩写）命令。

（2）在"绘图"菜单中选择"圆弧"命令。

（3）单击"绘图"工具栏中的。

执行任一种命令后，命令行会有所提示，根据提示可以选择圆弧绘制的方法。

（1）三点法绘制圆弧。这是最常用的方法之一，只要连续在绘图区域输入 3 个点即可确定一个圆弧，如图 1-66所示。

（2）起点、圆心、端点绘制圆弧。确定起点后，指定圆弧第二点时，在命令行输入：C，指定圆心位置，再确定圆弧终点位置，如图 1-67 所示。

除以上这两种常用的圆弧绘制方法外，还有"起点、圆心、角度"法，"起点、圆心、长度"法，"起点、端点、角度"法，"起点、端点、方向"法等，可以根据个人的习惯或绘图时的具体情况来选择，从而方便快捷地绘制圆弧。

1.4.1.7　绘制圆

圆是常用的几何图形，设计绘图也会常常用到，CAD 提供了多种绘制圆的方式。

（1）在命令行输入"C"（Circle 的缩写）命令。

（2）在"绘图"菜单中选择"圆"命令。

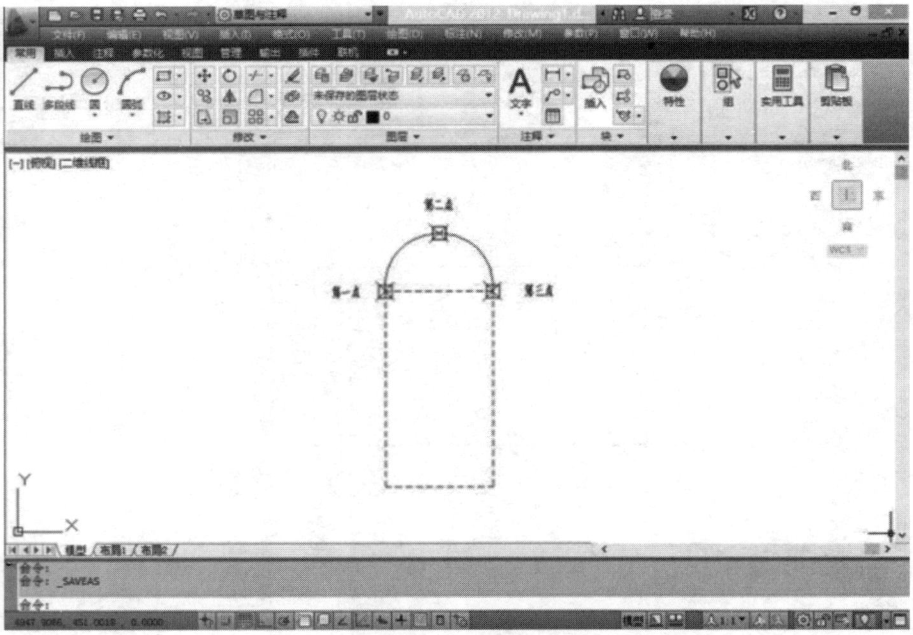

图 1-66　三点确定一条圆弧

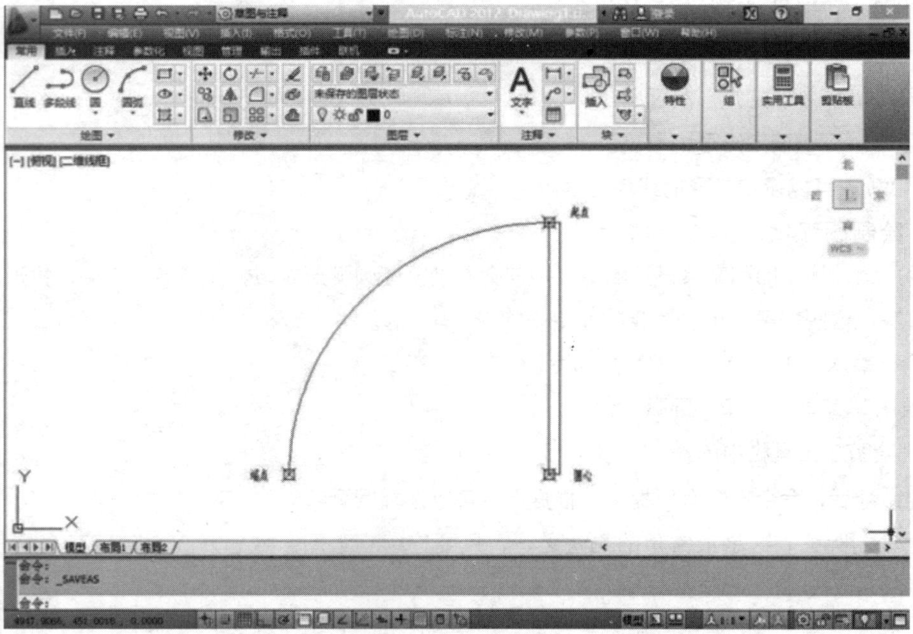

图 1-67　起点、圆心、端点确定一条圆弧

（3）单击"绘图"工具栏中的 。

执行任一种命令后，命令行提示。

（1）圆心、半径法绘制圆。指定圆心后，输入半径值或拖动光标确定圆的大小。

（2）圆心、直径法绘制圆。指定圆心后，命令行提示："指定圆的半径或［直径（D）］＜25.0000＞："时，输入："D"，然后输入直径值，如图 1-68 所示。

（3）两点法绘制圆。即输入直径的两个端点，确定一个圆。当命令行提示："circle 指定圆的圆心或［三点（3P）／两点（2P）／相切、相切、半径（T）］："时输入"2P"，确定直径的两个端点即可。

（4）三点法绘制圆。即输入三点确定一个圆。当命令行提示："circle 指定圆的圆心或［三点（3P）/两点（2P）/相切、相切、半径（T）］:"时输入"3P"，确定圆上的三点即可。

（5）相切、相切、半径法绘制圆。即绘制的圆与两个已知对象均相切且半径一定。当命令行提示："circle 指定圆的圆心或［三点（3P）/两点（2P）/相切、相切、半径（T）］:"时输入"T"，接着确定两个切点的位置和半径，如图 1-69 所示。

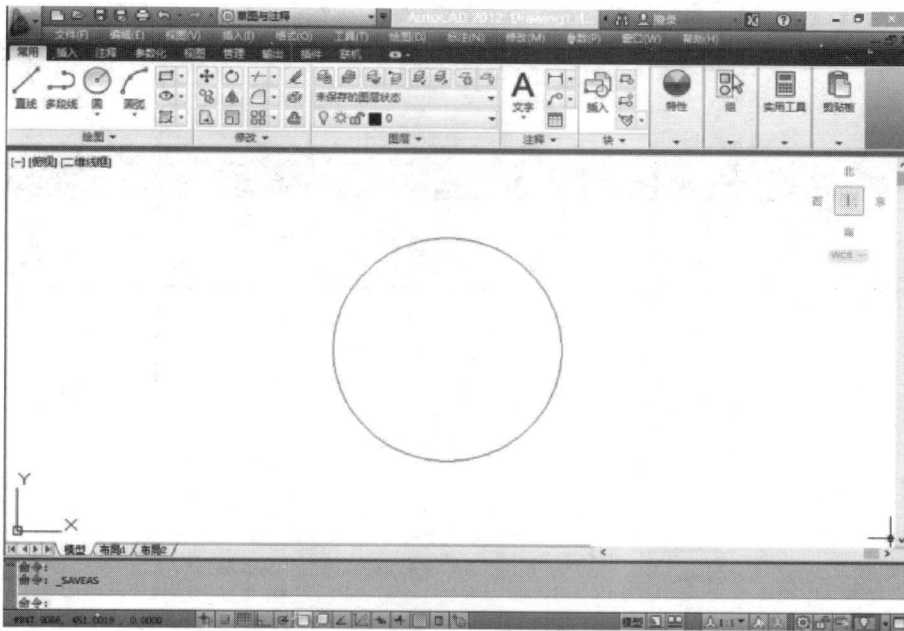

图 1-68　直径为 60 的圆

图 1-69　与两个矩形相切半径为 20 的圆

1.4.1.8　绘制云线

云线是由一系列圆弧组成的多段线，绘出的图形形状好似云彩，用于在图纸检查阶段提醒用户注意图形的某个部分。

（1）在命令行输入 revcloud。

（2）在"绘图"菜单中选择"修订云线"命令。

（3）单击"绘图"工具栏中的 ⚙。

命令行提示：最小弧长：50，最大弧长：50；指定起点或［弧长（A）/对象（O）/样式（S）］＜对象＞：。

默认情况下，系统将显示当前云线的弧长，如"最小弧长：50，最大弧长：50"。可以直接使用该弧线长度绘制云线路径，在绘图区域随意拖动光标即可，起点与终点重合时，云线自然封闭，该命令结束。

可以输入"A"，指定云线新的弧长，包括最小弧长和最大弧长（不能超过指定最小弧长的3倍），然后在绘图区拖动鼠标指定云线的起点和终点，如图1-70所示。

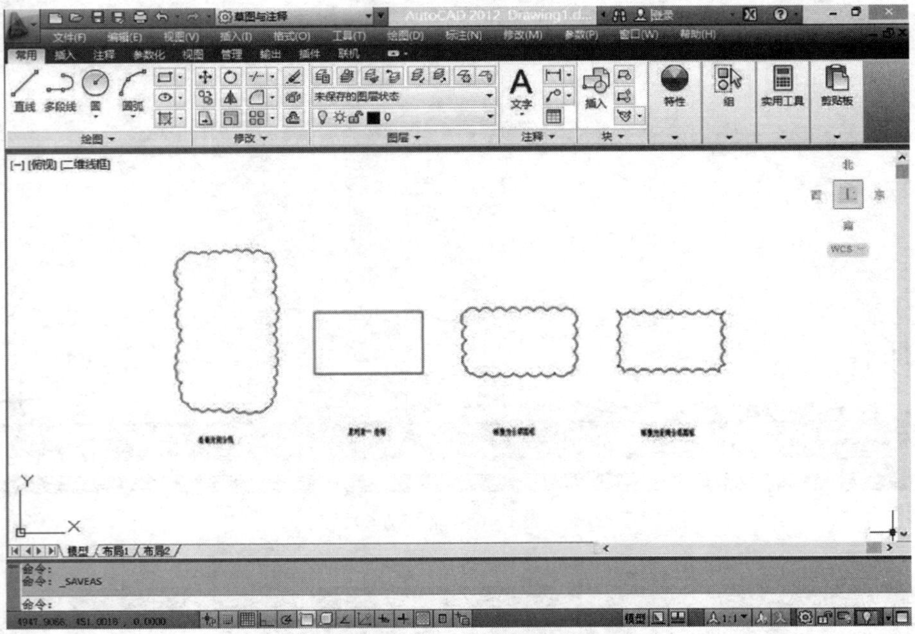

图1-70 绘制、转换云彩路径

如果想将已知图形转换成云纹，可以按回车，或输入"O"，直接在绘图区选择一个封闭图形，如矩形、多边形、圆等，命令行将提示"选择对象：反转方向［是（Y）/否（N）］＜否＞"，此时如果输入"Y"，则圆弧方向向内，如果输入"N"（或不输入，保持原默认），则圆弧方向向外。如果打开了动态输入则可以在光标后用鼠标直接选择"是"还是"否"。

1.4.1.9 绘制样条曲线

绘制样条曲线可以采用以下任意一种方法。

（1）在命令行输入"SPL"（Spline的缩写）命令。

（2）在"绘图"菜单中选择"样条曲线"命令。

（3）单击"绘图"工具栏中的 〰。

执行任一命令后，命令行提示。

（1）指定下一点。确定样条曲线的第一点后，系统进一步提示指定下一点，接着可继续输入一系列点，由这些点确定一条样条曲线。

如果按回车键，系统会提示："指定起点切向："这时在起点与当前光标之间出现一条线表示样条曲线的起点切线方向，这时可以在该提示下直接输入样条曲线的起点切线方向的角度值，如果拖动鼠标则该线的起点方向线将随着光标的移动而变化，影响样条曲线的形状发生变化。

系统继续提示："指定端点切向："可以按照同样的方法确定曲线终点的切线方向，绘出相应的样条曲线。

（2）闭合（C）。即将该样条曲线闭合，输入"C"后，系统提示："指定切向："，指定切线方向后即可绘制出一条闭合的样条曲线。

（3）拟合公差（F）。设定拟合公差，系统会按照给出的拟合公差绘制样条曲线。

1.4.1.10　绘制椭圆

椭圆是一种特殊的圆，有长轴和短轴之分，绘制椭圆可以采用以下任一种方法。

（1）在命令行输入"EL"（Ellipse的缩写）命令。

（2）在"绘图"菜单中选择"椭圆"命令。

（3）单击"绘图"工具栏中的 ⬮。

执行任一种命令后，命令行提示：指定椭圆的轴端点或［圆弧（A）/中心点（C）]:。

（1）轴端点法绘制椭圆。即先确定椭圆主轴的两个端点，然后再指定短轴半径的长度，或输入"R"指定一个旋转角度。

（2）中心点法绘制椭圆。在命令行输入"C"后，指定椭圆主轴的中心点，然后再指定主轴的端点，最后指定短轴的半径（也可以输入"R"指定一个旋转角度）。

1.4.1.11　绘制椭圆弧

椭圆弧的绘图命令与椭圆的绘图命令相同，都是"ELLIPSE"，但命令行的提示不同。

（1）在"绘图"菜单中选择"椭圆弧"命令。

（2）单击"绘图"工具栏中的 ⬮。

执行任一种命令后，命令行提示：指定椭圆的轴端点或［圆弧（A）/中心点（C）]: _a。

这时的操作与上一节介绍的绘制椭圆的过程相同，首先确定椭圆的形状。

这时命令行接着提示："指定起始角度或［参数（P）]:"

（1）在绘制的椭圆上直接取点，作为弧的起始点，另取第二点作为弧的终止点。

（2）指定起始角度。在命令行输入起始点的角度，命令行显示："指定终止角度或［参数（P）/包含角度（I）]:"可以直接输入终止点的角度，也可以输入"I"，指定包含的角度，如图1-71所示。

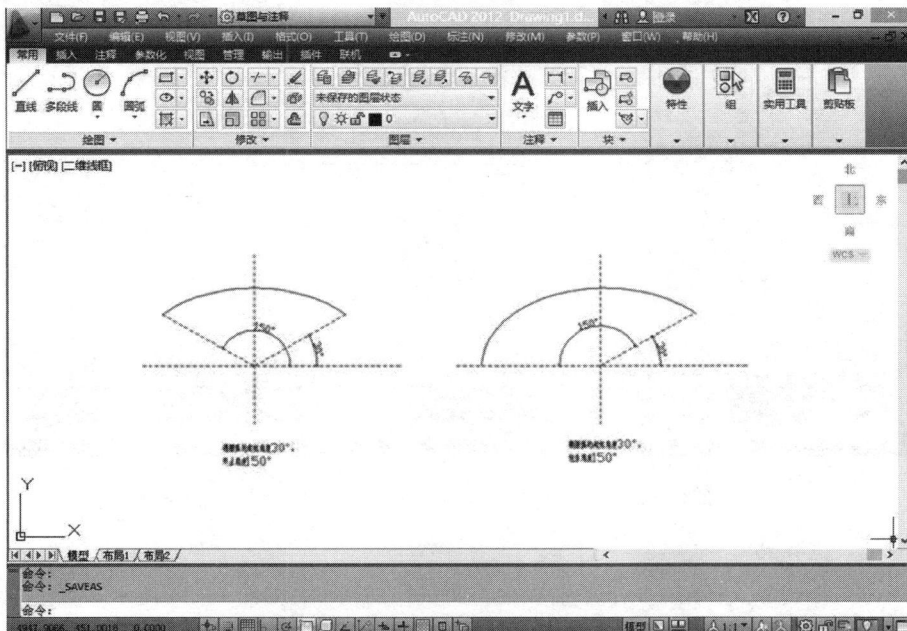

图1-71　绘制椭圆弧

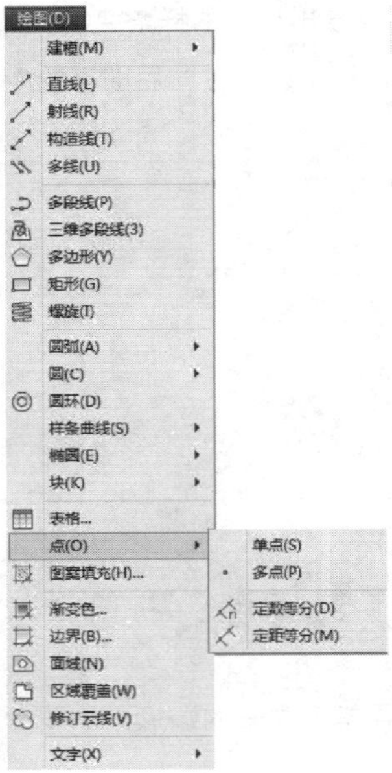

（3）参数（P）。通过指定参数的方法来确定椭圆弧。命令行提示："指定起始参数或［角度（A）］:"，这时输入"A"，选择角度选项，可以切换到用角度来确定椭圆弧的方式；如果输入参数，系统将用公式 $P(n) = c + a \times \cos(n) + b \times \sin(n)$ 来计算椭圆弧的起始角。其中，n 是用户输入的参数，c 是椭圆弧的半焦距，a 和 b 分别是椭圆的长半轴与短半轴的轴长。

1.4.1.12　绘制点

点在二维绘图中是非常有用的工具，绘制点可以采用以下几种方法。

（1）在命令行输入"PO"（Point 的缩写）命令。

（2）单击"绘图"工具栏中的 ⊡。

（3）在"绘图"菜单中选择"点"命令，接着会弹出另一个子菜单，如图1-72所示可供选择。

执行任一命令后，命令行提示。

（1）单点。在屏幕上绘制一个点。

（2）多点。在屏幕上同时绘制多个点。

（3）定数等分。即选择一个图形实体，输入等分数目，绘出等分点。

（4）定距等分。即选择一个图形实体，输入等分距离的数值，绘出等分点。

图1-72　"点"命令下的子菜单

为什么绘制出的等分点不显示？

当对一条线段进行等分时，等分点总是无法显示，因为被线挡住了，如图1-73所示。

图1-73　对线段进行了三等分，却不显示等分点

解决方法：设置"点样式"。

打开"格式"子菜单选择点样式（P...），弹出"点样式"对话框，如图1-74所示。换一种点的样式，再看那条线段，如图1-75所示。

1.4.1.13 图案填充

在绘图的过程中，常常有些区域需要填充，如剖面图，区域分隔等。

（1）在命令行输入"H"（Hatch 的缩写）命令。

（2）单击"绘图"工具栏中的图。

（3）在"绘图"菜单中选择"图案填充"命令。

这时会弹出一个"图案填充和渐变色"对话框，如图 1-76 所示，单击"添加：拾取点"按钮后，用光标在绘图区需填充的区域单击，确定填充边界，返回对话框，单击"确定"。或直接单击"添加：选择对象"按钮，选择填充对象。

单击"图案"后的▼或...，可选择要填充的图案。

单击"角度"后的▼或直接更改数值，可改变填充图案的角度。

单击"比例"后的▼或直接更改数值，可改变填充图案的比例。

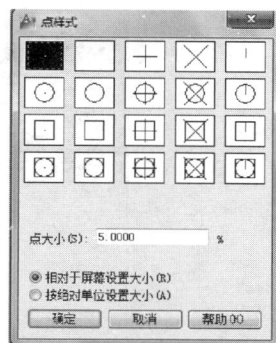

图 1-74 "点样式"
对话框

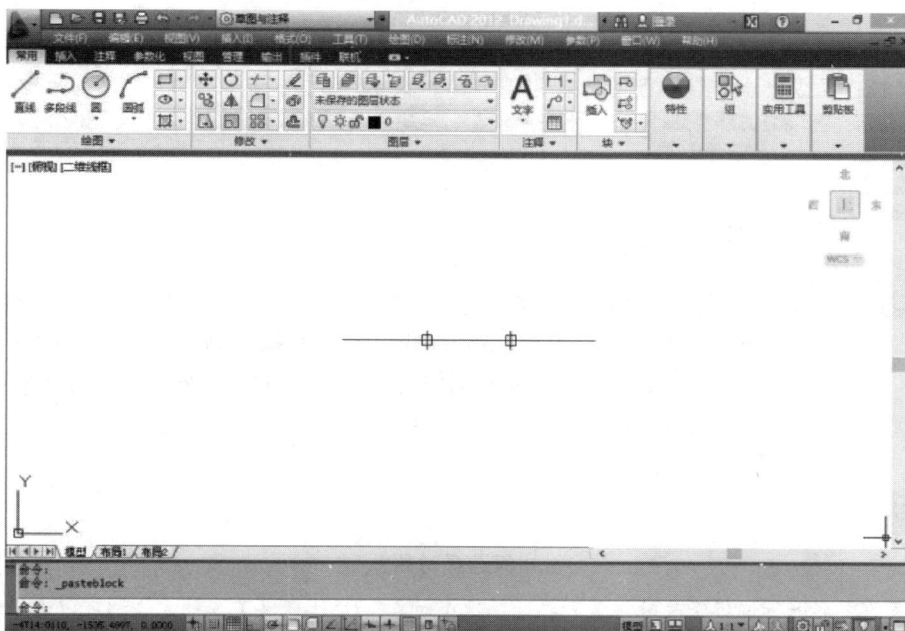

图 1-75 显示线段的三等分点

图 1-76 "边界图案填充"对话框

1.4.1.14 多行文字输入

文字作为图形的补充和说明，在 CAD 设计图中也是非常常用的。

（1）在命令行输入"MT"（Mtext 的缩写）命令。

（2）单击"绘图"工具栏中的 A。

（3）在"绘图"菜单中选择"文字"子菜单，再单击"多行文字"。

命令行提示：_ mtext 当前文字样式：Standard 当前文字高度：2.5。

命令行提示：指定第一角点：（可在绘图区指定输入文本的位置）。

命令行提示：指定对角点或［高度（H）/对正（J）/行距（L）/旋转（R）/样式（S）/宽度（W）/栏（C）］：（可以指定文字的高度，行距等属性）。

接着屏幕上会弹出"文字格式"对话框，如图 1-77 所示，在对话框中可以输入想要编辑的文字，并对文字的字体字号等进行编辑。

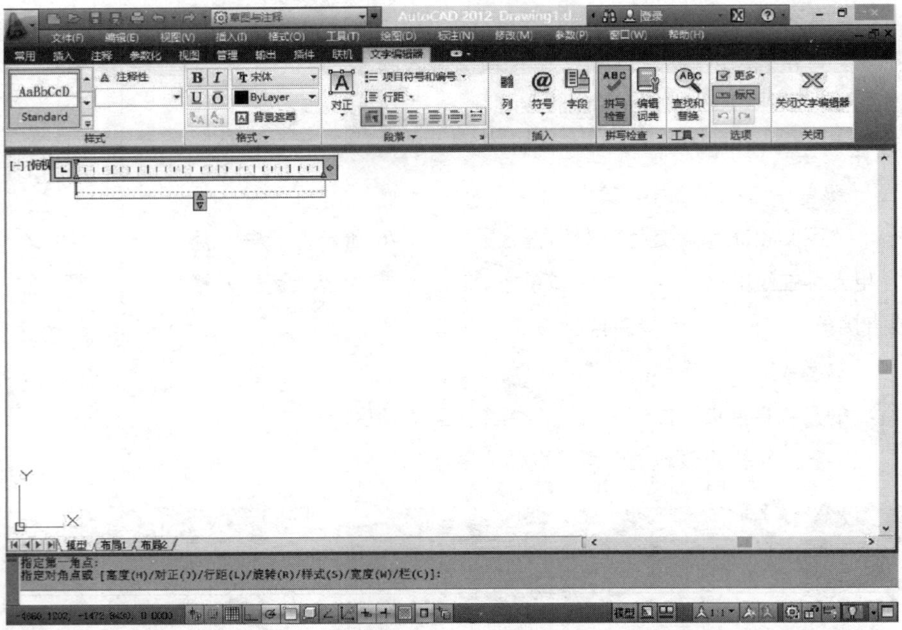

图 1-77　多行文字编辑器

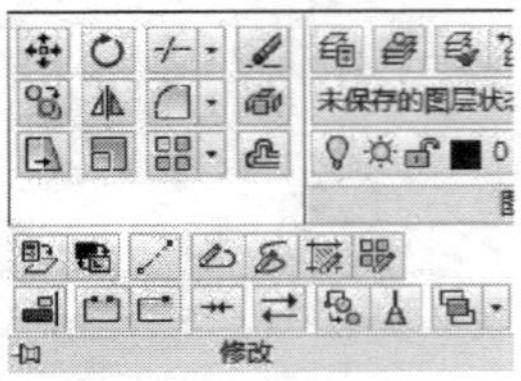

图 1-78　"修改"
工具栏

1.4.2　编辑图形

图形绘制出来难免要进行编辑和修改，AutoCAD 2012 提供了多种编辑命令，利用这些命令可以节省操作步骤，加快绘图的速度。编辑命令是绘图时主要应用的工具，一般情况下，编辑命令的使用占绘图工作量的 60%~80%，编辑命令使用的次数是绘图命令的两倍多，如图 1-78 所示。

小贴士

如何选择对象？

当对绘制出来的图形进行编辑修改时，首先要选择这个对象，CAD 提供了多种方法都可以选择对象。

◆全选。如果要使用一个编辑命令，当执行命令时，命令提示行会提示："选择对象"，这时输入"all"，便可选择所有实体。

◆窗选。这是最常用的一种选择方法，从左边和从右边都可拉出矩形选框，但是选择的对象又有不同。

从左上角或左下角拉出矩形选框，则完全包含在选框内的图形才会被选中，如图 1-79 所示，呈虚线状的对象为选中对象；从右上角或右下角拉出矩形选框，则包括在框内的对象以及框边所触及到的对象都会被选中，如图 1-80所示。

◆点选。常用来选择单独的物体，将选择光标对准对象进行单击，使其呈虚线状即为选中。

1.4.2.1　删除命令

删除命令就像平时绘图时所用到的橡皮，有几种方法可以激活这个命令。

（1）在命令行输入"E"（Erase 的缩写）命令。

（2）在"修改"菜单中选择"删除"命令。

（3）单击"修改"工具栏中的⬚。

执行上述操作之一后，命令行会提示。

"选择对象"，用光标拾取对象之后，按回车键（或者单击右键），删除选中的对象。

图 1-79　从左边拉选择框选中的对象

图 1-80　从右边拉选择框选中的对象

小贴士

怎样快速删除?

想要快速删除物体,只需先选中想要删除的对象,然后按键盘上的 Delete 键即可。

1.4.2.2　复制命令

复制命令可以大大提高作图的效率,有着别的命令不可取代的作用。

(1)在命令行输入"CO"(Copy 的缩写)命令。

(2)在"修改"菜单中选择"复制"命令。

（3）单击"修改"工具栏中的 。

命令行提示："选择对象："用光标拾取所有待复制对象之后，按回车键（或者单击右键）。

命令行提示："指定基点或位移，或者［重复（M）］："用鼠标在绘图区指定一点作为复制基点。

命令行提示："指定位移的第二点或＜用第一点作位移＞："，这时可以直接指定第二点，也可以用光标拉向欲移动复制的方向，从键盘输入欲移动复制的距离（在"正交"开启的情况下，可以准确地为移动复制物体定位），按回车。

例：将椅子复制到两个同样的桌子的同样位置，如图1–81所示。

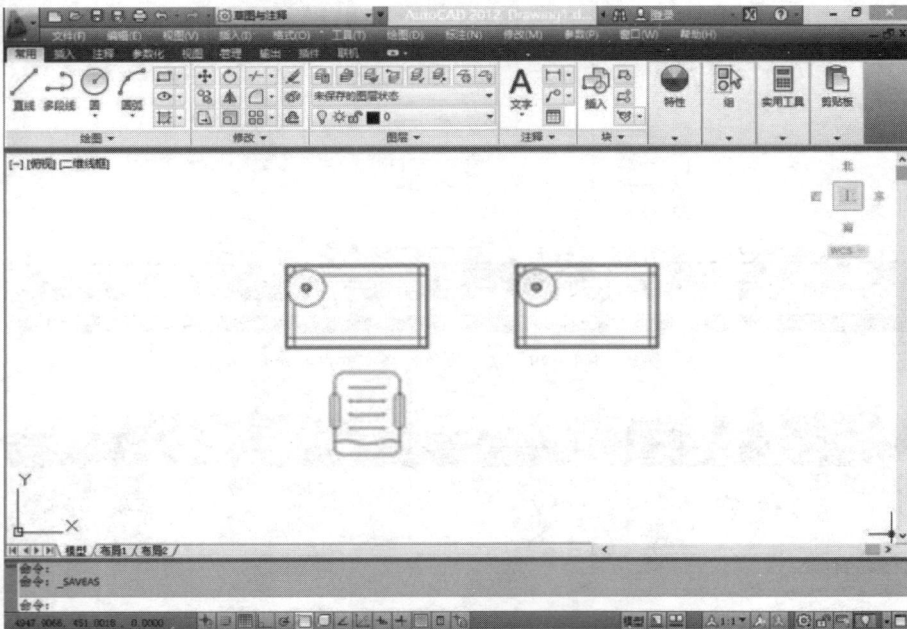

图1–81　想要复制椅子到另一桌子的相同位置

可以选择直接指定第二点的方法，即选中椅子后，以中点为复制基点，以另一个桌子的中点为第二点，如图1–82所示。

图1–82　以中点为基点复制椅子

可以输入一个移动距离，选中椅子后，任意指定一个基点，（保证"正交"打开）将鼠标向右拉，在命令行输入 5097（两个桌子之间的距离，数值仅作举例参考用）后按回车，如图 1 - 83 所示。

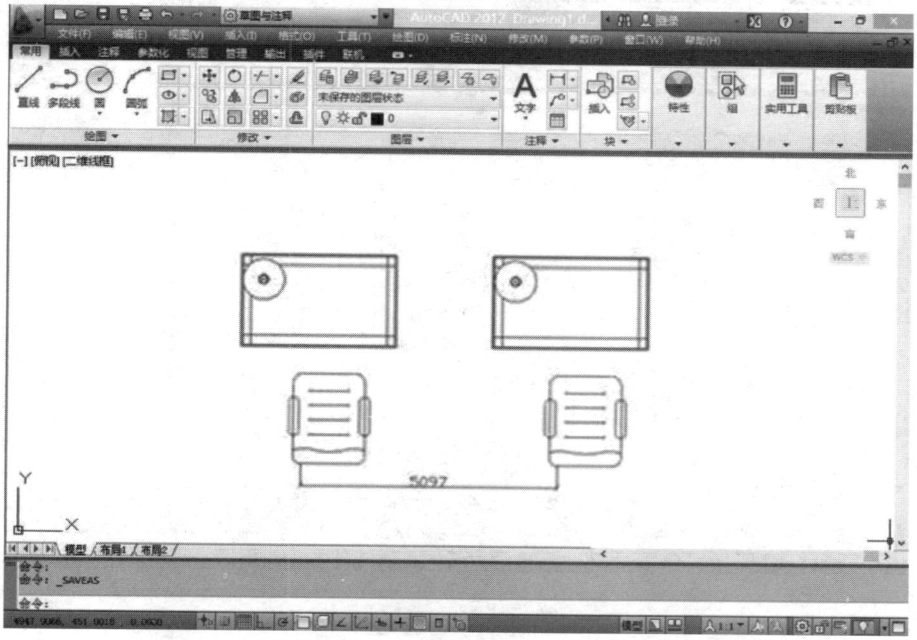

图 1 - 83　输入一个移动距离复制椅子

1.4.2.3　镜像命令

镜像就是以指定的轴为对称轴复制对象，得出的镜像物就如同在镜子中的反射像一样，原物体可以保留也可以删掉。

（1）在命令行输入"MI"（Mirror 的缩写）命令。

（2）在"修改"菜单中选择"镜像"命令。

（3）单击"修改"工具栏中的▲。

命令行提示："选择对象："可以用框选或点选法选择想要镜像的物体。

命令行提示："指定镜像线的第一点："用光标在绘图区指定第一点。

命令行提示："指定镜像线的第二点："用光标指定第二点，如图 1 - 84 所示。

命令行提示："是否删除源对象？［是（Y）/否（N）］＜N＞："直接回车表示不删除源对象，如图 1 - 85 所示，输入"y"表示删除源对象。

1.4.2.4　偏移命令

偏移就是复制源对象到源对象平行的位置，偏移出的对象和源对象保持相同的形状。

（1）在命令行输入"O"（Offset 的缩写）命令。

（2）在"修改"菜单中选择"偏移"命令。

（3）单击"修改"工具栏中的▲。

命令行提示："指定偏移距离或［通过（T）］＜1.0000＞："可以直接从键盘输入想要偏移的距离，也可以在绘图区域用光标指定一段距离作为偏移距离。

命令行提示："选择要偏移的对象或＜退出＞："这时绘图区会出现一个小矩形光标，用它选中想要偏移的物体。

命令行提示："选择要偏移的对象或＜退出＞："在想要偏移的方向单击即可，如果需要还可以继续完成同样距离的偏移，无需附加设制，击右键或回车或空格结束命令。

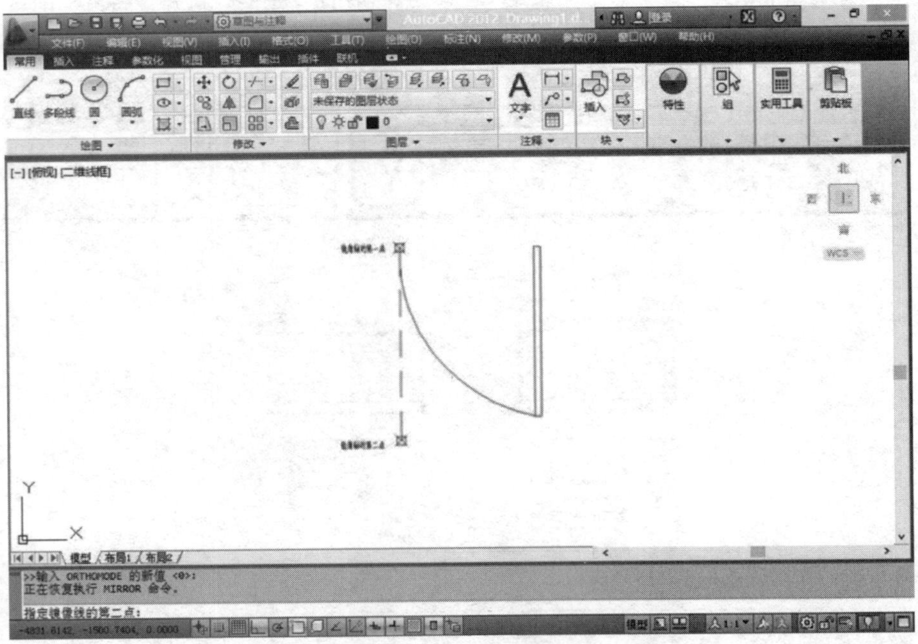

图 1 - 84   确定镜像轴

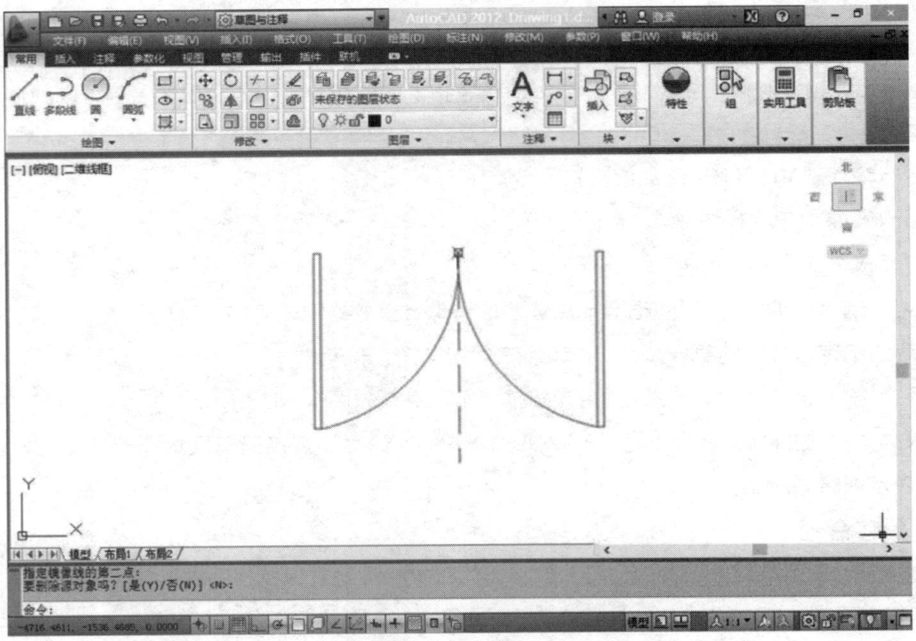

图 1 - 85   不删除源物体镜像

例：将一个 50×40 的矩形向内向外各偏移 10，如图 1 - 86 所示。

1.4.2.5   阵列命令

阵列是一种很高效的复制方法，源对象按照一定的规则成批地进行复制。

（1）在命令行输入"AR"（Array 的缩写）命令。

（2）在"修改"菜单中选择"阵列"命令。

（3）单击"修改"工具栏中的 ⊞ 。

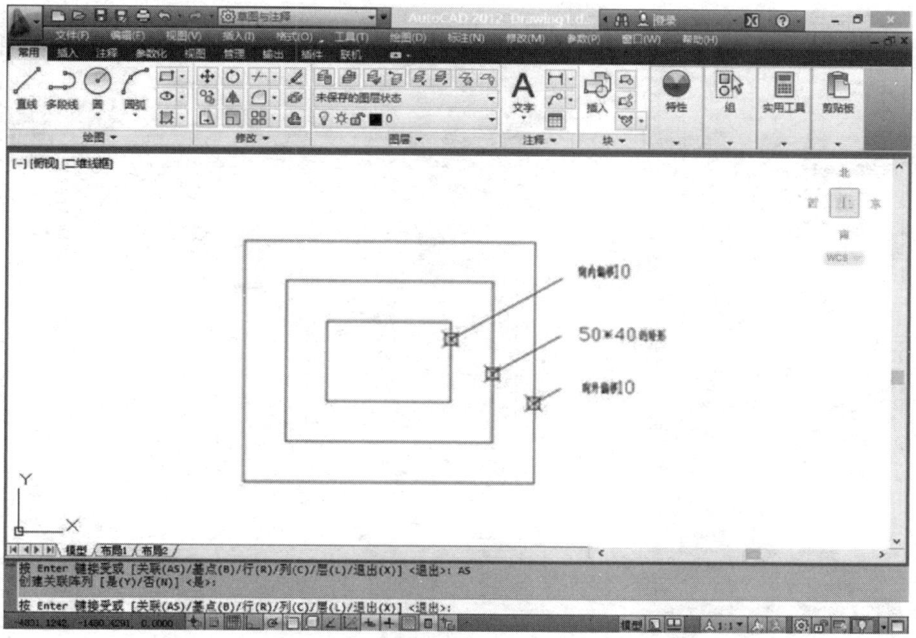

图1-86　偏移矩形

在 AutoCAD 2012 中提供了全新的阵列命令，例如关联阵列，沿路径阵列等。不可否认的是 AutoCAD 的阵列功能现在是超级的强大，并且 AutoCAD 在您选择了一个阵列后，会出现一个 contextual Array ribbon tab，可以在这个页面上对阵列进行更改，如图1-87 所示。

图1-87　"阵列"对话框

1.4.2.6　移动命令

移动是将对象移动到某一合适位置，经常用于调整物体的位置。

（1）在命令行输入"M"（Move 的缩写）命令。

（2）在"修改"菜单中选择"移动"命令。

（3）单击"修改"工具栏中的。

命令行提示："选择对象"，用光标拾取所有待复制对象之后，按回车键（或者单击右键）。

命令行提示："指定基点或位移"，用光标在绘图区指定一点作为移动基点。

命令行提示："指定基点或位移：指定位移的第二点或＜用第一点作位移＞："，这时可以直接指定第二点（捕捉打开，可以帮助准确定位），也可以用光标拉向想要移动复制的方向，从键盘输入想要移动复制的距离（在"正交"开启的情况下，可以准确地为移动复制物体定位），按回车。

例：移动门至门框的位置，如图1-88 和图1-89 所示。

1.4.2.7　旋转命令

旋转命令是将对象绕指定的基点旋转一个角度，操作近似于移动命令。

（1）在命令行输入"RO"（Rotate 的缩写）命令。

（2）在"修改"菜单中选择"旋转"命令。

（3）单击"修改"工具栏中的。

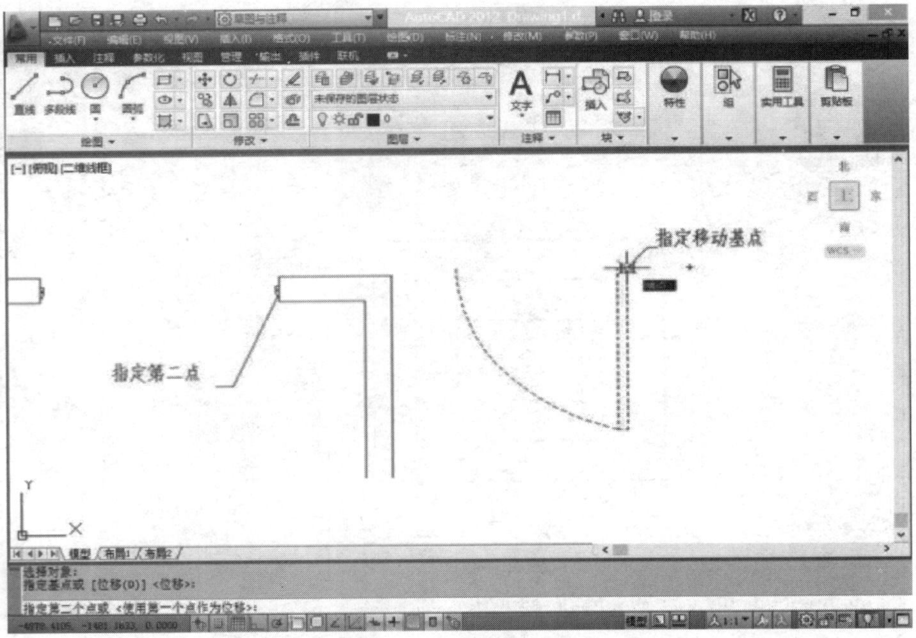

图 1－88 指定移动基点

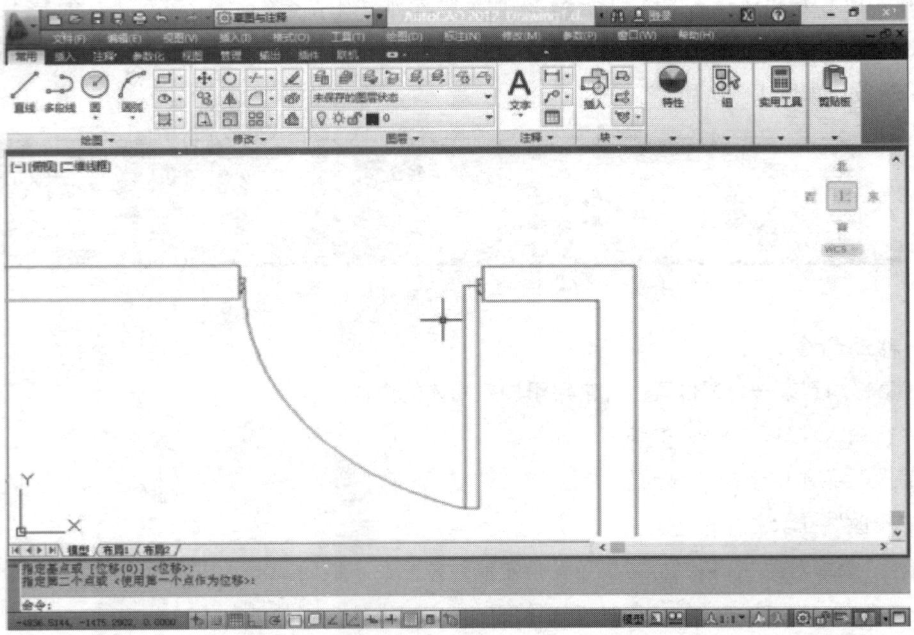

图 1－89 移动门到指定位置

命令行提示："选择对象"，用光标拾取所有待旋转对象之后，按回车键（或者点击右键）。

命令行提示："指定基点"，用光标在绘图区指定一点作为移动基点。

命令行提示："指定旋转角度或 ［参照 （R）］："，这时可以直接输入一个旋转角度，后按回车。

例：逆时针旋转门 90°，如图 1－90 和图 1－91 所示。

1.4.2.8 缩放命令

缩放是将某一对象的尺寸按一定比例进行放大或缩小。

（1）在命令行输入 "SC"（Scale 的缩写）命令。

（2）在 "修改" 菜单中选择 "缩放" 命令。

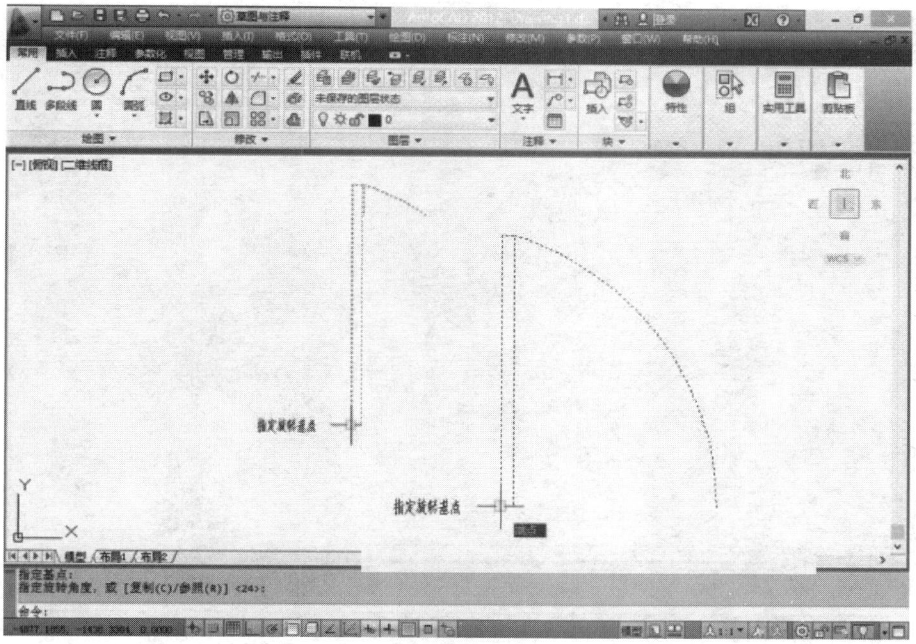

图 1-90　指定基点旋转门

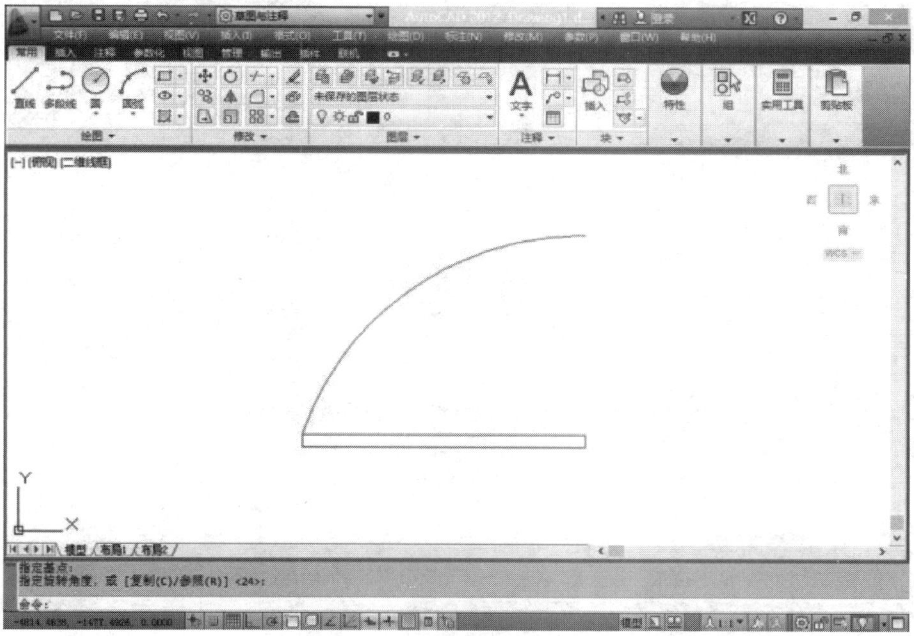

图 1-91　逆时针旋转门 90°

（3）单击"修改"工具栏中的 □ 。

命令行提示："选择对象"，用光标拾取所有待缩放对象之后，按回车键（或者单击右键）。

命令行提示："指定基点"，用光标在绘图区指定一点作为缩放基点。

命令行提示："指定比例因子或［参照（R）］:"，输入放大或缩小的倍数，按回车。

例：放大和缩小植物，如图 1-92 和图 1-93 所示。

1.4.2.9　拉伸命令

将某个对象的尺寸在一定方向上进行拉长或缩短是拉伸命令的主要作用。

（1）在命令行输入"S"（Stretch 的缩写）命令。

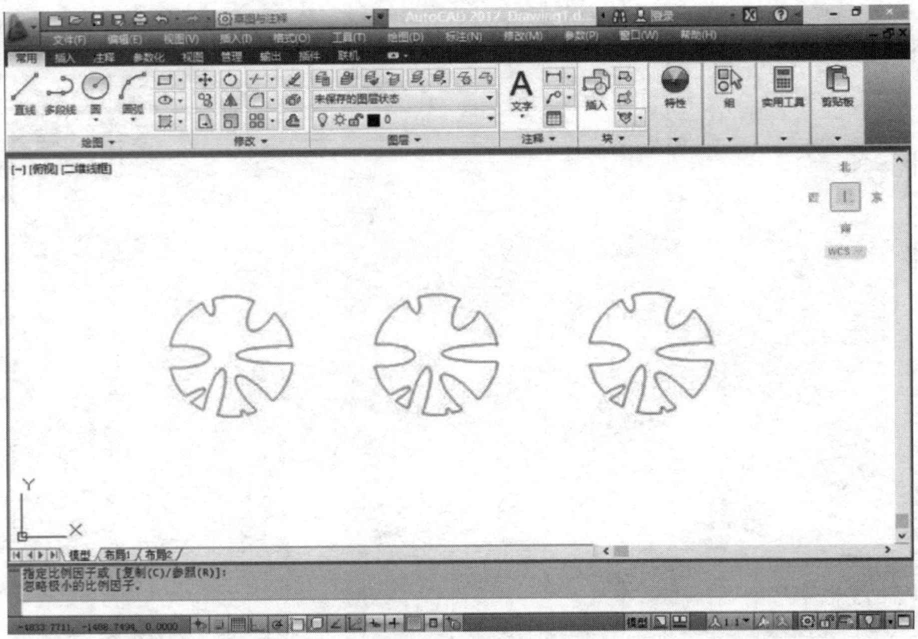

图 1-92　缩放前的植物

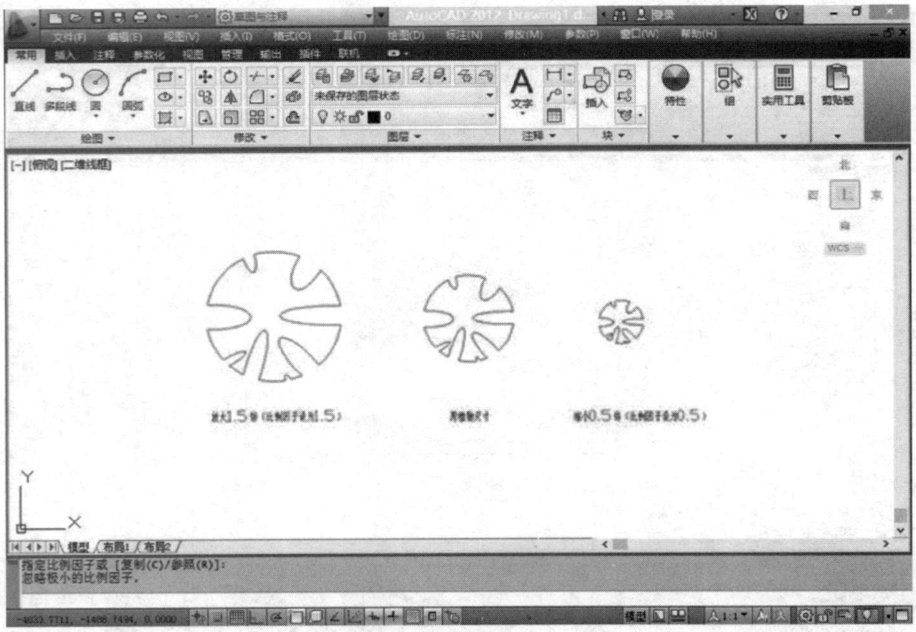

图 1-93　缩放后的植物

（2）在"修改"菜单中选择"拉伸"命令。

（3）单击"修改"工具栏中的 。

命令行提示："选择对象"，用光标拾取待拉伸对象之后，按回车键（或者单击右键）。

注意：对象选择一定要从右上角或右下角窗选，保证选择完整，如图 1-94 所示，虚线为选中对象；拉伸后的结果如图 1-95 所示。

1.4.2.10　修剪命令

修剪是指将对象的某一部分从指定边界以外裁掉或擦除。

（1）在命令行输入"TR"（Trim 的缩写）命令。

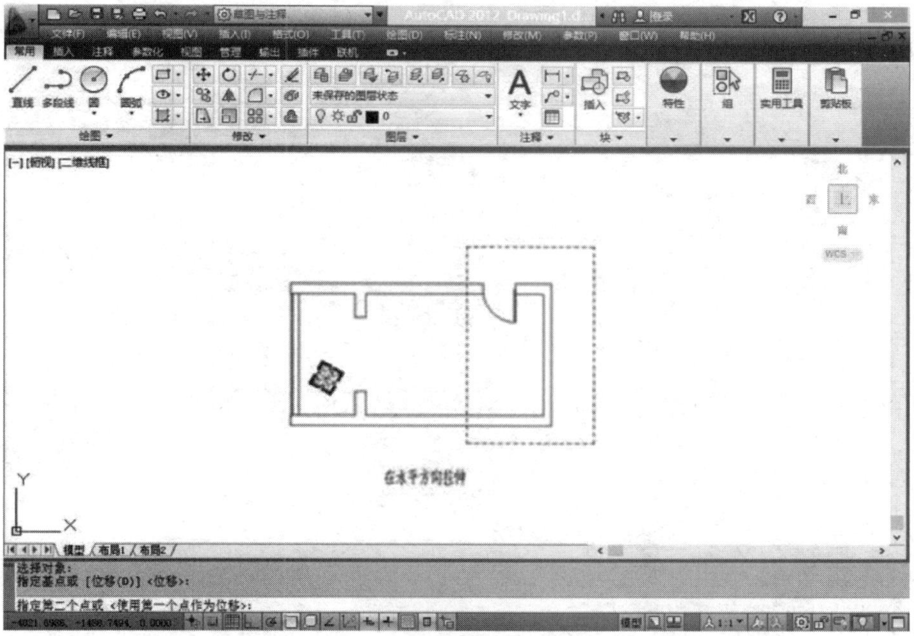

图 1-94　选择对象进行水平拉伸

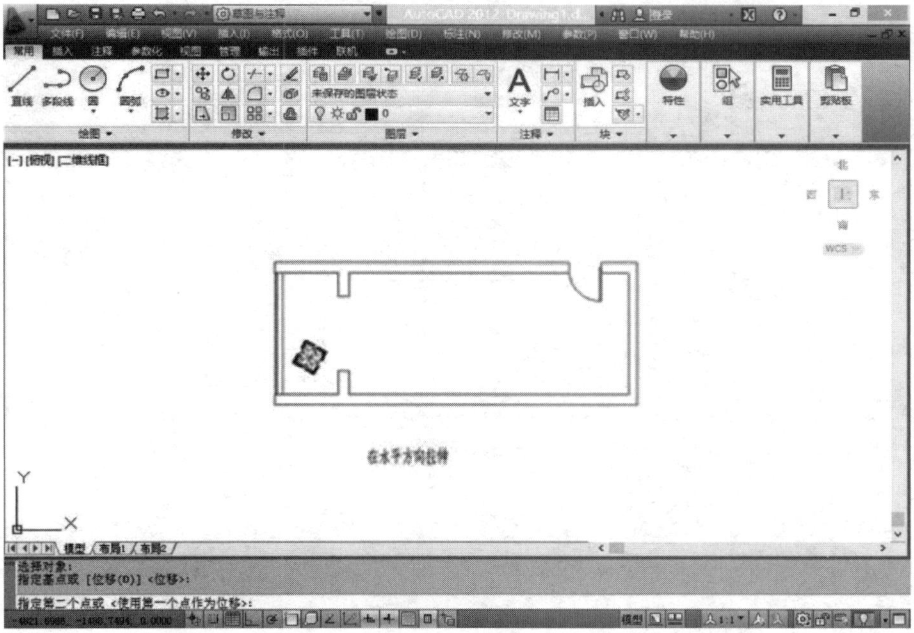

图 1-95　将选中对象向右水平拉伸 2000

（2）在"修改"菜单中选择"修剪"命令。

（3）单击"修改"工具栏中的✄。

命令行提示："选择对象"，这时可以用光标在绘图区单击作为修剪边界的对象，使之呈虚线显示（可以是多个对象），按右键或回车确认，如图 1-96 所示。

命令行提示："选择要修剪的对象，按住 Shift 键选择要延伸的对象，或［栏选（F）/窗交（C）/投影（P）/边（E）/删除（R）/放弃（U）］:"，这时单击要修剪的对象，全部修剪完毕后按回车或右键结束命令，如图 1-97所示。

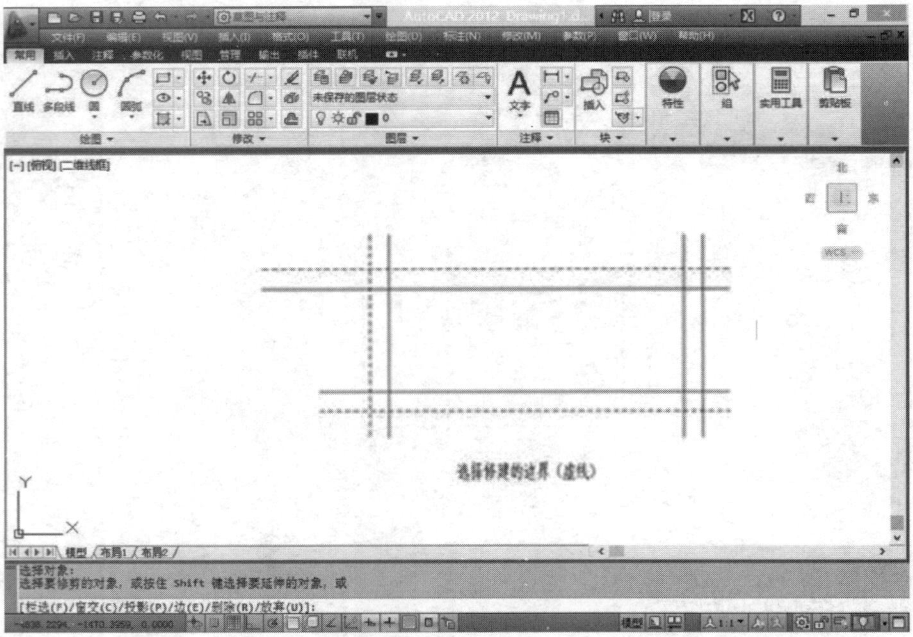

图 1-96　选择修剪边界

图 1-97　修剪后的图形

1.4.2.11　延伸命令

延伸命令的操作类似于修剪命令，但操作结果却与之相反，是将对象延伸到某指定边界。

（1）在命令行输入"EX"（Extend 的缩写）命令。

（2）在"修改"菜单中选择"延伸"命令。

（3）单击"修改"工具栏中的 ⊣/。

命令行提示："选择对象"，这时可以用光标在绘图区点击作为延伸边界的对象，使之呈虚线显示（可以是多个对象），按右键或回车确认，如图 1-98 所示。

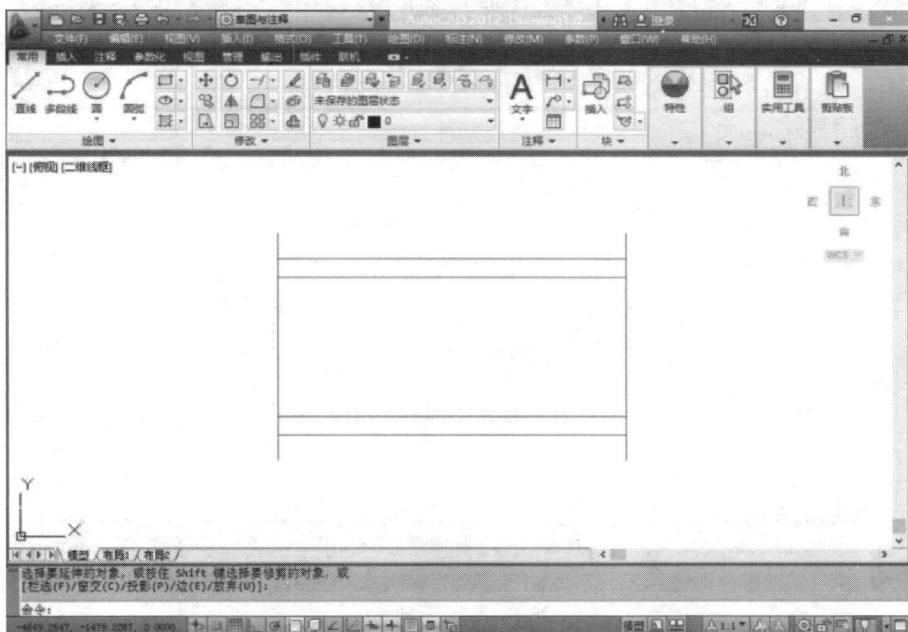

图 1-98　选择延伸边界

命令行提示："选择要修剪的对象，按住 Shift 键选择要延伸的对象，或［栏选（F）/窗交（C）/投影（P）/边（E）/放弃（U）］："，这时单击要延伸的对象，延伸完毕后按回车或右键结束命令，如图 1-99 所示。

图 1-99　延伸结果

小贴士

为什么无法延伸？

为什么选择了延伸边界，却无法延伸想要延伸的对象，如图 1-100 所示。

这是因为对象的延长线未与边界相交，可以采取下面的办法解决这个问题。

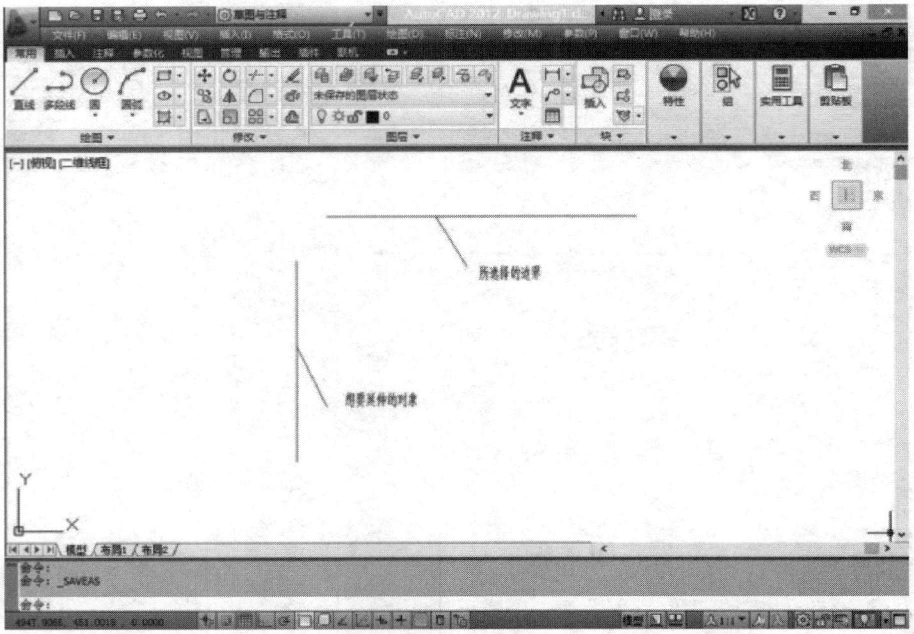

图1-100　无法延伸对象

（1）如果延伸边界可以延长，那么延长这个边界到可以与延伸对象相交的位置，如图1-101所示。

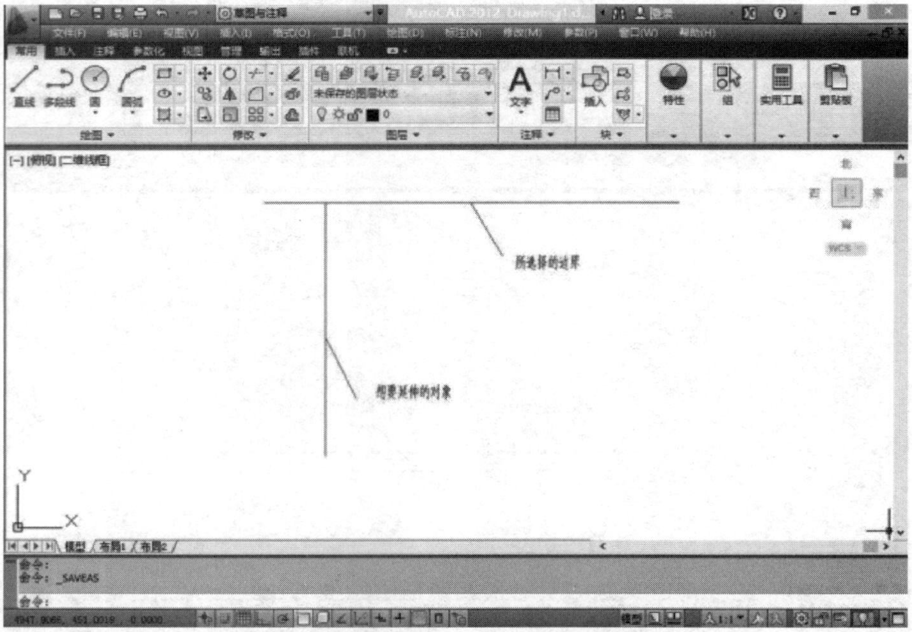

图1-101　延长选择边界

（2）也可以先选择好延伸边界，单击右键确认后。

命令行会提示："选择要延伸的对象，按住Shift键选择要修剪的对象，或［栏选（F）/窗交（C）/投影（P）/边（E）/放弃（U）］："，不要直接选择延伸对象，在命令行输入字母"E"，选择"边"的选项。

命令行又提示："输入隐含边延伸模式［延伸（E）/不延伸（N）］＜不延伸＞："，输入"E"选择隐含边延伸模式。

这时再选择想要延伸的对象即可，如图1-102所示。

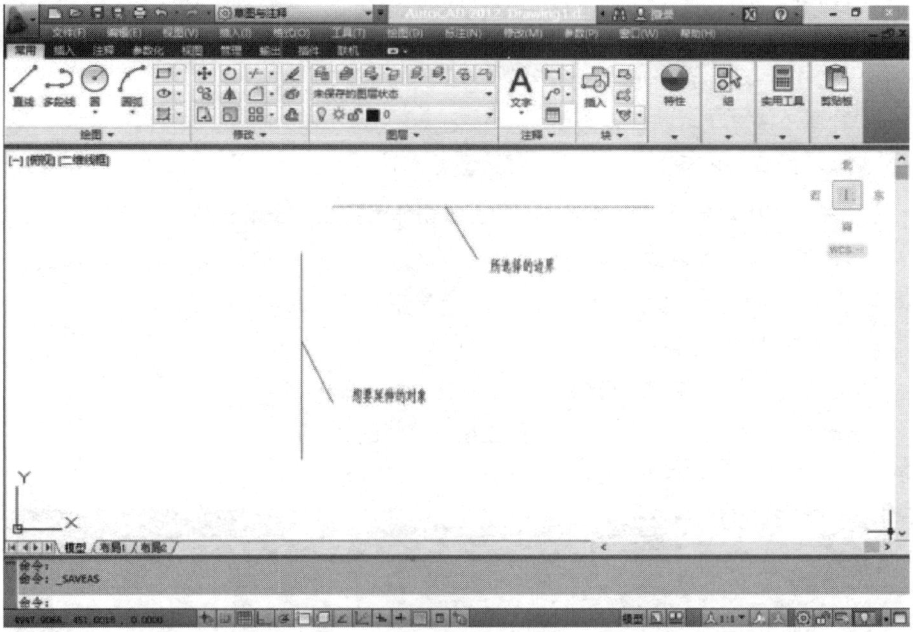

图1-102 选择隐含边延伸模式延伸对象图

1.4.2.12 打断于点命令

打断于点命令主要用于断开实体,将一个对象分解为两个。

单击"修改"工具栏中的。

命令行提示:"选择对象",这时可以用光标在绘图区单击选择要打断的对象。

命令行提示:"指定第二个打断点或［第一点(F)］:f","指定第一个打断点:",用光标在选择对象上指定一点作为打断点,则原实体被分解成两个单独实体,如图1-103所示。

图1-103 打断于点

1.4.2.13 打断命令

打断命令可以删除对象的一部分，常用于打断直线、曲线、圆、多边形、圆弧、椭圆等。

（1）在命令行输入"BR"（Break 的缩写）命令。

（2）在"修改"菜单中选择"打断"命令。

（3）单击"修改"工具栏中的 🖵。

命令行提示："_ break 选择对象："，用光标在绘图区单击作为打断对象的实体，使之呈虚线显示。

命令行提示："指定第二个打断点或［第一点（F）］："，如果直接在打断对象上单击，则这一点被默认为第二点，上一步选择对象时的单击点被默认为打断的第一点，选择对象将在此两点间被打断。

也可以在命令行后输入"F"后回车。

命令行提示："指定第一个打断点："在选择对象上指定打断的第一点。

命令行提示："指定第二个打断点："在选择对象上指定打断的第二点。

选择对象将在选择的两点之间被打断，如图 1−104 所示。

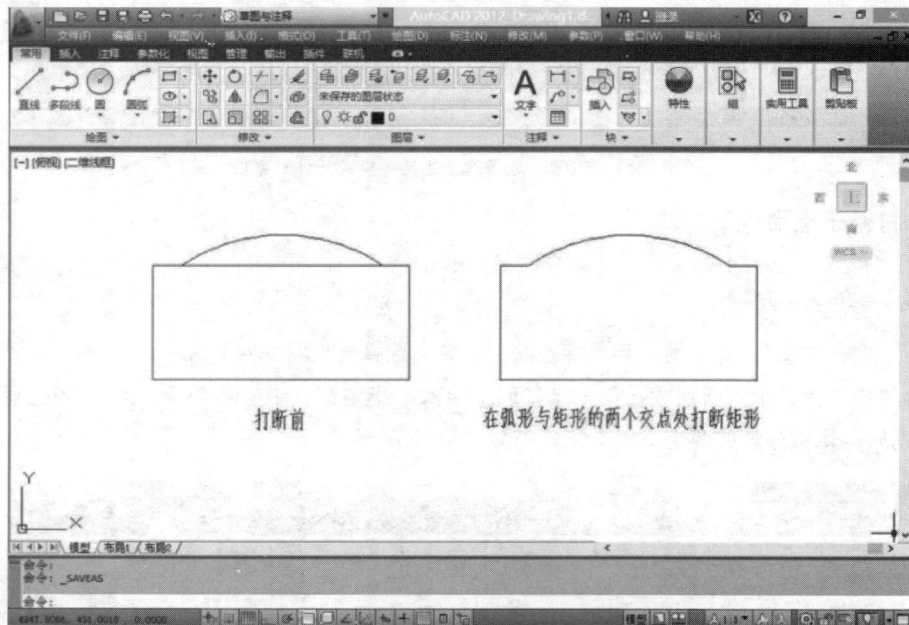

图 1−104　打断一个矩形

1.4.2.14 倒角命令

倒角命令是以指定距离斜切选定交线的两条边，使相交的两条直线的交点处形成倒角形。

（1）在命令行输入"CHA"（Chamfer 的缩写）命令。

（2）在"修改"菜单中选择"倒角"命令。

（3）单击"修改"工具栏中的 🖵。

命令行提示：选择第一条直线或［多段线（P）/距离（D）/角度（A）/修剪（T）/方法（M）］：。

（1）多段线（P）。对多段线每个顶点进行倒角操作，如图 1−105 所示。

（2）距离（D）。设定倒角距离（系统初始默认为 10），若将倒角距离设为零，则倒角使两个对象交于一点，如图 1−106 所示。

（3）角度（A）。指定倒角角度，如图 1−107 所示。

（4）修剪（T）。设置倒角时是否修剪对象，如图 1−108 所示。

（5）方法（M）。设置倒角方式使用两个倒角距离或者使用一个距离一个角度来创建倒角。

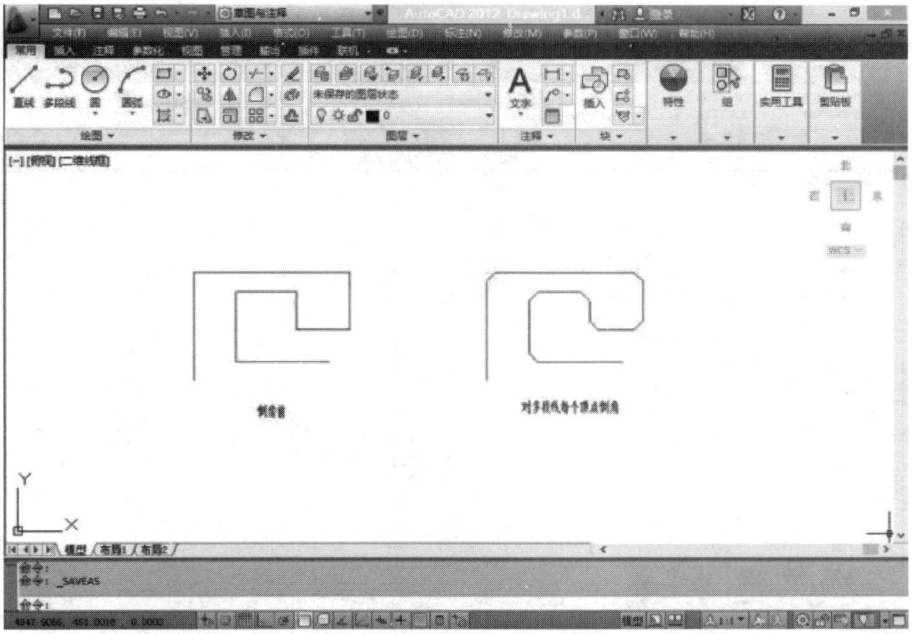

图1-105 对多段线进行倒角

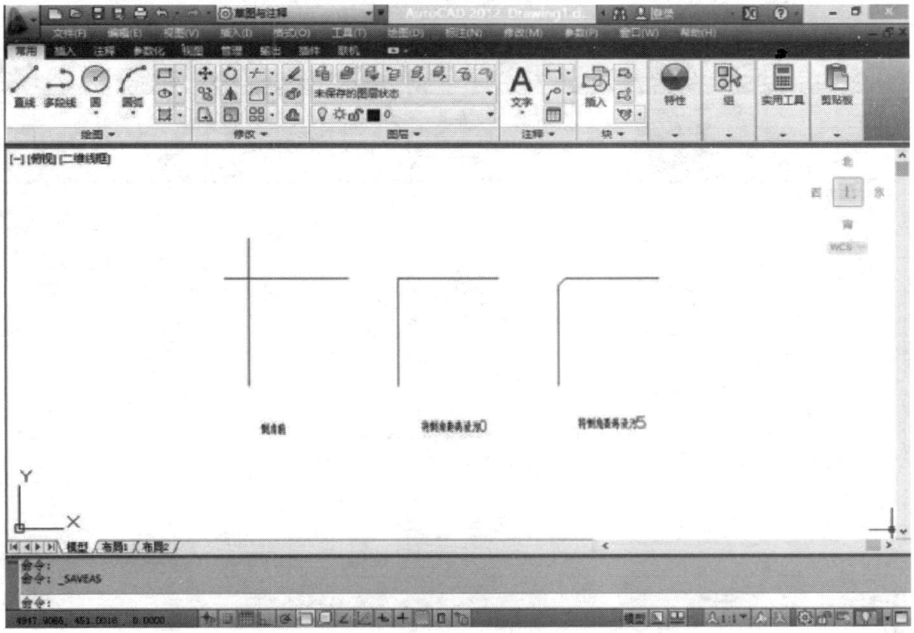

图1-106 设定倒角距离

1.4.2.15 圆角命令

圆角命令是利用指定半径的圆弧光滑地连接两个对象，操作类似于倒角命令。

（1）在命令行输入"F"（Fillet的缩写）命令。

（2）在"修改"菜单中选择"圆角"命令。

（3）单击"修改"工具栏中的 。

命令行提示：选择第一个对象或［多段线（P）/半径（R）/修剪（T）］：。

（1）多段线（P）。对多段线每个顶点进行圆角操作。

（2）半径（R）。设定圆角半径（系统初始默认半径为10）。

图 1－107　设定倒角角度

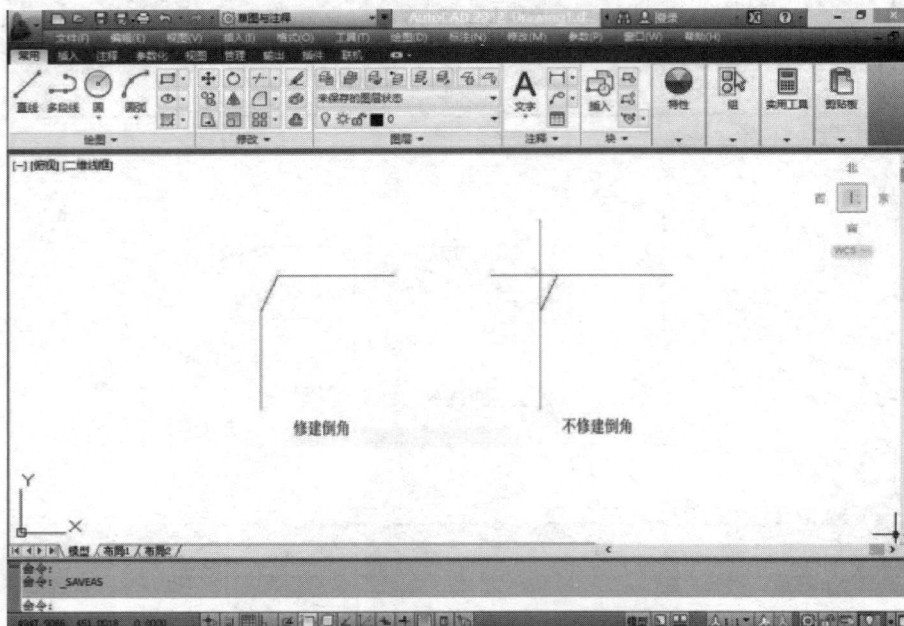

图 1－108　设置修剪倒角

（3）修剪（T）。设置倒圆角时是否修剪对象。

这些操作类似于倒角命令，如图 1－109 所示，具体可参照"倒角命令"。

1.4.2.16　分解命令

分解命令也称为炸开命令，可以将多段线、块、标注和面域等合成对象分解成它的部件对象。

（1）在命令行输入"Explode"命令。

（2）在"修改"菜单中选择"分解"命令。

（3）单击"修改"工具栏中的 ◢。

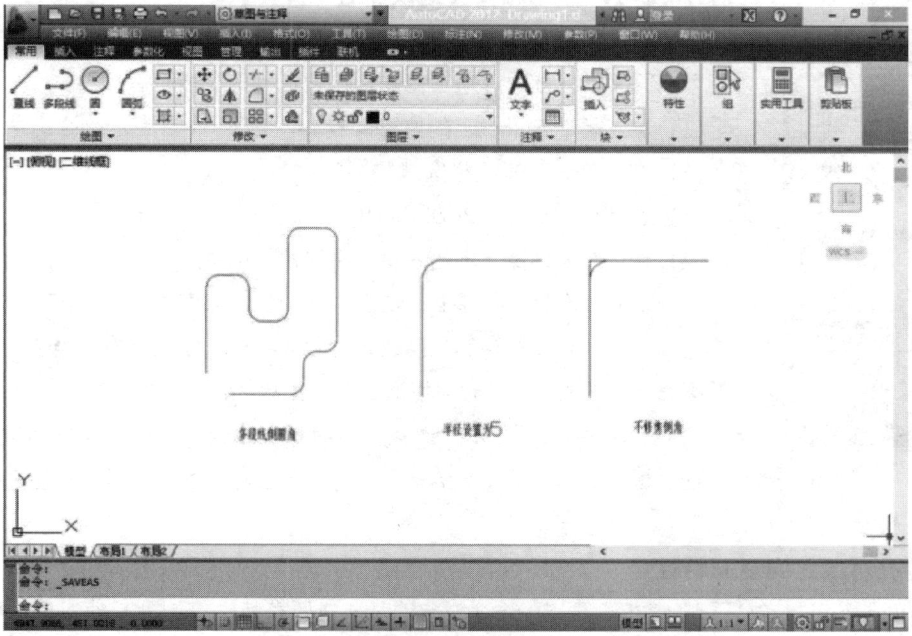

图 1－109　倒圆角图

命令行提示："选择对象"，选择想要炸开的图形，全部选完后，单击右键或按回车，即完成炸开命令。图形被分解后，往往从一个整体分解为多个小个体，如图 1－110 所示。

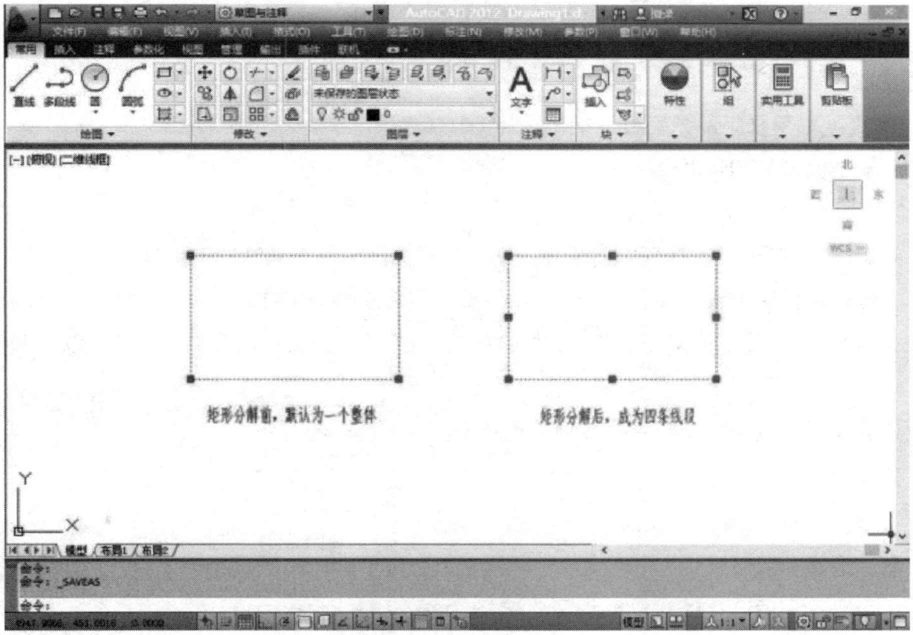

图 1－110　矩形被分解

1.4.3　控制对象的特性

在 AutoCAD 2012 绘图环境下绘制的任何对象不仅具有某些共同的特性，还具有区别于其他某些对象的独有特性。例如，直线就不具备圆的独有特性，如圆心和半径，而圆又不具备直线的特性，如长度，但是它们可能有相同的颜色，或在相同的图层，具有同样的打印样式等。本节将讲述这些特性的使用。

图 1-111 "特性"选项板

1.4.3.1 显示和修改对象特性

在"特性"选项板中可以查看和修改对象所有特性的设置。

可以通过以下方法打开"特性"选项板（对象特性管理器）。

（1）单击标准工具栏上的按钮：⊞。

（2）在"修改"工具栏选"特性"。

（3）在命令行输入：PROPERTIES，快捷键为 Ctrl + 1。

（4）选中某一对象，单击右键，在快捷菜单中选择"特性"。

执行以上操作后，会弹出"特性"选项板，如图 1-111 所示。

在"特性"选项板中列出了选定对象或者对象集的特性的当前设置。可以通过指定新值进行特性的修改，也可以通过下拉菜单选择不同的设置。当选择多个对象的时候，"特性"选项板只显示对象集中所有对象的公共特性。如果尚未选择对象，"特性"选项板只显示当前图层的基本特性、图层附着的打印样式表的名称、查看特性以及关于 UCS 的信息。

1.4.3.2 在对象之间复制特性

AutoCAD 2012 提供"特性匹配"功能，可以将一个对象的某些或所有特性复制到其他对象。可以复制的特性类型包括：颜色、图层、线型、线型比例、线宽、打印样式和厚度等。

默认情况下，所有可以应用的特性都自动地从选定的第一个对象复制到其他对象。如果不希望复制某些特定的特性，可以使用"设置"选项禁止复制该特性。可以在执行该命令的过程中随时选择"设置"选项。其具体操作步骤如下。

执行"特性匹配"命令，可以使用以下途径。

（1）单击工具栏按钮：⊞。

（2）单击"修改"菜单栏中的"特性匹配"。

（3）在命令行输入：MATCHPROP。

这时命令行提示：命令：'_matchprop。

命令行提示：选择源对象：（光标变为一个小方块，用它点选要复制其特性的对象）。

命令行提示：选择目标对象或［设置（S）］：如果要控制传递某些特性，可以在命令行输入 s（选择设置）并回车（或者按空格键）。在弹出的"特性设置"对话框中，清除不希望复制的项目（默认情况下所有项目都打开）。选择"确定"，如图 1-112 所示。

如果不希望更改设置，直接选择要修改其特性的对象。之后，光标变为 的形状。

命令行提示：选择目标对象或［设置（S）］：（用光标继续点选目标对象，按回车键结束）。

在绘图区域就可以看到后选择的对象继承了先选择对象的特性。

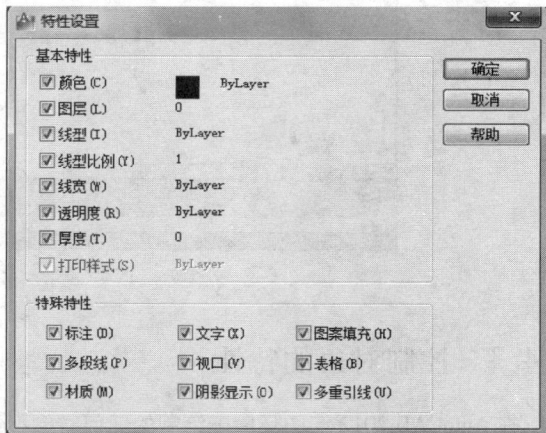

1.4.4 文字注释

完整的图纸可能包括复杂的技术要求、标题栏信息、标签等诸多的文字注释。AutoCAD 相应提供了多种文字注释的方法。对简短的文字输入可以使用单行文字工具；对带有某种格式的较长的文字输入可以使用多行文字工具；也可以输入带有引线的多行文字。

图 1-112 "特性设置"

所有输入的文字，其字体、格式、外观都由文字样式来定义。用户还可以利用系统提供的工具方便地更改文字比例，对齐文字、查找和替换文字以及检查拼写错误。

1.4.4.1 文字样式

AutoCAD 图形中所有文字的特征都由文字样式来控制。输入文字时，默认使用的是被设置为当前的文字样式，其中包含字体、字号、角度、方向和其他文字特征的信息。

用户自己可以创建和加载新的文字样式，并修改特征、更改名称或者在不再需要的时候删除文字样式。

可以通过以下方法打开文字样式对话框进行设置。

（1）单击文字工具栏按钮：![A] （需要通过工具菜单/工具栏/AutoCAD，添加文字工具栏）。

（2）单击"格式"菜单中的"文字样式"。

（3）在命令行输入：style。

运行命令后，弹出"文字样式"对话框，如图 1 - 113 所示。

（1）样式名。

"样式名"下拉列表框列出了当前可以使用的文字样式，一般默认为 Standard。在这里可以通过单击"新建"按钮，打开"新建文字样式"对话框，创建新的文字样式，指定个人习惯的字体和效果或者引用公司的统一样式。

（2）字体。

图 1 - 113 "文字样式"对话框

"字体"选项组可以设置文字样式使用的字体和字高等属性。选定"使用大字体"后，该选项变为"大字体"，用于选择大字体文件。在文字高度一栏中如果设置为 0.00，那么在输入文字时，将会再次提示输入文字高度，如果在此预先设置好高度，那么以后的文字输入将默认使用这里设置的高度值。

（3）效果。

效果包括文字颠倒、反向、垂直、宽度比例、倾斜角度（值为正时文字向右倾斜，值为负时文字向左倾斜）的设置，选择后，可以方便地在预览栏中看到效果。

1.4.4.2 单行文字

单行文字适用于字体单一、内容简单，一行就可以容纳的注释文字。如室内装饰中各表面装饰材料的标注。其优点在于，使用单行文字命令输入的文字，每一行是一个编辑的对象，可以方便地移动、旋转、删除。

可以通过以下方法调用单行文字命令。

（1）单击文字工具栏按钮：![A!] （需要从"工具"菜单/工具栏/AutoCAD 中调出文字工具栏）。

（2）在"绘图"菜单中单击"文字/单行文字"。

（3）在命令行输入：dtext。

运行命令后出现提示

当前文字样式：STANDARD，当前文字高度：3.500，指定文字的起点或［对正（J）/样式（S）］。

可以有以下操作选择。

（1）输入 J（不分大小写），出现提示。

［对齐（A）/调整（F）/中心（C）/中间（M）/右（R）/左上（TL）/中上（TC）/右上（TR）/左中（ML）/正中（MC）/右中（MR）/左下（BL）/中下（BC）/右下（BR）］。

选择对正方式，各种选择只要按照命令行提示，进行操作即可。各种对齐点的位置可以参照图 1 - 114。

（2）输入 S（不分大小写）。

命令行提示：输入样式名或［?］＜Standard＞：（可以直接输入文字样式的名字，直接回车就选择默认的样式）。

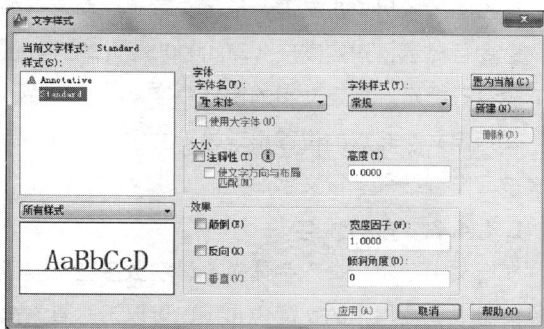

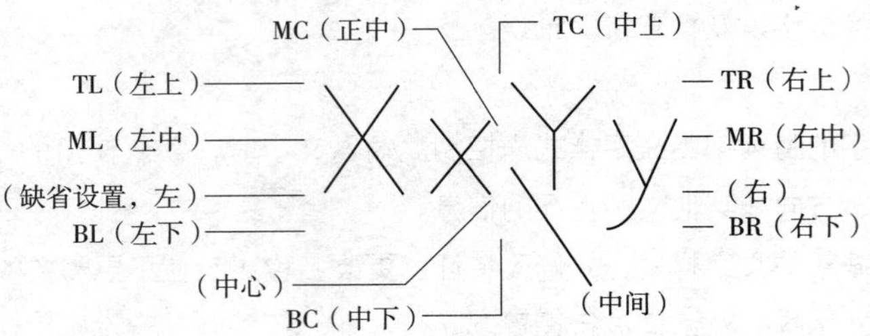

图1-114　各种对齐点的位置

在绘图区域用单击左键，指定文字起点后，有如下提示。

命令行提示：指定高度<25.0000>：（输入数值后，回车或者按空格键）。

命令行提示：指定文字的旋转角度<0>：（输入数值后，回车或空格确定）。

在指定文字起点的位置出现输入文字的提示符号I，输入需要的文字。按回车键，换行继续输入下一行，连续两次按回车键结束单行文字命令。

1.4.4.3　多行文字

多行文字适用于输入字体复杂、字数多甚至整段的文字。使用多行文字输入文字后，文字由任意数目的文字行或段落组成，在指定的宽度内布满，可以沿垂直方向无限延伸。

不论行数多少，单个编辑任务创建的段落集将构成单个对象。用户可对其进行移动、旋转、删除、复制、镜像或缩放操作。

多行文字的编辑选项要比单行文字多。例如，可以对段落中的单个字符、词语或短语添加下划线、更改字体、变换颜色和调整文字高度。

可以通过以下方法调用多行文字命令。

（1）单击绘图工具栏按钮：**A**。

（2）单击"绘图"菜单中的"文字/多行文字"。

（3）在命令行输入：mtext（快捷键T）。

命令行提示：指定第一角点：（用左键在绘图区域单击）。

命令行提示：指定对角点或［高度（H）/对正（J）/行距（L）/旋转（R）/样式（S）/宽度（W）/栏（C）］。

这时可以通过命令行输入字母来调节相应特性。调整后再指定对角点，会弹出一个由顶部带标尺的边框和"文字格式"工具栏构成的多行文字编辑器。

编辑器的文字边框用于定义多行文字对象中段落的宽度（从左到右的横向为宽），控制文字自动换行到新行的位置。但是，多行文字对象的长度取决于文字的数量，而不是边框的长度（从上到下的纵向为长）。

所输入文字的大多数特征由文字样式控制。在文字格式对话框中可以选择文字样式、字体、字高、格式（粗体、斜体、下划线\\上划线）、颜色，还可以通过右键单击文本输入框，在弹出的快捷菜单上调整"缩进和制表位"、"段落对齐"、"大小写"以及输入符号。

一般制图常用的符号有：度数、正负号和直径。其他的特殊符号需要在上面的右键快捷菜单中点击"符号/其他"，在"字符映射表"中选择，或者在Word等软件中粘贴过来。

度数、正负号、直径的输入方法如图1-115所示。

得到效果如图1-116所示。

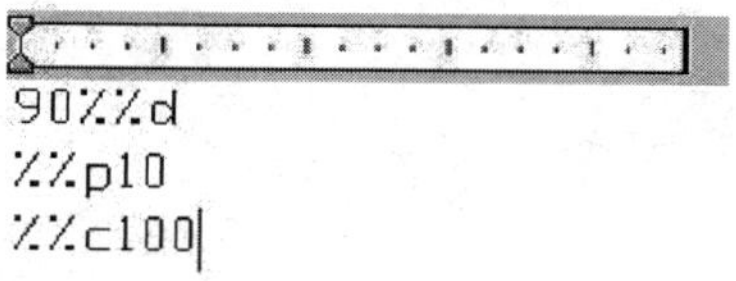

90%%d
%%p10
%%c100

图 1－115　输入格式图

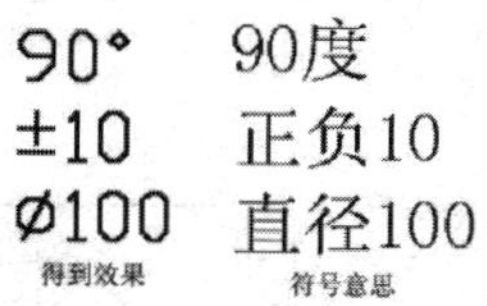

90°　90度
±10　正负10
Ø100　直径100
得到效果　符号意思

图 1－116　得到效果

就是说在 AutoCAD 中，％％d 表示度数符号；％％p 表示公差的正负号；％％c 表示直径符号。可以通过键盘输入这些符号，也可以使用右键在符号展开栏中选择输入。

需要注意的是，在输入汉字的时候，对于字体的选择。默认是使用 Txt 字体 txt.shx，如果切换输入法为输入中文的输入法（如智能 ABC 等），则字体自动切换到宋体 宋体。

在文字编辑器中的标尺具有和 Word 等文字处理软件中的标尺同样的作用。拖动上面的倒三角可以控制一个段落内的第一行的缩进，比如说，首行空两格；拖动下面的三角可以控制这个段落内除第一行外其他行的缩进，就是说，这一个段落从哪里开始写。如果段落中需要有表格或者分条分款的列出某些内容，就需要考虑各个不同层级的起始位置，这就需要使用制表符。

小贴士

如何输入堆叠的文字，如分数、公差等？

◆输入斜杠"/"：垂直地堆叠文字，由水平线分隔。

◆输入符号"#"：对角地堆叠文字，由对角线分隔。

◆输入插入符"^"：创建公差堆叠，不用直线分隔。

1.4.4.4　文字的修改

（1）单行文字的修改。

对于单行文字，如果需要修改其内容，可以双击需要修改的文字，或者选中后按回车键（空格键也可以）。或在命令行输入 Ddedit 命令。则文字变为带底色的区域。可以直接在该区域中重新更改或输入新的内容。

（2）多行文字的修改。

对于多行文字，双击或者选中后回车将弹出"多行文字编辑器"，同样可以方便修改。

另外"文字工具栏"还提供了"编辑文字"、"查找和替换"、"缩放文字"、"对正文字"等便捷工具。在用户掌握基本操作后，这些工具自然会无师自通，得心应手。

1.4.5　尺寸标注

不论是建筑、室内还是家具，完整的图纸都必须包括尺寸标注。

1.4.5.1　尺寸标注的基本概念

AutoCAD 提供对各种标注对象设置标注格式的方法。可以在各个方向上为各类对象创建标注。也可以利用事先根据行业或项目标准创建好的标注样式，快速地标注图形。

标注显示了对象的测量值、对象之间的距离、角度或者特征距指定原点的距离。AutoCAD 提供了 3 种基本的标注类型：线性、半径和角度。标注可以是水平、垂直、对齐、旋转、坐标、基线或连续。图 1－117 中列出了几种简单的示例。

标注作为实体，具有以下独特的元素：标注文字、尺寸线、箭头和尺寸界线，如图 1－118 所示。

尺寸线在建筑及家具制图规范中为细实线，用于指示标注的方向和范围。对于角度标注，尺寸线是一段圆弧。

箭头，也称为起止符号，显示在尺寸线的两端，指示标注的起始位置。因各行业制图标准不同，箭头有不同尺寸和形状。

图 1-117　尺寸标注示例

图 1-118　标注所包含的元素

尺寸界线，与尺寸线相垂直，是尺寸标注的边界。

一般情况下，在布局选项卡和模型选项卡中对绘制的图形进行的尺寸标注，标注的尺寸是和图形相关联的。就是说，当图形因为修改而导致尺寸发生变化时，所标注的尺寸文字也自动随之变化，同时尺寸界线等也会变动到正确的位置。

1.4.5.2　标注样式

AutoCAD 的每一个尺寸标注的尺寸界线、尺寸线、箭头、中心标记或中心线及其之间的偏移、标注部件位置间的相互关系以及标注文字的方向、标注文字的内容和外观、特性都由其"标注样式"控制。修改标注样式，会更新以前由该标注样式创建的所有现有标注以反映新的设置。

可以通过以下方法打开"标注样式管理器"。

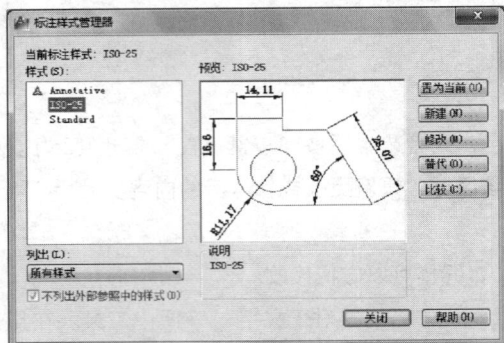

图 1-119　"标注样式管理器"对话框

(1) 单击标注尺寸工具栏按钮：
(2) 单击"标注"菜单中的"样式"。
(3) 在命令行输入：Dim。

运行命令后，弹出"标注样式管理器"对话框，如图1-119所示。

一般在进行标注前，必须进行标注样式的设定。默认的样式名是 ISO-25，被亮显的样式名就是当前使用的样式（单击右键样式名，可以进行置为当前、重命名、删除的操作）。

(1) 新建。

创建新的标注样式。

(2) 置为当前。

如果工作有经验以后，可以选择原来积累下来的样式选择"置为当前"直接使用。

(3) 修改。

剔除原来不合适的设置后再使用。

(4) 替代。

可以设置当前样式某些特征的临时替代，替代的内容作为未保存的更改结果，显示在"样式"列表中的标注下。

(5) 比较。

可以看到选中的标注样式的详细信息，以及与其他标注样式的对比信息。

在点击"新建"后，会弹出"创建新标注样式"对话框，如图1-120所示。

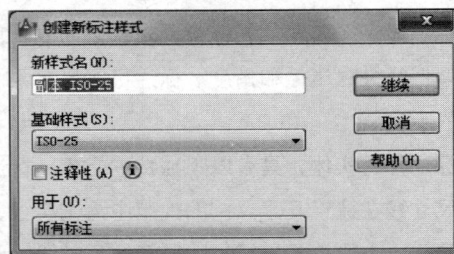

图 1-120　"创建新标注样式"对话框

在这里可以指定新的标注样式名,选择创建新样式时根据的基础样式以及新样式发生作用的范围。例如输入样式名为master(名称随用户个人喜好,但是命名时最好有一定意义),按回车继续,会弹出和在上一步标注样式管理器中点"修改"和"替代"一样的"新建标注样式:(刚输入的名字)"对话框,如图1-121所示。

在这一对话框中可以调节有关标注的各种特性,以下将逐项详细讲解。其中变化的设置或者修改的设置值可以通过按回车键,使其在预览栏中显示,以观察效果。

图1-121 "新建标注样式"对话框

1. "直线"选项组

"尺寸线"项目内的"超出标记"表示:在使用箭头倾斜、建筑标记、积分标记或无箭头标记时,尺寸线伸出尺寸界线的长度,如图1-122所示。

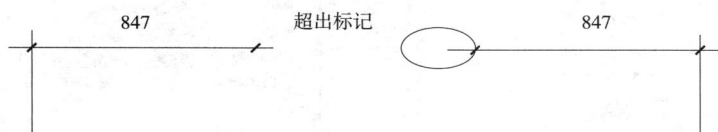

图1-122 尺寸线"超出标记"

"基线间距"表示设置基线标注时内外两个层级标注的尺寸线之间的间距。建筑及家具制图中尺寸线的间距一般可定为7~9mm,因此可以根据最后出图的比例,在这里输入适当的值,如图1-123所示。

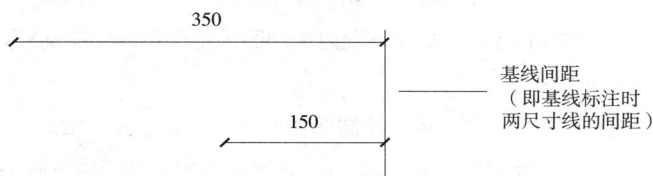

图1-123 "基线间距"

"尺寸界线"项目内的"超出尺寸线"表示:尺寸界线伸出尺寸线的长度,在建筑及家具制图中一般为2~3mm,因此也可以根据最后出图的比例,在这里输入适当的值,如图1-124所示。

图1-124 "超出尺寸线"

"起点偏移量"表示:尺寸界线的起点与标注定义点之间的偏移距离,如图1-125所示对比观察可以理解。

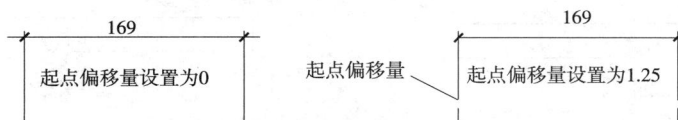

图1-125 "起点偏移量"

2. "符号和箭头"选项组

"符号和箭头"包括箭头、圆心标记、弧长符号、半径标注折弯四项,如图1-126所示。

在"箭头"项中，可以选择本行业所惯用的箭头样式，并根据制图规范指定箭头的大小。建筑和室内行业一般选用建筑标记，即粗的45°的斜线。而家具制图则选用倾斜标记，即细的45°的斜线。还可以设置箭头的大小，也就是斜线的长度，一般建筑和家具制图箭头斜线的长度为2~3mm。"圆心标记"可以选择圆心的标记是"无"、"标记"或"直线"，也可以设置标记的大小。"弧长符号"有"标注文字的前缀"、"标注文字的上方"和"无"3个选项。"半径标注折弯"中可以具体选择标注折弯的大小。

3. "文字"选项组

"文字"选项组有"文字外观"、"文字位置"、"文字对齐"等项目，如图1-127所示。

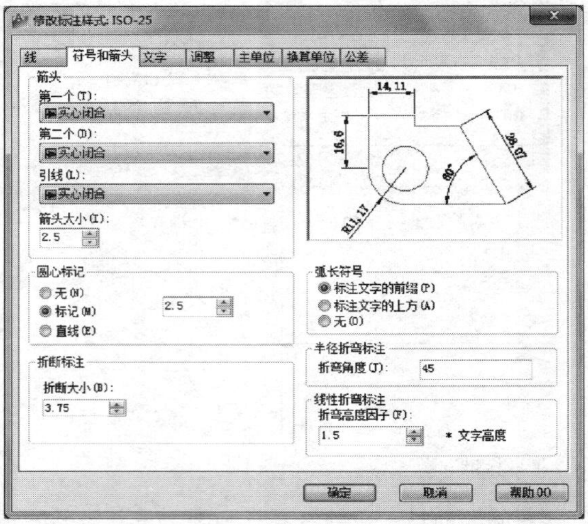

图1-126 "符号和箭头"选项组

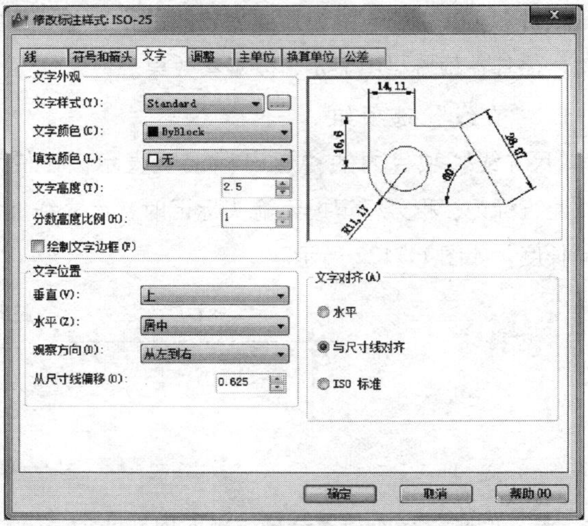

图1-127 "文字"选项组

"文字外观"项目内的"文字样式"下拉菜单，可以选择在"文字样式"对话框中设置好的文字样式，或者打开"文字样式"对话框重新设置。"文字高度"根据行业内的制图规范设置，建筑及家具制图的文字高度一般不小于3.5mm。

"文字位置"项目内的"垂直"和"水平"用来控制标注的尺寸值或者文字相对于尺寸线的位置。

"垂直"包括"置中"、"上方"、"外部"、"JIS"四种，在建筑及家具制图中一般采用"置中"、"上方"两种形式，如图1-128所示。

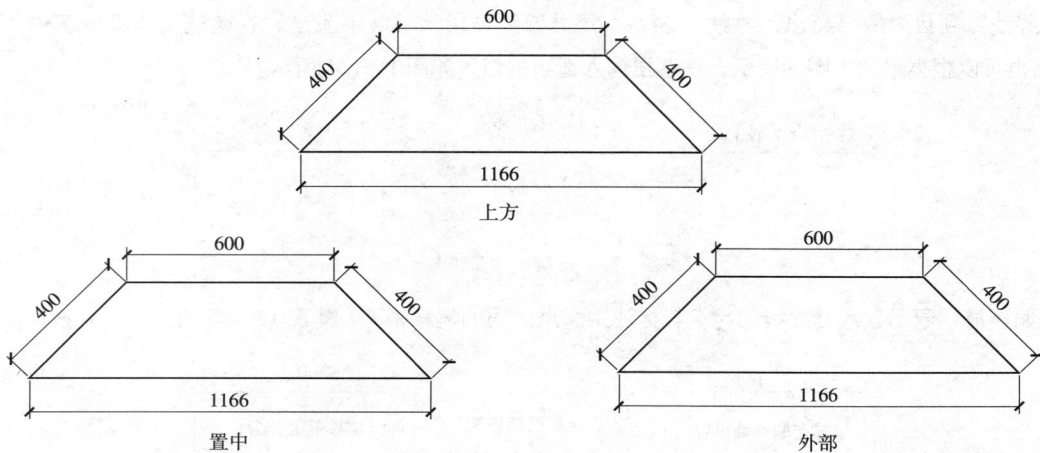

图1-128 文字垂直的几种形式

"水平"也包括几种选择的形式，一般选择"置中"。

从"水平线偏移"用来控制所标注的文字距离尺寸线的远近，一般制图规范为1~3mm。当文字处于尺寸线中间，打断尺寸线时，"从尺寸线偏移"控制标注文字与周围断开的尺寸线的距离。

"文字对齐"项目控制在出现标注时尺寸线不水平的情况时，文字是保持水平还是与尺寸界线平行，在建筑及家具制图中都要求文字与尺寸线平行，如图1-129所示。

图1-129　文字与尺寸线平行

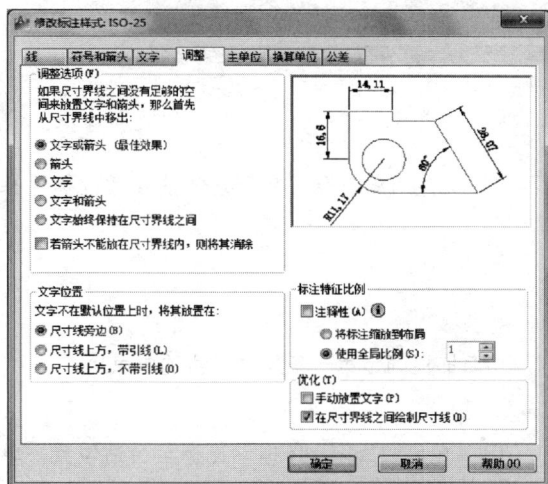

4. "调整"选项组

需要设置标注时文字、尺寸线和箭头的摆放方式，具体内容如图1-130所示。

"调整"选项询问用户，当两尺寸界线之间的距离过短，无法同时放下尺寸线、文字和箭头的时候，将怎样处理这三者的位置关系，哪一个优先考虑放在尺寸界线之内。

"文字位置"选项同样用于控制文字不能放在尺寸界线之间时，将如何摆放文字。

至于各个选项的意思已经基本明确，所以不再赘述。一般的制图，可以接受系统的默认设置。

必须强调的是，"标注特征比例"的设置。默认是选择"使用全局比例"，这里需要填入的值，一般就是在绘图比例一节讲到的比例因子。至于具体填入多少，以及何时选择"按布局（图纸空间）缩放比例"，将在后面标注比例一节结合打印的需要和绘图的流程详细讲解。

5. "主单位"选项组

可以设置主标注单位的格式和精度，并设置标注文字的前缀和后缀。一般的建筑和室内及家具制图的精度选择0即可，如图1-131所示。

图1-130　"调整"选项组

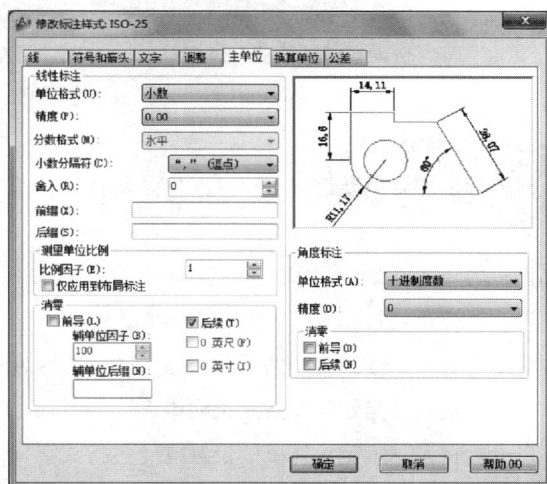

图1-131　"主单位"选项组

1.4.5.3　创建标注

使用AutoCAD，用户可以方便地创建线性标注，对齐标注，半径、直径标注，角度标注，基线标注，连续标注和快速标注。

1. 线性标注

画好图形并完成标注样式的设置后，注意打开"对象捕捉"和"对象追踪"，如果需要，可以调节对象捕捉与对象追踪的设置，这将决定是否能够准确定位。通过AutoCAD画图的最大优势也就在于此。

单选标注工具栏的线性标注图标 ，会发现光标显示为十字的形状，原来在十字交叉点的小方框没有了，这样就可以开始标注了，下面通过一个实例来讲解。

例：为一条直线标注尺寸。

单击线性标注按钮 。

命令行提示：指定第一条延长线原点或＜选择对象＞：（利用端点捕捉确定第一条尺寸界线的原点）。

命令行提示：指定第二条延长线原点：（利用端点捕捉指定第二点）。

命令行提示：指定尺寸线位置或［多行文字（M）/文字（T）/角度（A）/水平（H）/垂直（V）/旋转（R）］：（拖动光标至合适位置，单击结束），如图1－132所示。

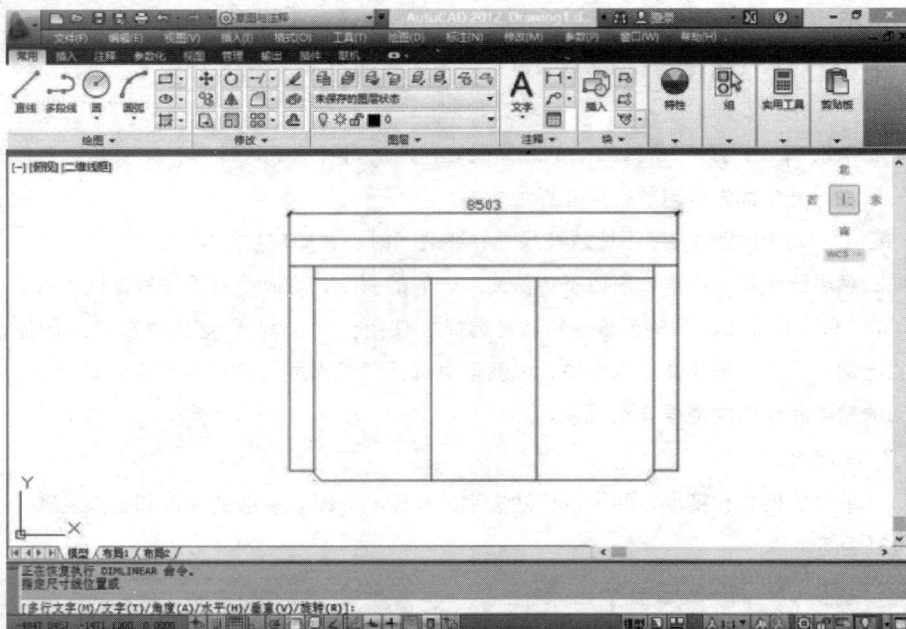

图1－132　线性标注图

2. 对齐标注

对齐标注主要需要控制当标注对象是斜线时，尺寸线需要平行于标注对象。至于其标注方法和线性标注基本相同。

例：为一条斜线标注尺寸。

单击对齐标注按钮。

命令行提示：指定第一条延长线原点或＜选择对象＞：（利用端点捕捉确定第一条尺寸界线的原点）。

命令行提示：指定第二条延长线原点：（利用端点捕捉指定第二点）。

命令行提示：指定尺寸线的位置或［多行文字（M）/文字（T）/角度（A）］：（拖动光标至合适位置，单击结束），如图1－133所示。

3. 半径、直径标注

点选半径或者直径标注的图标后，光标变为一个小方块。

命令行提示：选择圆弧或圆：（单击标注对象，拖动光标至合适位置单击确定）。

一般标注创建的起点位置由小方块选择对象时的那一点决定，如果创建后发现位置不合适，可以通过选中标注，调节蓝色夹点再次定位。

4. 角度标注

角度标注的使用方法和其他标注是相通的。点选角度标注图标或输入命令：_ dimangular。

命令行提示：选择圆弧、圆、直线或＜指定顶点＞：（光标变为一个小方框，用光标点选需要标注的对象，例如一条直线）。

命令行提示：选择第二条直线：（再次选择一条直线）。

命令行提示：指定标注弧线位置或［多行文字（M）/文字（T）/角度（A）/象限点（Q）］：（光标点选标注弧线放置的位置，确定结束），如图1－134所示。

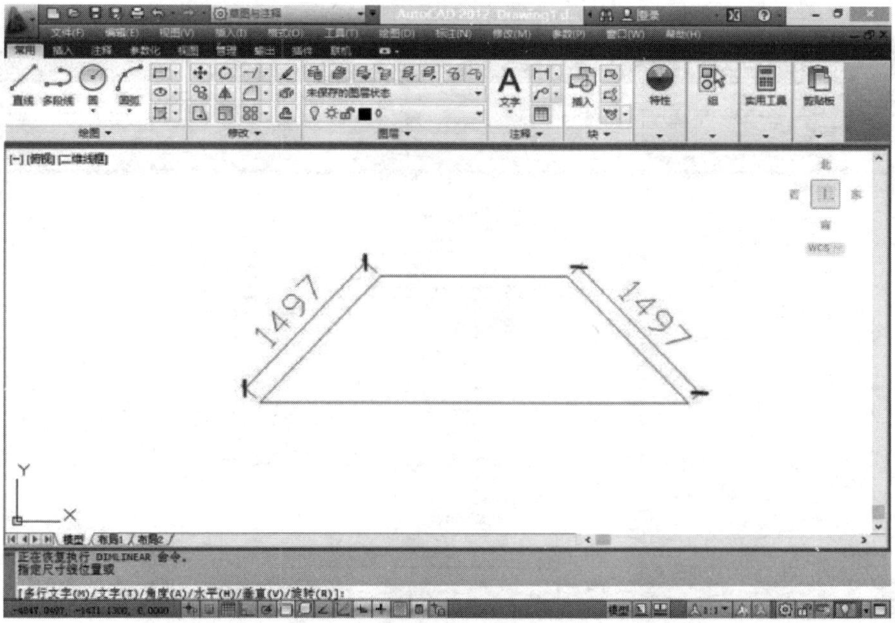

图 1 - 133　对齐标注

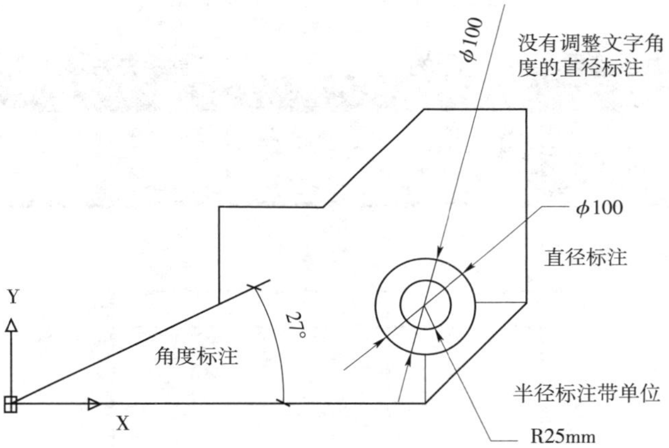

图 1 - 134　直径、半径及角度的标注

5. 基线标注

基线标注是自同一基线处测量的多个标注。

例：基线标注。

利用基线标注需要先创建（或选择）一个线性或角度标注，作为基准标注。

单击基线标注按钮，或输入命令：_ dimbaseline。

选择基准标注：（单击已有的一条线性标注）如图 1 - 135 所示。

命令行提示：指定第二条延伸线原点或［放弃（U）/选择（S）］＜选择＞：（利用捕捉确定另一个端点）。

命令行提示：标注文字 = 1800。

命令行提示：指定第二条尺寸界线原点或［放弃（U）/选择（S）］＜选择＞：（还可以继续向下标注，如不需要则回车确定）。

命令行提示：选择基准标注：（回车结束）如图 1 - 136 所示。

6. 连续标注

连续标注是首尾相连的多个标注，每个连续标注都从前一个标注的第二个尺寸界线处开始。

图 1-135 选择一条线性标注

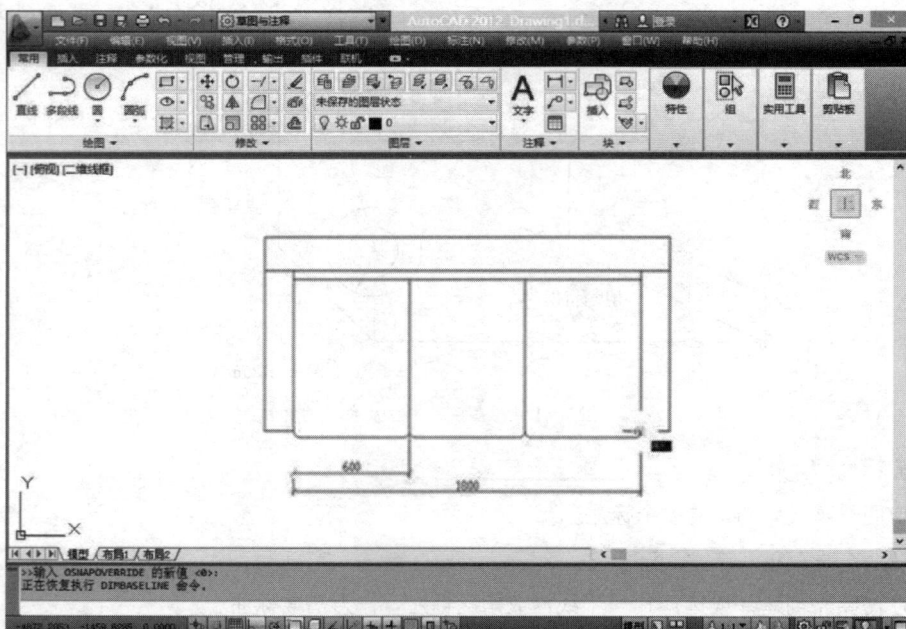

图 1-136 选择另一端点，完成基线标注

同创建基线一样，创建连续标注之前，也必须先创建线性标注、对齐标注或角度标注。因为基线标注和连续标注都是基于上一个创建的标注进行创建的，无法单独使用。

例：连续标注。

单击基线标注按钮 或输入命令：_ dimcontinue。

命令行提示：选择连续标注：（选择已经画好的线性标注）如图 1-137 所示。

命令行提示：指定第二条延伸线原点或［放弃（U）/选择（S）］＜选择＞：（捕捉第一、二个沙发垫的交点）如图 1-138 所示。

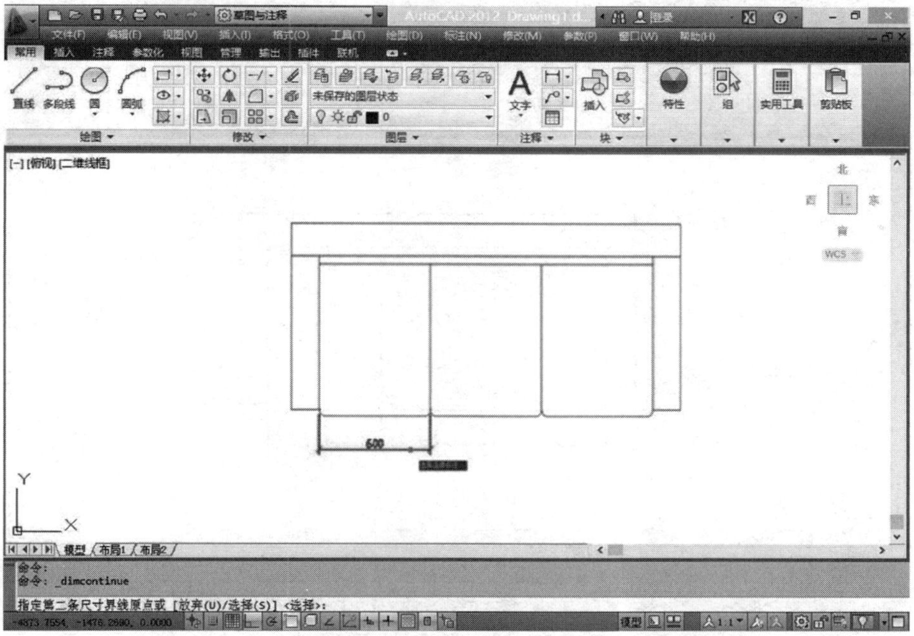

图 1-137　选择一个线性尺寸

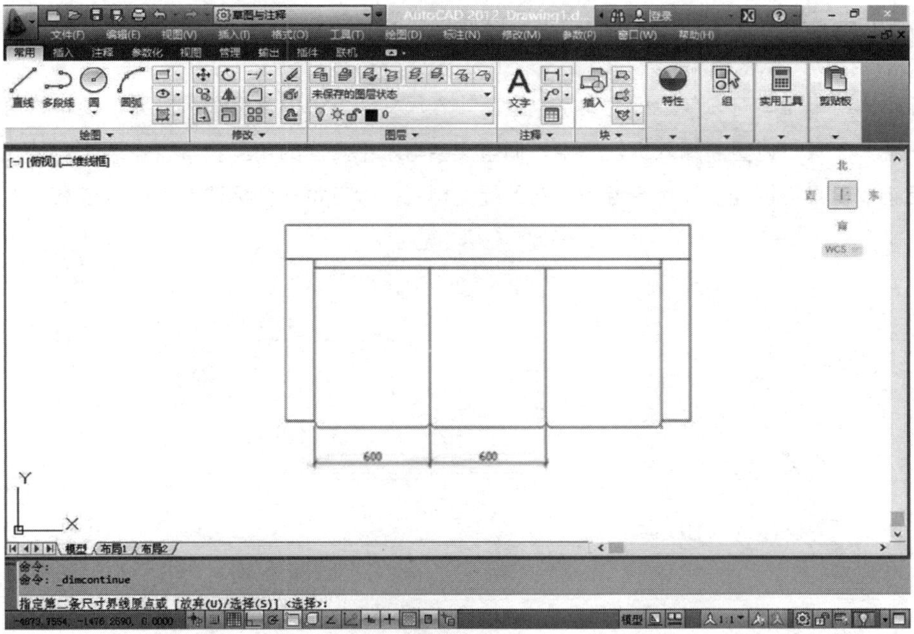

图 1-138　指定另一个尺寸界线原点

命令行提示：标注文字 =600。

命令行提示：指定第二条延伸线原点或［放弃（U）/选择（S）］＜选择＞：（捕捉最右侧的端点）。

命令行提示：标注文字 =600。

命令行提示：指定第二条延伸线原点或［放弃（U）/选择（S）］＜选择＞：（回车结束）如图 1-139 所示。

7. 快速标注

通过选择多个对象，然后一起标注的形式来达到快速的目的，适合于需要多次使用连续标注和基线标注的情况。

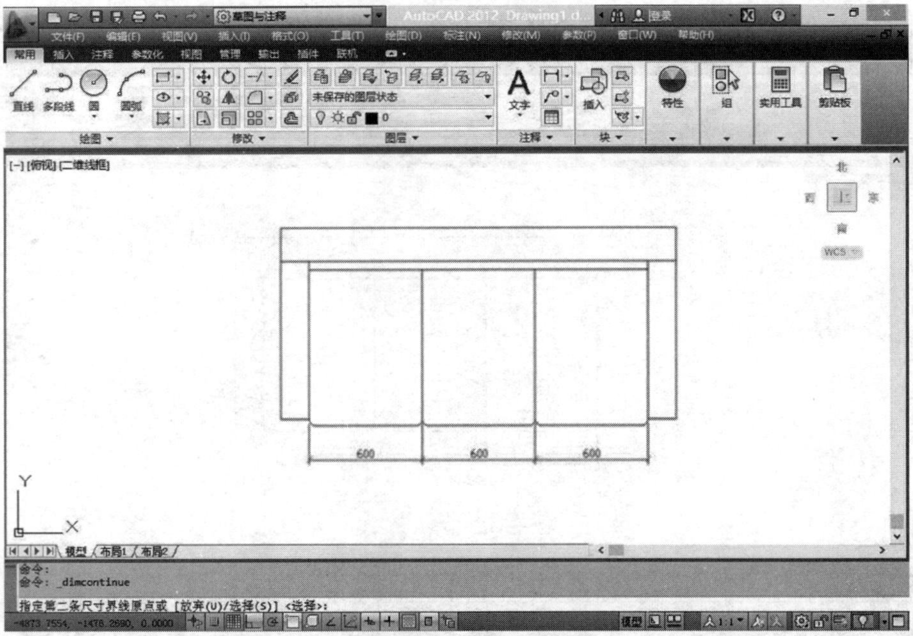

图 1-139 指定最后一个尺寸界线原点

1.4.5.4 修改标注

标注工具栏还提供了编辑标注的工具，用户也可以通过"对象特性管理器"来实现标注的编辑，还有些位置的调整可以通过直接移动夹点来实现。

"编辑标注文字"工具可以新建标注文字，重新输入尺寸线旋转的角度和尺寸界线倾斜的角度。

"编辑标注"工具可以重新输入标注文字，调整文字与水平方向的角度。

"标注更新"工具可以彻底地执行置为当前的标注样式，检查每一个标注是否符合被置为当前的标注样式。

第2章
室内设计CAD

2.1 室内设计概述

人们的大部分时间都是在室内度过的，无论是居住、工作或是旅行，只是从一个空间内部过渡到另一个空间的内部，只有较少的时间在室外，不言而喻，室内环境对我们每个人来说都是极其重要的。因此室内设计应把保障人身安全以及有利于人的身心健康发展作为首要前提。

室内设计，也称为室内环境设计，是根据建筑物的使用性质、所处环境和相应标准，运用物质技术手段与艺术手段，创造功能合理、舒适优美、满足人们物质和精神生活的内部环境。通过设计所营造的空间环境应既具有使用价值、满足相应的功能要求，又能够反映历史文脉、文化氛围等精神因素。

室内装饰或装潢、室内装修、室内设计是三个容易混淆的概念，其实际意义是有所区别的。

室内装饰或装潢是指为满足视觉艺术要求而进行的设计行为。例如对室内地面、墙面、顶棚等各界面的处理，装饰材料的选用，也可能包括对家具、灯具、陈设等的选用和设计。

室内装修主要是指土建工程施工完成之后，对室内建筑构件、照明、通风与构造等进行工程技术方面的综合处理。

室内设计则是综合的室内环境设计，既包括视觉环境设计方面的问题，也包括工程技术方面的问题，还包括声、光、热等物理环境的问题，以及氛围、意境等心理环境和文化内涵等方面的问题。可见，室内设计是一个更加全面的概念。

2.1.1 室内设计内容

现代室内设计是综合的室内设计，所包含的内容同传统意义上的室内装饰相比较来说涉及面更广、相关因素更多、内容也更为深入。

2.1.1.1 室内空间设计

室内空间设计是在建筑提供的室内空间基础上对其进行重新组织，对室内空间加以分析及配置，并应用人体工程学的尺度对室内加以合理安排。进行空间设计时，首先需要对原有建筑设计意图充分理解，对建筑物的总体布局、使用功能、人流动向以及结构体系等进行深入了解，对室内空间和平面布置予以完善、调整或再创造。

2.1.1.2 室内界面处理

室内界面处理是指按照空间处理的要求，对室内设计各个围合面（地面、墙面、隔断、顶面）的使用功能进行分析和设计，其中包括界面的形状和造型的设计，材质和色彩的搭配，以及界面和结构构造的处理等方面。

室内空间设计和界面处理，是确定室内环境基本形状和造型的实际内容，设计时应该以物质功能和精神功能的要求为依据，同时考虑相关的客观环境因素和主观的身心感受。

2.1.1.3 室内物理环境设计

室内物理环境设计，是现代室内设计中极其重要的组成部分。包括室内的采暖、通风、照明、温度调节等多方面内容，涉及了水、电、风、光、声等多个技术领域，满足了人们在室内环境中的各种生理需求。设计中应处理好物理环境设计同空间形象设计的关系，它们相互影响相互依赖。随着科技的不断进步与发展，人们对室内物理环境的要求越来越高，这就要求室内物理环境系统的技术含量越来越高。

2.1.1.4 室内陈设艺术设计

室内陈设艺术设计主要是对室内除硬环境之外的软环境进行安排与布置。软环境主要包括室内的家具、设备、装饰织物、陈设艺术品、灯具以及室内绿化等方面的内容。室内陈设艺术设计的主要目的是装饰空间、美化环境，其特点就是要体现室内的艺术风格和精神追求，室内陈设的效果对室内环境的影响是最直观的。

2.1.1.5 室内绿色设计

随着社会对低碳、绿色、环保越来越强烈的追求，室内绿色设计也就越来越得到人们的重视。绿色设计主要是指室内整体设计上遵循绿色环保理念。包括为人们创造健康、安全、舒适的环境为目的，在设计与施工上选用可回收、可再利用、低污染、节省资源的环保型材料，以及无毒、少毒、无污染、少污染的施工工艺，将可持续发展的绿色生态理念切实地落实到具体的设计与实施中。

2.1.2 室内设计原则

2.1.2.1 室内设计要满足功能性设计原则

这一原则要求室内空间、装饰装修、物理环境、陈设绿化等最大限度的满足功能要求，并使其与功能和谐、统一。

室内设计是以创造良好的室内空间和环境为宗旨，把满足人们在室内进行生产、生活、工作、休息的要求置于首位，所以在进行室内设计时要充分考虑使用功能要求。

精神功能也同等重要。设计者要运用各种艺术理论和装饰方法冲击影响人的情感，使其升华达到预期的设计效果。室内环境如能突出的表明某种构思和意境，它将会产生强烈的艺术感染力，更好地发挥其在精神功能方面的作用。

2.1.2.2 室内设计要满足经济学设计原则

在进行室内设计的过程中，要以最小的消耗达到所需的目的，但降低成本不能以损害施工效果为代价。一个好的设计师要想方设法使设计的性价比达到最高。

2.1.2.3 室内设计要满足人本主义原则

室内设计始终是以满足人际活动的需求为核心，以人本主义为原则全心全意为人民服务。针对不同的人、不同的使用对象，考虑他们不同的要求，现代室内设计需要满足人们的生理、心理等要求，综合地处理人与环境、人际交往等多项关系，在为人服务的前提下综合解决使用功能、精神功能、经济效益等种种要求，重视人体工程学、环境心理学、审美心理学等方面的研究，用以科学地、深入地了解人们的生理特点、行为心理和视觉感受等方面对室内设计的要求。

2.1.3 室内设计施工图

室内设计施工图完整详细地表达了装饰的结构、材料构成以及施工的工艺技术要求，它是木工、油漆工、水电工等相关施工人员进行施工的依据，具体指导每个工种、工序的施工。

一套完整的室内施工图包括原始户型图、平面图、顶棚图、地材图、立面图、电气图和给水排水图等。

2.2 室内设计制图的规范及标准

2.2.1 图纸幅面

2.2.1.1 基本幅面

图纸基本幅面应符合表2-1规定。

表2-1 图纸基本幅面 单位：mm

基本幅面代号	0	1	2	3	4
$b \times l$	841×1189	594×841	420×594	297×420	297×210

绘制技术图样时，国家规定应优先使用所规定的基本幅面。各幅面之间的尺寸关系如图2-1所示。

2.2.1.2 图框

图纸以短边作为垂直边称为横式，以短边作为水平边称为立式。一般 A0—A3 图纸宜横式使用；必要时，也可立式使用。

在图纸上必须用粗实线画出图框，一般情况下采用的格式如图2-2所示。

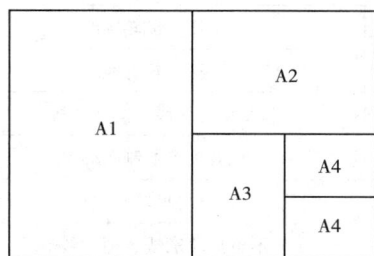

图2-1 图纸幅面尺寸关系

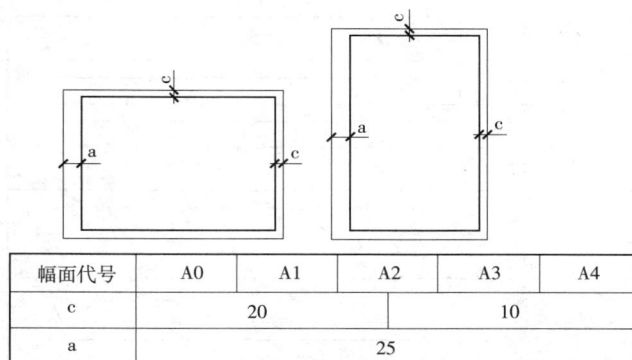

幅面代号	A0	A1	A2	A3	A4
c		20		10	
a			25		

图2-2 制图图框格式

2.2.2 标题栏

国家标准推荐的标题栏如图2-3所示。

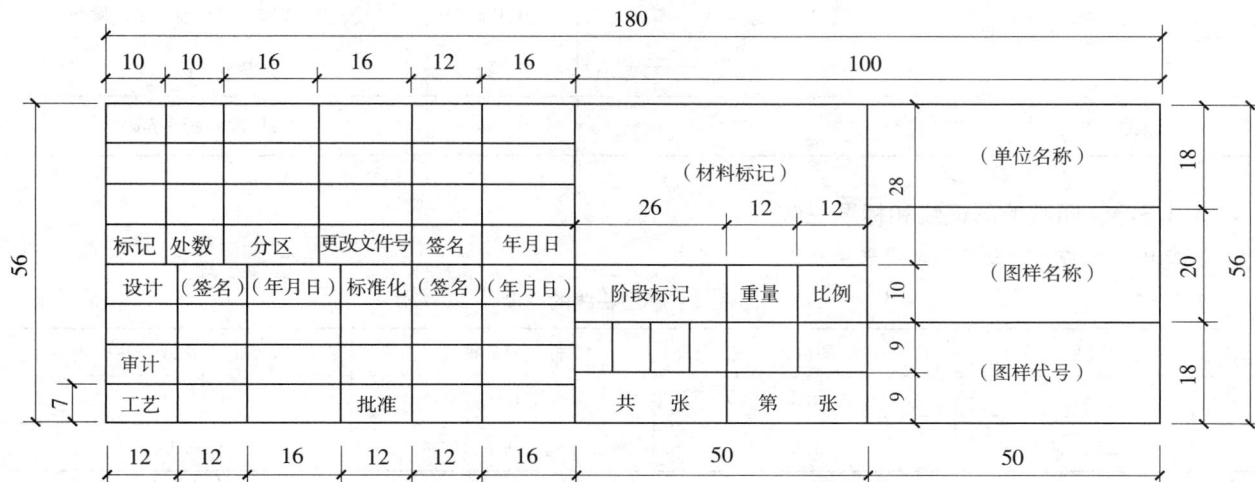

图2-3 室内制图标准标题栏格式

2.2.3 图线

在建筑制图中，为了使所画图行清晰、美观，统一把图线分成若干类型和粗细，画图时可根据所画图线表达的内容主次和不同用途而选用不同图线。

2.2.3.1 图线的宽度

图线的宽度 b，应从 0.18mm、0.25mm、0.35mm、0.5mm、0.7mm、1.0mm、1.4mm、2.0mm 线宽系列中选取。

每个图样，应根据复杂程度与比例大小，先确定基本线宽 b，在选用表2-2中适当的线宽组。

表 2-2 线宽组

线宽比	线宽组（mm）					
b	2.0	1.4	1.0	0.7	0.5	0.35
$0.5b$	1.0	0.7	0.5	0.35	0.25	0.18
$0.35b$	0.7	0.5	0.35	0.25	0.18	

2.2.3.2 工程建设制图

工程建设制图，应选用表2-3所示的线型。

表 2-3 制图常用线型

名称		线型	线宽	一般用途
实线	粗		b	主要可见轮廓线
	中		$0.5b$	可见轮廓线
	细		$0.35b$	可见轮廓线、图例线等
虚线	粗		b	见有关专业制图标准
	中		$0.5b$	不可见轮廓线
	细		$0.35b$	不可见轮廓线、图例线等
点划线	粗		b	见有关专业制图标准
	中		$0.5b$	见有关专业制图标准
	细		$0.35b$	中心线、对称线、轴线等
双点划线	粗		b	见有关专业制图标准
	中		$0.5b$	见有关专业制图标准
	细		$0.35b$	假想轮廓线、成型前原始轮廓线
折断线			$0.35b$	断开界限
波浪线			$0.35b$	构造层次的断开界限

2.2.3.3 图纸的图框线和标题栏线

图纸的图框线和标题栏线，可采用表2-4的线宽。

表 2-4 图框线、标题栏线的宽度 单位：mm

幅面代号	图框线	标题栏外框线	标题栏分格线分签栏线
A0、A1	1.4	0.7	0.35
A2、A3、A4	1.0	0.7	0.35

说明：

（1）虚线、点划线或双点划线的线段长度和间隔宜各自相等。

（2）点划线或双点划线，当在较小图形中绘制有困难时，可用实线代替。

（3）点划线或双点划线的两端，不应是点，点划线与点划线交接或点划线与其他图线交接时，应是线段交接。

（4）虚线与虚线交接或虚线与其他图线交接时，应是线段交接。虚线为实线的延长线时，不得与实线连接。

2.2.4　字体

工程图样中大量的使用汉字、数字及拉丁字母和一些符号，他们是工程图样的重要组成，因此国标对字体也作了严格规定，不得随意书写。

2.2.4.1　字体的高度

字体的高度应从 2.5mm、3.5mm、5mm、7mm、10mm、14mm、20mm 系列中选用。

如需书写更大的字，其高度应按 $1:\sqrt{2}$ 比值递增。汉字的高度，应不小于 3.5mm；拉丁字母、阿拉伯数字或罗马数字的高度，应不小于 2.5mm。

2.2.4.2　图样及说明的汉字

图样及说明的汉字，应采用长仿宋体，宽度与高度的关系，应符合表 2-5 的规定。

表 2-5　　　　　　　　　　　　　　　　　长仿宋体字高宽关系　　　　　　　　　　　　　　　　单位：mm

字高	20	14	10	7	5	3.5	2.5
字宽	14	10	7	5	3.5	2.5	1.8

2.2.5　比例

在工程图样中往往不可能将图形画成与实物同样的大小，因此就需要按照一定的比例对所绘制的图样进行放大或者缩小。

比例是指所绘制的图形上线性尺寸与所表现的实物上相应的线性尺寸之比。无论放大还是缩小，在标注比例关系时，都应把图中量度写在前面，实物量度写在后面。如 1:5 表示图样尺寸为实物尺寸的 1/5，而 5:1 则表示图样是实物放大 5 倍的大小。

（1）绘图所用的比例，应根据图样的用途与被绘制对象的复杂程度而定，从表中选用，并优先选用表 2-6 中的常用比例。

表 2-6　　　　　　　　　　　　　　工程图样常用比例

图名	常用比例	必要时可增加的比例	说明
平面图、立面图、剖面图	1:50、1:100、1:200	1:150、1:300	适用于室内设计的平面图、立面图、剖面图
详图	1:1、1:2、1:4、1:5、1:10、1:20、1:50	1:3、1:4、1:30、1:40	适用于室内设计的详图

（2）一般情况下，一个图样应选用一种比例。根据专业制图的需要，统一图样可选用两种比例。

2.2.6　尺寸标注

尺寸是施工的依据，标注错误或不当将会影响生产。因此国标对尺寸画法和标注都作了较详细的规定，设计时应遵照执行。

2.2.6.1 尺寸标注的组成

图样上的尺寸应包括尺寸界线、尺寸线、尺寸起止符号和尺寸数字。

（1）尺寸界线。

一般从被标注图形轮廓线两端引出，并垂直所标注轮廓线，用细实线画出。尺寸界线有时也可用轮廓线代替。尺寸界线应用细实线绘制，其一端应距离图样轮廓线不少于2mm，另一端宜超出尺寸线2~3mm。

（2）尺寸线。

画在尺寸界线之间并与所标注的图形轮廓线平行。尺寸线应用细实线画出并刚好画在与尺寸界线相交的位置。尺寸界线应长出尺寸线3~5mm。制图过程中应单独建立尺寸标注图层，其他图层的图线不得用作尺寸线。

（3）尺寸起止符号。

一般在尺寸线与尺寸界线的相交处画一条长为2~3mm，宽为2/b的45°短斜线，其倾斜方向与尺寸线顺时针成45°。

对于直径、半径及角度在反映圆弧形状的视图上，其尺寸起止符号则改为箭头。

（4）尺寸数字。

尺寸数字一律用阿拉伯数字注写，单位一般用mm，均不用标出。尺寸数字是指出形状实际大小而与图形比例无关。尺寸线处于不同方位时，尺寸数字的注写方法不同，如图2-4所示。在垂直方向偏左30°左右的范围内，应将尺寸线中间断开，将尺寸数字水平书写，如图2-4所示。

说明：

（1）互相平行的尺寸线。应从被标注的图样轮廓线由近向远整齐排列，小尺寸应离轮廓较近，大尺寸应离轮廓线较远。而平行排列的尺寸线的间距宜为7~10mm，并保持一致。

（2）图样轮廓线以外的尺寸线距图样最外轮廓之间的距离，不宜小于10mm。

（3）总尺寸的尺寸界线。应靠近所指部位，中间的分尺寸的尺寸界线可稍短，但其长度应相等。

2.2.6.2 半径、直径的尺寸标注

（1）半径的尺寸线，应一端从圆心开始，另一端画箭头指向圆弧。半径数字前应加注半径符号"R"，如图2-5所示。

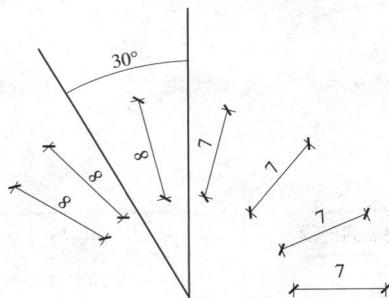

▤ 图2-4 尺寸数字表示方法

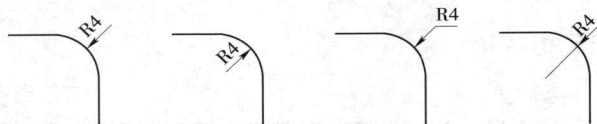

▤ 图2-5 半径尺寸标注方法

（2）标注圆的直径尺寸时，直径数字前，应加符号"ϕ"。在圆内标注直径尺寸线应通过圆心，两端画箭头指向圆弧，如图2-6所示。

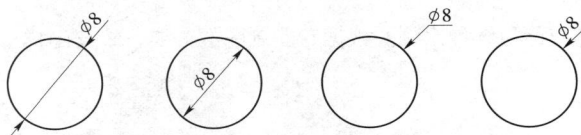

▤ 图2-6 圆的直径标注方法

2.3　室内设计实例

2.3.1　平面布置图

2.3.1.1　平面布置图简述

平面布置图是指用平面的方式展现空间的布置和安排。平面布置图就是在窗台的上方（约 1.5m 处）用一个假想的水平剖切面把房间切开，移去上面部分由上向下看，对剩余部分作正投影所得到的家具等的布置图。

平面布置图主要用来说明房间内各种家具、家电、陈设及各种绿化、水体等物体的大小、形状和相互关系，同时它还能体现出装修后房间可否满足使用要求及其建筑功能的优劣。

（1）面布置图必须给出涉及到的家具、家电、设施及陈设等物品的正投影。家具、家电等物品应根据实际尺寸按与平面图相同比例绘制，尺寸不必标明，其图线均用细线绘制。

（2）平面布置图中轴线网编号及轴线尺寸通常可以省去，但是属于新建房屋再装修（指直接在原有建筑平面图的基础上进行二次装修）设计时，则应该保留轴线网及编号，以便与建筑施工图对照。

（3）平面布置图中一般宜采用较大比例绘制，如 1∶50、1∶10 等。

（4）平面图中门、窗应以《建筑制图标准》（GB/T 50104—2010）中规定符号表明，数量多时进行编号，有特殊要求时须注明或另画大样图。

2.3.1.2　平面布置图绘制

本章所举的实例是一个三口之家的平面图，如图 2-7 所示。

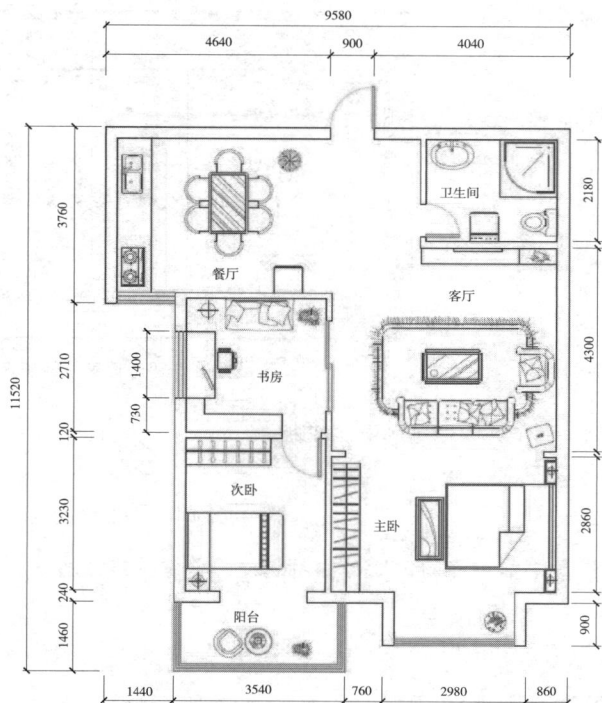

图 2-7　室内设计平面布置图

通过对平面布置图的绘制，讲解"直线"、"偏移"、"复制"、"移动"、"修剪"、"延伸"等命令的使用方法，并讲解了图层的设置及如何创建块和插入块等相关操作。具体的操作和设置方法步骤如下所述。

打开中文 AutoCAD 2012，进入"AutoCAD 草图与注释"。

1. 图形界限设置

"图形界限"是在模型空间中的一个假想的矩形绘图区域，就好像我们平时在纸上画图一样，"图形界限"就是规定了图纸的大小。但在 AutoCAD 中，绘图的空间可以是无限大的，为了能够方便地控制图形的布局，设置图形界限是非常必要的。通常我们根据所要画的图的尺度大小，按实际比例来设置。

在 AutoCAD 2012 中可通过下列方法设置图形界限，选择菜单栏"格式"／"图形界限"命令。

命令行提示：左下角点或［开（ON）／关（OFF）］＜0.0000，0.0000＞：［即提示输入左下角，也就是"图纸"左下角的坐标，一般我们可以默认为（0，0），所以只需按回车键］。

命令行提示：指定右上角点＜420.0000，297.0000＞：（即提示输入右上角的坐标，根据要画的此平面图的实际尺度，我们输入 20000，15000，并按回车键确认）。

2. 设置图形单位

选择菜单栏"格式"／"单位"命令，可以打开"图形单位"对话框来设置绘图使用的长度单位、角度单位，以及单位的显示格式和精度等，如图 2-8 所示。

在"长度"选项区中的"精度"下拉列表中选择"0"，因为是以毫米为单位，所以不需要再精确到小数点以后，选择"0"后则在命令行中显示坐标等数值时就不会出现小数点，看起来更清楚。

3. 设置图层

为了绘图方便，便于编辑、修改和输出，使图形的各种信息清晰、有序，可以根据实际情况设置如下几个图层："轴线"、"墙体"、"家具"、"门窗"、"地面"、"文字"、"尺寸"。

可选择菜单浏览器"格式"／"图层"命令，打开"图层特性管理器"对话框。也可直接在工具栏上单击图层特性管理器工具 打开对话框，如图 2-9 所示。

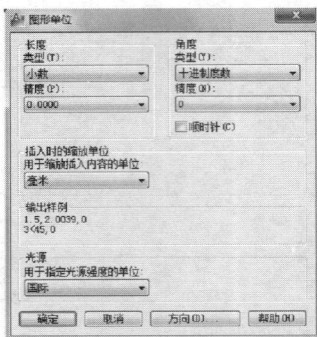

图 2-8　图形单位对话框

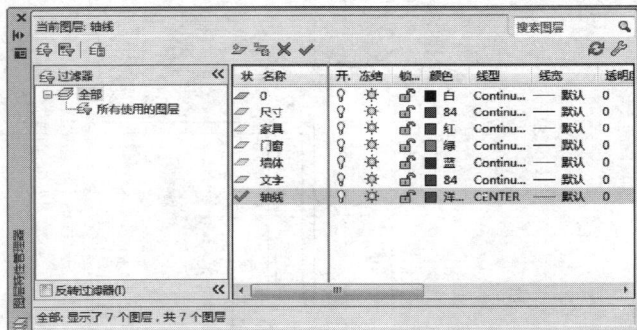

图 2-9　图形特性管理器对话框

对于不同图层，可设置不同的颜色，以便图形更加清晰。

小贴士

轴线的线型和其他图层的线型是不一样的，根据制图规范，建筑轴线应为点划线，所以在"线型"中选择"CENTER"。下面开始进行图形绘制。

4. 绘制轴线

根据已有的建筑平面图，要先根据所给的尺寸画出轴线。步骤如下所述。

（1）绘制水平轴线。

在"轴线"图层下，使用"直线"命令，或在工具栏中单击直线按钮 。

命令行提示：LINE 指定第一点：（可在绘图区域任意指定一点，同时按下 F8 键保证"正交"呈开启状态）。

命令行提示：指定下一点或［放弃（U）］：（输入@13000，0，回车确定）。

这样就画出了一条水平的轴线，接着画垂直的轴线。

（2）绘制垂直轴线。

命令行提示：LINE 指定第一点：（可在绘图区域任意指定一点）。

命令行提示：指定下一点或［放弃（U）］：（输入@0，－12000，回车确定）。

两条基准轴线就绘制出来了，如图2－10所示。

图2－10 两条基准轴线

画出这两条轴线后，可以看到，虽然在设置图层时已为"轴线"层选定了点划线，可为什么显示的却是实线呢？这是因为线型比例不对。先把两条轴线选中，再单击"特性"工具（快捷键 Ctrl＋1），则在屏幕左上角出现了对象"特性"面板，"线型比例"的数值改为30，这时可发现两条轴线已改为点划线了，如图2－11所示。

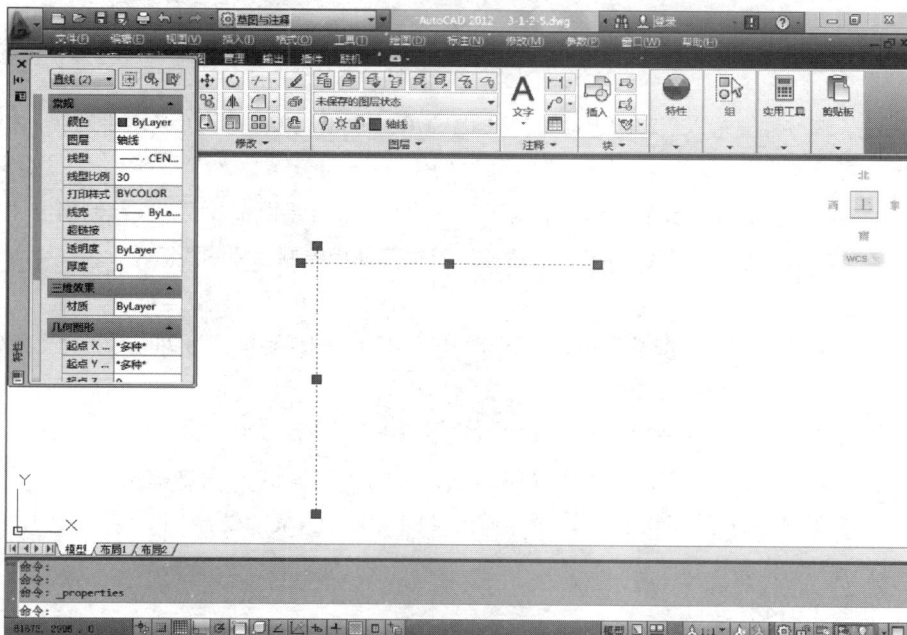

图2－11 修改轴线特性比例

（3）利用"偏移"命令，画出其他轴线。

利用"偏移"工具，可以很快捷地画出其他轴线，先偏移得到垂直轴线。

使用"偏移"命令，或单击修改工具栏，偏移工具 ▦。

命令行提示：指定偏移距离或［通过（T）/删除（E）/图层（L）］：（输入1440，因为第一、二垂直轴线间的距离为1440）。

命令行提示：选择要偏移的对象，或［退出（E）/放弃（U）］＜退出＞：（选择垂直轴线）。

命令行提示：指定要偏移的那一侧上的点，或［退出（E）/多个（M）/放弃（U）］＜退出＞：（在选中的垂直轴线右侧单击鼠标左键）。

这样就得到了一条垂直轴线，同样的方法依次偏移，输入的偏移距离依次分别为1440、3060、1240、700、2040、860，则得到垂直的另六条轴线，如图2-12所示。

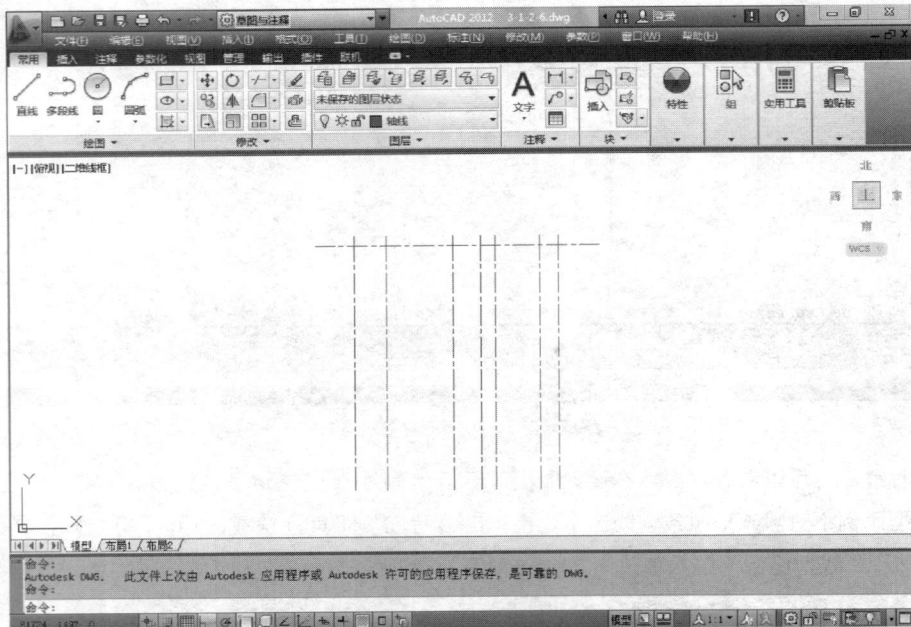

图2-12　偏移得到6条垂直轴线

同样对水平轴线，偏移距离输入：2360、1100、2950、370、3040、1020得到6条水平轴线，如图2-13所示。

5. 绘制墙体

轴线绘制好后，就可以开始正式绘制墙体了。对于这样的室内设计平面布置图，要绘制的墙体包括建筑的承重墙和室内的隔墙。有了轴线，我们仍可以利用"偏移"工具很简便地绘制墙体的线。

（1）绘制外承重墙。

利用"偏移"命令，将上方第一条水平轴线上下分别偏移120，则得到厚度为240的外承重墙线。

在命令行输入：_offset，或点击偏移 ▦。

命令行提示：指定偏移距离或［通过（T）/删除（E）/图层（L）］：120。

命令行提示：选择要偏移的对象，或［退出（E）/放弃（U）］＜退出＞：（选择该轴线）。

命令行提示：指定要偏移的那一侧上的点，或［退出（E）/多个（M）/放弃（U）］＜退出＞：（输入"M"，然后分别在该直线上方和下方单击）。

得到两条线，如图2-14所示。

因为是利用轴线偏移，所以还需对其进行特性修改，把其转换为墙体线。选中这两条直线，单击"特性"工具，在屏幕左上角出现了对象"特性"面板，"图层"下拉框中选择"墙体"，这时可发现两条轴线已改为蓝色的

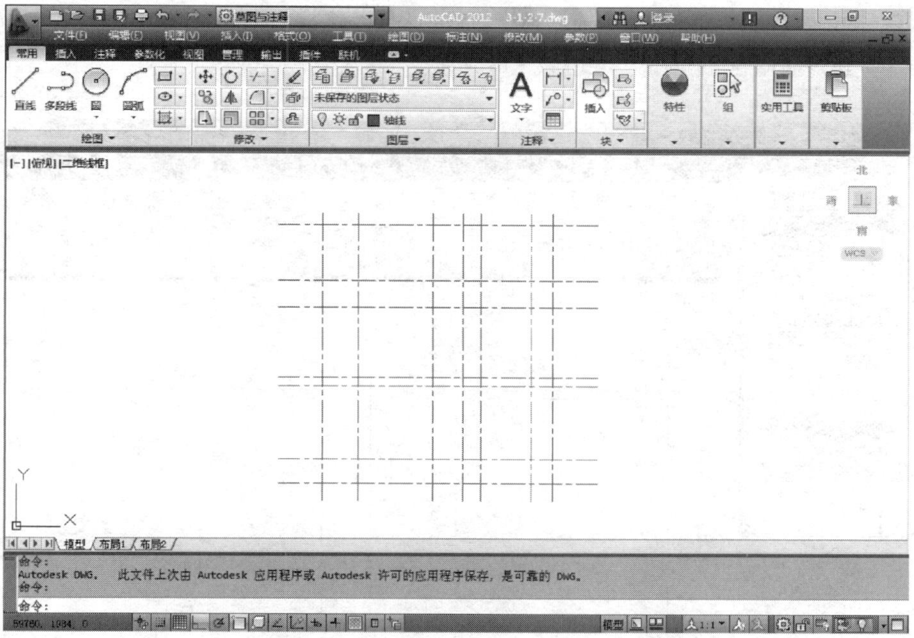

图 2-13　偏移得到全部轴线

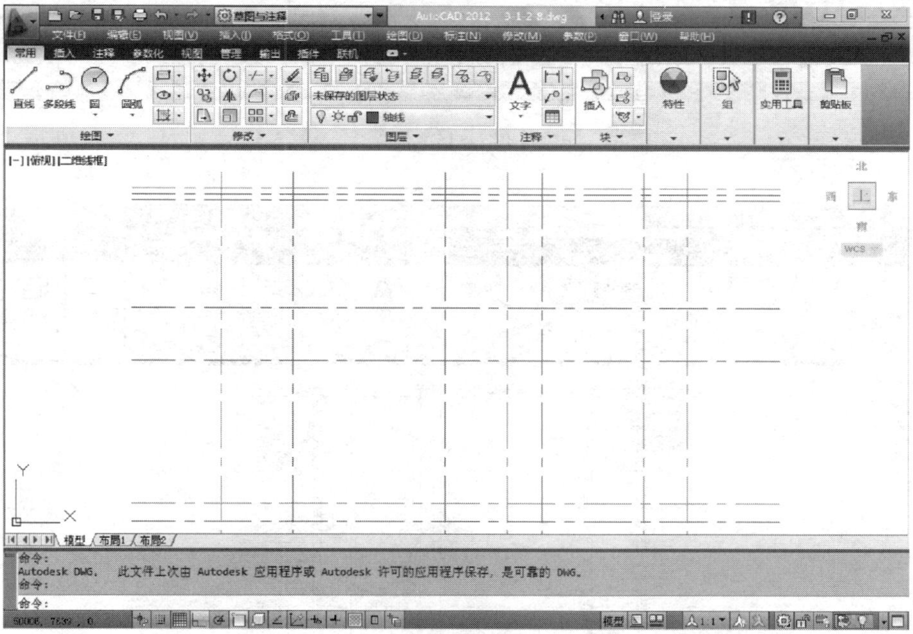

图 2-14　利用偏移轴线绘制外承重墙

实线了。或打开"图层"下拉框，选择"墙体"层，则会发现这两条直线变为蓝色的实线了，也就是已转换到"墙体"层了，如图 2-15 所示。

　　使用同样的方法绘制其他厚度为 240 的承重墙墙线，如图 2-16 所示。

　　(2) 绘制厚度为 120 的内墙。

　　用同样的方法使用"偏移"命令绘制内墙。其厚度为 120，因此偏移距离应为 60，将内墙画出，如图 2-17 所示。

6. 修改墙体

　　此时已得到所有的墙体线，但因为是用轴线偏移得到的，所以还需要进行剪切修改，以得到最后的墙体轮廓。

打开"图层"下拉框，将"轴线"图层前的小灯泡💡点灭💡，这样就将"轴线"图层关闭。这样做是使图形更加清楚，以便于下边对墙体线进行修改，如图2－18所示。

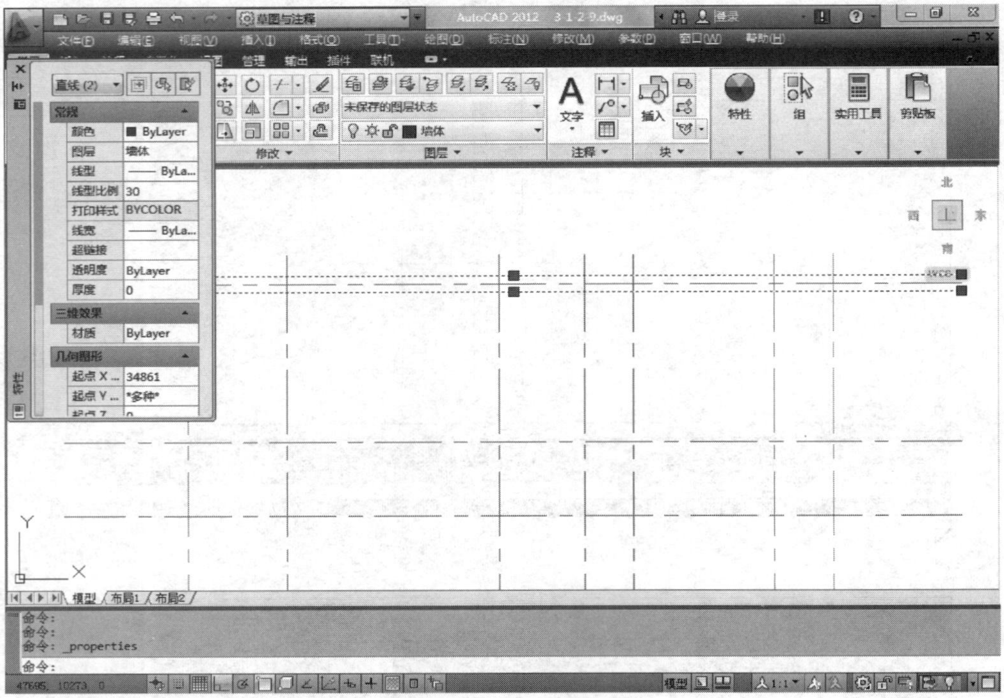

图2－15　修改特性

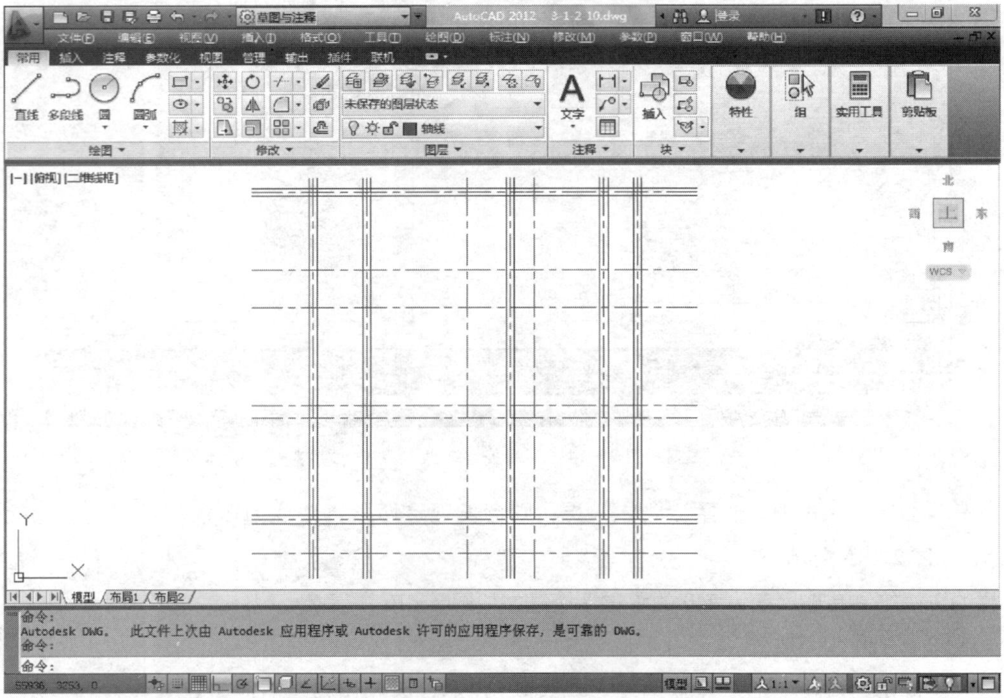

图2－16　偏移得到其余外承重墙

以左上角的墙体修改为例，使用"修剪"命令，或单击✄。

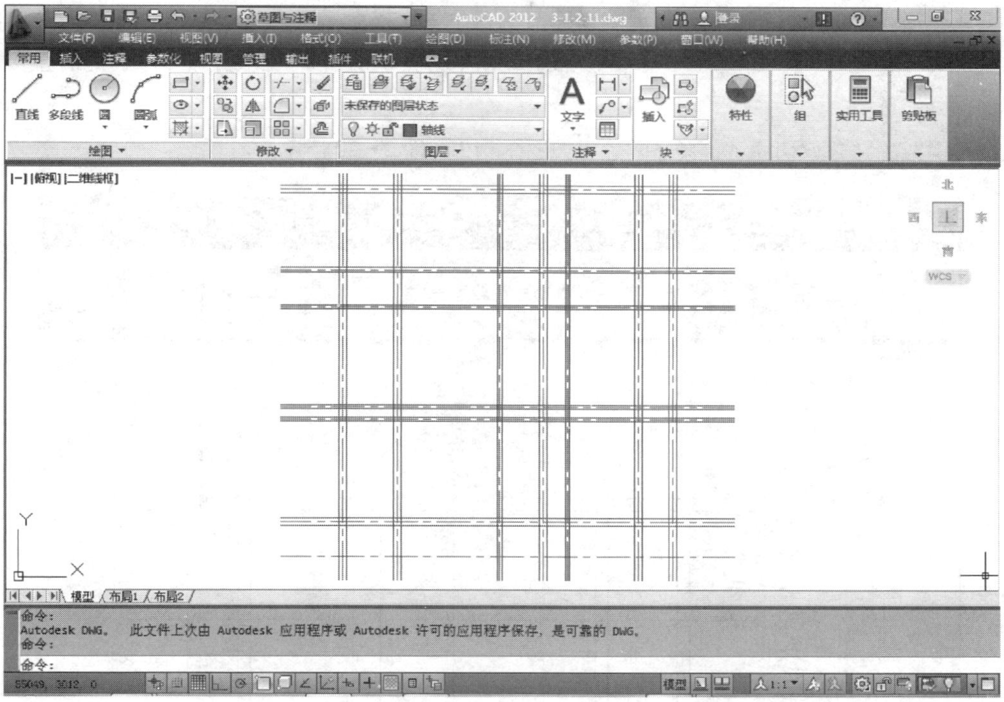

图 2-17　偏移得到厚为 120 的内墙

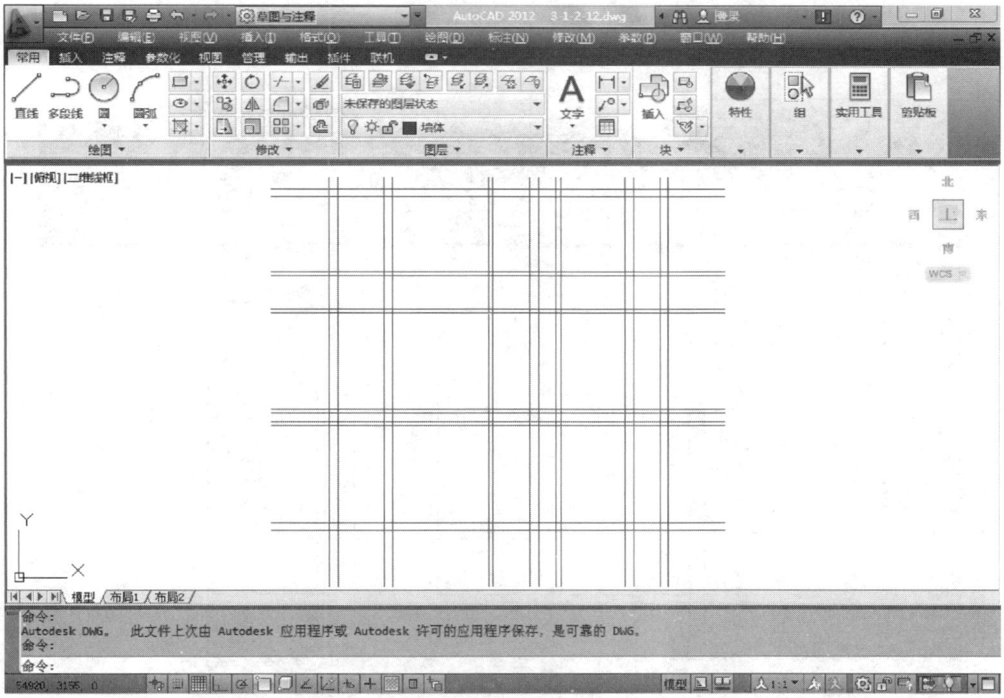

图 2-18　关闭"轴线"图层

命令行提示：选择剪切边...（用鼠标单击选中内部的两条线，确认）。

命令行提示：选择对象：找到 1 个，共计 2 个。

按回车键或空格或单击鼠标右键，确认已选择完对象，命令行提示：选择要修剪的对象，或按住 Shift 键选择要延伸的对象，或［栏选（P）／窗交（C）／投影（P）／边（E）／删除（R）／放弃（U）］：此时直接用鼠标单击外部不需要的部分即可。

这样就把不需要的部分剪切掉了，具体的过程如图 2-19 和图 2-20 所示。

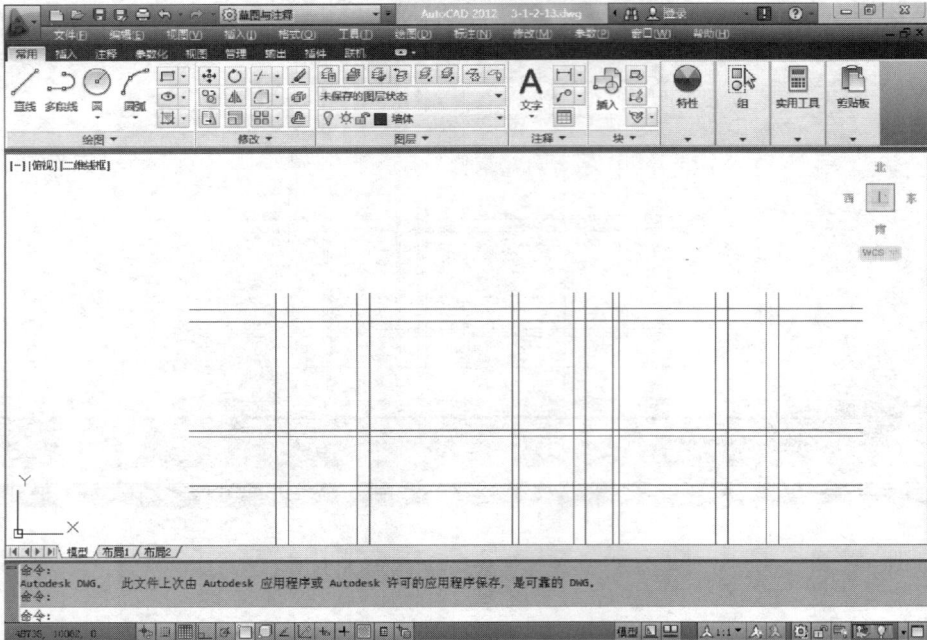

图 2-19　先选择修剪的边界线

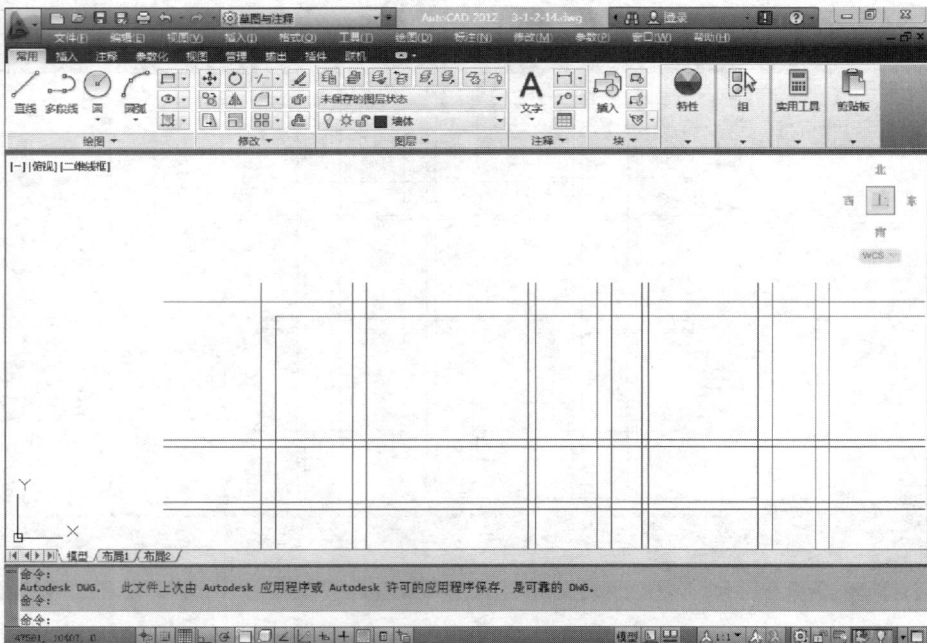

图 2-20　修剪结果

用同样的方法修剪墙体的外轮廓线，先选择修剪边界线，如图 2 - 21 所示。再修剪掉多余的部分，如图 2 - 22 所示。

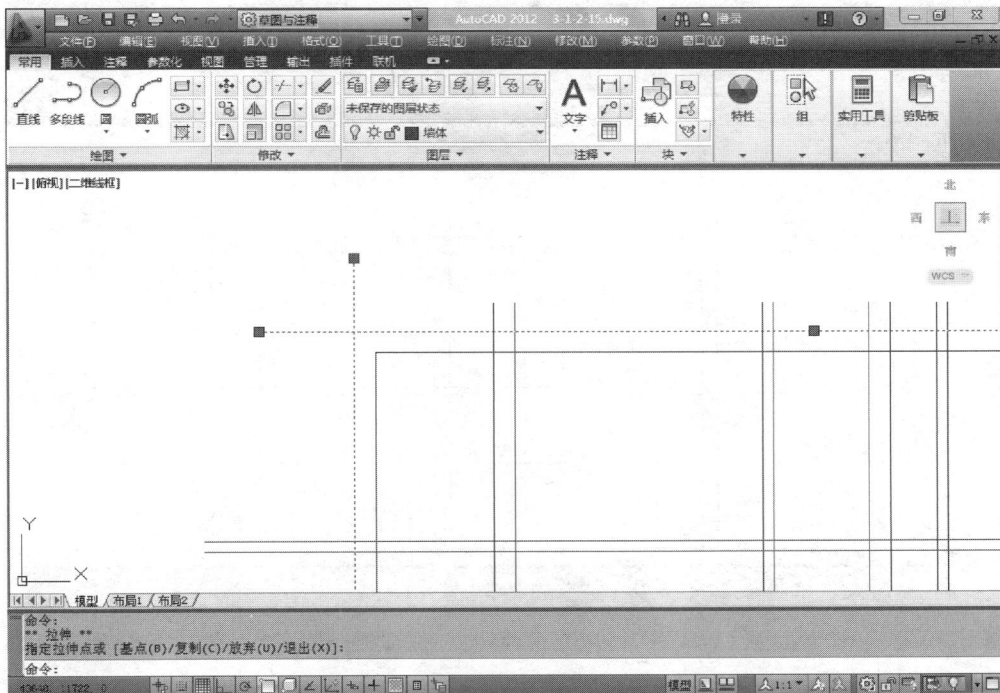

图 2 - 21 选择修剪边界线

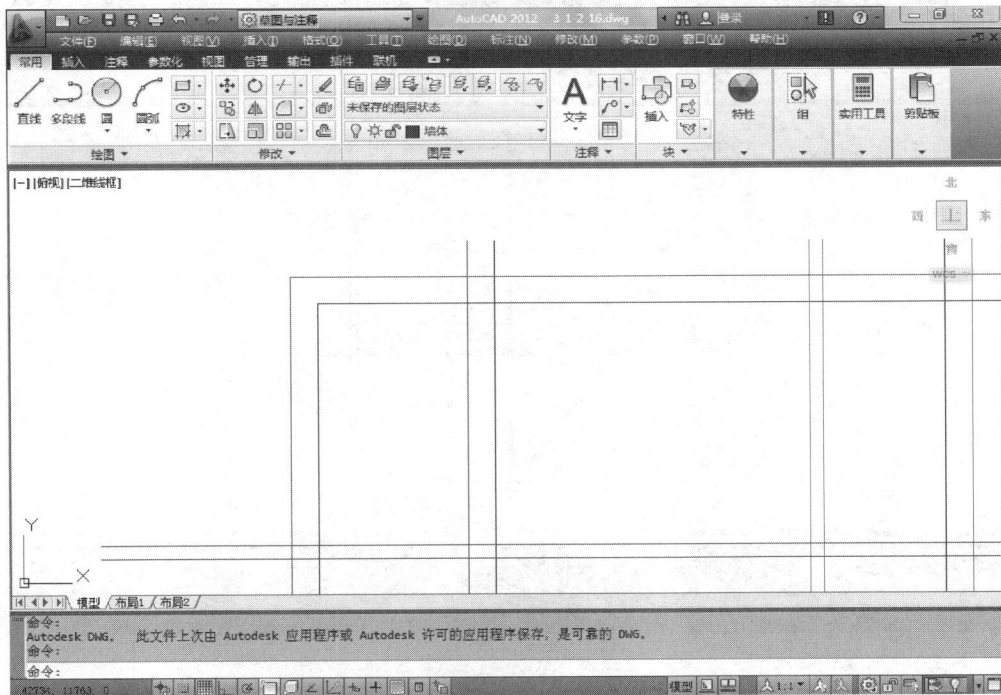

图 2 - 22 修剪结果

可以看到一个墙角就画好了。同样的方法，可以先把绘图窗口上方的外墙修剪好，如图 2 - 23 所示。

用同样的方法将其他承重墙修剪完成，如图 2 - 24 所示。

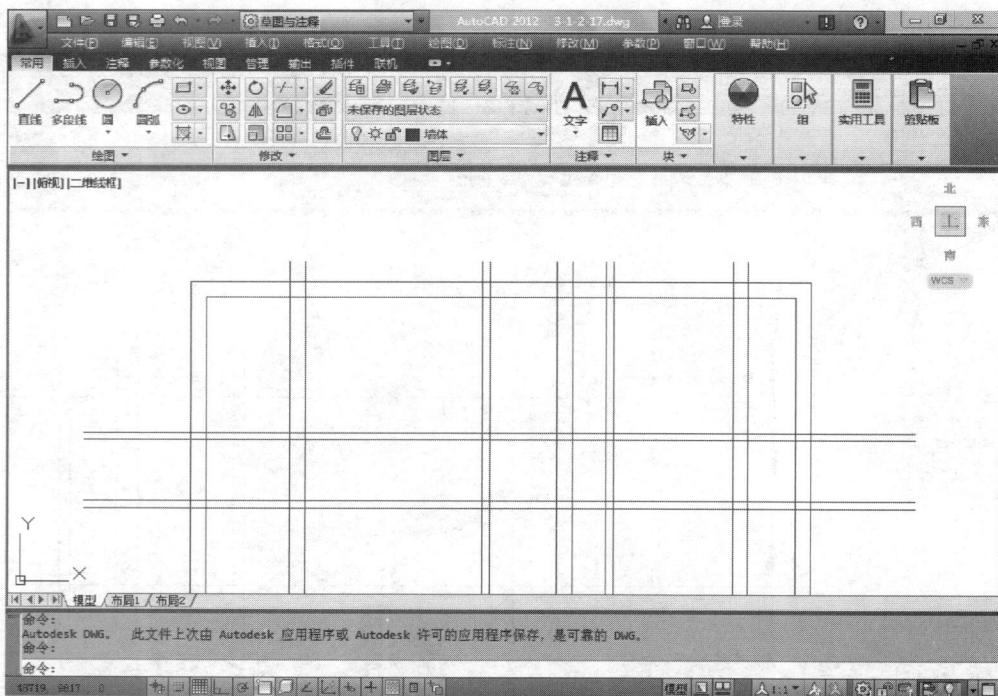

图 2-23 修剪绘图窗口上方的外墙

图 2-24 修剪外墙完成

　　完成厚度为 240 的外墙修剪后进行厚度为 120 的内墙进行修剪。对卫生间墙线进行修剪，结果如图 2-25 所示。

　　使用同样的方法对卧室的墙线进行修剪，如图 2-26 所示。

图 2－25 卫生间墙线修剪完成

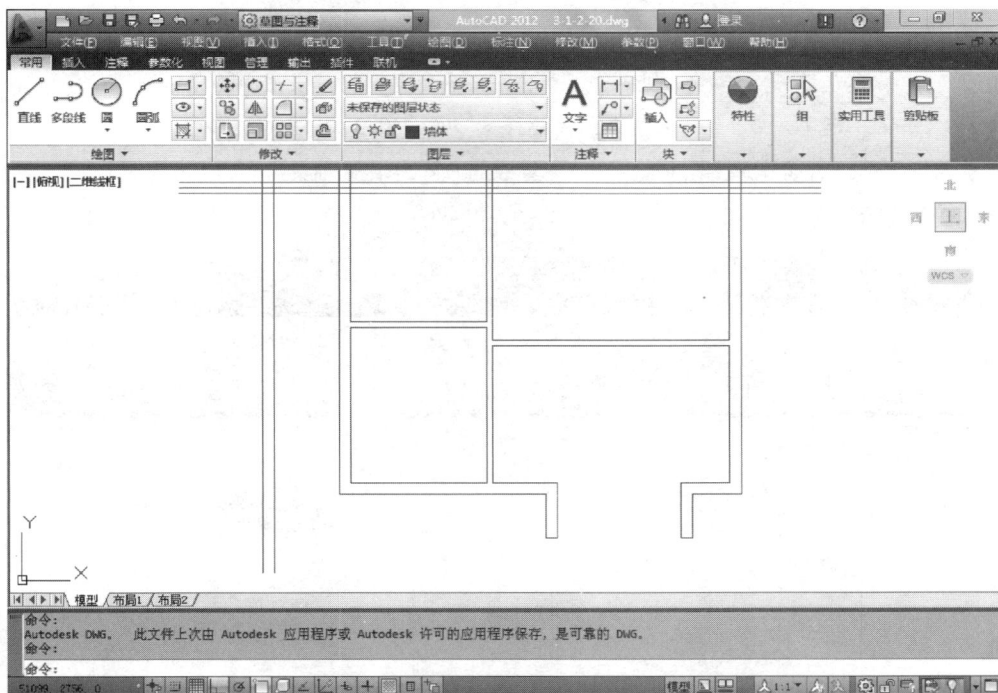

图 2－26 卧室墙线修剪完成

内墙线修剪完成，如图 2－27 所示。

7. 门洞线窗洞线的绘制

（1）绘制门洞线。

下面要修改上部的外墙线，主要是要画出上部的入户门门洞。要找到门洞线的位置，从图中的尺寸标注可以知道门洞的位置，这里使用"自"命令进行绘制。先使屏幕底部的"对象捕捉"处于开启状态，单击"直线"工具。

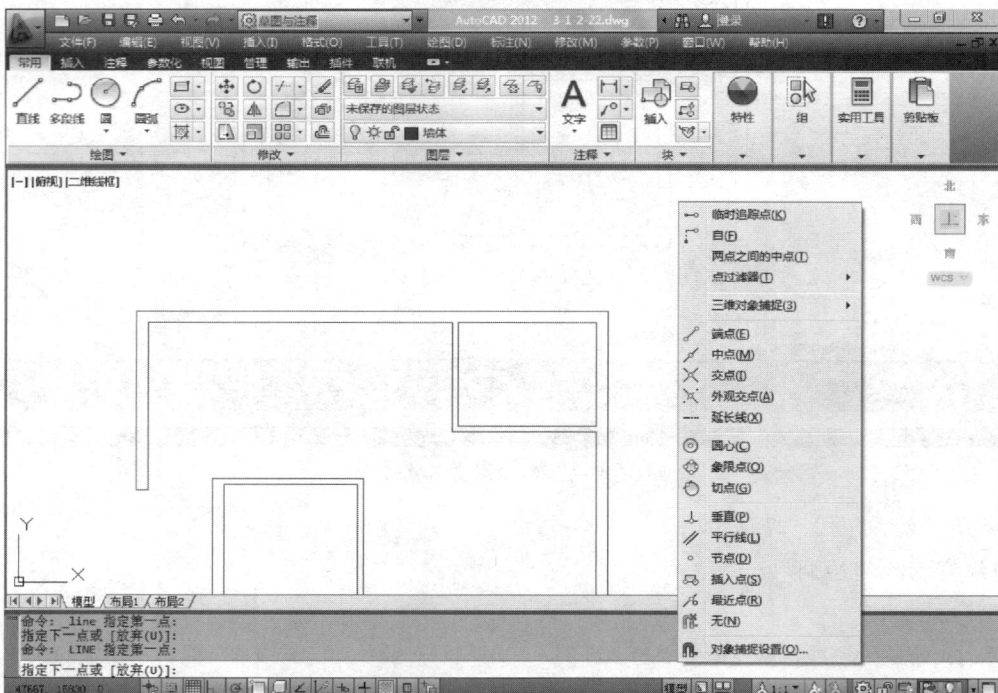

图 2-27　修剪内墙完成

命令行提示：_line 指定第一点：（然后按下 Shift 键单击鼠标右键出现菜单栏中选择"自"命令 ）。

命令行提示：_line 指定第一点：_from 基点：（单击图形右上角，将其设置为基点）。

命令行提示：_line 指定第一点：_from 基点：<偏移>：@ -4040，0。

命令行提示：指定下一点或［放弃（U）］：240（直线的方向为沿 Y 轴负方向）。

右侧的门洞绘制完成，如图 2-28 ~ 图 2-30 所示。

图 2-28　"自"命令

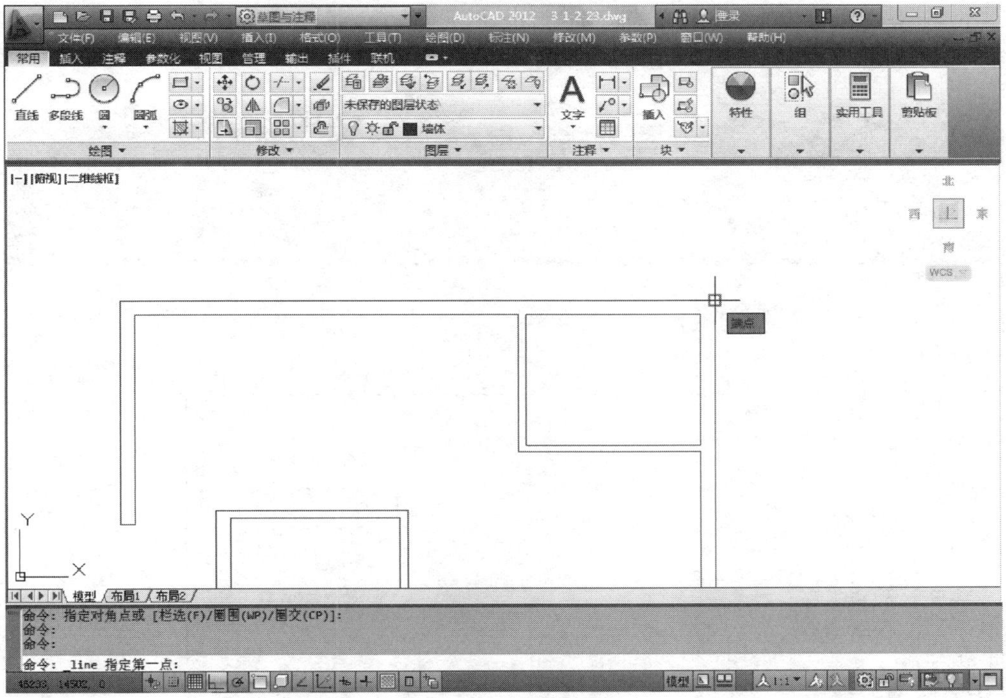

图 2 - 29　基点的选择

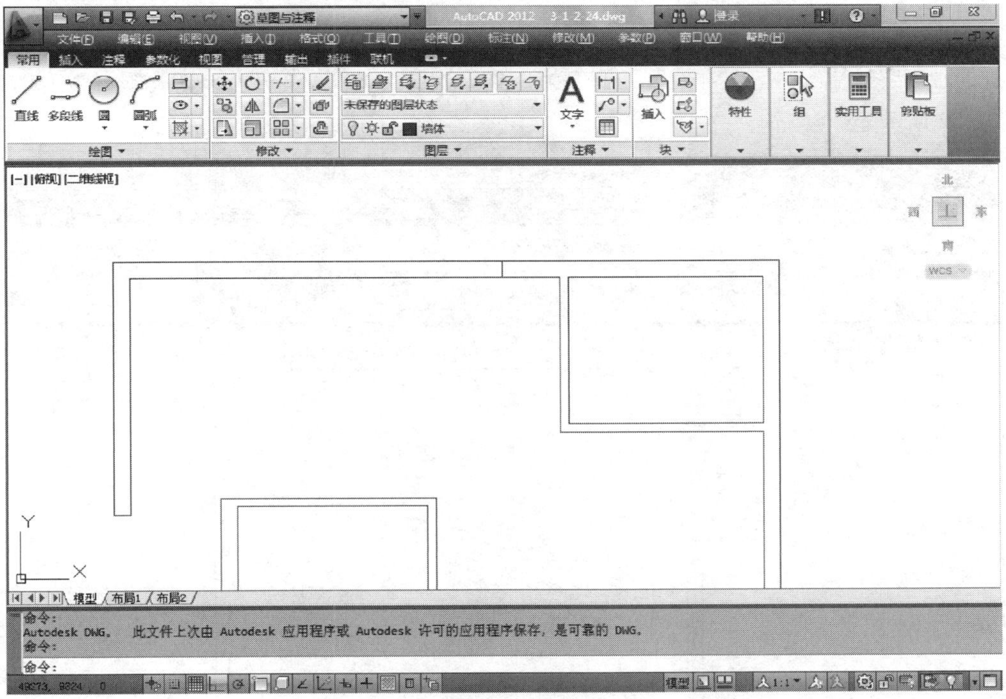

图 2 - 30　右侧门洞线绘制完成

利用"偏移"命令，将右侧门洞线偏移 900（即入户门的宽度为 900）。

在命令行输入：_ offset，或单击偏移🖰。

命令行提示：指定偏移距离或［通过（T）/删除（E）/图层（L）］：900。

命令行提示：选择要偏移的对象，或［退出（E）/放弃（U）］＜退出＞：（选择右侧门洞线）。

命令行提示：指定要偏移的那一侧上的点，或［退出（E）/多个（M）/放弃（U）］＜退出＞：（单击门洞线左侧），如图2-31所示。

图2-31 入户门门洞线绘制完成

使用图样的方法绘制其他的门洞（主卧门洞宽为4100，次卧为800，书房为1900，阳台为1800，卫生间为700），如图2-32所示。

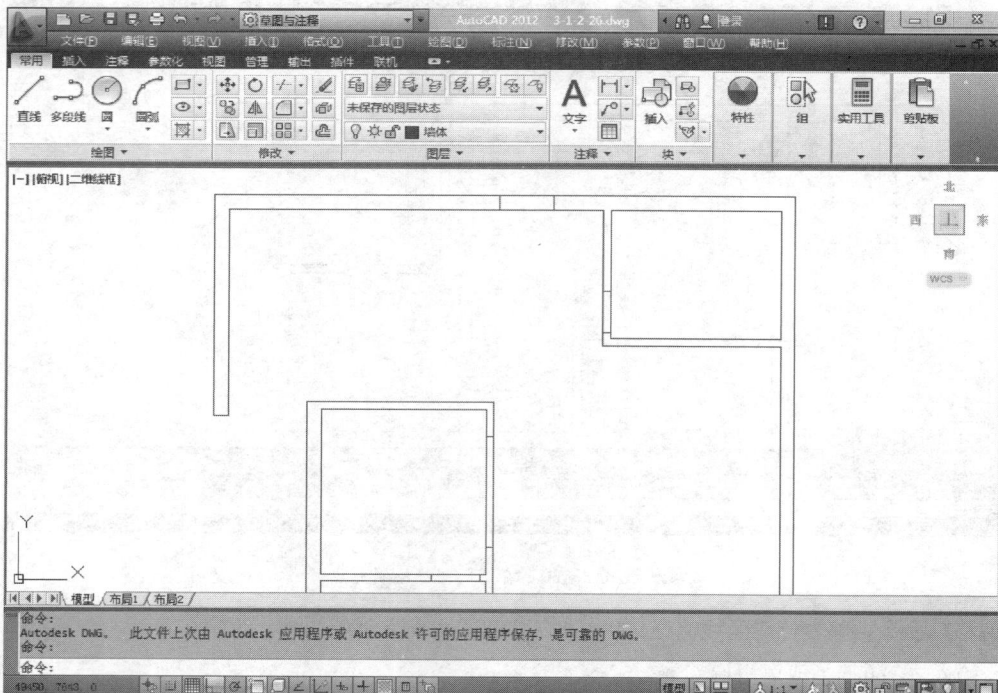

图2-32 其他房间门洞线绘制完成

使用"修剪"命令（单击⊁），对门洞线间墙线进行修剪。"修剪"命令使用过程与上面修剪墙线过程相同，门洞修剪完成如图 2-33 所示。

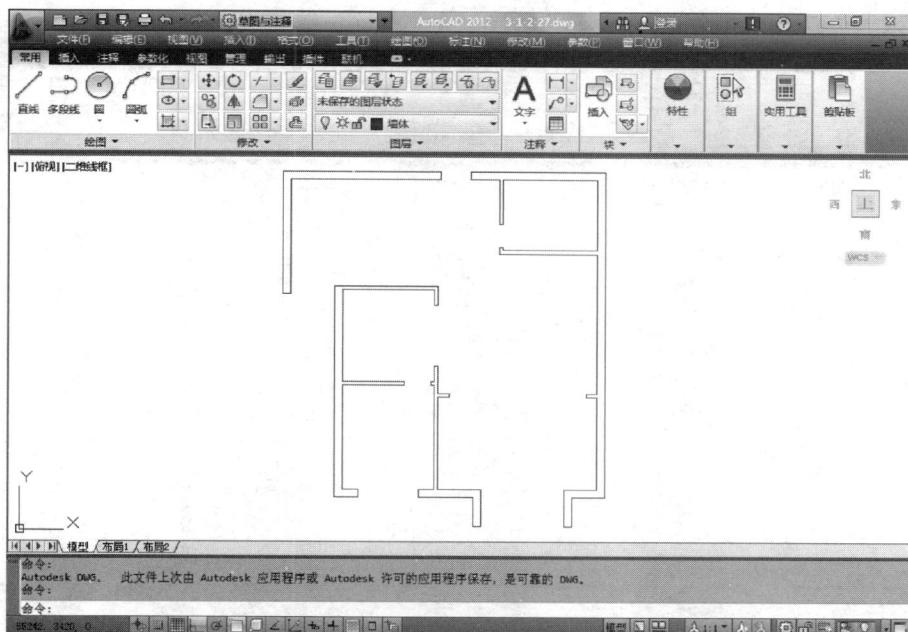

图 2-33 门洞修剪完成

（2）绘制窗洞线。

窗洞线的绘制同门洞线，这里以书房为例进行绘制。

命令行提示：_line 指定第一点：（然后按下 shift 键单击鼠标右键出现菜单栏中选择"自"命令⊁）。

命令行提示：_line 指定第一点：_from 基点：（单击书房内部左上角点，将其设置为基点）。

命令行提示：_line 指定第一点：_from 基点：＜偏移＞：@0，-700。

命令行提示：指定下一点或［放弃（U）］：240（直线的方向为沿 X 轴负方向），如图 2-34 所示。

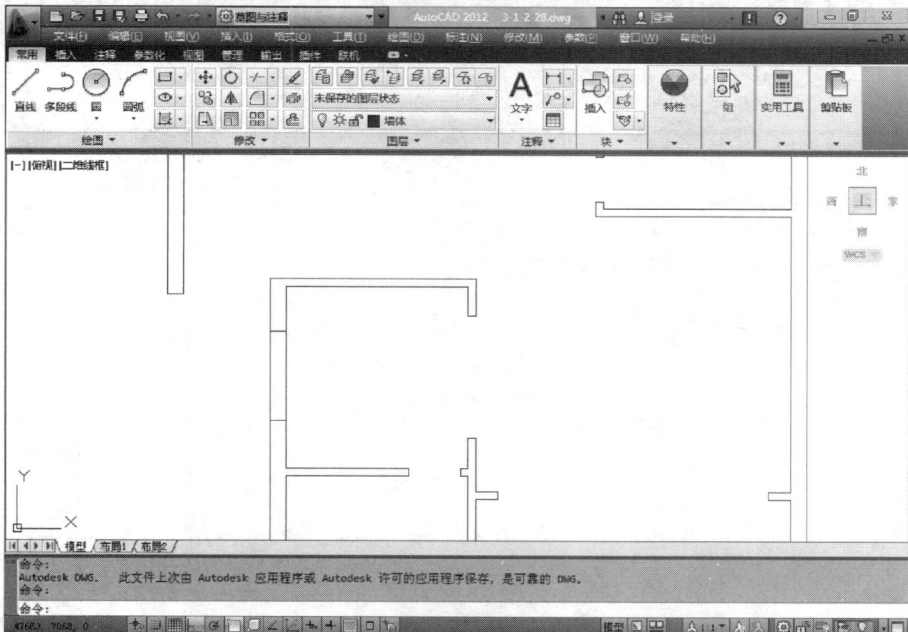

图 2-34 书房窗线绘制完成

使用"修剪"命令（单击⊬），对窗线间墙线进行修剪。"修剪"命令使用过程与修剪墙线过程相同。
门洞窗洞修剪完成，如图2-35所示。

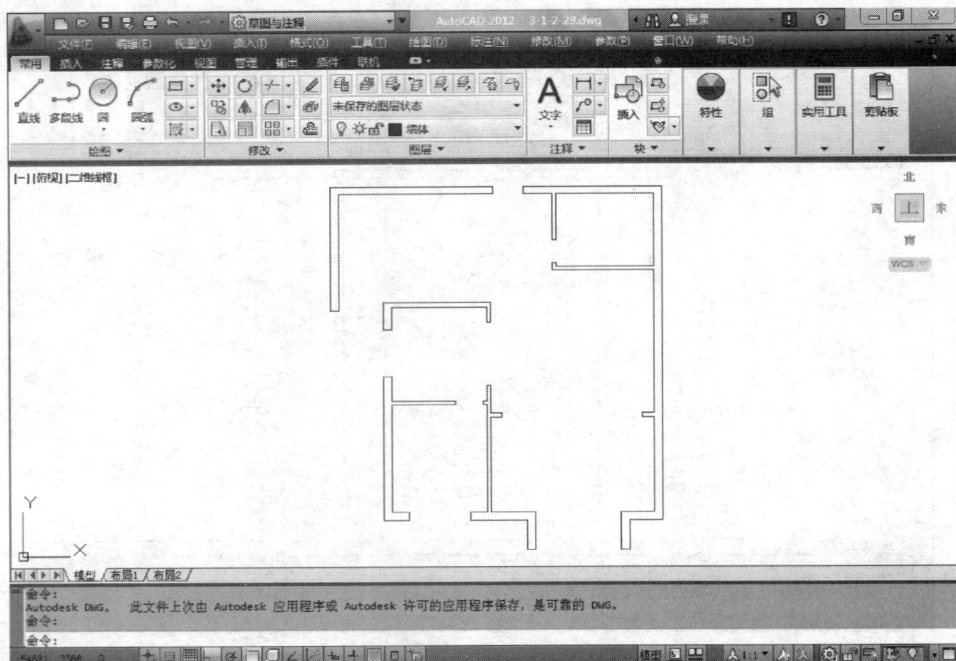

图2-35 门洞窗洞绘制完成

8. 绘制门窗

（1）绘制窗户。

下面要为绘制好的窗洞加上窗户，以左上的书房窗户为例。首先要把当前图层切换至"门窗"图层，再利用"直线"命令，或单击工具栏上的✎，在窗洞一侧画出一条线段，然后利用"偏移"命令，对一侧的窗线进行偏移，偏移距离为80，共偏移三次，如图2-36所示。

图2-36 书房窗线绘制完成

厨房窗线绘制同书房窗线，如图 2 - 37 所示。

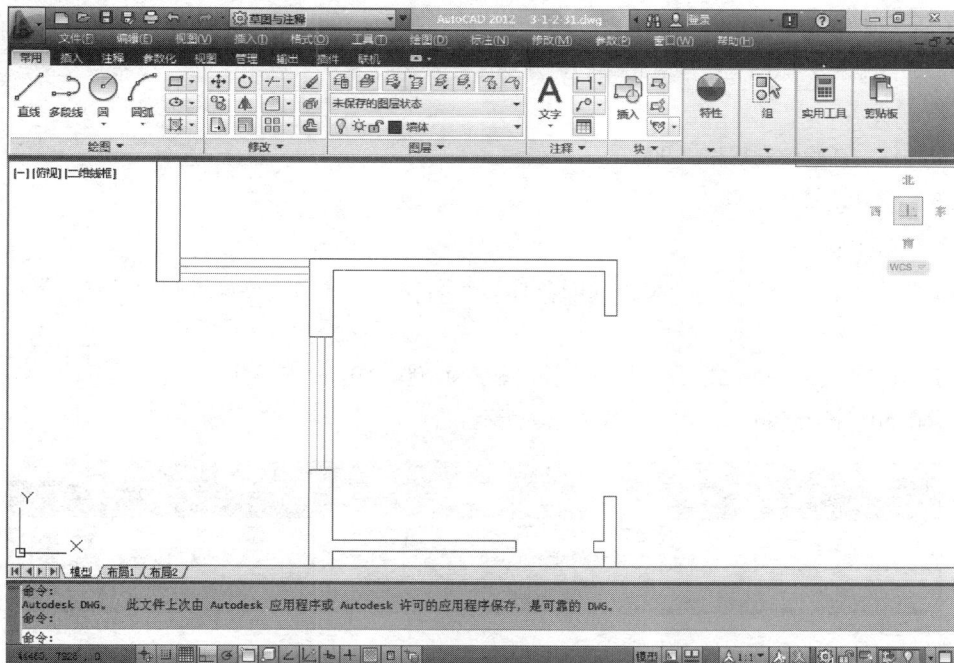

图 2 - 37 厨房窗线绘制完成

阳台和主卧飘窗的绘制，偏移距离为 50，其余步骤均同书房窗线绘制步骤相同，如图 2 - 38 所示。

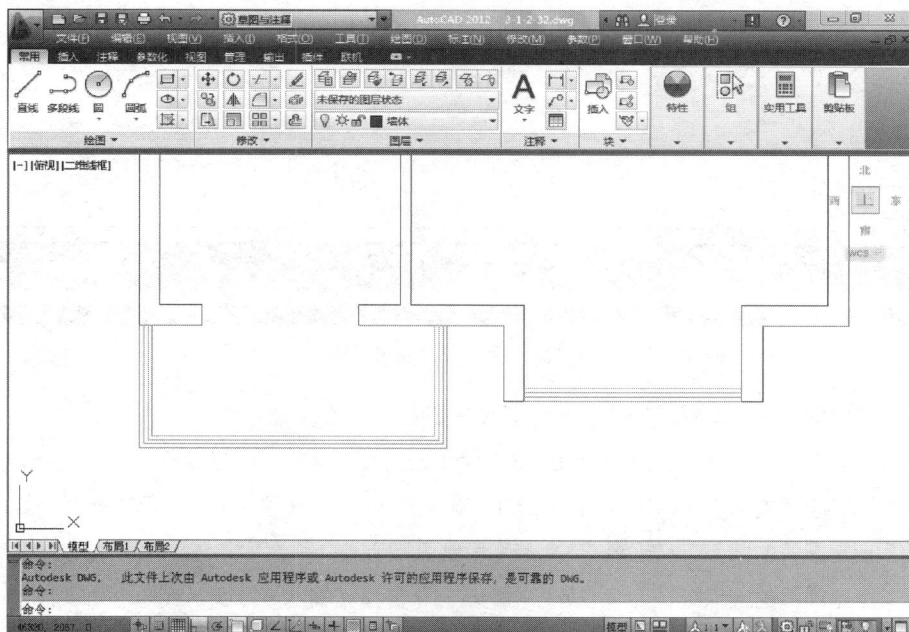

图 2 - 38 阳台主卧窗线绘制完成

（2）绘制门。

下面来给各个房间加上门，利用"绘制块"和"插入块"的方法来绘制。

在 AutoCAD 中，常常要绘制一些重复出现的且比较复杂的图形，这时就可以利用块，把这些图形做成块保存起来，需要它们时就插入块，这样就可以把绘图变成了拼图，避免了大量重复性的绘制工作。而且在插入块的同时还可以选择不同的比例和旋转的角度，非常方便。在前边基础知识的章节中对创建块已经作了讲解，这里将以门的绘制为例来介绍 WBLOCK 命令，即"写块"，也就是将块以文件的形式写入磁盘，再在另一个文件中插入的方法。这个居室中的门有三种规格，一般房间的门为 800，卫生间的门为 700，居室的大的户门为 900，书房是尺寸为 1900 的推拉门。所以就需要做四个不同规格的门，分别保存为块。

首先创建块。

另新建一个文件，开始绘制规格为 900 的门。

使用"矩形"命令，或单击▭。

命令行提示：_ rectang。

命令行提示：指定第一个角点或［倒角（C）/标高（E）/圆角（F）/厚度（T）/宽度（W）］：（任意单击一点）。

命令行提示：指定另一个角点或［尺寸（D）］：（输入@900，50，回车确定）。

即画出一个宽 50、长为 900 的门扇，如图 2-39 所示。

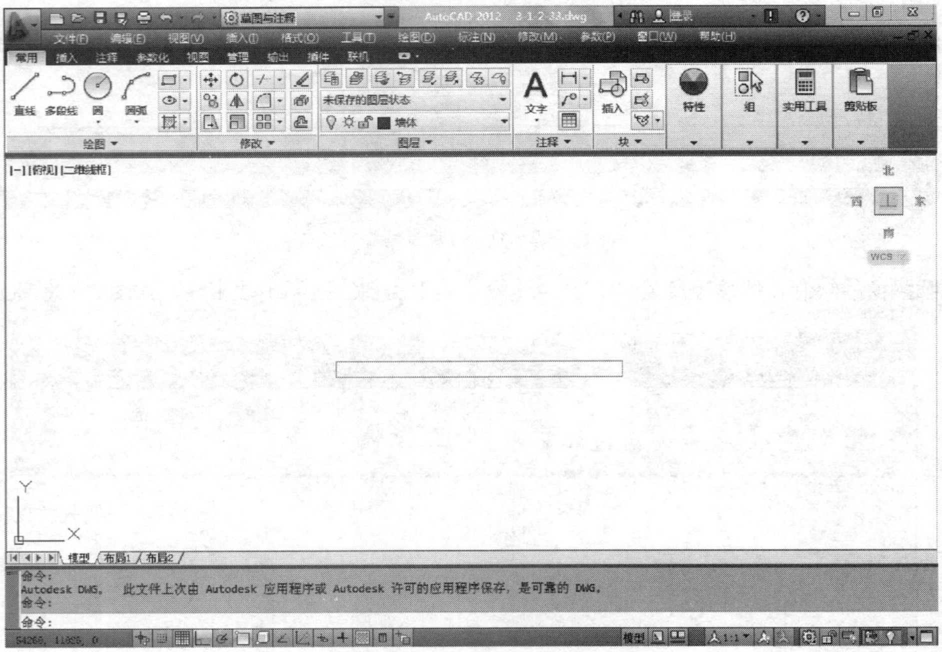

图 2-39　绘制门扇

下面还要再画出门的弧线。选择"圆弧"命令，或单击⌒。

命令行提示：_ arc 指定圆弧的起点或［圆心（C）］：（选择右下角的点为起点）。

命令行提示：指定圆弧的第二个点或［圆心（C）/端点（E）］：c（输入 C，表示选择圆心）。

命令行提示：指定圆弧的圆心：（选择左下角的点为圆弧圆心）。

命令行提示：指定圆弧的端点或［角度（A）/弦长（L）］：a（输入 A，表示要输入角度）。

命令行提示：指定包含角：90（输入 90，即圆弧的包含角为 90 度）。

这样就画出了门的圆弧线，整个门就绘制好了，如图 2-40 所示。

同样的方法，再画出另外两个规格分别为长 700、800、1900 的门，如图 2-41 所示。

在命令行输入"WBLOCK"命令，则弹出了"写块"对话框，如图 2-42 所示。

在对话框"源"选项组中，选择"块"按钮，可以将使用 BLOCK 命令（注意：WBLOCK 与 BLOCK 命令不同）创建的块写入磁盘；选择"整个图形"按钮，可以把全部图形写入磁盘；选择"对象"按钮，可以选择需要写入的对象。先把 900 的门写为块：

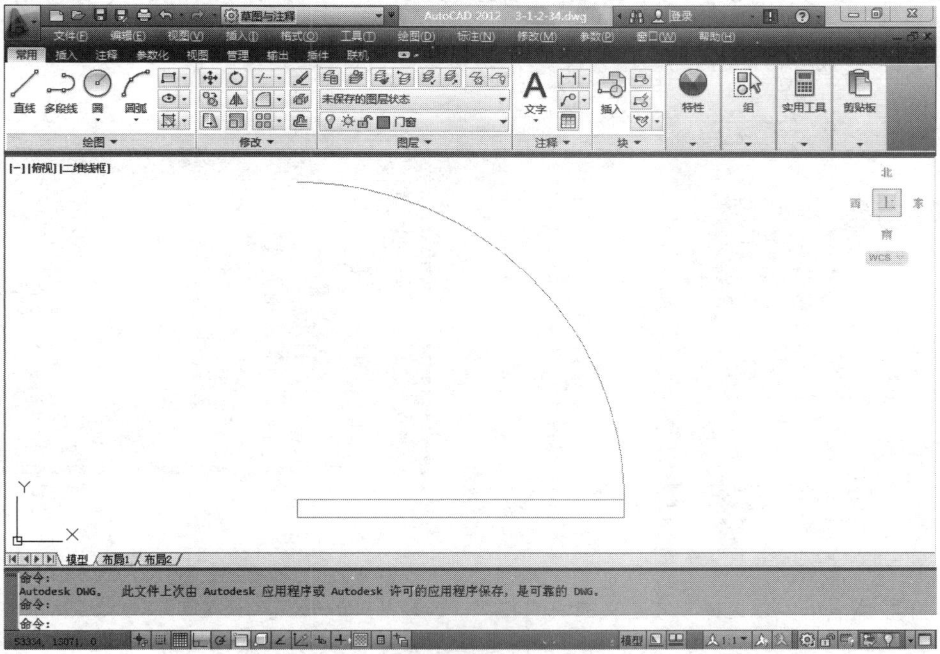

图 2-40 完成门的绘制

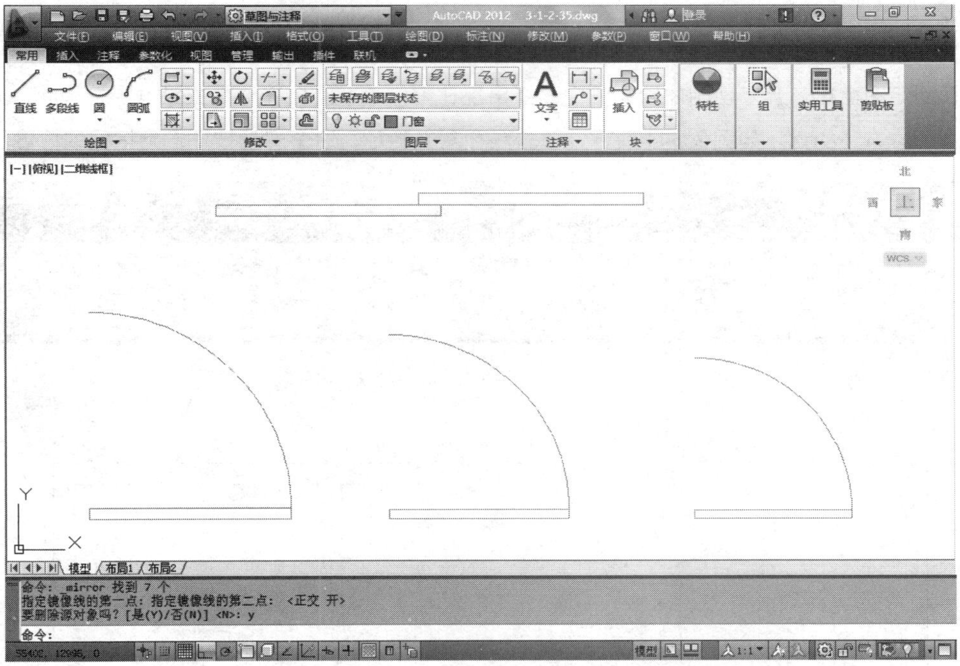

图 2-41 完成所有规格门的绘制

在"基点"选项组中，单击"拾取点"的按钮，这是来指定插入块的基点位置。在本例中选取 900 的门的左下角点为基点。

再单击"选择对象"按钮，切换到绘图窗口，用窗选法选取 900 规格的门，回车后返回"写块"对话框。

在"目标"选项组中，可以设置块的名称和保存位置。在"文件名和路径"中输入"D：\CAD\900men"。确定后就把这个门以块的形式写入了磁盘。

同样的方法，把另外两个门分别写成块，文件名可定为 800men、700men、1900men，路径与第一个块相同。

然后我们进行"插入块"的命令，或点击绘图工具栏中的，弹出"插入"对话框，如图2－43所示。

图2－42　"写块"对话框

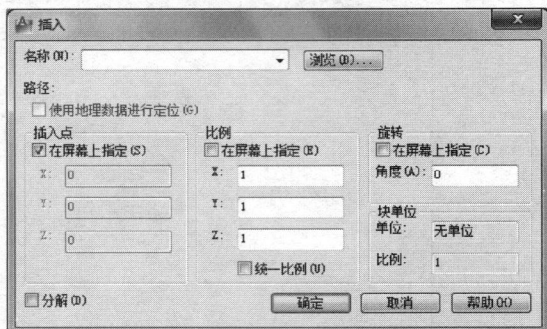

图2－43　"插入"块对话框

在"名称"下拉列表框中，选择刚才定义的块的名字，选择"900men"。

"插入点"选项组用于设置块的插入点位置，可以直接输入X、Y、Z的坐标，也可以选中"在屏幕上指定"的复选框，直接在屏幕上指定点插入。本例就可以直接在屏幕上指定。

"缩放比例"保留为1。

"旋转"的角度保留为90。

确定后切换到绘图窗口，会发现刚才绘制的门已经出现在窗口中，鼠标移动其位置也跟着移动，插入的基点选在主卧室的门洞下方右边的点，如图2－44所示，单击鼠标左键确定，这个门就被插入到指定的位置了。

图2－44　插入入户门

使用同样的方法插入其他房间的门，如图2－45所示。

图 2-45　所有门插入完成

9. 绘制并布置家具

居室平面布置图中家具的布置是十分重要的部分，一般要根据不同房间的功能需求进行家具的布置，主要的家具有客厅的沙发、茶几、视听柜；卧室的床、床头柜、衣柜；书房的书桌、书柜；卫生间的洁具和厨房的橱柜、餐桌等。有时还会加上一些植物作点缀。居室平面设计图中的家具只是为了表示家具摆放的位置和房间的功能，并不是要表达家具真正的造型，所以家具单体的绘制力求简洁，表达正确的尺度即可，有时也可以利用现有的模板调入，而不用自己绘制。

（1）绘制家具。

如图 2-46 所示，已经分别绘制好了所需的部分家具，餐桌椅、主卧和次卧的床、衣柜，以及厨房的橱柜平面图。再按照上边讲过的写块的方法，分别把这些家具单体写为块保存起来。

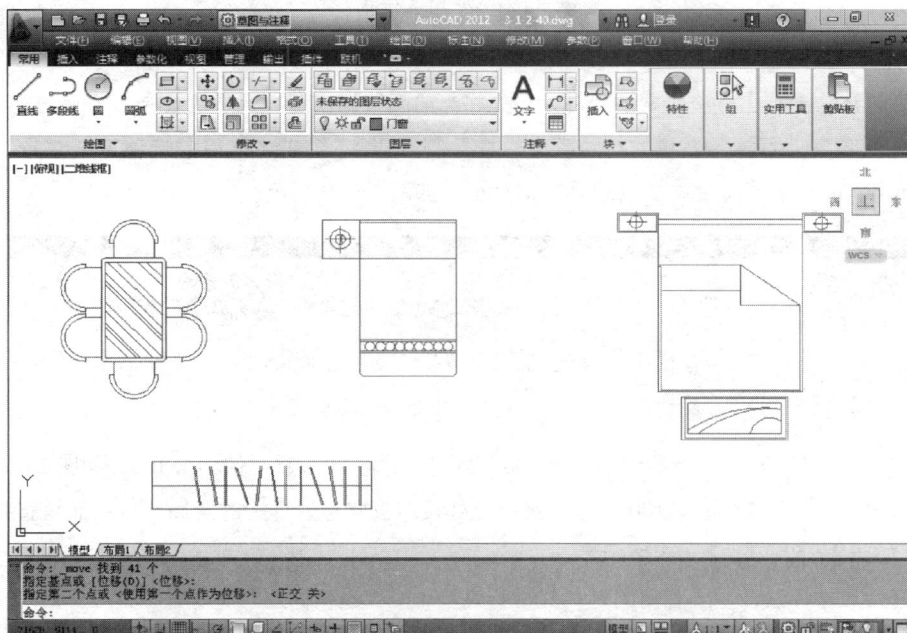

图 2-46　绘制好的家具平面图

（2）插入家具。

下面再回到原来平面图的绘图窗口，先把当前图层设为"家具"层。

选择"插入块"的命令，或点击按钮🔲。

"插入"家具同上述插入门的步骤。

除了自己绘制的家具外，一些较为复杂的家具可以在一些 CAD 图库（在许多 CAD 图库的网站中可以免费下载 dwg 格式的 CAD 文件）中找到，然后在图库窗口进行"复制"、在平面布置图窗口进行"粘贴"就可以在自己绘制的平面布置图中使用了。由于其他窗口的图形所在图层与我们创建的图层不同，在粘贴图形后需要对图形的图层进行修改。修改步骤与上面讲到的修改墙线（由轴线偏移得到的墙线）图层的步骤相同。

插入所有家具如图 2-47 所示。

图 2-47　插入所有家具

10. 尺寸标注

平面图画好后，还需要标上一些主要的尺寸，首先将当前图层切换至"尺寸"图层，开始进行尺寸标注。

单击"注释"选项下"标注"右侧的斜向箭头，如图 2-48 所示，或"常用"选项下"注释"下拉框中单击"标注样式"图标📐，则弹出"标注样式管理器"对话框，如图 2-49 所示。

图 2-48　标注样式选择

选择箭头形式为"建筑标记"，箭头大小改为 100，超出尺寸线 80，起点偏移量 100，如图 2-50 和图 2-51 所示。文字高度改为 200，文字偏移量为 100 等（注意：此处没有调整标注样式的全局比例，而是直接调整了各项标注要素的大小），如图 2-52 和图 2-53 所示。

下面就可以开始尺寸标注，主要利用的是"线性标注"⊢、"连续标注"⊩等命令。

单击"标注"工具栏上"线性标注"按钮。

图2-49 标注样式管理器

图2-50 超出尺寸线和起点偏移量

图2-51 修改箭头样式及大小

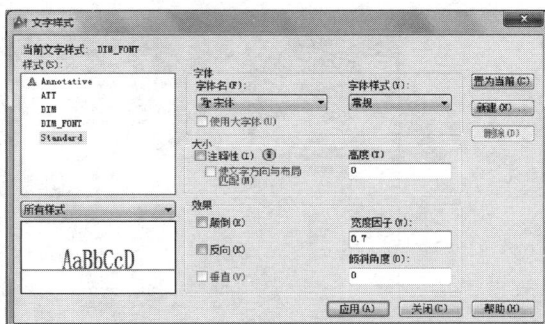

图2-52 修改文字样式

命令：_ dimlinear。

命令行提示：指定第一条尺寸界线原点或＜选择对象＞：
（单击要标注的尺寸界线的原点）。

命令行提示：指定另一条尺寸界线原点：（单击要标注的另一条尺寸界线的原点）。

重复 dimlinear 命令，完成所有的尺寸标注，如图2-54所示。

11. 编辑文字

在平面设计图中，有时还要在图中插入文字加以说明，一般用来表示房间名称、材料、室内的设施等。在本例中，我们也加上一些文字，表示各个房间以及地面的铺装材料。

首先把当前图层设为"文字"层。在"格式"下拉菜单中点击"文字样式"，如图2-55所示，则弹出"文字样式"对话框。新建"样式1"，选择字体为"宋体"，字体高度为300，如图2-56所示。

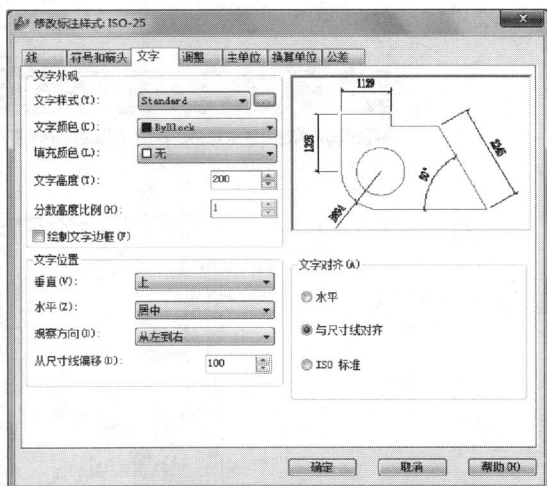

图2-53 修改文字高度及从尺寸线偏移量

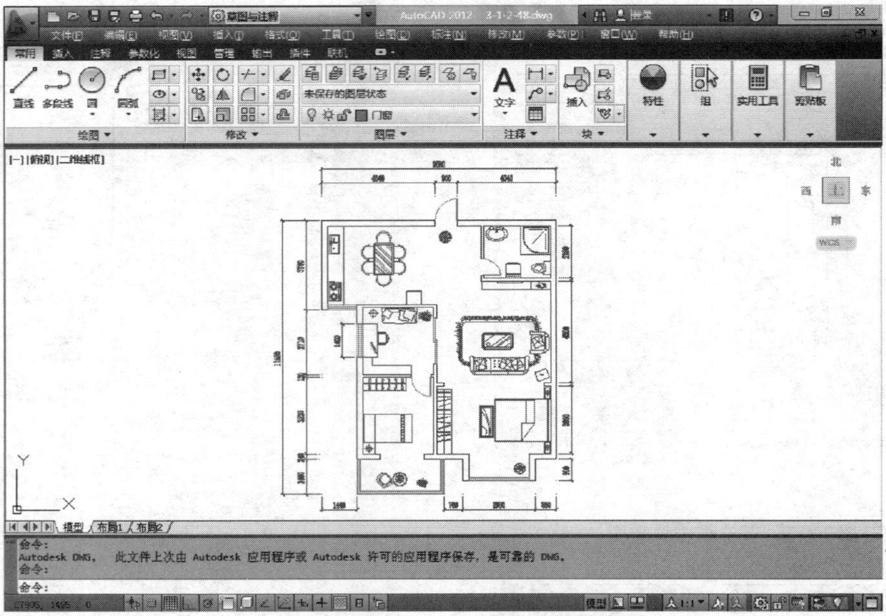

图 2-54　完成尺寸标注

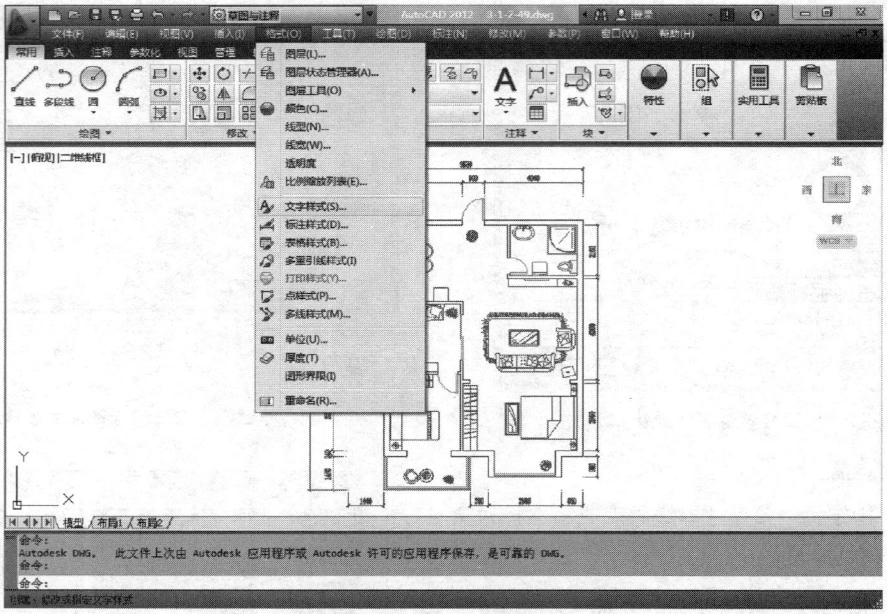

图 2-55　格式文字样式

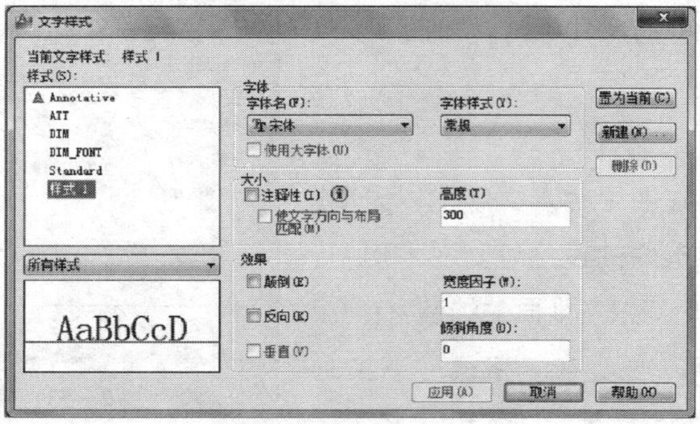

图 2-56　修改文字样式

返回绘图窗口，采用"单行文字"或"多行文字"命令，如利用"多行文字"命令，可以点击 **A**，创建文字，如图 2-57 所示，输入"餐厅"。

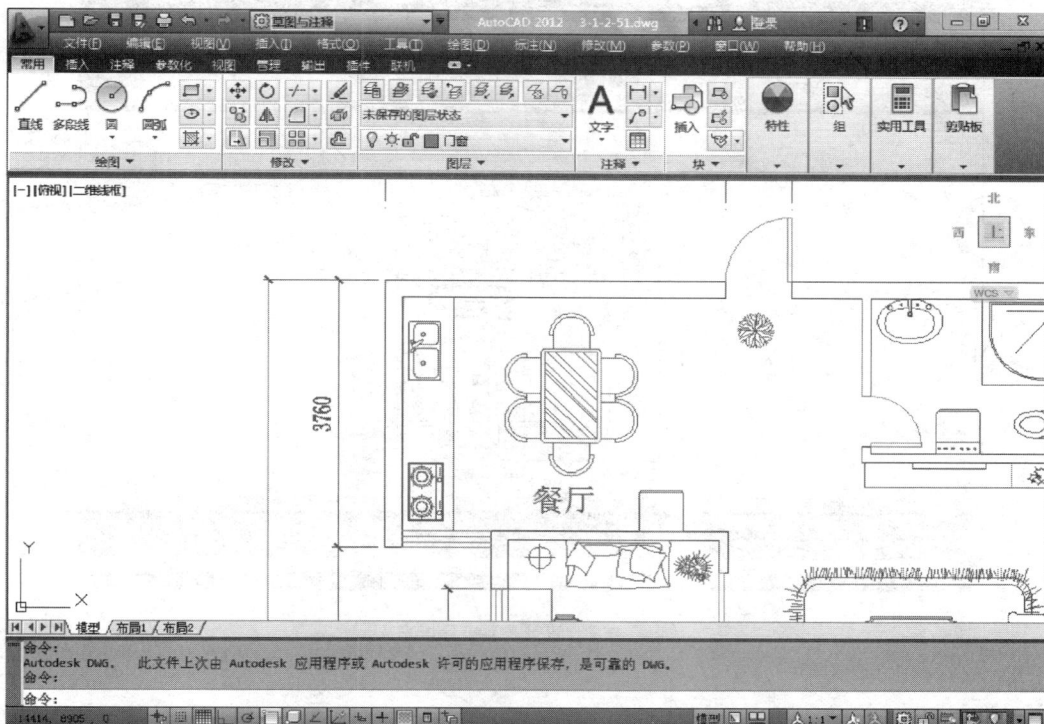

图 2-57 输入文字"餐厅"

同样的方法为其他的房间和地面材料加上文字标注，如图 2-58 所示。

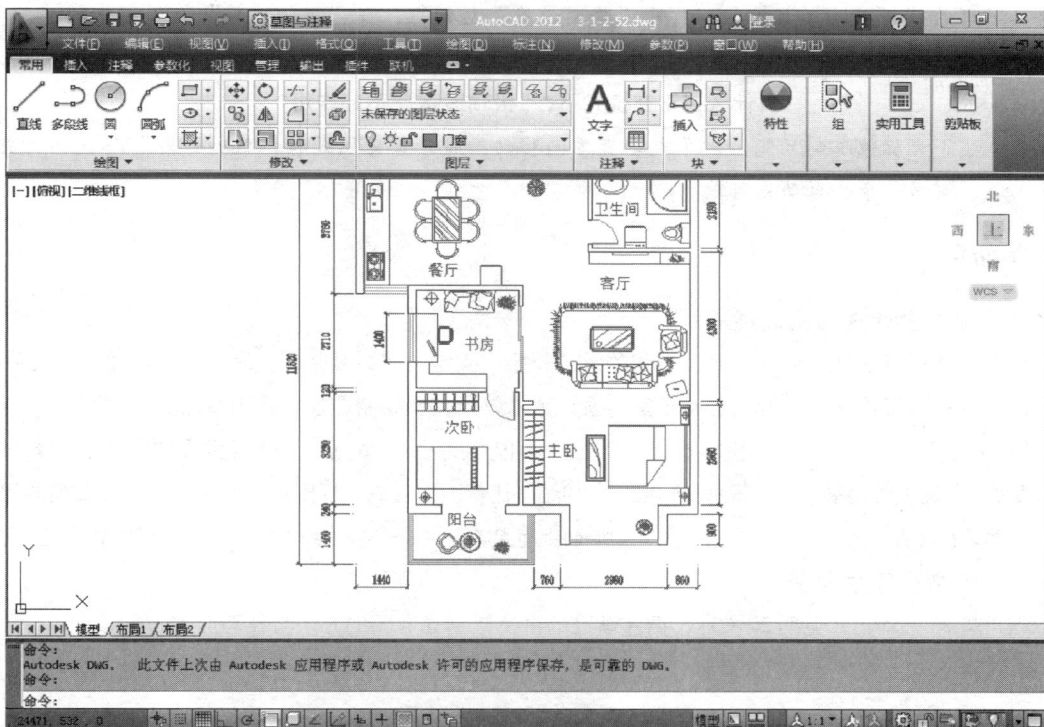

图 2-58 输入其他文字

到此，整个平面图的绘制也就完成了，如图2-59所示。

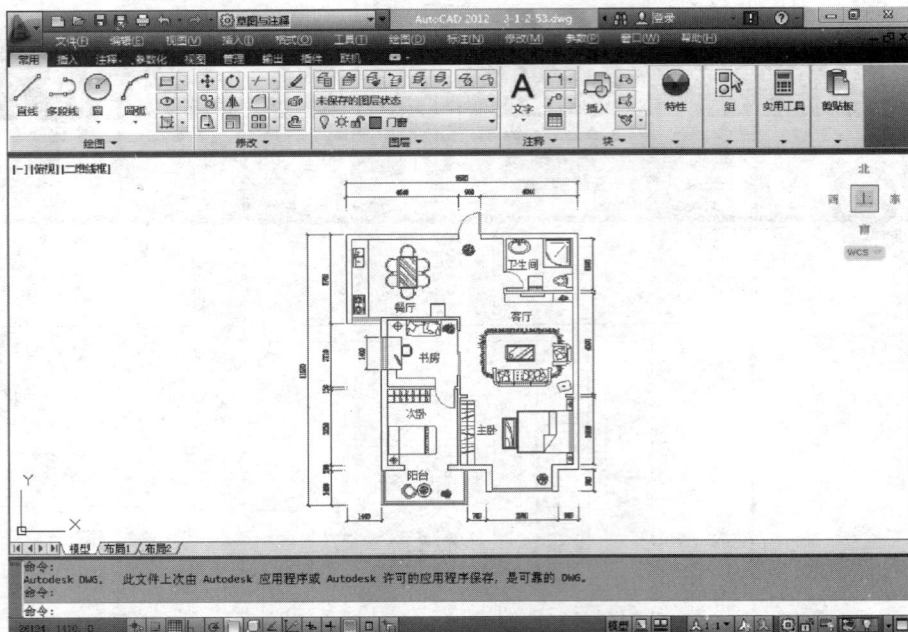

图2-59　平面布置图完成

这一部分没有用到"极轴追踪"，在这里为大家介绍一下使用"极轴追踪"时可能存在的问题。

怎样打开"极轴追踪"？

单击屏幕底部的"极轴"工具按钮，打开"草图设置"对话框，在"极轴追踪"选项组中的"启用极轴追踪"复选框前打勾。按F10键也可以快捷地控制"极轴追踪"的打开和关闭。

为什么在正交模式下，"极轴追踪"不起作用？

在正交模式下，光标被限制只能沿水平或垂直方向移动，因此正交模式和"极轴追踪"不能同时打开使用，若其中一个打开，则另一个会自动关闭。

2.3.2　立面图

2.3.2.1　室内设计立面图简述

室内设计立面图是表现室内墙面装修及布置的图样，除了固定的墙面装修外，尚可画出墙面上可灵活移动的装饰品，以及陈设的家具等设施，供观赏、检查室内设计艺术效果，及绘制透视效果图所用。

立面图是一种与垂直界面平行的正投影图。所需要绘制的内容包括：剖切后所有能观察到的物品，如家具、家电等陈设物品的投影。但家具陈设等物品应根据实际大小，用统一比例图面绘制；标出室内空间竖向尺寸及横向尺寸；需要标明墙面装饰材料的材质、色彩与工艺要求，另外如墙面上有装饰壁面、悬挂的织物以及灯具等装饰物也应标明。

2.3.2.2　绘制客厅立面图

本章以客厅立面图为例（见图2-60），循序渐进的讲述绘制立面图的方法与技巧。

1. 绘制墙体

在操作时要注意，"对象追踪"必须和"对象捕捉"同时工作，也就是说在使用"对象追踪"时必须使屏幕底

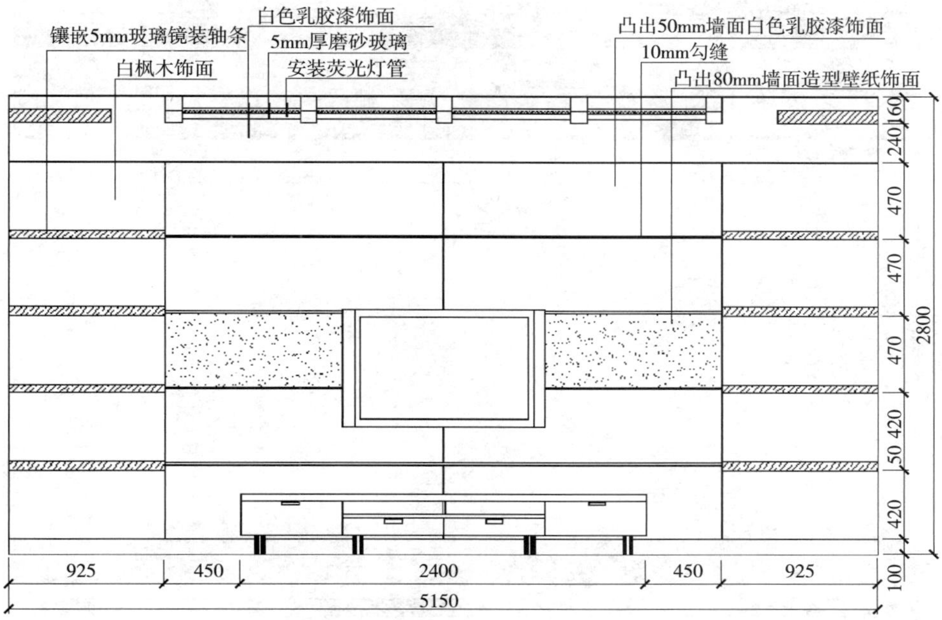

镶嵌5mm玻璃镜装轴条
白枫木饰面
白色乳胶漆饰面
5mm厚磨砂玻璃
安装荧光灯管
凸出50mm墙面白色乳胶漆饰面
10mm勾缝
凸出80mm墙面造型壁纸饰面

160
240
470
470
470
50 420
420
2800

925　450　2400　450　925
100
5150

图2-60　客厅立面图

部的"对象捕捉"也处于开启状态。

这一节中将讲述墙体、墙的踢角线、电视背景墙等图形的绘制方法。主要利用到"直线"工具、"对象捕捉"工具及"偏移"工具。

（1）绘制墙的上端边线。

单击状态栏中的"正交"按钮，打开正交模式。然后在"绘图"工具栏内选择 工具。

命令行提示：_line 指定第一点：（在绘图区的空白处单击鼠标指定第一点）。

命令行提示：指定下一点或［放弃（U）］：@5150，0。

命令行提示：指定下一点或［放弃（U）］：（单击鼠标右键，在弹出的快捷菜单中选择确认）。

这样墙的上端边线即绘制完成。

（2）绘制墙的下端边线。

在"修改"工具栏内选择"偏移" 工具。

命令行提示：_offset。

命令行提示：指定偏移距离或［通过（T）/删除（E）/图层（L）］＜10.0000＞：2800。

命令行提示：选择要偏移的对象，或［退出（E）/放弃（U）］＞：（选择所绘制线）。

命令行提示：指定点以确定偏移所在一侧，或［退出（E）/多个（M）/放弃（U）］＜退出＞：（在所绘直线下方单击）。

命令行提示：选择要偏移的对象或＜退出＞：（单击鼠标左键确定退出）。

这样墙的下端边线即绘制完成，如图2-61所示。

（3）绘制左墙线。

单击状态栏中的"对象捕捉"按钮，打开"对象捕捉"模式。然后在"绘图"工具栏内选择"直线" 命令。

命令行提示：_line 指定第一点：（选择第一条直线的左边端点）。

命令行提示：指定下一点或［放弃（U）］：（选择第二条直线的左边端点）。

命令行提示：指定下一点或［放弃（U）］：（单击鼠标右键，在弹出的快捷菜单中选择确认）。

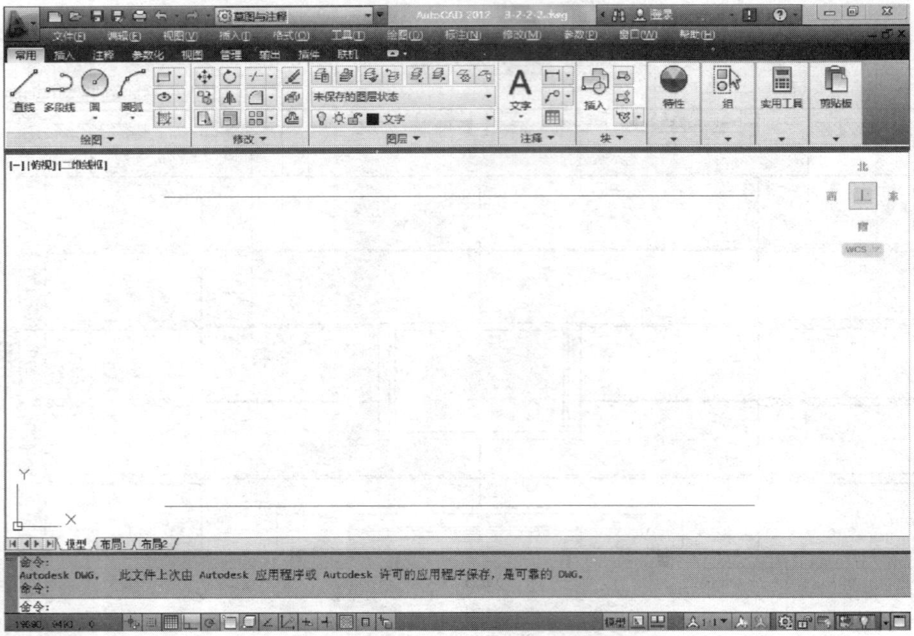

图2-61 顶棚、地面墙线

使用同样的方法得到右墙线，如图2-62所示。

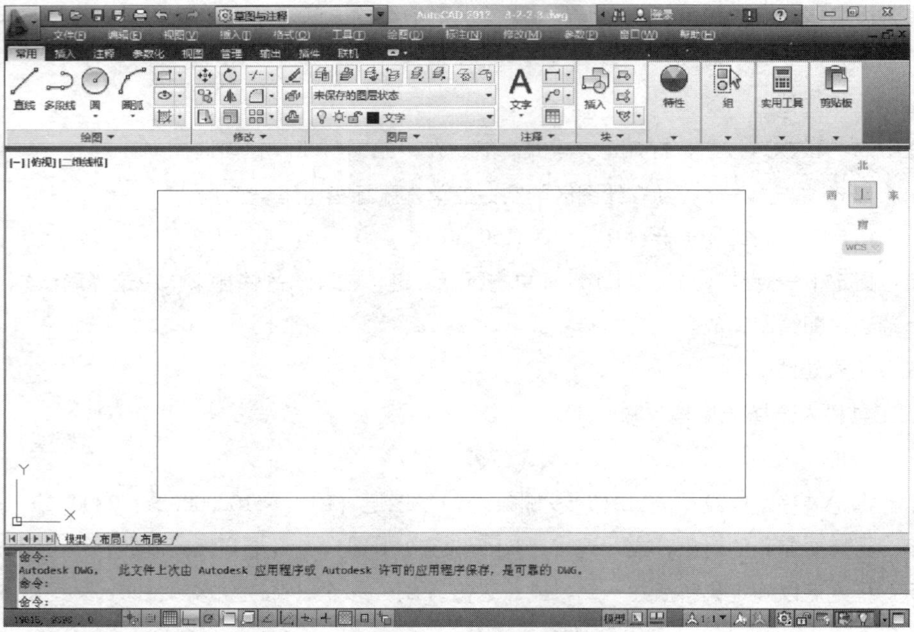

图2-62 左墙、右墙线

2. 绘制踢脚线

在"修改"工具栏内选择"偏移" 🔩 工具。

命令行提示：指定偏移距离或［通过（T）/删除（E）/图层（L）］＜2800.0000＞：100。

命令行提示：选择要偏移的对象，或［退出（E）/放弃（U）］：（选择底部水平线段）。

命令行提示：指定点以确定偏移所在一侧，或［退出（E）/多个（M）/放弃（U）］＜退出＞：（在水平线的上方单击）。

命令行提示：选择要偏移的对象或＜退出＞：（单击鼠标右键确定退出）。

结果如图 2－63 所示。

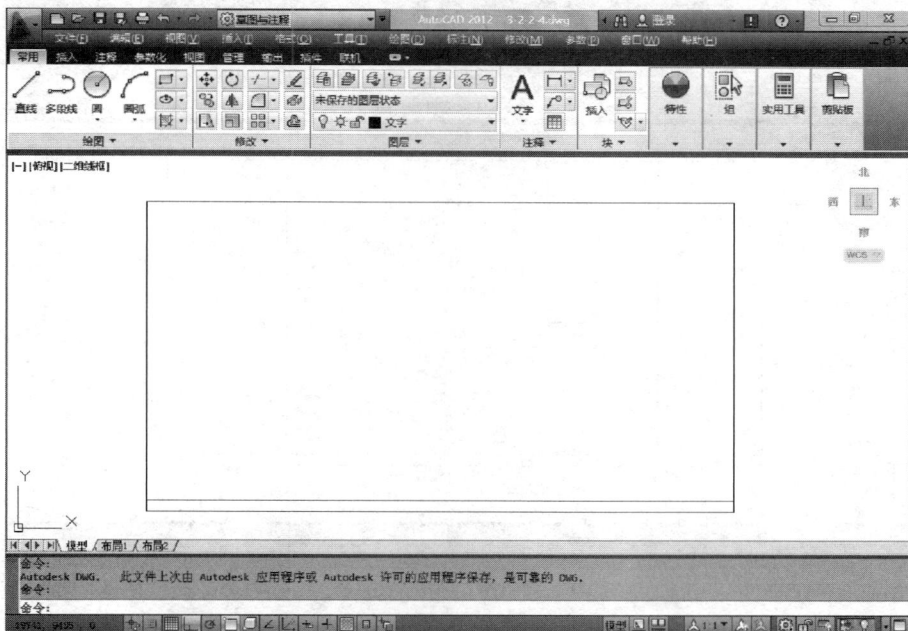

图 2－63　踢脚线绘制

3. 绘制背景墙线

图例的电视背景墙分为两部分，中间为白色乳胶漆饰面，有 10mm 勾缝；两侧为白枫木饰面造型，镶嵌玻璃镜装饰条。

（1）绘制 10mm 勾缝线。

在"修改"工具栏内选择"偏移"工具。

命令行提示：指定偏移距离或［通过（T）/删除（E）/图层（L）］＜100.0000＞：2400。

命令行提示：选择要偏移的对象，或［退出（E）/放弃（U）］：（选择底部水平线段）。

命令行提示：指定点以确定偏移所在一侧，或［退出（E）/多个（M）/放弃（U）］＜退出＞：（在水平线的上方单击）。

命令行提示：选择要偏移的对象或＜退出＞：（单击鼠标右键确定退出）。

选择"偏移"工具。

命令行提示：指定偏移距离或［通过（T）/删除（E）/图层（L）］＜2400.0000＞：925。

命令行提示：选择要偏移的对象，或［退出（E）/放弃（U）］：（选择左侧垂直线段）。

命令行提示：指定点以确定偏移所在一侧，或［退出（E）/多个（M）/放弃（U）］＜退出＞：（在垂直线的右侧单击）。

命令行提示：选择要偏移的对象或［退出（E）/放弃（U）］：（选择右侧垂直线段）。

命令行提示：指定点以确定偏移所在一侧，或［退出（E）/多个（M）/放弃（U）］＜退出＞：（在垂直线的左侧单击）。

命令行提示：选择要偏移的对象或＜退出＞：（单击鼠标右键确定退出），结果如图 2－64 所示。

使用"偏移"命令，绘制立面图中 10mm 勾缝线部分。

命令行提示：_ offset。

命令行提示：指定偏移距离或［通过（T）/删除（E）/图层（L）］＜925.0000＞：1645。

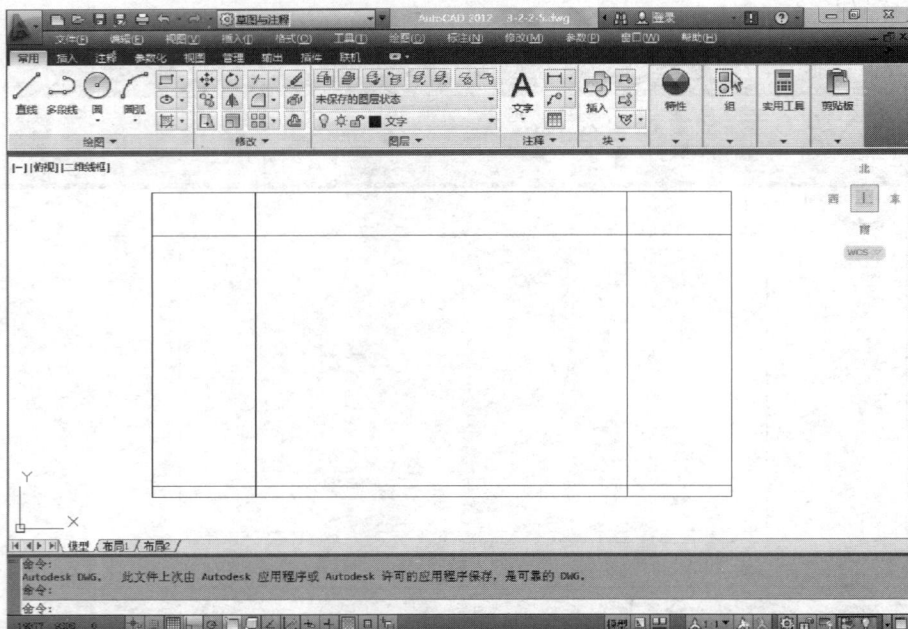

图 2 - 64　背景墙线绘制

命令行提示：选择要偏移的对象，或［退出（E）/放弃（U）］：（选择左侧背景墙线段）。

命令行提示：指定点以确定偏移所在一侧，或［退出（E）/多个（M）/放弃（U）］＜退出＞：（在垂直线的右侧单击）。

命令行提示：选择要偏移的对象或［退出（E）/放弃（U）］：（选择右侧背景墙线段）。

命令行提示：指定点以确定偏移所在一侧，或［退出（E）/多个（M）/放弃（U）］＜退出＞：（在垂直线的左侧单击）。

命令行提示：选择要偏移的对象或＜退出＞：（单击鼠标右键确定退出）。

命令行提示：指定偏移距离或［通过（T）/删除（E）/图层（L）］＜1645.0000＞：462。

命令行提示：选择要偏移的对象，或［退出（E）/放弃（U）］：（选择踢脚线线段）。

命令行提示：指定点以确定偏移所在一侧，或［退出（E）/多个（M）/放弃（U）］＜退出＞：M（在踢脚线上侧单击三次）。

命令行提示：指定偏移距离或［通过（T）/删除（E）/图层（L）］＜462.0000＞：10。

命令行提示：选择要偏移的对象，或［退出（E）/放弃（U）］：（选择踢脚线上侧第一条水平线）。

命令行提示：指定点以确定偏移所在一侧，或［退出（E）/多个（M）/放弃（U）］＜退出＞：（在线段上侧单击）。

命令行提示：选择要偏移的对象或＜退出＞：（单击鼠标右键确定退出），如图 2 - 65 所示。

（2）绘制两侧玻璃镜线。

使用"直线" ╱命令和"自" ╷╴命令绘制右侧玻璃镜线部分。

命令行提示：_line 指定第一点：（然后按下 shift 键单击鼠标右键出现菜单栏中选择"自"命令╷╴）。

命令行提示：_line 指定第一点：_from 基点：（单击右下角点，将其设置为基点）。

命令行提示：_line 指定第一点：_from 基点：＜偏移＞：@0，520。

命令行提示：指定下一点或［放弃（U）］：925（直线的方向为沿 X 轴负方向），如图 2 - 66 所示。

使用"偏移" ▣命令对其他玻璃镜线进行绘制。

图 2 - 65　10mm 勾缝线绘制

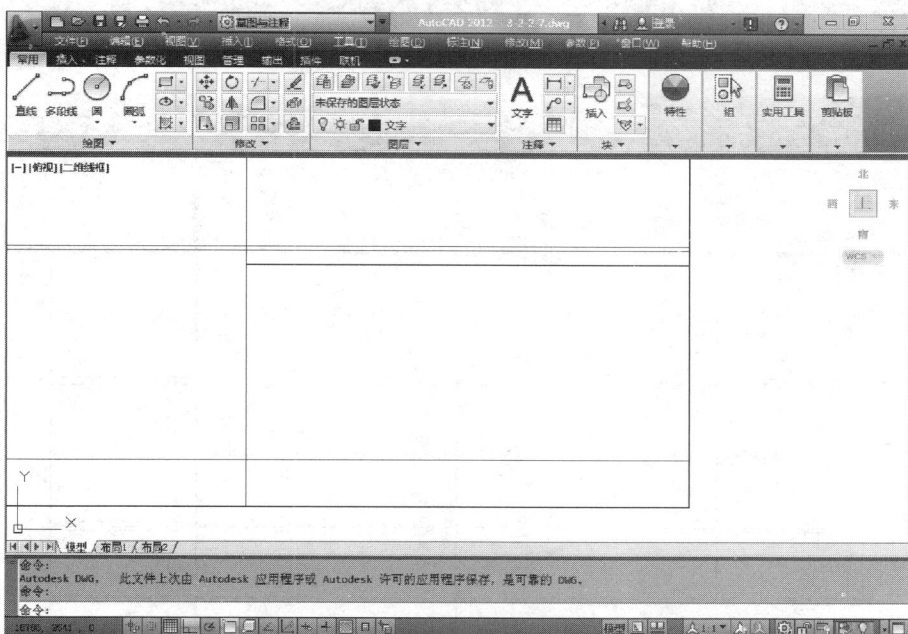

图 2 - 66　玻璃镜线绘制

命令行提示：指定偏移距离或［通过（T）/删除（E）/图层（L）］ < 10.0000 >：470。

命令行提示：选择要偏移的对象，或［退出（E）/放弃（U）]：（选择上一步绘制的水平线）。

命令行提示：指定点以确定偏移所在一侧，或［退出（E）/多个（M）/放弃（U）] < 退出 >：M（在线段上侧单击三次）。

命令行提示：选择要偏移的对象或 < 退出 >：（单击鼠标右键确定退出）。

使用"偏移"命令，对上步偏移的线段在其上侧分别偏移距离为 50 的线段，如图 2 - 67 所示。同样的方法进行左侧玻璃镜线的绘制，如图 2 - 68 所示。

（3）修改背景墙线。

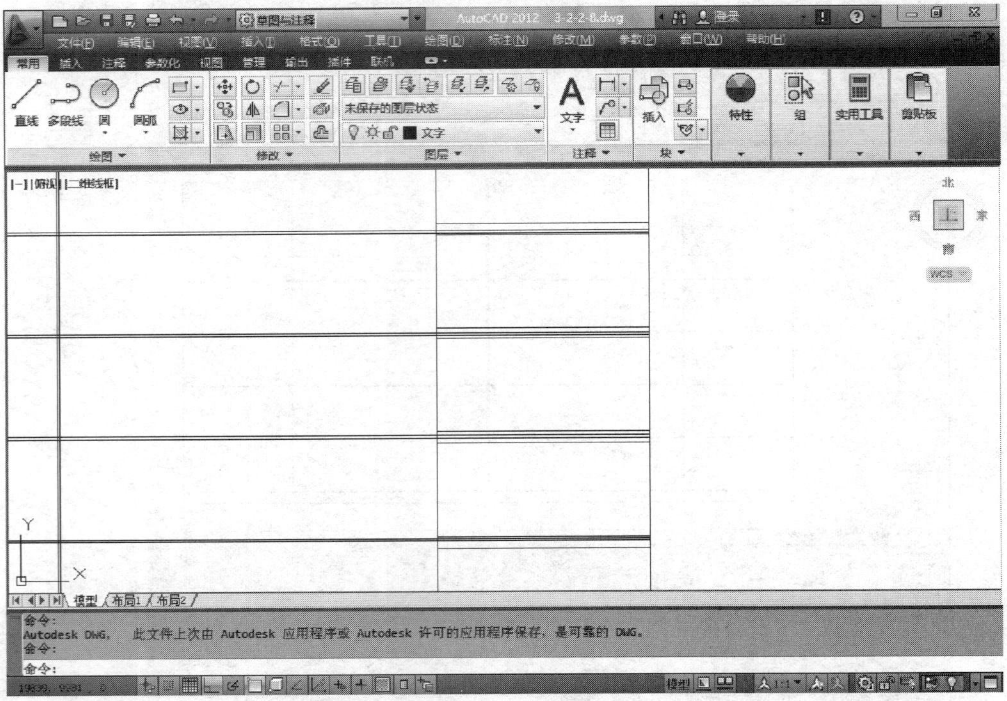

图 2-67 右侧玻璃镜线绘制

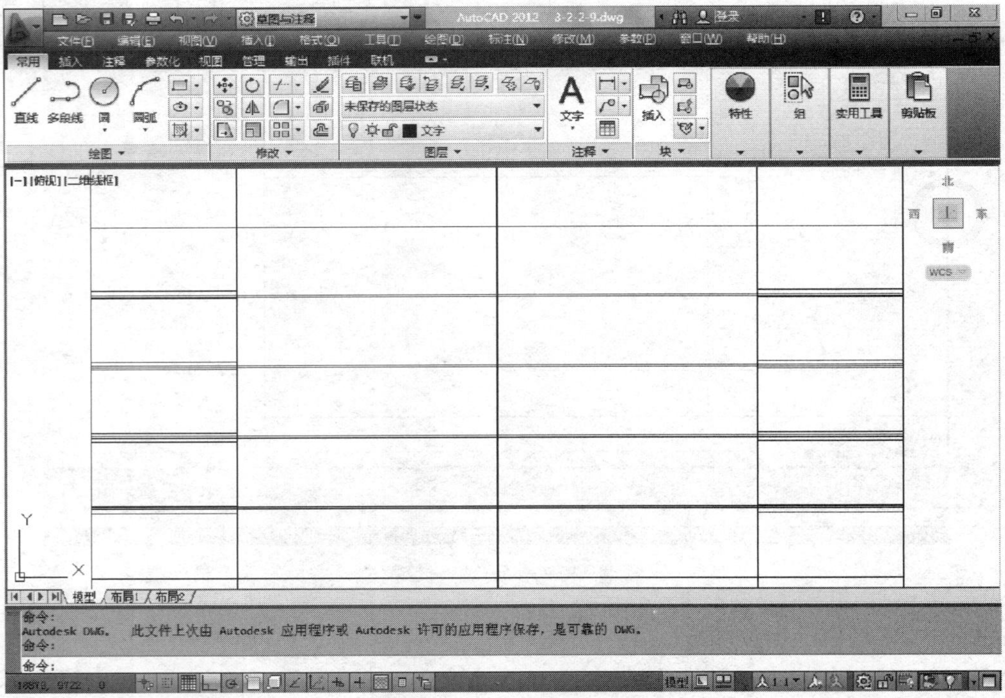

图 2-68 左侧玻璃镜线绘制

在"修改"工具栏内选择"修剪"╪命令。

命令行提示：_ trim。

命令行提示：选择对象：（选择除墙体线外的所有线段），单击鼠标右键。

命令行提示：选择要修剪的对象：（选择左右两侧白枫木饰面处由踢脚线偏移得到的线段和中间10mm勾缝线交叉的部分，单击鼠标右键确定退出），如图2-69所示。

图2-69　背景墙线修改

4. 吊顶及灯具的绘制

（1）使用"自"命令绘制吊顶。

命令行提示：_ line 指定第一点：（按下 shift 键单击鼠标右键出现菜单栏中选择"自"命令）。

命令行提示：_ line 指定第一点：_ from 基点：（单击左上角点，将其设置为基点）。

命令行提示：_ line 指定第一点：_ from 基点：＜偏移＞：@0，-80。

命令行提示：指定下一点或［放弃（U）］：600（直线的方向为沿 X 轴正方向）。

命令行提示：指定下一点或［放弃（U）］：80（直线的方向为沿 Y 轴负方向）。

命令行提示：指定下一点或［放弃（U）］：600（直线的方向为沿 X 轴负方向，单击鼠标右键退出）。使用同样的方法得到右侧的吊顶，如图2-70所示。

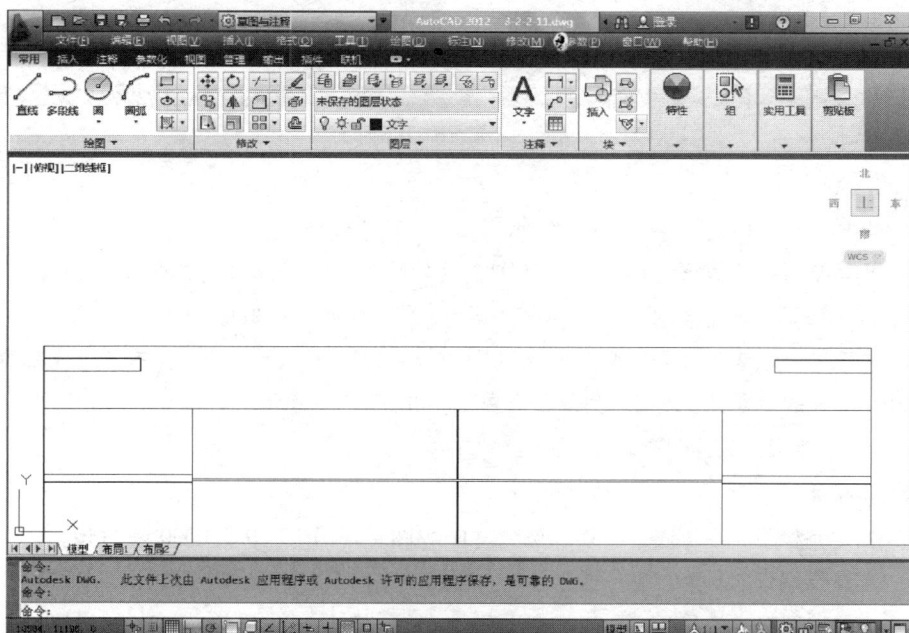

图2-70　吊顶绘制

命令行提示：_ line 指定第一点：（按下 shift 键单击鼠标右键出现菜单栏中选择"自"命令 ）。

命令行提示：_ line 指定第一点：_ from 基点：（单击左上角点，将其设置为基点）。

命令行提示：_ line 指定第一点：_ from 基点：＜偏移＞：@ 925，0。

命令行提示：指定下一点或［放弃（U）］：160（直线的方向为沿 Y 轴负方向）。

命令行提示：指定下一点或［放弃（U）］：100（直线的方向为沿 X 轴正方向）。

命令行提示：指定下一点或［放弃（U）］：160（直线的方向为沿 Y 轴正方向，单击鼠标右键退出）。

命令行提示：_ line 指定第一点：（然后按下 shift 键单击鼠标右键出现菜单栏中选择"自"命令 ）。

命令行提示：_ line 指定第一点：_ from 基点：（单击上一步所绘制图形左下角点，将其设置为基点）。

命令行提示：_ line 指定第一点：_ from 基点：＜偏移＞：@ 0，70。

命令行提示：指定下一点或［放弃（U）］：100（直线的方向为沿 X 轴正方向），如图 2 - 71 所示。

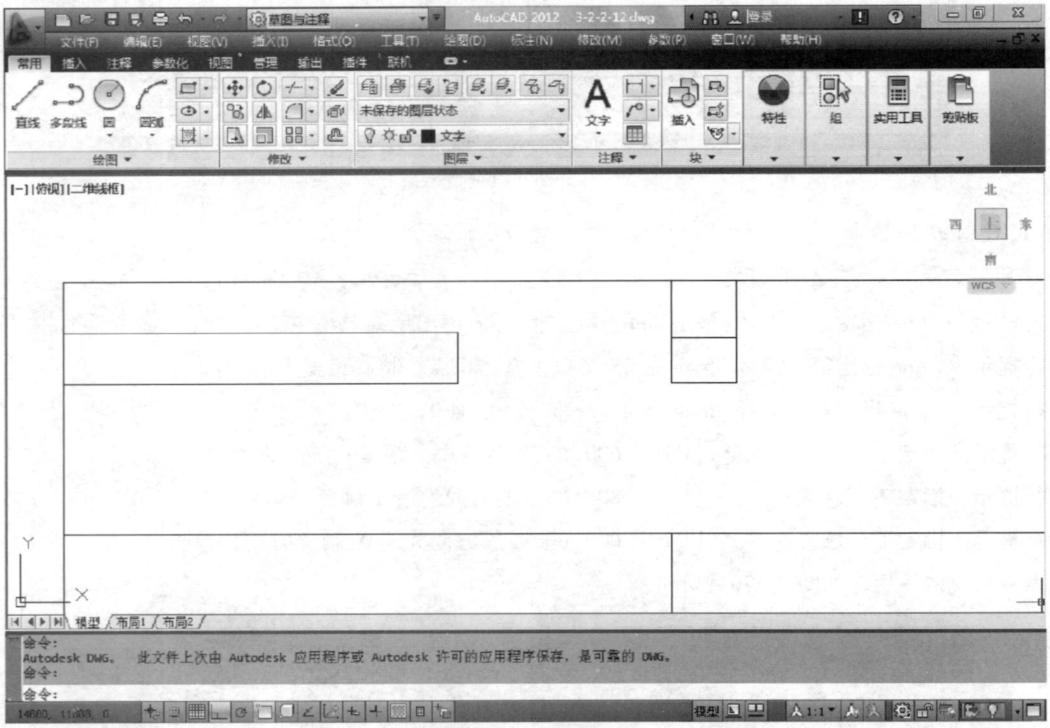

图 2 - 71　吊顶绘制

命令行提示：_ copy。

命令行提示：选择对象：（选择上步绘制完成的图形）。

命令行提示：指定基点或［位移（D）/模式（O）］＜位移＞：（以其左上点为基点）。

命令行提示：指定第二点或［阵列（A）］＜使用第一点作为位移＞：800。

命令行提示：制定第二点或［阵列（A）/退出（E）/放弃（U）］＜退出＞：（单击鼠标右键确定退出），如图 2 - 72 所示。使用同样的命令可复制得到另外三个图形，如图 2 - 73 所示。

（2）使用"偏移" 命令，绘制磨砂玻璃线。

命令行提示：_ offset。

命令行提示：指定偏移距离或［通过（T）/删除（E）/图层（L）］＜925.0000＞：140。

命令行提示：选择要偏移的对象，或［退出（E）/放弃（U）］：（选择上侧墙线）。

命令行提示：指定点以确定偏移所在一侧，或［退出（E）/多个（M）/放弃（U）］＜退出＞：（在其下侧单击），如图 2 - 74 所示。

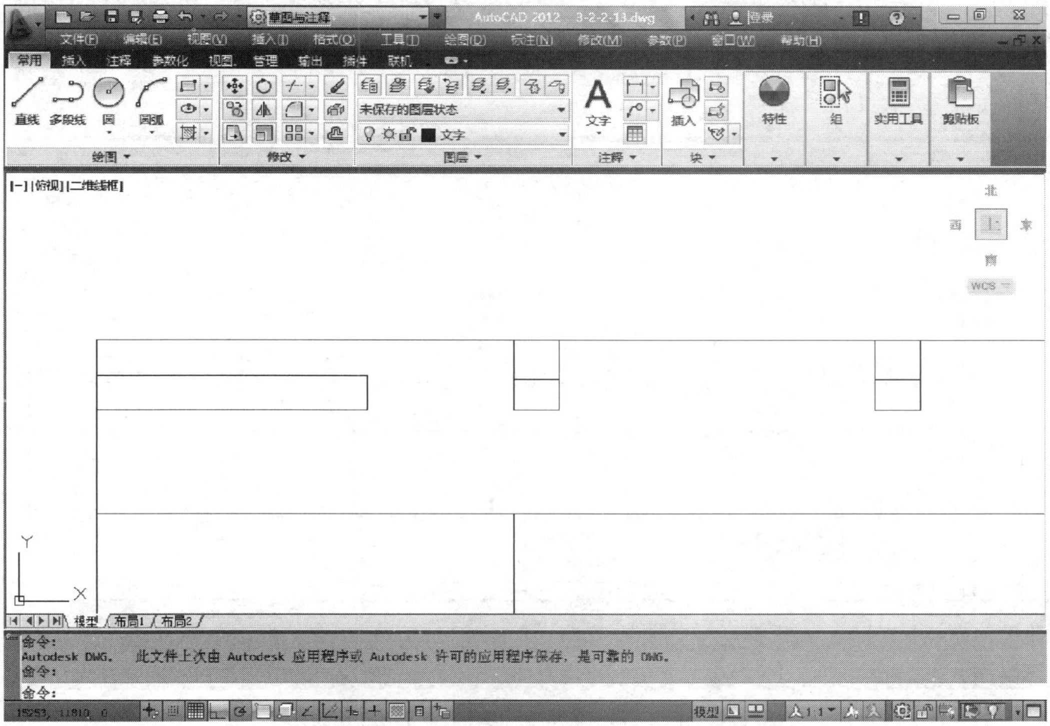

图 2-72　使用复制命令

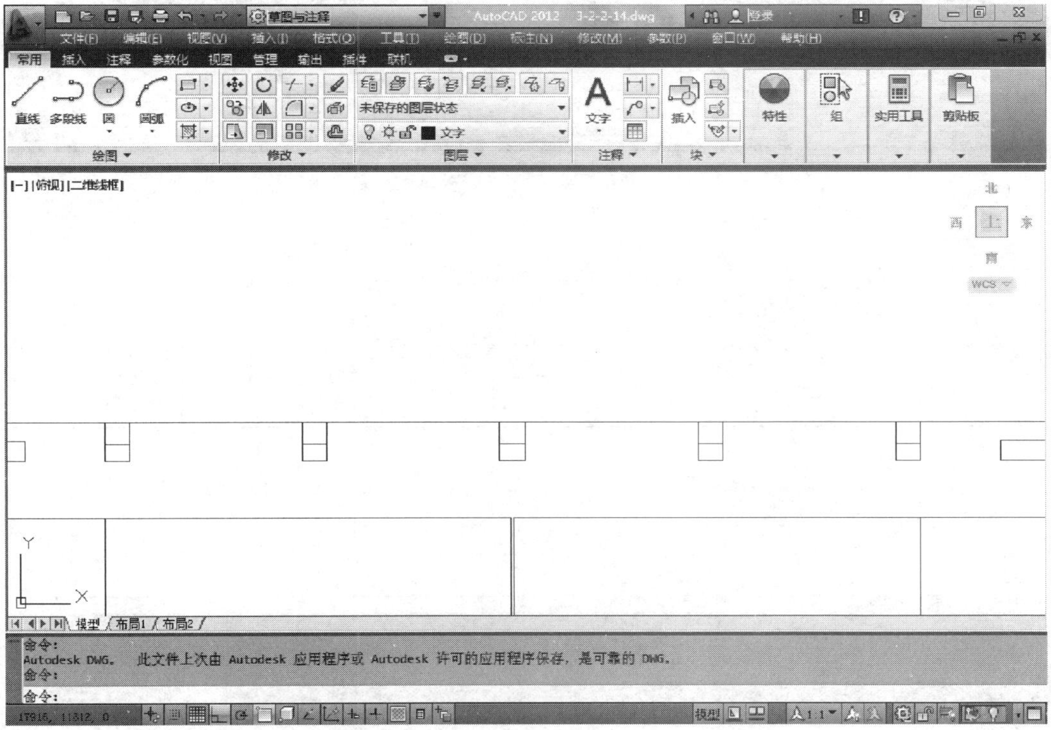

图 2-73　使用复制命令得到另外三个图形

图 2-74　使用偏移命令绘制磨砂玻璃线

同样使用"偏移"命令在上步绘制出的磨砂玻璃线上侧 5mm 处偏移得到一条线，绘制出 5mm 厚磨砂玻璃，如图 2-75 所示。

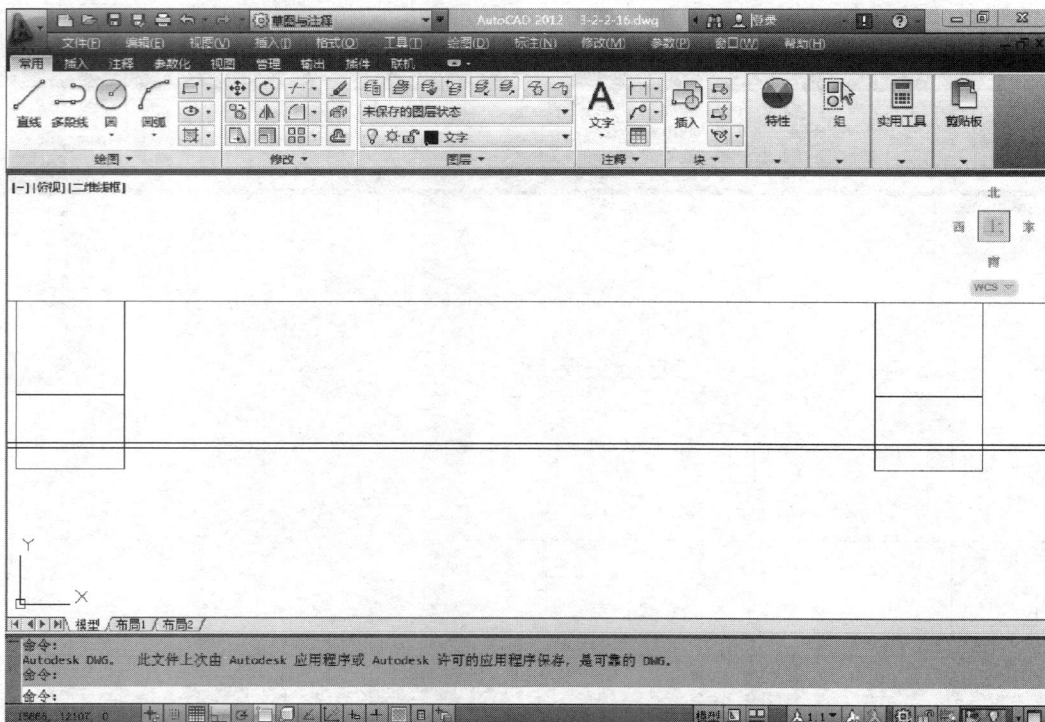

图 2-75　使用偏移命令绘制磨砂玻璃厚度

偏移磨砂玻璃线得到磨砂玻璃上侧吊顶板线。偏移分别为 30、70，如图 2-76 所示。

图 2-76 使用偏移命令绘制吊顶板

（3）修改吊顶线。使用"修剪" ⊬命令修剪吊顶部分多余的线段，如图 2-77 所示。

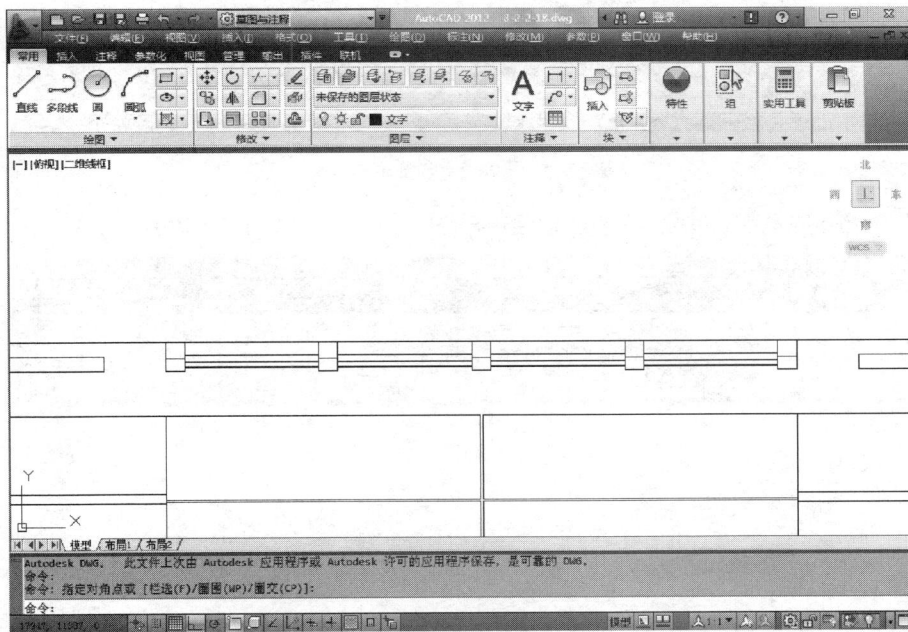

图 2-77 使用修改命令修改吊顶线

5. 绘制电视、电视柜

（1）绘制电视。

使用"矩形" □命令和"临时追踪点" ▪■❍命令绘制电视。选择"矩形"命令后按住 Shift 鼠标右键选择"临时追踪点"命令。

命令行提示：_ rectang。

命令行提示：指定第一个角点或［倒角（C）/标高（E）/圆角（F）/厚度（T）/宽度（W）］：_ tt 指定临时

对象追踪点：1500（鼠标放至左下角，沿左侧墙线稍向上移动后输入1500）。

命令行提示：指定第一个角点或［倒角（C）/标高（E）/圆角（F）/厚度（T）/宽度（W）］：1975（第一点确定后将鼠标沿 X 轴正方向稍移动一定距离后输入1975）。

命令行提示：指定一个角点或［面积（A）/尺寸（D）/旋转（R）］：d。

命令行提示：指定矩形的长度＜1120＞：1200。

命令行提示：指定矩形的宽度＜720＞：720（单击界面右侧确定），如图2-78所示。

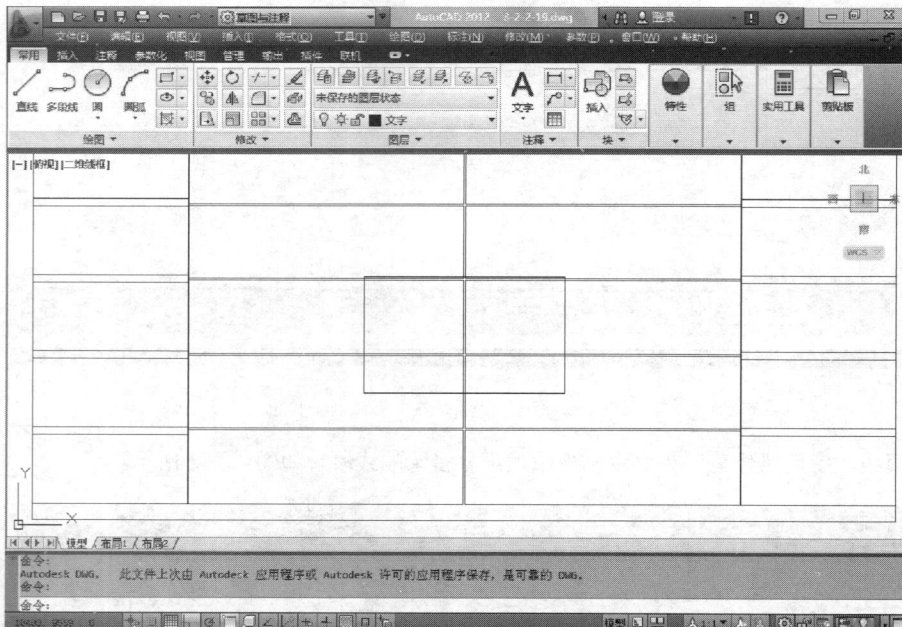

图2-78　电视外框线绘制

使用"修剪"╁╴命令对电视外框线中的背景墙线进行修剪，修剪结果如图2-79所示。

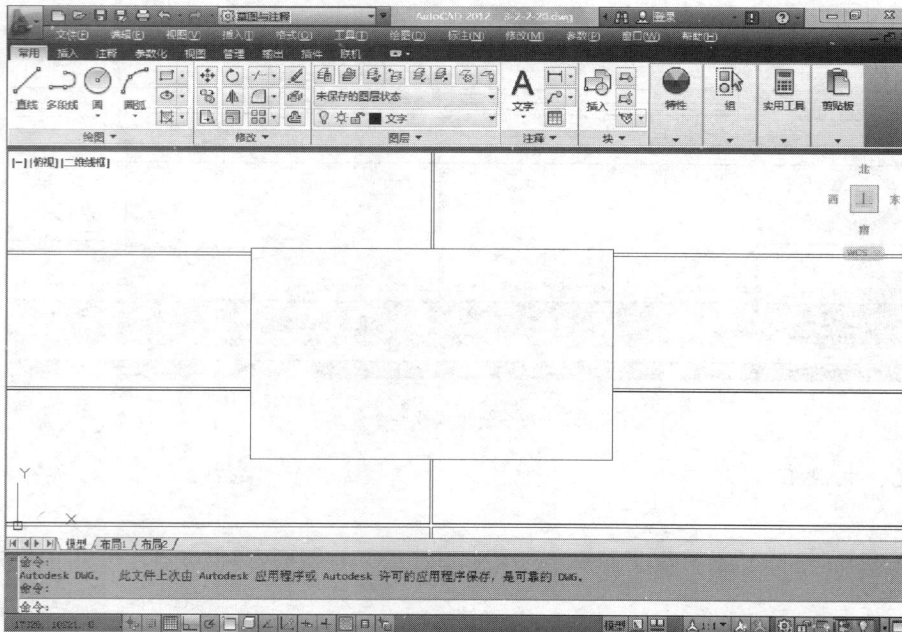

图2-79　电视外框线中电视背景墙线修剪

将电视外框线的矩形分解。选择电视外框线，单击修改中的"分解"命令，矩形被分解为四条独立的线段。

使用"偏移" 命令继续绘制电视。选择左侧的线段向右偏移，距离分别为：70、100、1100、1130。选择上侧的线段向下偏移，距离分别为：60、670，如图2-80所示。

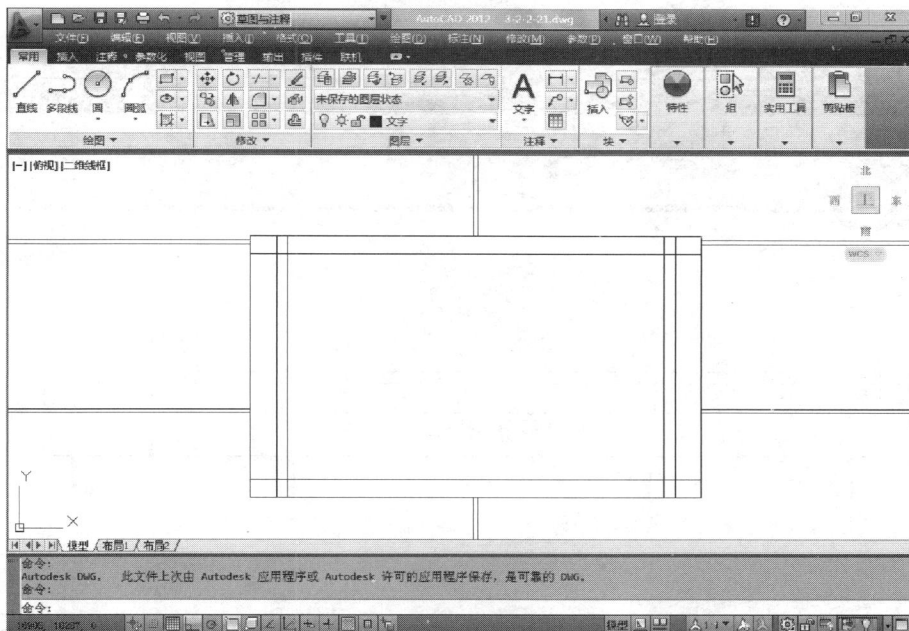

图2-80 使用偏移命令绘制电视

使用"修剪" 命令修剪多余线段。

命令行提示：_trim。

命令行提示：选择对象 < 全部选择 >：（选择电视外框线内部所有线段），单击鼠标右键。

命令行提示：选择要修剪的对象：（修剪出左右两侧的音箱和中间的电视屏幕）修剪结果，如图2-81所示。

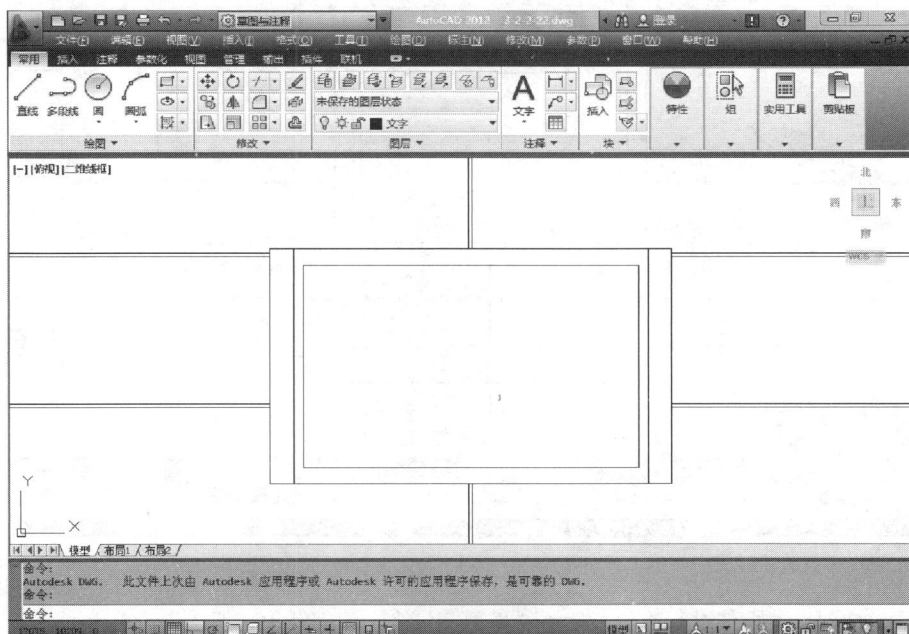

图2-81 使用修剪命令修剪电视内部线段

（2）绘制电视柜。

电视柜使用"写块" 和"插入块" 命令进行创建和插入。

写块的方式与平面布置图中相同，如图2-82所示，为已经完成写块的电视柜，选择"插入块" 的命令，如图2-83所示。

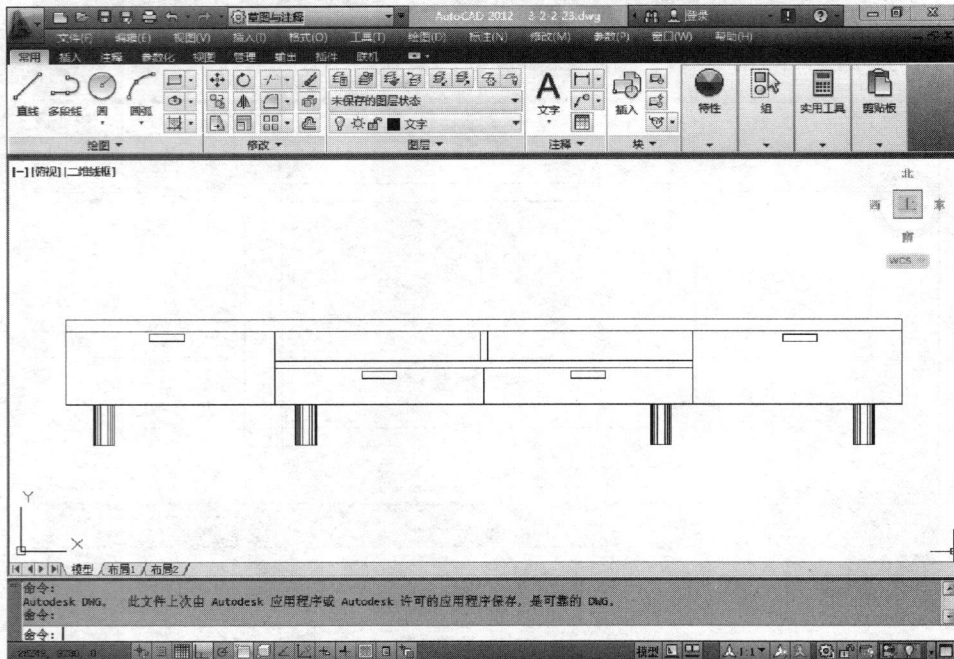

图2-82　电视柜

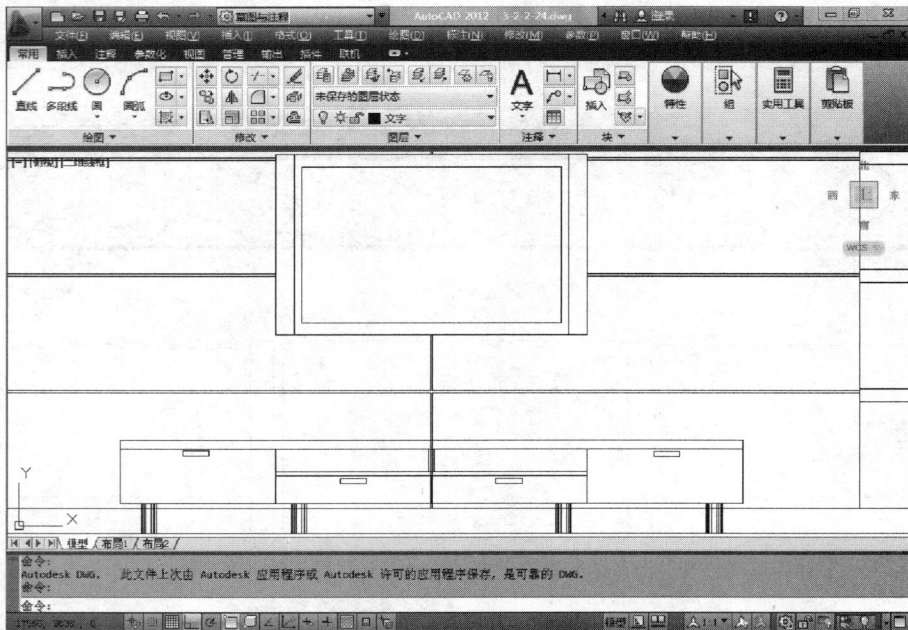

图2-83　插入电视柜

插入电视柜后需要对背景墙线进行修剪，使用"修剪"命令。修剪结果，如图2-84所示。

6. 填充

（1）吊顶的填充。

图 2 - 84 修剪背景墙线

单击"绘图"中"图案填充" 📋 命令，如图 2 - 85 所示。填充图案选择 DOTS，填充图案比例为 10，将鼠标
移至吊顶板出，单击鼠标左键确定。填充结果，如图 2 - 86 所示。

图 2 - 85 图案填充

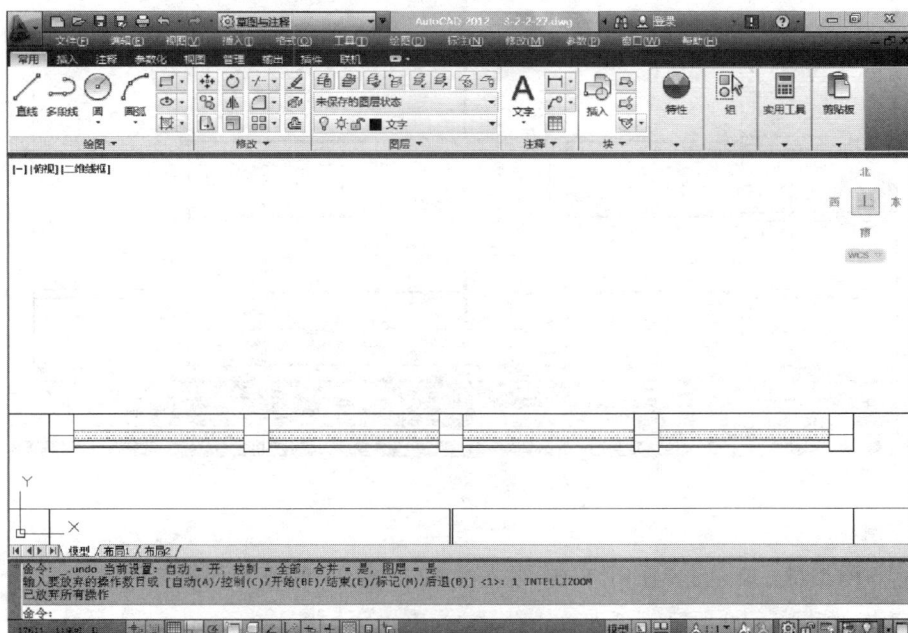

图 2 - 86 吊顶填充（1）

同样的方法对左右的吊顶进行填充，填充样式为 ANSI31，填充图案比例为 8。填充结果，如图 2 - 87 所示。

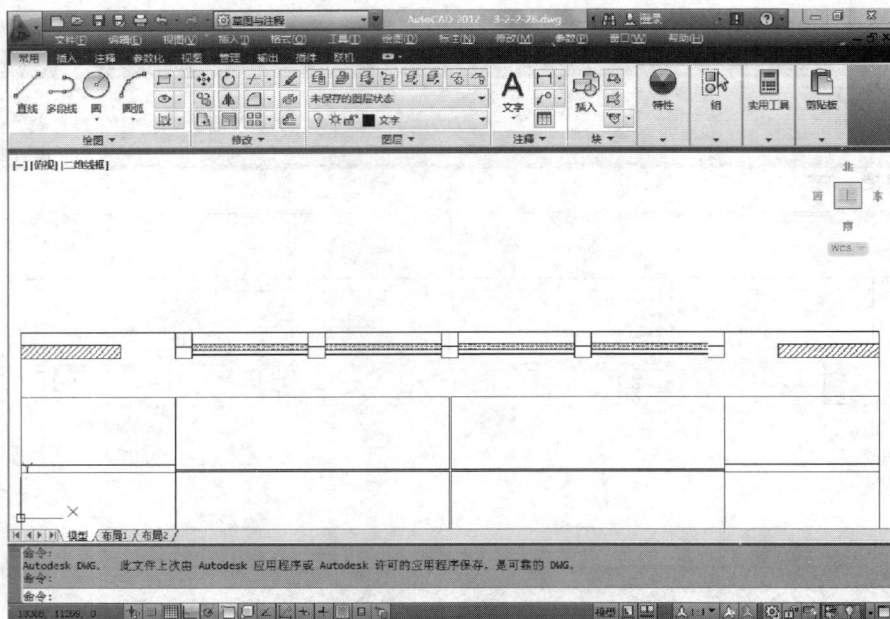

图 2-87 吊顶填充 (2)

（2）背景墙的填充。

背景墙中间部分壁纸的填充方法与吊顶填充相同，图案选择 AR-SAND，填充图案比例为 2。填充结果，如图 2-88 所示。

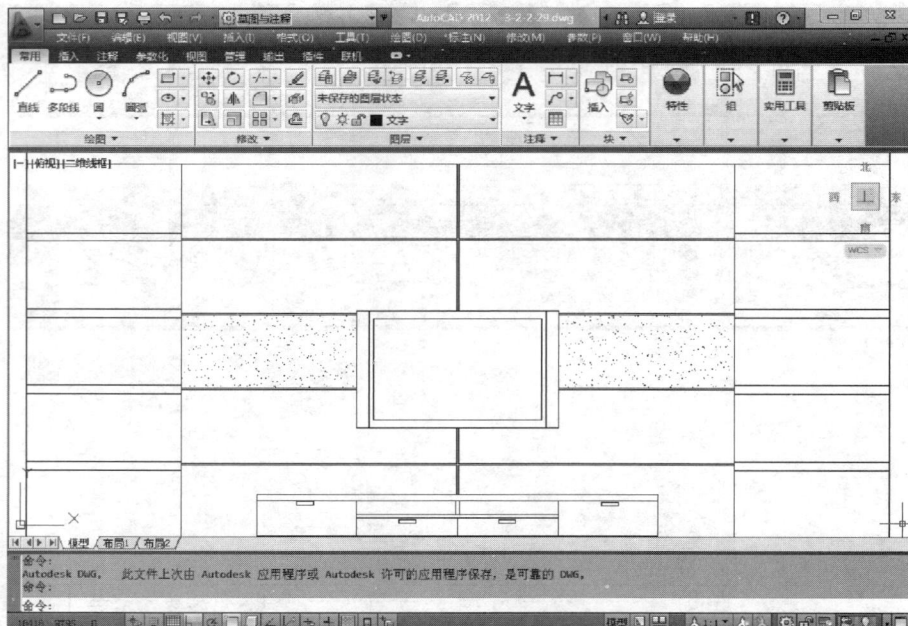

图 2-88 壁纸填充

（3）玻璃镜面填充。

图案选择 JIS_STN_1E，填充图案比例为 50。填充结果，如图 2-89 所示。

立面图填充完成，如图 2-90 所示。

7. 尺寸标注和文字标注

（1）尺寸标注。

单击"注释"选项下"标注"右侧的斜向箭头（见图 2-49）或"常用"选项下"注释"下拉框中单击"标

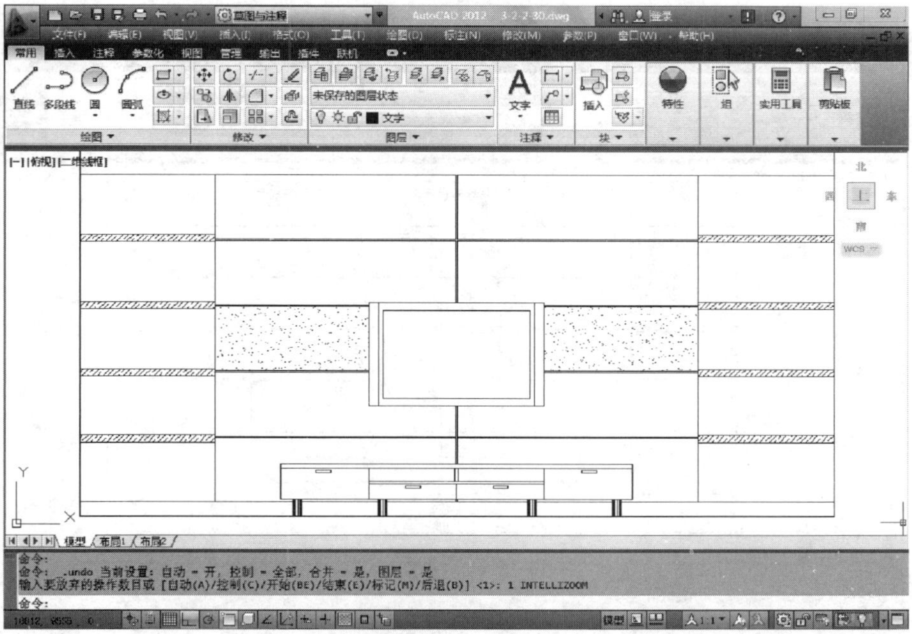

图 2-89　玻璃镜填充

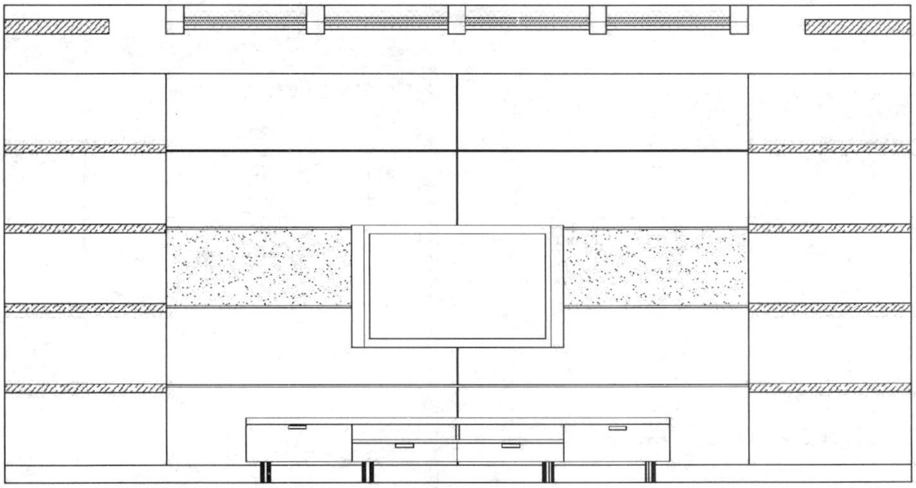

图 2-90　填充完成

注样式"图标 ，则弹出"标注样式管理器"对话框，修改各项目直到合适为止，具体方法与平面图标注类似。

单击"标注"工具栏上"线性标注"按钮 。

命令行提示：_ dimlinear。

命令行提示：指定第一条尺寸界线原点或＜选择对象＞：（单击要标注的尺寸界线的原点）。

命令行提示：指定另一条尺寸界线原点：（单击要标注的另一条尺寸界线的原点）。

重复 dimlinear 命令，完成所有的尺寸标注，如图 2-91 所示。

（2）文字标注。

使用"多重引线" 命令进行文字标注。单击"注释"选项下"引线"右侧的斜向箭头弹出"多重引线样式管理器"对话框，如图 2-92 所示，选择修改，修改各项直到合适为止，具体方法与修改尺寸标注类似。室内设计引线标注箭头样式选择"点"，如图 2-93 所示。

图 2-91 尺寸标注完成

图 2-92 多重引线样式管理器

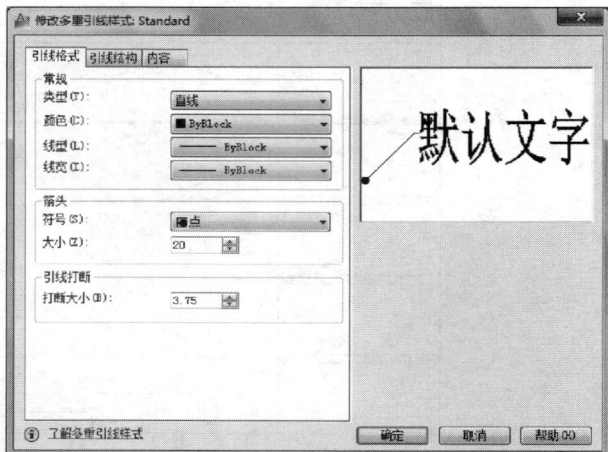

图 2-93 多重引线样式管理器修改界面

文字标注完成,如图 2-94 所示。

小贴士

下面我们介绍两种更改图层的方法。

方法一:选择电视机和电视柜,单击右键,选择"快捷特性",选择"家具"图层,图层更改完成。

方法二:选择电视机和电视柜,单击"图层"下拉菜单选择"家具"图层,图层更改完成。

8. 更改图层

下面介绍两种更改图层的方法。

方法一:选择电视机和电视柜,单击鼠标右键,选择"快捷特性",选择"家具"图层,图层更改完成。

方法二:选择电视机和电视柜,单击"图层"下拉菜单选择"家具"图层,图层更改完成。

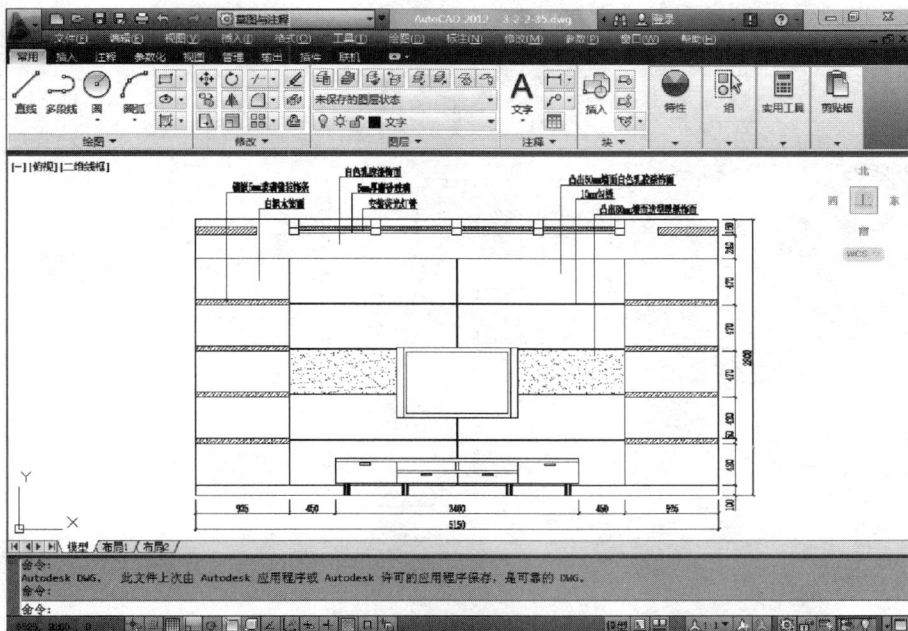

图 2-94　文字标注完成

2.3.3　顶棚图

2.3.3.1　室内设计顶棚图简述

室内设计顶棚图是表现室内吊顶造型及灯具布置的图样。

顶棚图是用一个假想的水平剖切面，在窗台的上方，把房间切开，移去下面部分，由下向上看，对剩余部分所作的正投影。剖切后能观察到的物品：如墙、柱、灯具和吊顶造型等物品的投影。但其尺寸应根据实际大小用统一比例图画绘制；标出室内空间竖向尺寸及横向尺寸；标明顶棚的涂饰材料、色彩和顶棚底面及分层吊顶底面的标高等。

2.3.3.2　绘制三居室户型顶棚图

本章以三居室户型顶棚图为例，讲解绘制顶棚图的方法，如图 2-95 所示。

顶棚图与平面布置图为同一个户型，因此户型墙体及窗的画法同平面布置图，如图 2-96 所示。将从绘制吊顶造型开始讲解。

1. 绘制吊顶造型

（1）绘制客厅及主卧吊顶造型。

图例使用的户型主卧与客厅相连，没有承重墙将其分隔，因此吊顶造型设计为一体，采用层级吊顶的造型方式。

使用"圆弧" 命令和"自" 命令进行层级吊顶的绘制。

单击"绘图"中"圆弧"命令，在其下拉菜单中选择"起点、端点、角度" 按住 Shift 键同时单击鼠标右键，选择"自"命令。

命令行提示：_arc 指定圆弧的起点或 ［圆心（C）］：_from 基点：（选择主卧内墙线右下角点为基点）。

图 2-95　顶棚图

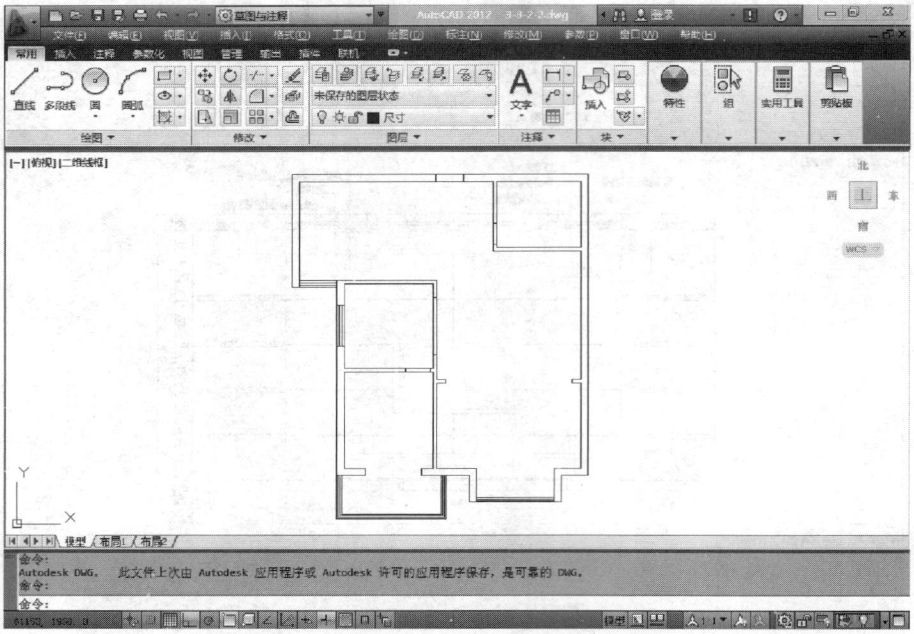

图 2-96　顶棚图墙体线及窗线

命令行提示：_ arc 指定圆弧的起点或［圆心（C）］：_ from 基点：＜偏移＞@ 0，1860。

命令行提示：指定圆弧的第二个点或［圆心（C）/端点（E）］：_ e。

命令行提示：指定圆弧的端点：（选择主卧内墙线与起点在水平方向上的交点为端点）。

命令行提示：指定圆弧的圆心或［角度（A）/方向（D）/半径（R）］：_ a 指定包含交：45，如图 2-97 所示。

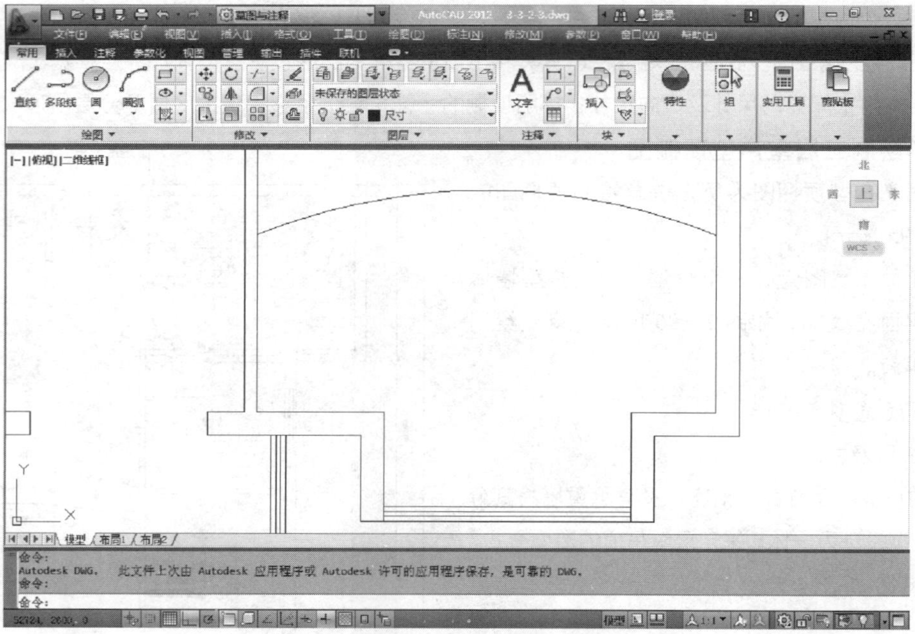

图 2-97　主卧吊顶

使用"偏移"命令对吊顶线向上进行偏移，偏移距离为 700。

命令行提示：_ offset。

命令行提示：指定偏移距离或［通过（T）/删除（E）/图层（L）］＜10.0000＞：700。

命令行提示：选择要偏移的对象，或［退出（E）/放弃（U）］＞：（选择上步绘制的圆弧）。

命令行提示：指定要偏移的那一侧上的点，或［退出（E）/多个（M）/放弃（U）］＜退出＞：M。

命令行提示：指定要偏移的那一侧上的点，或［退出（E）/放弃（U）］＜下一个对象＞：（在圆弧线上方单击三次）。

命令行提示：选择要偏移的对象或＜退出＞：（单击鼠标右键确定退出），如图2-98所示。

图2-98 偏移吊顶线

使用"修剪" ≠命令对超出内墙线的圆弧吊顶线进行修剪。

在"修改"工具栏内选择"修剪" ≠命令。

命令行提示：选择对象或＜全部选择＞：（选择主卧和客厅内墙线），单击鼠标右键［栏选（F）/窗交（C）/投影（P）/边（E）/删除（R）/放弃（U）］：（选择超出内墙线的圆弧部分）单击右键确定退出，如图2-99所示。

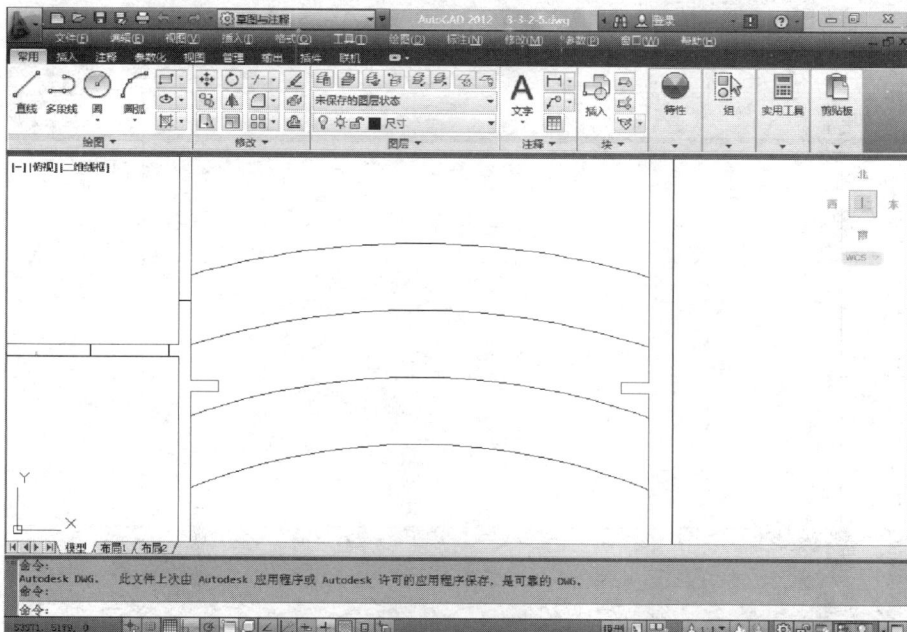

图2-99 修剪吊顶线

（2）绘制儿童房吊顶造型。

为增加儿童房的趣味性，吊顶为五角星的造型。

使用"圆" 命令、"定数等分" 命令进行绘制。

命令行提示：_ circle 指定圆的圆心或［三点（3p）/两点（2p）/切点、切点、半径（T）］：（在儿童房中间的位置单击）。

命令行提示：指定圆的半径或［直径（D）］：500，如图2-100所示。

图2-100　圆

命令行提示：选择要定数等分的对象：（选择上步绘制的圆），输入线段数目或［块（B）］：5（修改"实用工具"中的"点样式"），如图2-101所示。

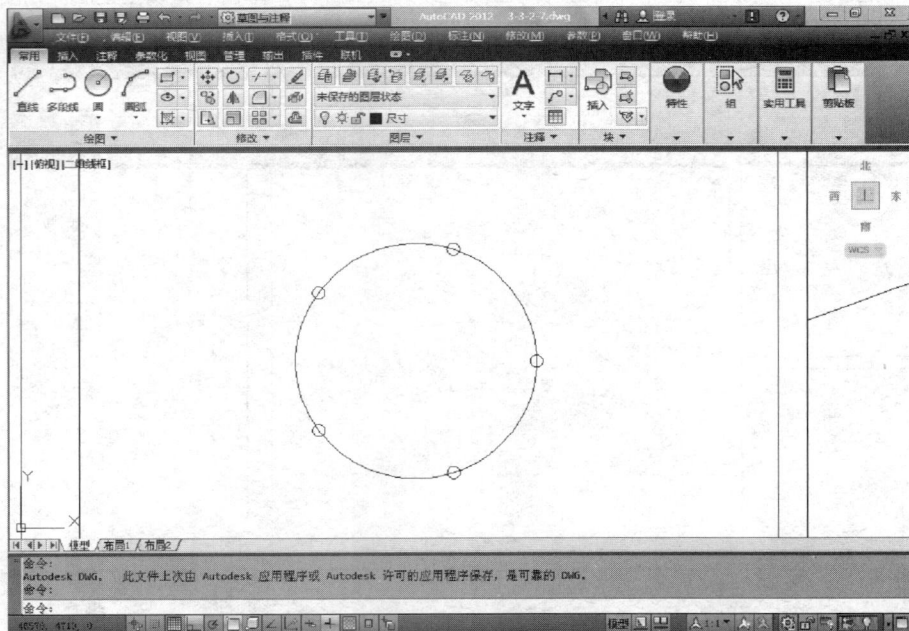

图2-101　定数等分、修改点样式

为什么定数等分后图形没有变化？

对图形进行定数等分后，其实在等分点的位置有一个点的存在，但是与图形重合，因此看不到。修改"实用工具"中的"点样式"，选择其他的点样式便可看到等分点的位置。

使用"直线"／命令，按五角星的形状连接五点，如图 2－102 所示。

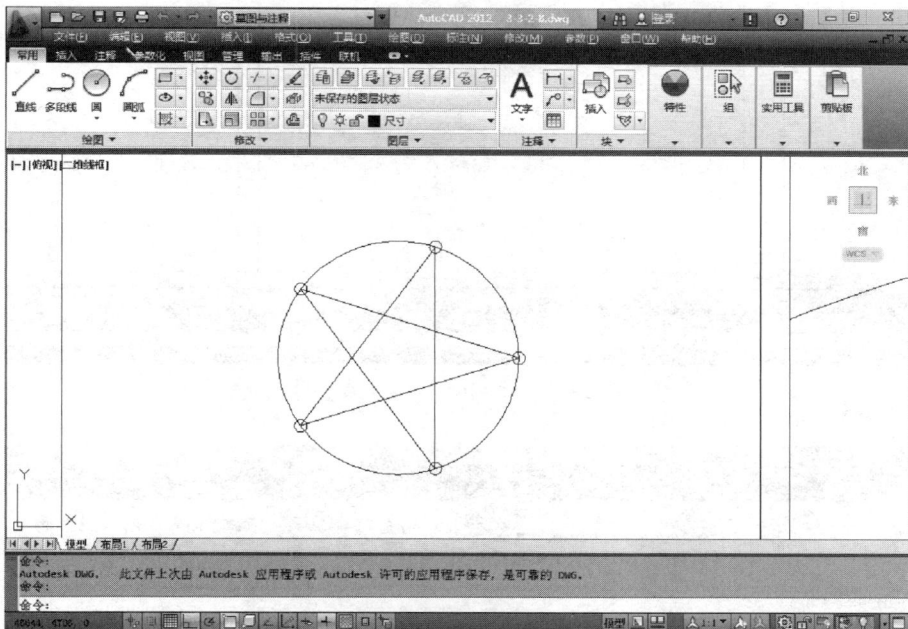

图 2－102　五角星的绘制

使用"修剪"／命令，对五角星内部的线段进行修改。删去五角星外部的圆和点。

命令行提示：选择对象或＜全部选择＞：（选择五角星的五条线段），单击鼠标右键［栏选（F）／窗交（C）／投影（P）／边（E）／删除（R）／放弃（U）］：（选择五角星线与线之间的部分）单击鼠标右键确定退出，如图 2－103 所示。

（3）其他房间吊顶造型。

书房没有复杂的吊顶造型，仅在入门右侧顶棚处有下落 200mm 的层级处理。

使用"直线"／命令和"自"命令绘制书房吊顶。

命令行提示：_line 指定第一点：（按下 Shift 键单击鼠标右键出现菜单栏中选择"自"命令）。

命令行提示：_line 指定第一点：_from 基点：（单击书房内墙线右上角点设置为基点）。

命令行提示：_line 指定第一点：_from 基点：＜偏移＞：@0，－150。

命令行提示：指定下一点或［放弃（U）］：2880（直线的方向为沿 X 轴负方向），如图 2－104 所示。

餐厅为圆环形吊顶，下落 100mm。

使用"圆"命令和"偏移"命令绘制餐厅吊顶。

命令行提示：_circle 指定圆的圆心或［三点（3p）／两点（2p）／切点、切点、半径（T）］：（在餐厅中间的位置单击）。

命令行提示：指定圆的半径或［直径（D）］：400。

使用"偏移"命令对圆向内进行偏移，偏移距离为 150。

命令行提示：_offset。

命令行提示：指定偏移距离或［通过（T）／删除（E）／图层（L）］＜10.0000＞：100。

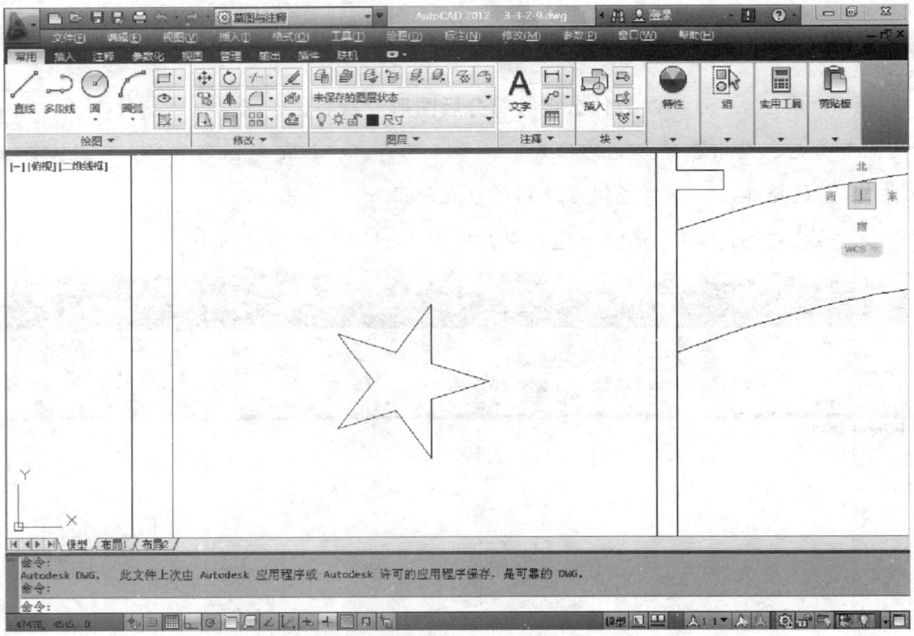

图 2 - 103　修剪五角星

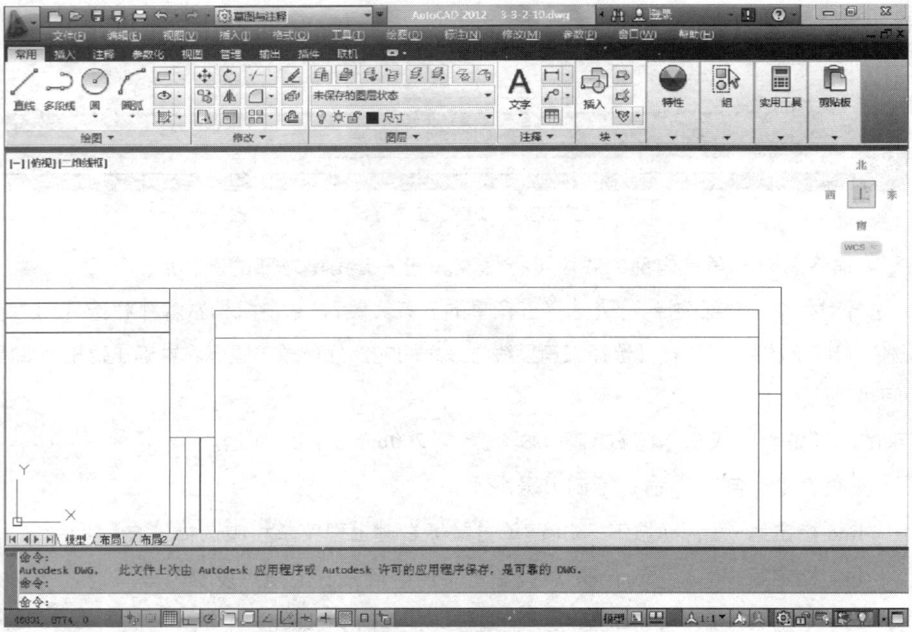

图 2 - 104　书房吊顶造型

命令行提示：选择要偏移的对象，或［退出（E）/放弃（U）］>：（选择上步绘制的圆）。

命令行提示：指定要偏移的那一侧上的点，或［退出（E）/多个（M）/放弃（U）］<退出>：（单击圆的内部）。

命令行提示：选择要偏移的对象或<退出>：（单击鼠标右键确定退出），如图 2 - 105 所示。

入门处为矩形吊顶，下落 150mm。

使用"直线" ✏ 命令和"自" 🖇 命令绘制书房吊顶。

命令行提示：_ line 指定第一点：（按下 Shift 键单击鼠标右键出现菜单栏中选择"自"命令 🖇）。

命令行提示：_ line 指定第一点：_ from 基点：（入门处内墙线左下角点设置为基点）。

图 2－105　餐厅吊顶造型

命令行提示：_line 指定第一点：_from 基点：＜偏移＞：@ －150，0。

命令行提示：指定下一点或［放弃（U）］：1500（直线的方向为沿 Y 轴负方向）。

命令行提示：指定下一点或［放弃（U）］：1200（直线的方向为沿 X 轴正方向）。

命令行提示：指定下一点或［放弃（U）］：1500（直线的方向为沿 Y 轴正方向）单击右键确认退出，如图 2－106所示。

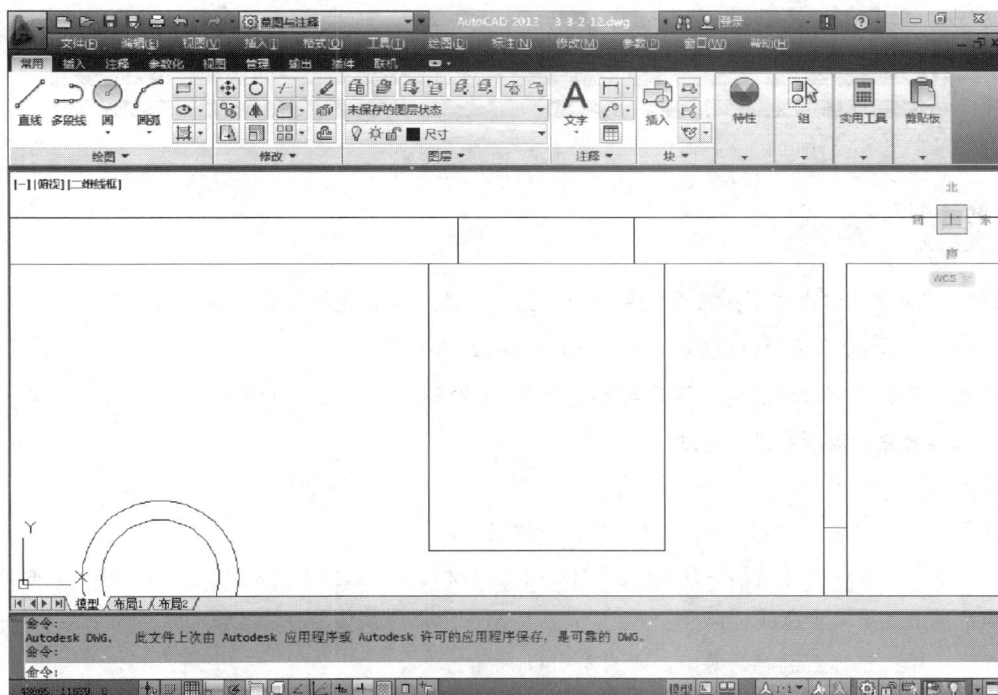

图 2－106　入门处吊顶造型

使用"圆角" ▢命令对吊顶造型倒圆角。

命令行提示：_ fillet。

命令行提示：选择第一个对象或［放弃（U）/多段线（P）/半径（R）/修剪（T）/多个（M）］：r 指定圆角半径 <0>：200。

命令行提示：选择第一个对象或［放弃（U）/多段线（P）/半径（R）/修剪（T）/多个（M）］：（选择矩形部分左侧线段）。

命令行提示：选择第二个对象，或按住 Shift 键选择对象以应用角点或［半径（R）］：（选择矩形部分下侧线段）。

左下角倒圆角完成。单击鼠标右键，选择重复 FILLET，选择矩形右侧和下侧线段，矩形右下角倒圆角完成，如图 2－107 所示。

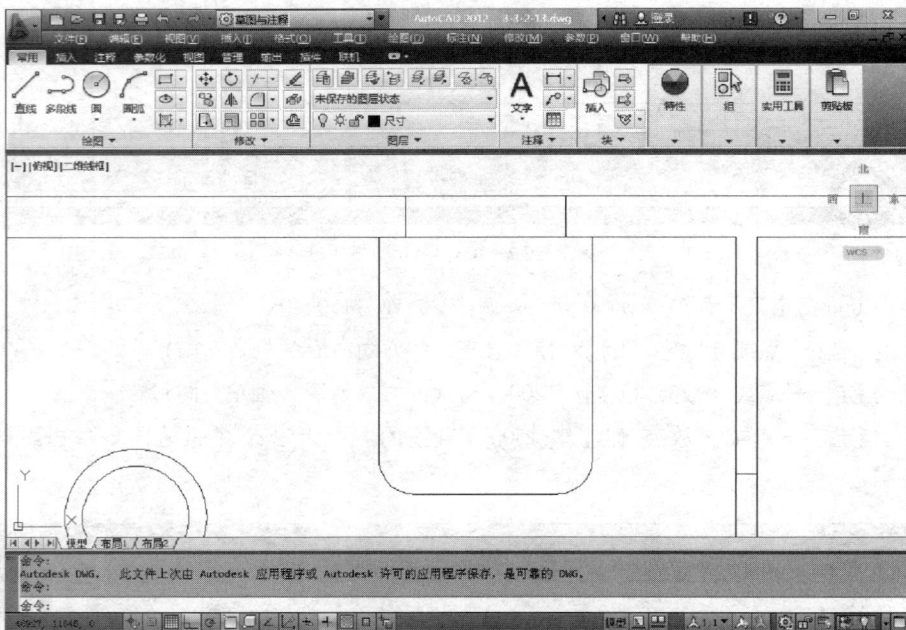

图 2－107　圆角处理

2. 灯具的绘制与插入

（1）射灯的绘制。

使用"圆" ⊙命令和"直线" ╱命令绘制射灯。圆的半径为 70，直线长度为 240，如图 2－108 所示。

使用"创建块" ⎕命令将射灯成块，便于移动，如图 2－109 所示。

使用"移动" ✥命令将成块的射灯移动到客厅层级吊顶的部分，如图 2－110 所示。

使用"复制" ⎙命令对射灯进行移动。

命令行提示：_ copy。

命令行提示：选择对象：（选择射灯）单击鼠标右键确定。

命令行提示：指定基点或［位移（D）/模式（O）］<位移>：（选择射灯的两条直线的角点为基点）。

命令行提示：指定第二个点或［阵列（A）］<使用第一个点作为位移>：（移动鼠标将射灯复制在需要的位置，可连续复制）单击鼠标右键确认退出，如图 2－111 所示。

（2）吸顶灯的创建。

使用"圆" ⊙命令和"直线" ╱命令绘制吸顶。主卧的吸顶灯直径为 450mm，儿童房为 350mm，餐厅、厨房、卫生间和阳台为 300mm。并进行"创建块" ⎕命令，如图 2－112 所示。

图2-108 绘制射灯

图2-109 创建块

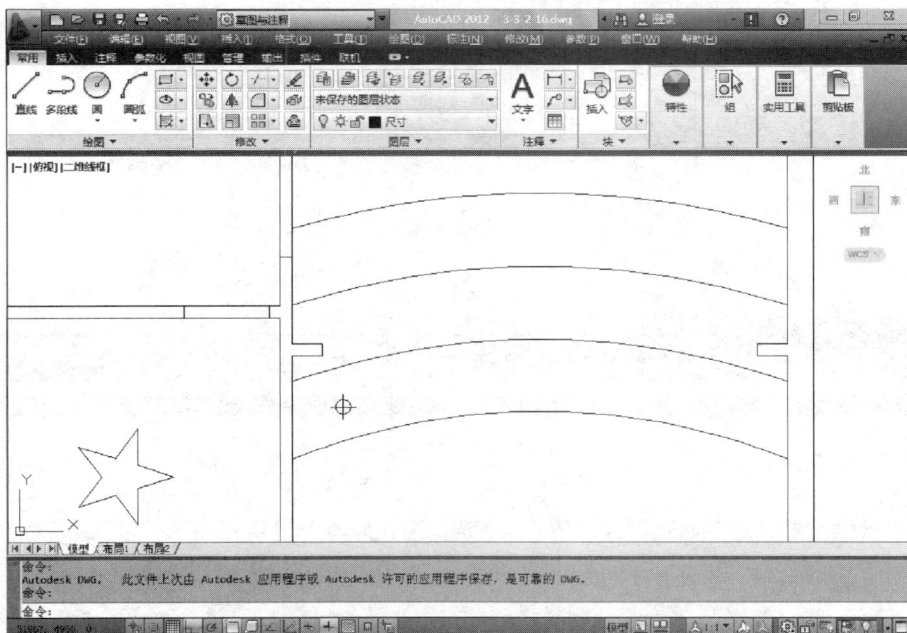

图2-110 移动射灯

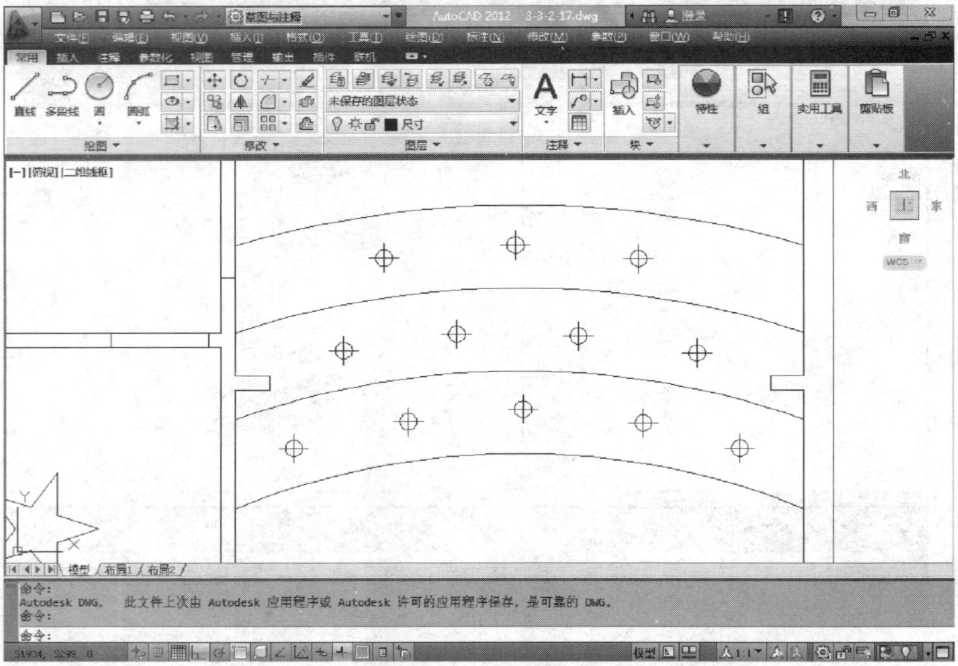

图 2-111　复制射灯

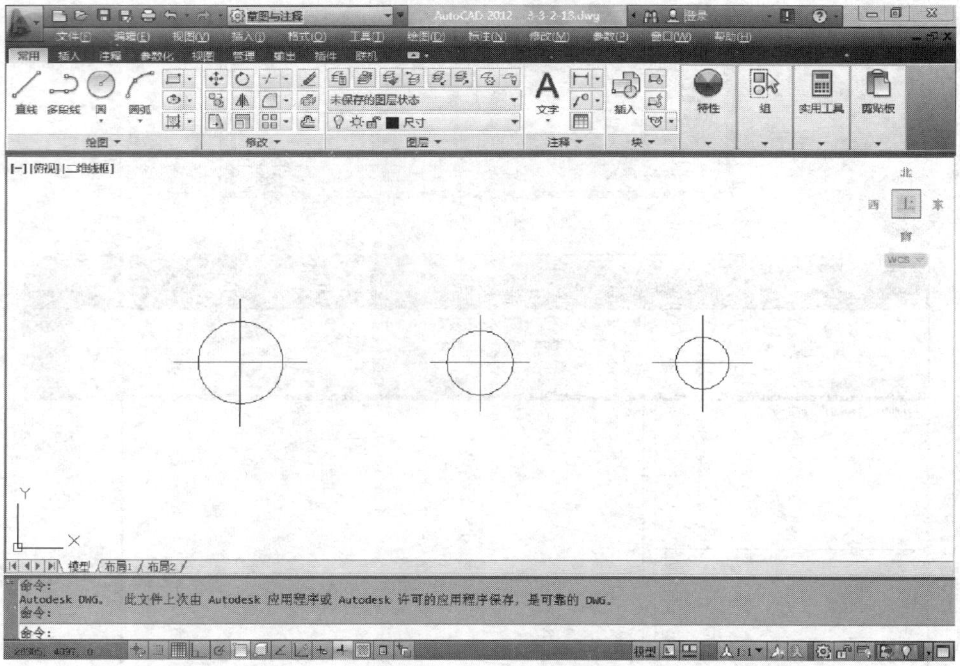

图 2-112　绘制吸顶灯

使用"移动" ✛命令将成块的吸顶灯分别移动到各房间内，如图 2-113 所示。

（3）客厅花式吊灯的绘制。

使用"圆" ⚪命令和"直线" ✏命令绘制花式吊灯。并进行"创建块" 🔲命令，如图 2-114 所示。

使用"移动" ✛命令将成块的吸顶灯分别移动到各房间内。所有的灯具绘制完成，如图 2-115 所示。

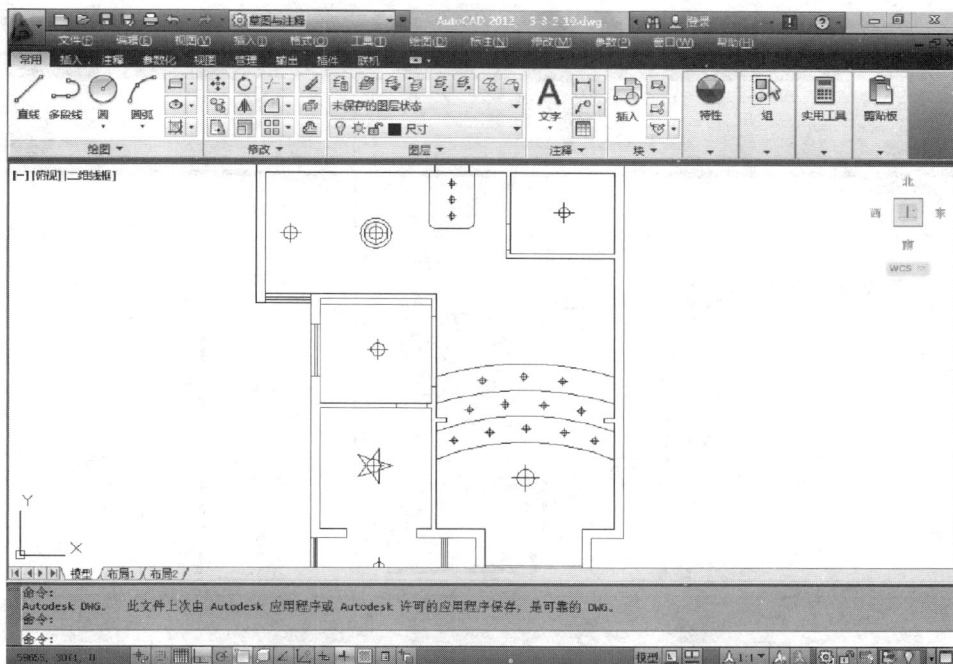

图 2 - 113　移动吸顶灯

图 2 - 114　花式吊顶

3. 标注

（1）标高。

室内设计中的标高为相对标高，以建筑物室内地面高度为标高的零点所计算的高度。标高符号是空心等腰直角三角形，尖端向下，横线在上并向右端延长一定距离。标高的数值写在延长的横线上，零点标高注写为 + 0.000。低于零点标高的为负标高，标高数字前加 " - " 号，如 - 0.450。高于零点标高的为正标高，标高数字前可省略 " + " 号，如 3.000。标高符号上的数值可用 "多行文字" **A** 命令进行创建，如图 2 - 116 所示。

图2-115 花式吊顶

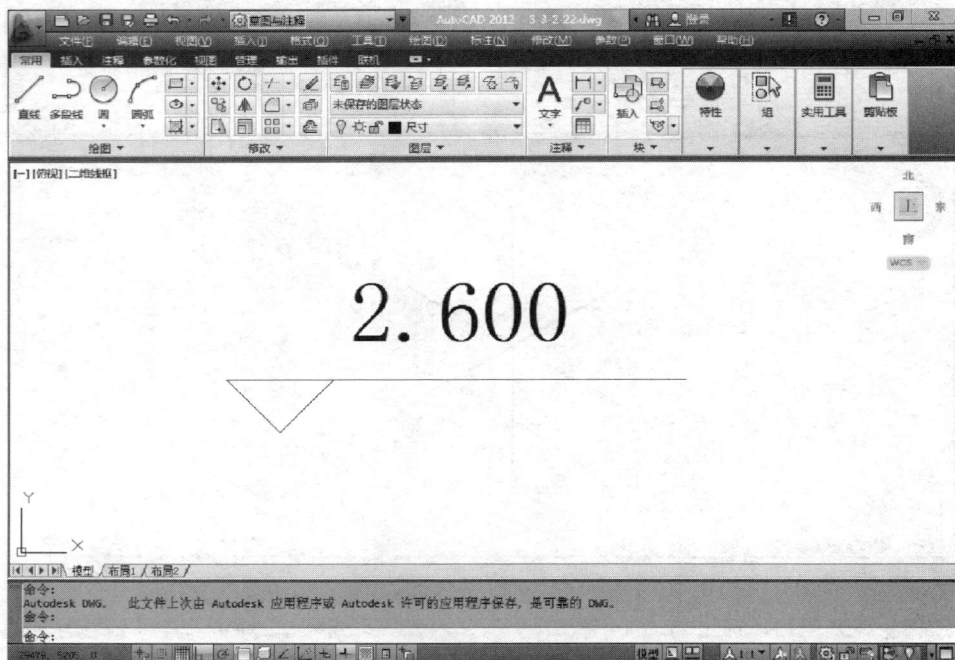

图2-116 标高符号

标高符号创建完成后对顶棚各处吊顶位置标高，如图2-117所示。

（2）标注顶棚涂饰材料及颜色。

使用"多重引线" /○命令进行标注。单击"注释"选项下"引线"右侧的斜向箭头弹出"多重引线样式管理器"对话框，选择修改，修改各项直到合适为止。卫生间标注结果，如图2-118所示，顶棚标注完成，如图2-119所示。

图2-117 室内各房间标高

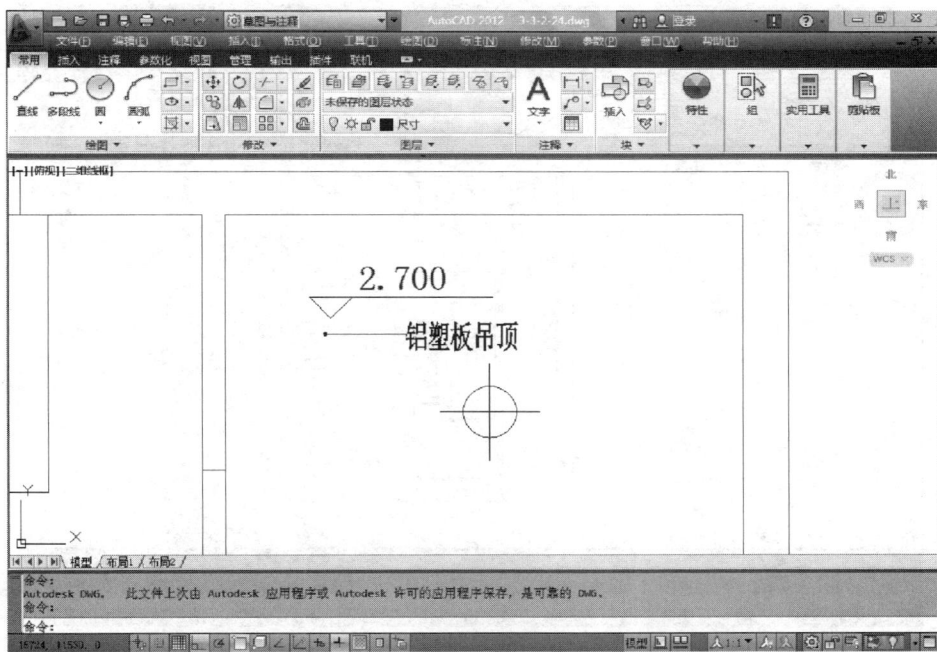

图2-118 卫生间顶棚材质标注

（3）尺寸标注。

单击"注释"选项下"标注"右侧的斜向箭头或"常用"选项下"注释"下拉框中单击"标注样式"图标，则弹出"标注样式管理器"对话框，修改各项目直到合适为止，具体方法与平面图标注类似。标注结果，如图2-120所示。

4. 更改图层

绘制灯具时，是在"墙体"图层下进行绘制的，现在将灯具改为"灯具"图层。下面介绍两种更改图层的方法。

图2-119 顶棚引线标注完成

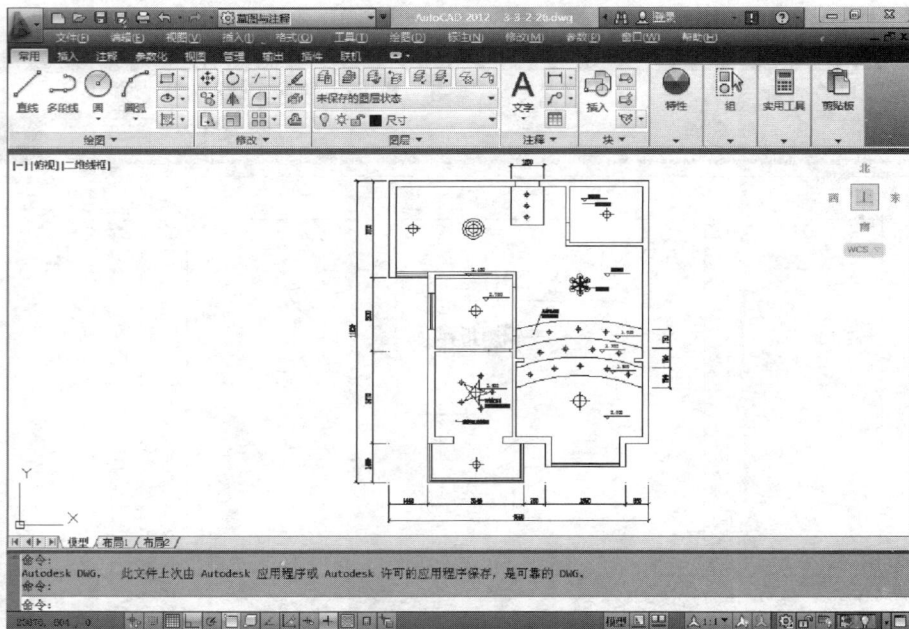

图2-120 顶棚图尺寸标注完成

方法一：选择全部灯具，单击鼠标右键，选择"快捷特性"，选择"灯具"图层，图层更改完成。

方法二：选择全部灯具，单击"图层"下拉菜单选择"家具"图层，图层更改完成。

2.3.4 地材图

2.3.4.1 室内设计地材图简述

地材图是指表示地面做法的图样。有时也会在平面布置图中表示出来。地材图重点表达地面的样式；地面上的固定设备和设施；地面材料的名称、规格和颜色以及标注标高。

2. 3. 4. 2   绘制三居室户型地材图

本例为三居室户型的地材图，如图 2 - 121 所示。

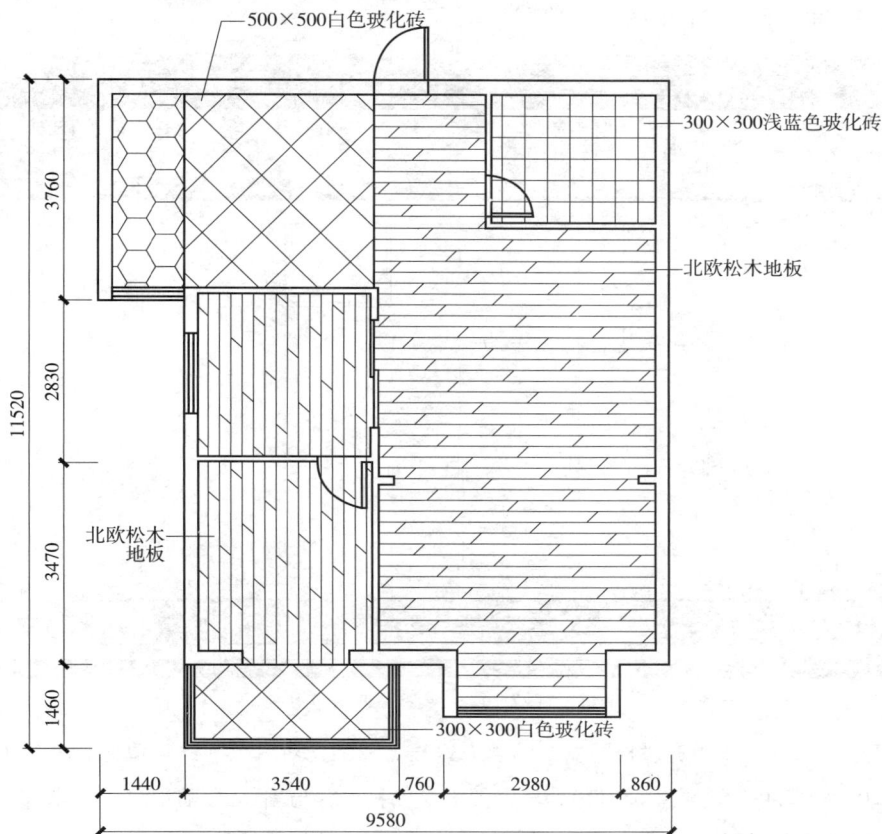

图 2 - 121   地材图

地材图所用户型外轮廓与平面布置图相同，因此这里将不再介绍外轮廓的画法。墙体轮廓，如图 2 - 122 所示。

图 2 - 122   地材图墙体线及门窗线

1. 地面填充

首先把当前图层设为"地面"层。因为填充要找到一个封闭的面，所以为方便起见，先在这个房间门口处画一条线段，把整个房间的地面封闭，如图2－123所示。

图2－123　封闭各房间地面

选择"图案填充"　命令，填充过程同立面图填充过程。我们先对卫生间进行填充。填充图案选择ANSI37，填充图案比例为120，角度45，透明度65（为使填充图案颜色稍浅，与墙体线有所区别），将鼠标移至卫生间内，单击鼠标左键确定，如图2－124所示。

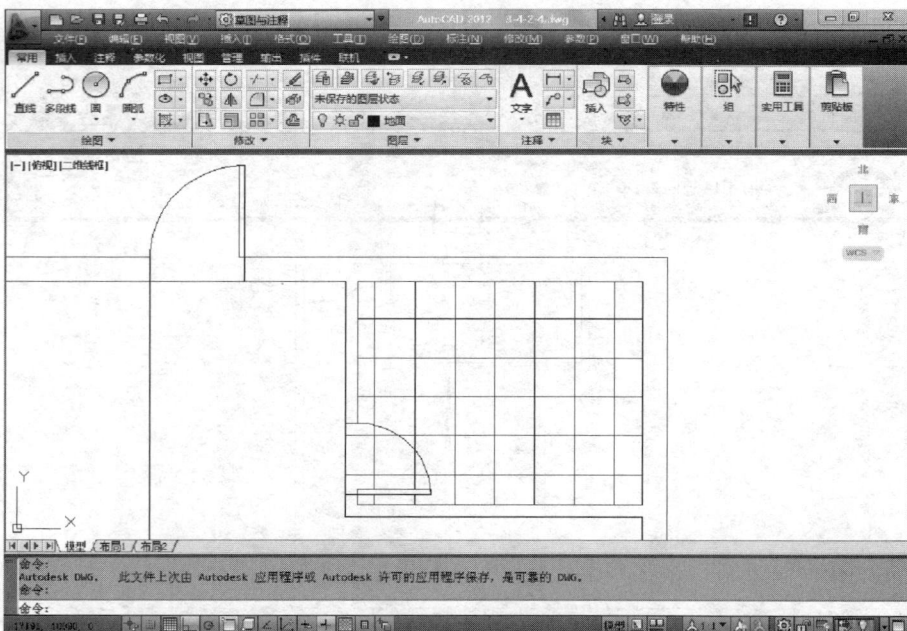

图2－124　卫生间地面填充

餐厅地面填充，填充图案选择ANSI37，填充图案比例200，透明度65，如图2－125所示。

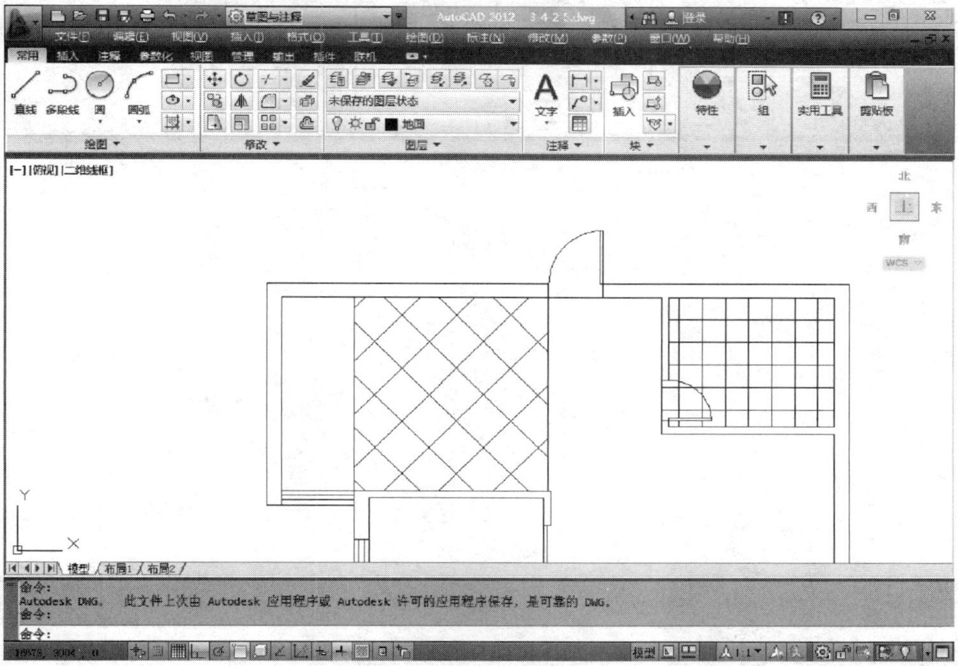

图 2 - 125　餐厅地面填充

阳台地面填充，填充图案选择 ANSI37，填充图案比例 120，透明度 65，如图 2 - 126 所示。

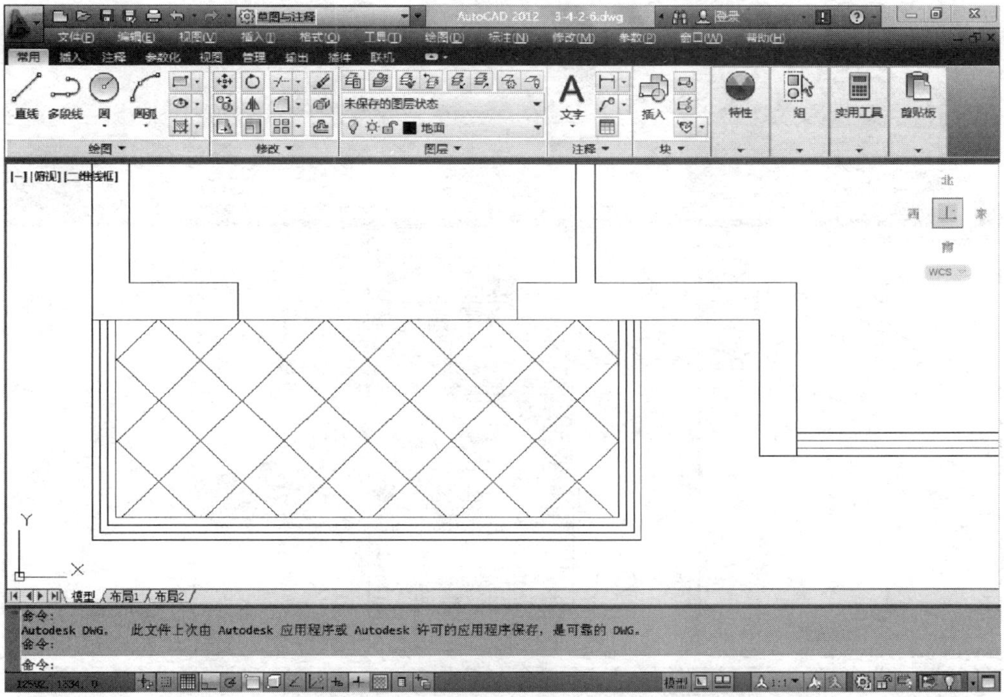

图 2 - 126　阳台地面填充

厨房地面填充，填充图案选择 HONEY，填充图案比例 80，透明度 65，如图 2 - 127 所示。

图 2-127　厨房地面填充

客厅、主卧地面填充，填充图案选择 DOLIMIT，填充图案比例30，透明度65，如图2-128 所示。

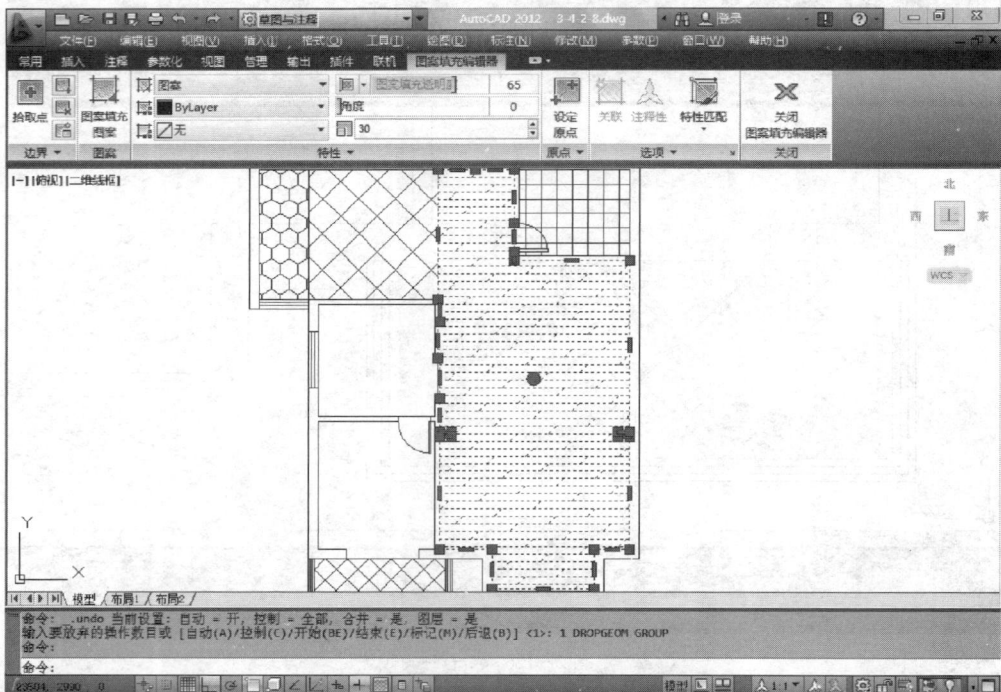

图 2-128　客厅、主卧地面填充

书房、儿童房地面填充，填充图案选择 DILMIT，填充图案比例为 30，角度 90，透明度 65，如图 2 - 129 所示。

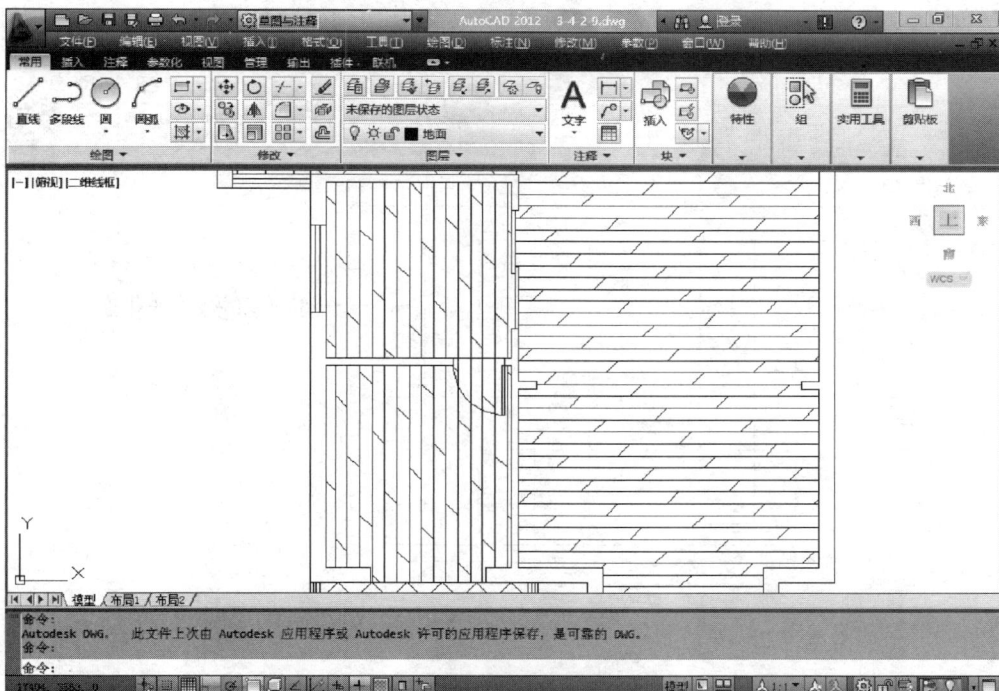

图 2 - 129　书房、儿童房地面填充

小贴士

填充完为什么不显示填充的图案？

这是由于填充图案的比例太大导致的，图案尺寸过大，显示出来的是空白部分，因此没有显示。只需将比例缩小就行了。

2. 地面材质标注

这里使用"多重引线" 命令进行标注。单击"注释"选项下"引线"右侧的斜向箭头弹出"多重引线样式管理器"对话框，选择修改，修改各项直到合适为止。卫生间地材标注，如图 2 - 130 所示。

其他房间标注方式与卫生间相同，如图 2 - 131 所示。

3. 尺寸标注

单击"注释"选项下"标注"右侧的斜向箭头或"常用"选项下"注释"下拉框中单击"标注样式"图标，则弹出"标注样式管理器"对话框，修改各项直到合适为止，具体方法与平面图标注类似，如图 2 - 132 所示。

三居室地材图绘制完成。

2.3.5　室内设计详图

2.3.5.1　室内设计详图简述

详图是表示装修做法中局部构造的一种大样图，它是平、立面等基本图样的有效补充，以清楚、明确的反映出装饰每一个细部的详细构造和尺寸。详图的绘制关键在于绘图者对构造做法、制作工艺、材料特性和装修施工有一定的了解。

2.3.5.2　绘制石膏板吊顶详图

本章以轻钢龙骨石膏板吊顶为例，讲解绘制详图的方法，如图 2 - 133 所示。

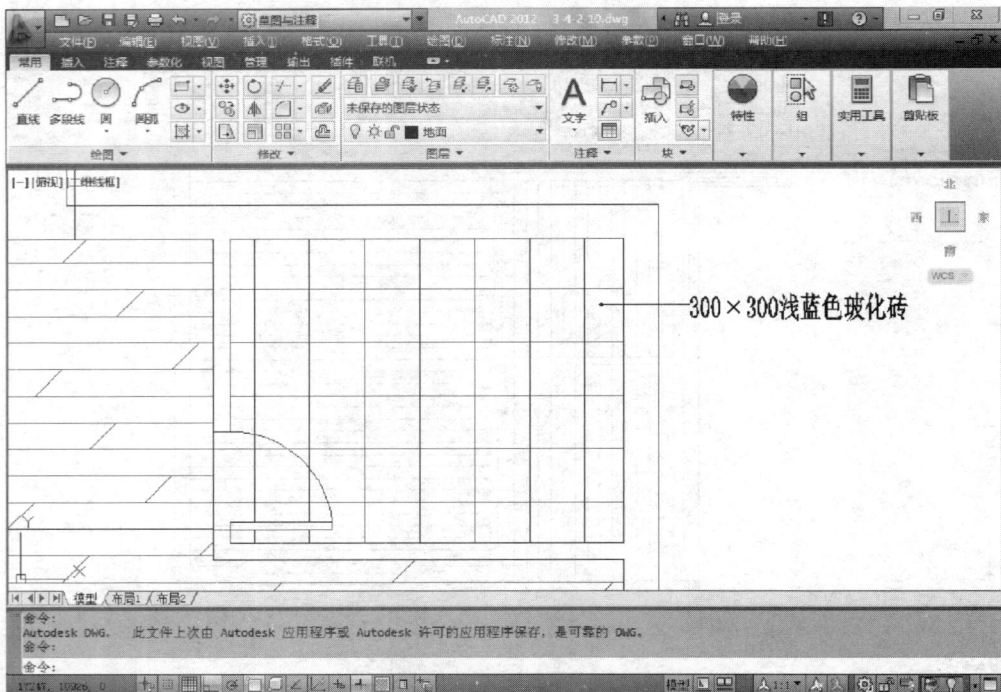

图 2-130 卫生间地材标注

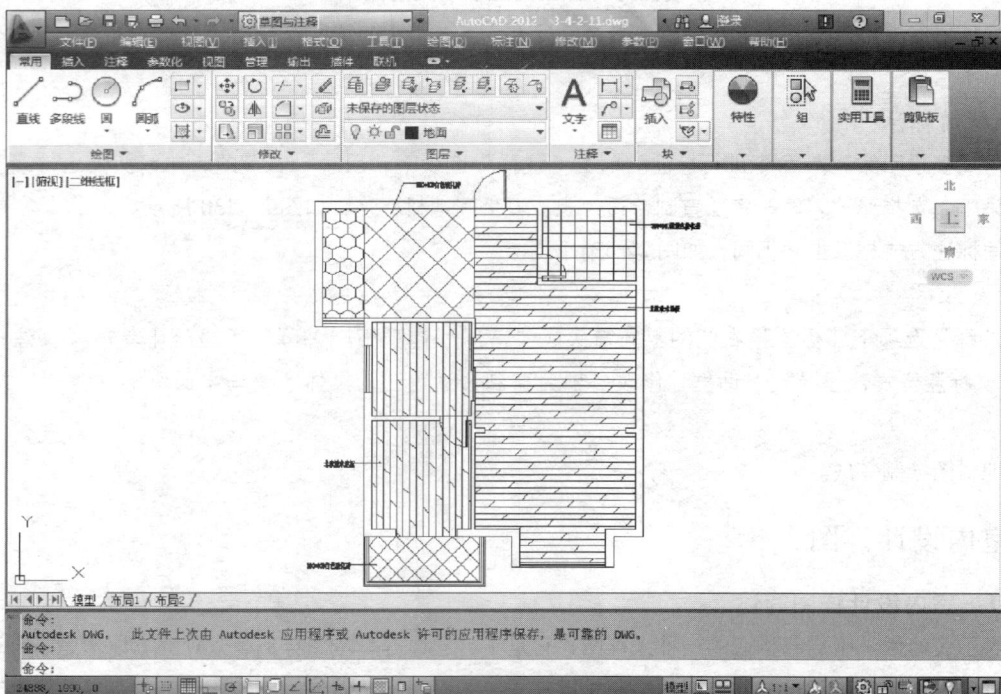

图 2-131 其他房间地材标注

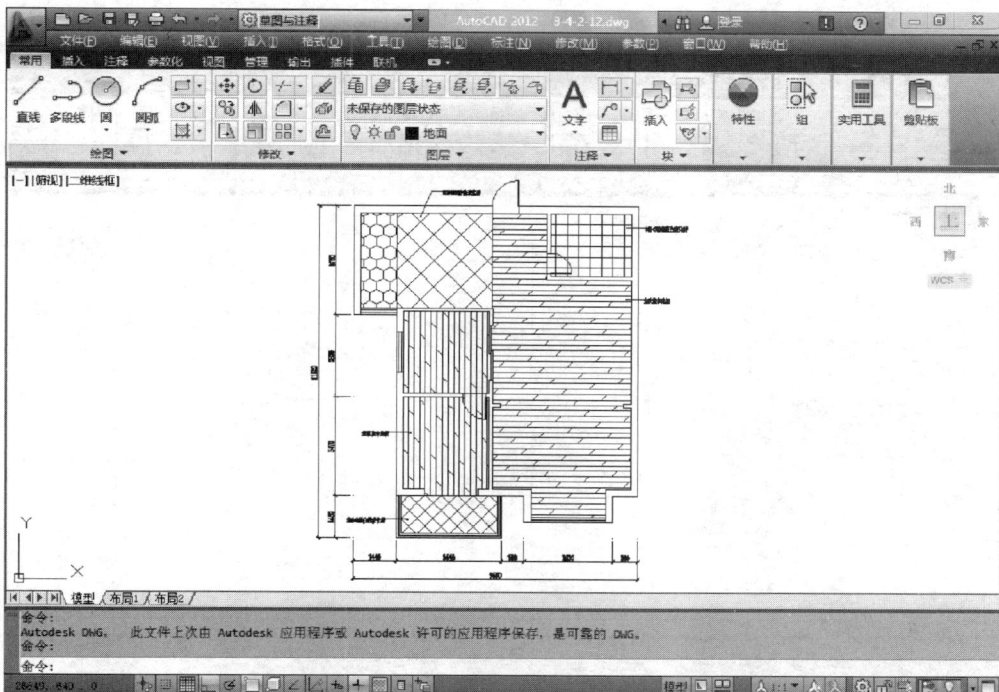

图2-132 尺寸标注

1. 绘制墙体部分

将图层置于"墙体"层，使用"直线"命令。

命令行提示：_line 指定第一点：（在绘图区的空白处单击鼠标指定第一点）。

命令行提示：指定下一点或［放弃（U）］：@0，-150。

命令行提示：指定下一点或［放弃（U）］：（单击鼠标右键，在弹出的快捷菜单中选择确认）。

这样墙体线绘制完成。

对墙体线左侧部分进行填充，可先用直线绘出一封闭区域然后再进行填充。使用"图案填充"命令。单击"图案填充"，填充图案选择 AR-CONC，填充图案比例0.1。填充完后，除右侧的墙体线外，将其他线删除，如图2-134所示。

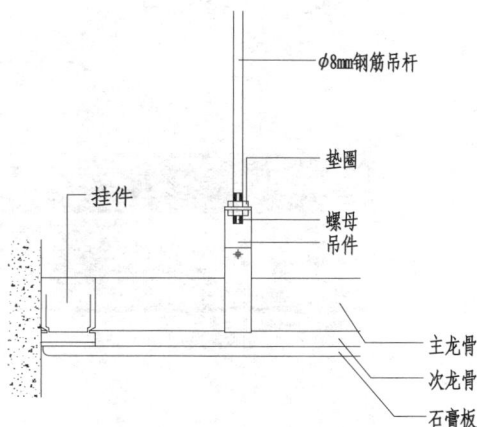

图2-133 轻钢龙骨吊顶

2. 绘制石膏板

将图层切换至"吊顶"，继续绘制详图。使用"直线"命令和"自"命令进行绘制。在墙体线中下部绘制出一定长度的直线作为石膏板上边缘线，使用"自"命令绘制石膏板的厚度。

命令行提示：_line 指定第一点：（按下 Shift 键单击鼠标右键出现菜单栏中选择"自"命令）。

命令行提示：_line 指定第一点：_from 基点：（以石膏板上边缘线和墙体焦点为基点）。

命令行提示：_line 指定第一点：_from 基点：＜偏移＞：@2，0。

命令行提示：指定下一点或［放弃（U）］：9（直线的方向为沿 Y 轴负方向）。

命令行提示：指定下一点或［放弃（U）］：（直接拖动鼠标绘制直线与上边缘线在右侧对齐）单击鼠标右键确认退出，如图2-135所示。

图 2-134　绘制墙体

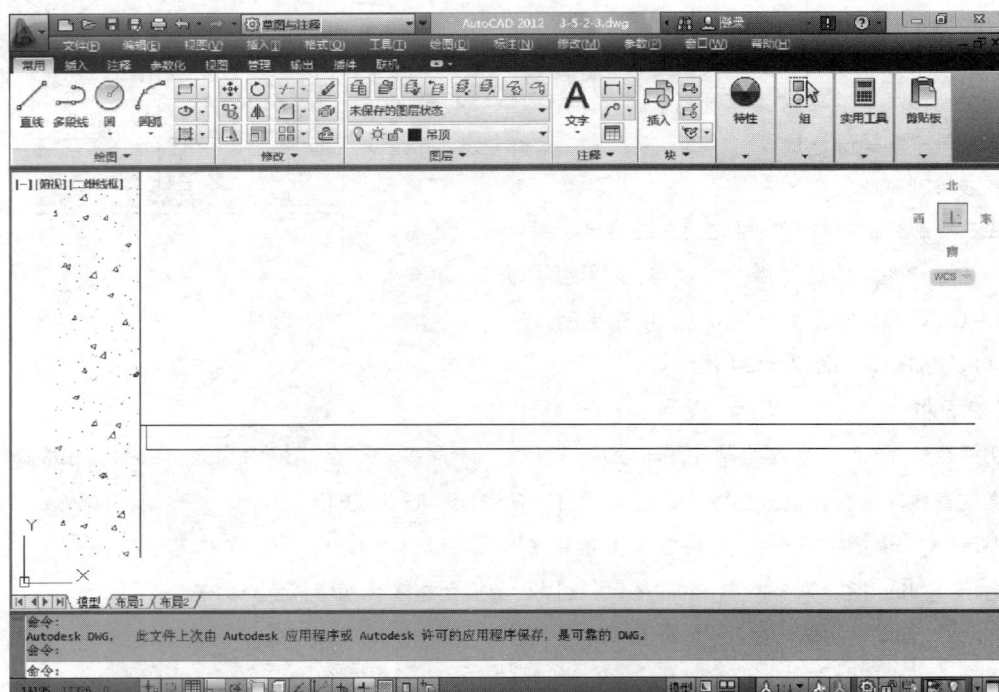

图 2-135　绘制石膏板

使用"圆角"□命令对石膏板左下角倒圆角。

命令行提示：_ fillet。

命令行提示：选择第一个对象或［放弃（U）/多段线（P）/半径（R）/修剪（T）/多个（M）］：r指定圆角半径＜0＞：6。

命令行提示：选择第一个对象或［放弃（U）/多段线（P）/半径（R）/修剪（T）/多个（M）］：（选择石膏板左边缘线）。

命令行提示：选择第二个对象，或按住 Shift 键选择对象以应用角点或［半径（R）］：（选择石膏板下边缘线），如图2－136所示。

3. 绘制挂件

使用"直线" ╱命令绘制挂件，如图2－137所示。

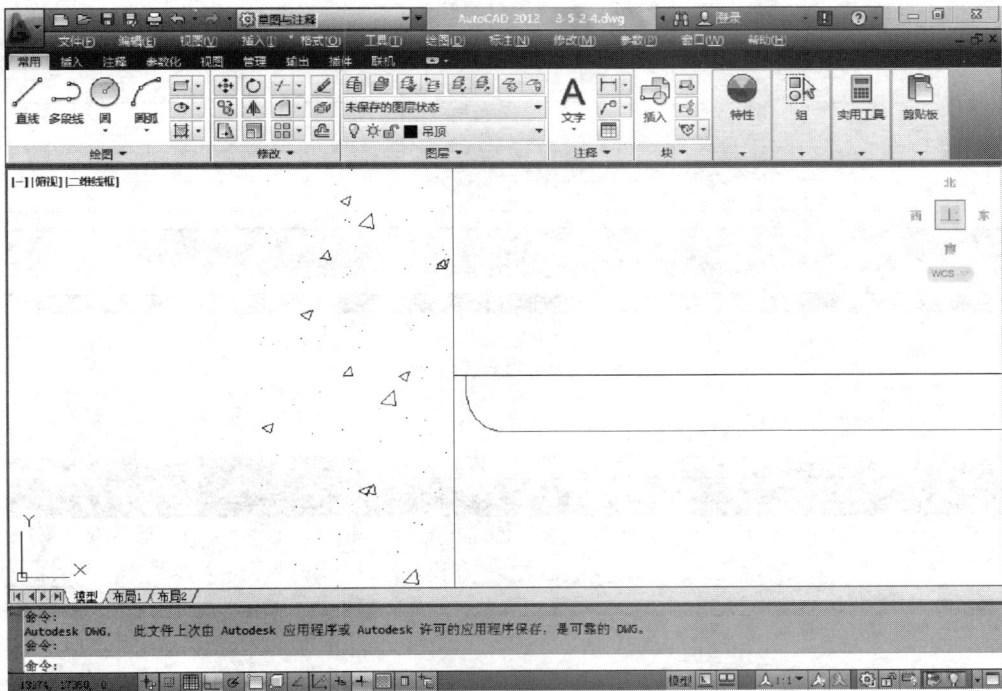

图 2－136　绘制圆角

挂件为对称结构，因此这里使用"镜像"◣◢命令。

命令行提示：_ mirror。

命令行提示：选择对象：（选择需要进行镜像的部分）单击鼠标右键确定。

命令行提示：指定镜像线第一点：（捕捉挂件上边缘线中点）。

命令行提示：指定镜像线第一点：指定镜像线的第二点：（在正交打开的状态下向下移动鼠标，单击鼠标左键）。

命令行提示：要删除源对象吗？［是（Y）/否（N）］＜N＞：n（单击鼠标右键确认退出或单击回车），如图2－138所示。

使用"修剪"命令对挂件内石膏板线进行修剪，并使用"直线"命令连接上步镜像得到的线段，如图2－139所示。

4. 绘制吊顶其他部分

使用"直线" ╱命令和"自" ╔°命令进行吊件、螺母、垫圈、刚劲等部分的绘制，如图2－140所示。

图 2-137 绘制挂件

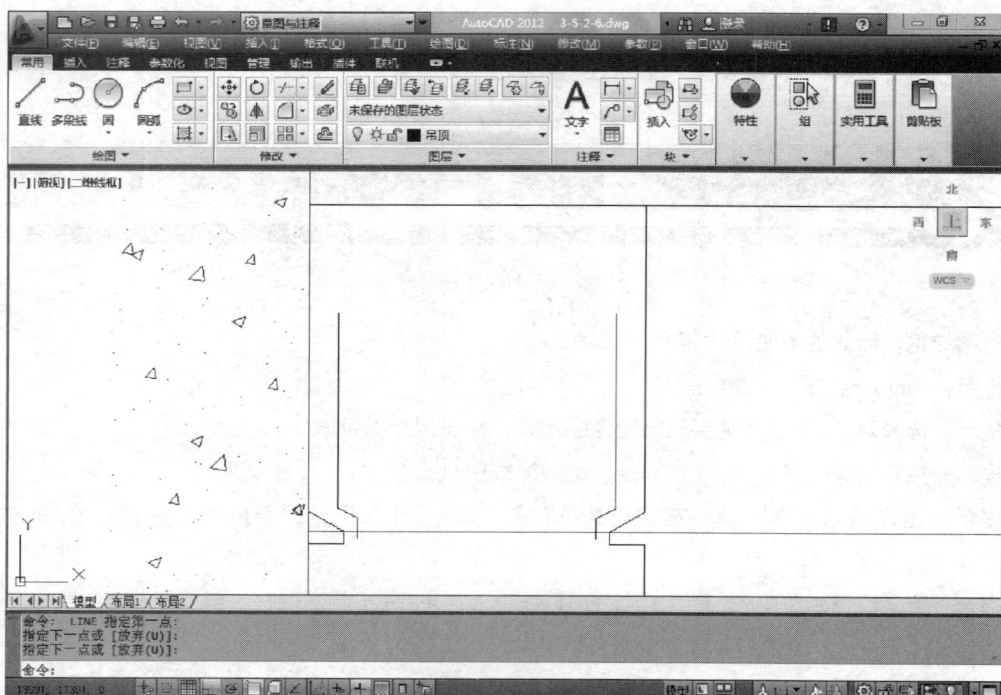

图 2-138 镜像

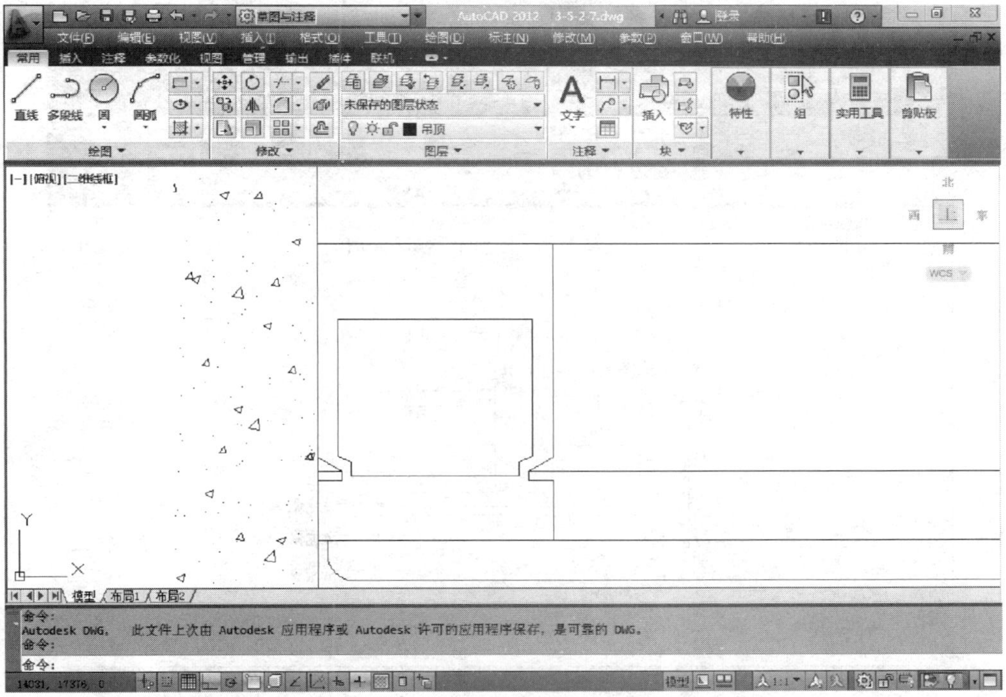

图 2-139　挂件完成

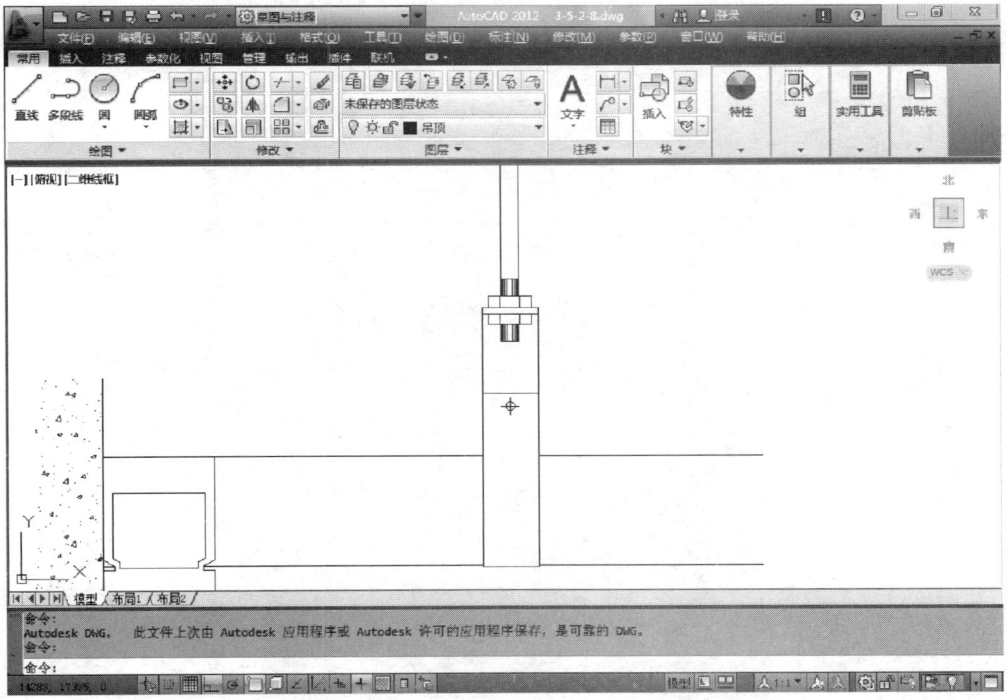

图 2-140　吊顶详图绘制完成

5. 引线标注

使用"多重引线" ⌐○命令对吊顶各部分进行标注。单击"注释"选项下"引线"右侧的斜向箭头弹出"多重引线样式管理器"对话框，选择修改，修改各项直到合适为止。标注结果，如图2-141所示。

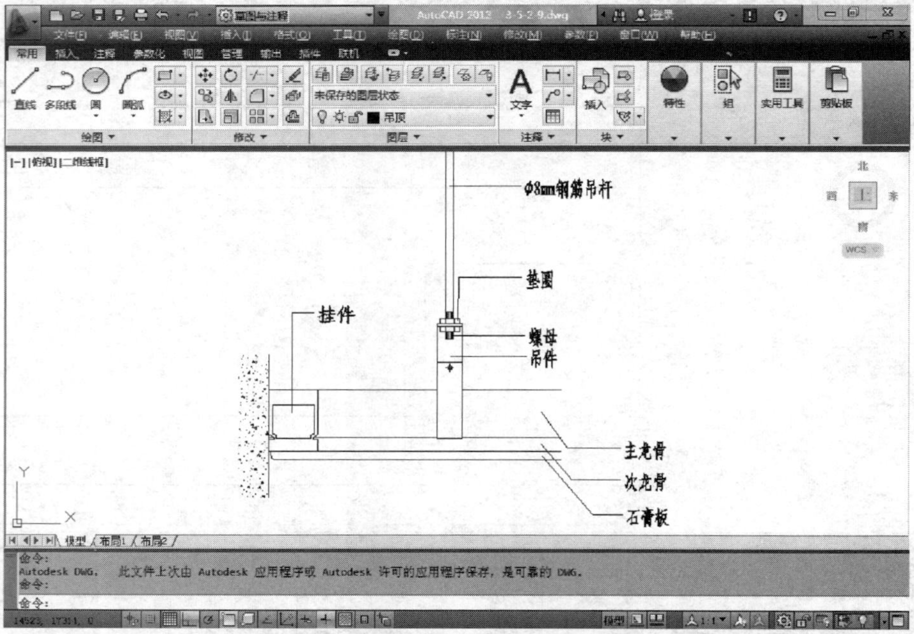

图2-141 标注吊顶各部分名称

轻钢龙骨石膏板吊顶节点详图绘制完成。

第3章
家具设计CAD

3.1 家具设计概述

家具，家用器具之意，是人们生活的必需品。家具既是物质产品，又是艺术创作。家具最基本的功能性可以满足人们的物质需求，其艺术性更是充分满足了人们观赏、审美、联想的精神需求。随着生活水平的提高以及文化素养的提升，人们对于家具的要求也越来越高，现代家具设计不能仅仅局限于对家具使用性和结构的研究，还应该多重视家具的造型、材料使用与款式风格，以满足现代人对于家具的诉求。

家具是室内空间中最为重要的一部分，与室内环境构成了一个统一的整体。因此，在进行家具设计的时候，还需要对家具所处的室内环境进行分析，使得家具与室内尺寸和室内环境相协调。

3.1.1 家具的分类

家具的分类方法有很多种，下面从家具的使用材料、基本功能、基本形式、使用场所、放置形式、风格特征、结构方式等几方面进行分类。

3.1.1.1 按使用材料分

按使用材料分为木质家具、金属家具、竹藤家具、塑料家具、玻璃家具、石材家具、软体家具和其他材料家具。

（1）木质家具。主要由实木，或者实木与各种木质人造板材料（如刨花板、纤维板、胶合板等）制成的家具。

（2）金属家具。主要由金属管材、线材、板材、型材等制成的家具。

（3）竹藤家具。主要由竹材，或藤条、藤织部件制成的家具。

（4）塑料家具。整体或主要部件用塑料加工而成的家具。

（5）玻璃家具。以玻璃为主要构件的家具。

（6）石材家具。以大理石、花岗岩、人造石材等为主要构件的家具。

（7）软体家具。主要以钢丝、弹簧、泡沫塑料、海绵、麻布、布料、皮革等软质材料制成的家具。

（8）其他材料家具。如纸质家具、陶瓷家具等。

3.1.1.2 按基本功能分

按基本功能分为支撑类家具、凭倚类家具和储存类家具。

（1）支撑类家具。直接支撑人体的家具，如床、榻、椅、凳、沙发等。

（2）凭倚类家具。供人凭倚，与人体直接接触的家具，如桌、几、台、案等。

（3）储存类家具。储存或陈放物品的家具，如橱、柜、架等。

3.1.1.3 按基本形式分

按基本形式分为椅凳类家具、桌案类家具、橱柜类家具、床榻类家具和其他类家具。

（1）椅凳类家具。各种椅子、凳子、沙发等坐具，如扶手椅、转椅、靠背椅、长凳、圆凳等。

（2）桌案类家具。各种桌子、案几，如办公桌、写字台、茶几等。

（3）橱柜类家具。各种橱柜，如书柜、衣柜、电视柜、橱柜等。

（4）床榻类家具。各种供休息用的床、榻，如架子床、双人床、睡榻等。

（5）其他类家具。屏风、花架、衣帽架等。

3.1.1.4 按使用场所分

按使用场所分为民用家具、办公家具、户外家具和特种家具。

（1）民用家具。家庭用家具，如客厅家具、卧室家具、厨房家具等。

（2）办公家具。办公室用家具，如班台、会议桌、转椅、文件柜等。

（3）户外家具。室外用家具，如庭院、公园、泳池、花园等地用家具。

（4）特种家具。宾馆家具、学校家具、医疗家具、商业家具、影剧院家具、交通家具等。

3.1.1.5 按放置形式分

按放置形式分为自由式家具、嵌固式家具和悬挂式家具。

（1）自由式家具。可以任意搬动或交换位置放置的家具。

（2）嵌固式家具。嵌入或固定于建筑物与交通工具内的家具，一般不可变换位置。

（3）悬挂式家具。悬架于墙壁上或天花板下的家具，有移动式和固定式之分。

3.1.1.6 按风格特征分

按风格特征分为古典风格家具、现代风格家具和新古典主义家具。

（1）古典风格家具。具有历史上某种风格特征的家具，如西方古典家具、中国明清家具等，有时称作传统家具。

（2）现代风格家具。19世纪后期以来，利用机器工业化和现代先进技术生产的一切家具，风格简洁、明快。

（3）新古典主义家具。将古典家具元素用现代家具设计的材料、设备、技术等或具象或抽象地表现出来，其本质还是现代家具。西方古典家具中的新古典风格家具不在此范围中。

3.1.1.7 按结构方式分

按结构方式分为固定式家具、拆装式家具和折叠式家具。

（1）固定式家具。零部件之间采用榫或其他固定形式（连接件、胶、钉等）接合而成的家具。如传统实木框式家具等。

（2）拆装式家具。零部件之间采用连接件接合组成的家具，可多次拆装与安装。如KD（Knock Down拆装）家具，RTA（Ready to Assemble备组装）家具和DIY（Do it Yourself自装配）家具。

（3）折叠式家具。采用翻转或折合连接而成的家具，常用于桌、椅和几类。

3.1.2 家具的尺度

家具是服务于人的日常生活用品。因此，家具设计的首要目的应该是合理的功能性，其中最为重要的就是通过客观分析人体尺寸、四肢活动的范围，使家具的基本尺度符合人体尺度及人体各部分的活动规律，最终达到安全、舒适、方便的目的。

在家具设计中，对人体机能的研究使得家具设计更具科学性，人们根据人体的活动及相关姿态，设计产生了相应的家具，这些家具主要可分为3类。

（1）与人体直接接触，起支撑人体作用的坐卧类家具，如椅、凳、沙发、床、榻等。

（2）与人体活动有着密切关系，起辅助人体活动、托承物体作用的凭倚类家具，如桌、台、几、案等。

（3）与人体有着间接的关系，起储存物品作用的储存类家具，如橱、柜、架、箱等。

这 3 类家具基本上囊括了人们在日常生产、生活及社会活动中所需用的各种家具。家具设计的过程是创作的过程，设计者必须依据人体尺度及使用要求，将技术与艺术加以融合，才能设计出功能性、艺术性高度统一的家具，表 3-1 为常用家具的基本尺寸。

表 3-1　　　　　　　　　　　　　常用家具的基本尺寸　　　　　　　　　　　　　单位：mm

靠背椅	坐前宽	≥380	长方餐桌	长	900~1800
	坐深	340~420		宽	450~1200
	坐高	—		中间净空高	≥580
扶手椅	扶手内宽	≥460	单柜桌	长	900~1500
	坐深	400~440		宽	500~750
	坐高	—		中间净空高	≥580
单人沙发	坐前宽	≥480	床头柜	宽	400~600
	坐深	480~600		深	300~450
	坐前高	360~420		高	500~700
三人沙发	坐前宽	≥1440	书柜	宽	400~600
	坐深	480~600		深	300~400
	坐前高	360~420		高	1200~2200
单人床	床面长	1920、1970（双屏床）、1900、1950（单屏床）			
	床面宽	720、800、900、1000、1200			
	床面高	240~280（放置床垫）、400~440（不放置床垫）			
双人床	床面长	2020、2120（双屏床）、2000、2100（单屏床）			
	床面宽	1350、1500、1800（2000）			
	床面高	240~280（放置床垫）、400~440（不放置床垫）			

3.1.3　家具图样

常见的家具图样有设计图与制造图两大类。其中制造图是在造型图的基础上，确定家具所有零部件的几何尺寸、几何形状、装配尺寸、内在结构与接合方法，进而绘出家具的结构装配图、部件图、零件图、大样图等。制造图是指导生产与检验家具产品的技术性文件，要求图纸详细精确，内容完整清晰。

3.1.3.1　装配图

家具总装配图又称结构装配图或施工图，是指导家具生产的重要技术图样。装配图采用正投影图方式，全面表达整件家具的结构，包括所有零部件的几何尺寸、几何形状及其相互接合方式，制品的技术要求等。对于在总装配图中难以表达清楚的部分，还要用局部放大图清楚地表示出来。

3.1.3.2　部件图

用正投影图的方式把部件结构，包括所有零件的几何形状、几何尺寸以及相互接合方式详细表示出来的一种图纸。

3.1.3.3　零件图

将零件的几何形状、几何尺寸及技术要求用正投影图的方式详细地表示出来。由于家具中多数零件的几何形状为矩形,在总装配图与部件图中都能清楚地表示出来,因此仅对少量结构形状较复杂的零件(各种脚、扶手、椅靠背等)才绘制零件图。

3.1.3.4　局部大样图

在家具制品中,有的零件造型形状较为复杂,在总装配图或部件图中难以清楚表示出来。在加工这些零件时常要根据样板或模版划线。即需用1:1的比例绘出图样,这种图称为放大图或大样图,然后再把放大图贴到薄板上(胶合板、纤维板、木板),按轮廓线锯下来修整好,作为生产划线的样板,这种样板称为放大样。如果要把复杂零件按比例缩小,以便交流或保存,需用标注网格纸进行描点,绘制缩小的图样。

3.2　家具制图的规范及标准

在第2章中已介绍了室内设计制图的规范和标准,其中的一些内容与家具制图的规范和标准是相同的,这里不再重复,本章着重介绍家具行业专用的制图规范和标准。

3.2.1　标题栏

标题栏可用两种格式,见图3-1和图3-2。

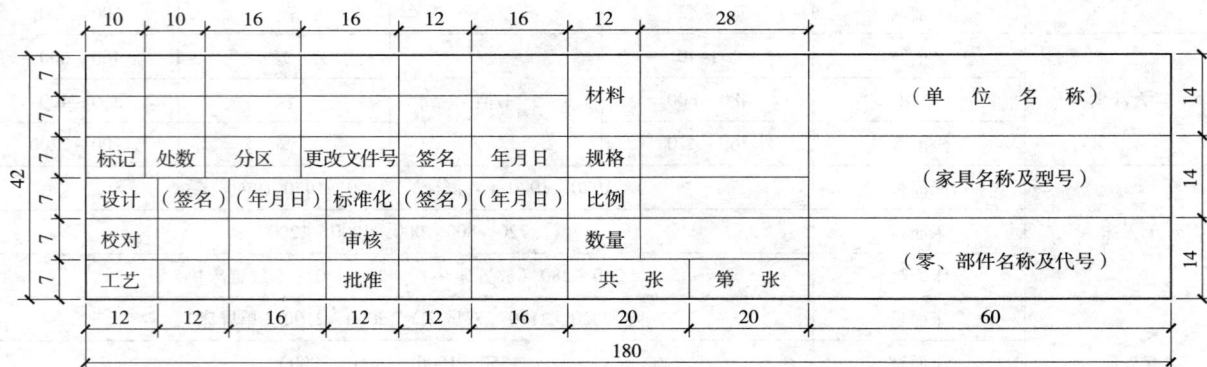

						材料		(单 位 名 称)	
标记	处数	分区	更改文件号	签名	年月日	规格		(家具名称及型号)	
设计	(签名)	(年月日)	标准化	(签名)	(年月日)	比例			
校对			审核			数量		(零、部件名称及代号)	
工艺			批准				共 张	第 张	

上部尺寸：10　10　16　16　12　16　12　28
下部尺寸：12　12　16　12　12　16　20　20　60　总计180
左侧尺寸：42　各7；右侧尺寸：14　14　14

图3-1　家具制图标准标题栏格式1

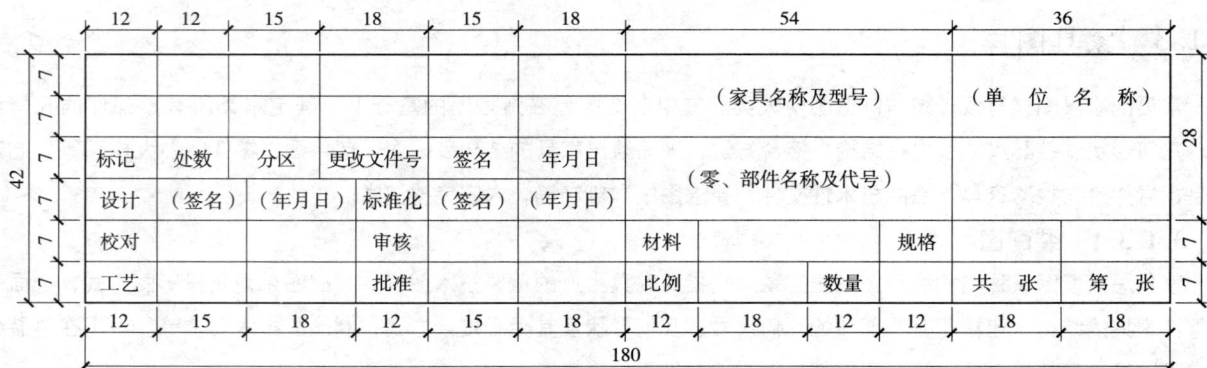

						(家具名称及型号)		(单 位 名 称)	
标记	处数	分区	更改文件号	签名	年月日	(零、部件名称及代号)			
设计	(签名)	(年月日)	标准化	(签名)	(年月日)				
校对			审核			材料		规格	
工艺			批准			比例	数量	共 张	第 张

上部尺寸：12　12　15　18　15　18　54　36
下部尺寸：12　15　18　12　15　18　12　18　12　12　18　18　总计180
左侧尺寸：42　各7；右侧尺寸：28　7　7

图3-2　家具制图标准标题栏格式2

3.2.2　图线

图线在家具设计制图中的应用见表3-2。

表 3 - 2　　　　　　　　　　　　　图线在家具制图中的应用

序号	图线名称	图线宽度	一般应用
1	实线	b（0.25 ~ 1mm）	（1）基本视图中可见轮廓线； （2）局部详图索引标志
2	粗实线	（1.5 ~ 2）b	（1）剖切符号； （2）局部详图可见轮廓线； （3）局部详图标志； （4）局部详图中连接件简化画法； （5）图框线及标题栏外框线
3	虚线	$b/3$ 或更细	不可见轮廓线，包括玻璃等透明材料后面的轮廓线
4	粗虚线	（1.5 ~ 2）b	局部详图中连接件外螺纹的简化画法
5	细实线	$b/3$ 或更细	（1）尺寸线及尺寸界线； （2）引出线； （3）剖面线； （4）各种人造板、成型空心板的内轮廓线； （5）小圆中心线、简化画法表示连接件位置线； （6）圆滑过渡的交线； （7）重合剖面轮廓线； （8）表格的分格线
6	点划线	$b/3$ 或更细	（1）对称中心线； （2）回转体轴线； （3）半剖视分界线； （4）可动零、部件的外轨迹线
7	双点划线	$b/3$ 或更细	（1）假想轮廓线； （2）表示可动部分在极限位置或中间位置时的轮廓线
8	双折线	$b/3$ 或更细	（1）假想断开线； （2）阶梯剖视的分界线
9	波浪线	$b/3$ 或更细（徒手绘制）	（1）假想断开线； （2）回转体断开线； （3）局部剖视的分界线

3.2.3　比例

国家标准中家具图样所用比例见表 3 - 3。

表 3 - 3　　　　　　　　　　　　　家具图样所用比例

缩小的比例		与实物相同	放大的比例
常用	必要时选用		
1:2　1:5　1:10	1:3　1:4　1:6　1:8 1:15　1:20	1:1	2:1　4:1　5:1

3.2.4　剖面符号

当家具或其零部件画成剖视及剖面图时，假想被剖切的实体部分，一般应画出剖面符号，以表示已被剖切部分和零、部件材料的类别。各种材料的剖面符号画法，家具制图国家标准中作了详细规定，要注意的是剖面符号用线（剖面线）均为细实线。

3.2.4.1　家具常用材料的剖面符号画法

图3-3列出了家具常用材料的剖面符号画法。

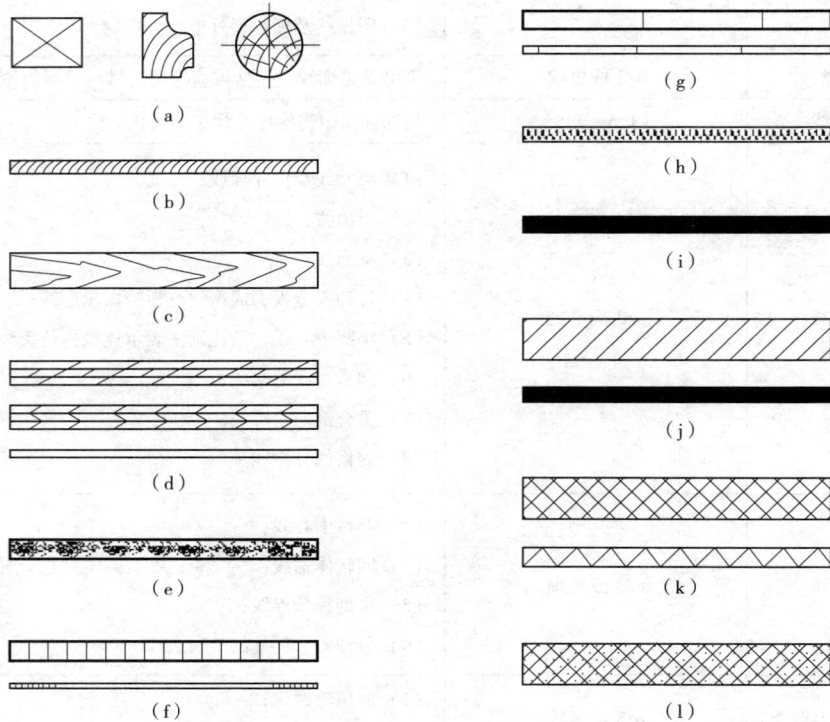

图3-3　家具常用材料的剖面符号

（a）方材横断面；（b）板材横断面；（c）木材纵断面；（d）胶合板剖面；（e）覆面刨花板；（f）细木工板横断面；

（g）细木工板纵断面；（h）纤维板；（i）薄木；（j）金属；（k）塑料、有机玻璃等；（l）软质填充材料

3.2.4.2　部分材料在视图中也可画出图例以表示其材料

家具中有些材料如玻璃、镜子和网纱等一般未被剖切也画上符号，如图3-4所示。

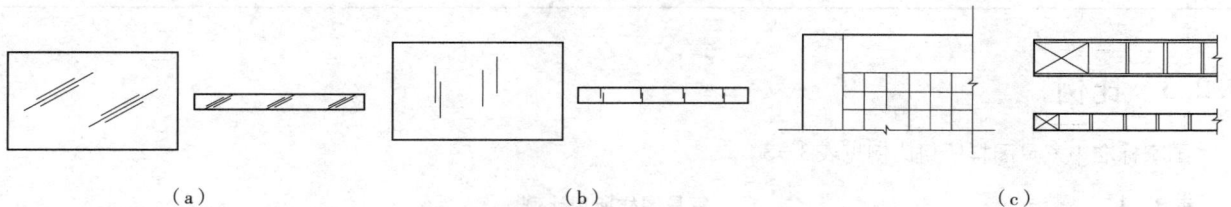

图3-4　图例及剖面符号

（a）玻璃；（b）镜子；（c）空心板

3.2.4.3　多层结构材料的画法

在用剖面符号不能完全表达清楚材料具体名称时，往往要附以文字说明，如图3-5所示。

图 3-5　多层结构材料的画法

3.2.5　局部详图

有时家具或其零、部件的局部结构，在基本视图或按图样比例大小画出的其他图形中，由于太小而无法清楚表达。这时需要将家具或其零、部件的部分结构，用大于基本视图或原图形所采用的比例画出来，这种图形称为局部详图。局部详图可画成视图、剖视、剖面，且应尽量配制在被放大部位的附近。

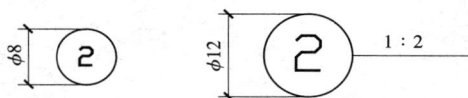

图 3-6　局部详图标注符号

在视图中被放大部位的附近，应画出直径 8mm 的实线圆圈作为局部详图索引标志，圈中写上阿拉伯数字。同时，在相应的局部详图附近则画上直径 12mm 的粗实线圆圈，圈中写上同样的阿拉伯数字作为局部详图标志，粗实线圆圈的右边中间画一水平实线，上面加注局部详图所用比例，如图 3-6 所示。

3.2.6　榫接合和连接件连接画法

3.2.6.1　榫接合画法规定

榫接合是家具结构中应用极为广泛的不可拆连接。它的画法家具制图标准有特殊的规定，如图 3-7 所示。

3.2.6.2　家具常用连接件连接的规定画法

家具上一些常用连接件如木螺钉等，家具制图标准都规定了特有的画法。在局部详图中，它们的画法，如图 3-8 所示，右侧是不同方向的另一视图。

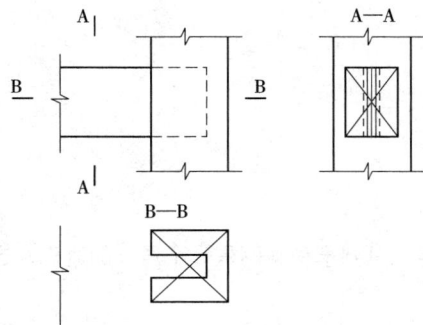

图 3-7　榫接合画法规定

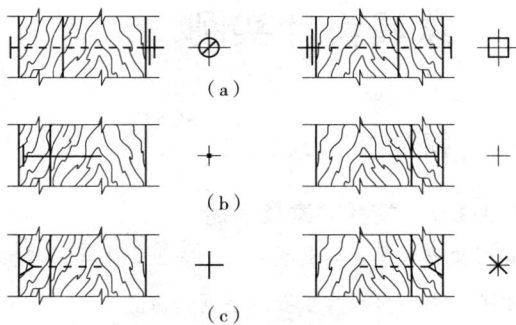

图 3-8　常用连接件连接画法

（a）螺栓连接；（b）圆钢钉连接；（c）木螺钉连接

3.2.6.3　家具专用连接件连接的规定画法

家具专用连接件近年来发展迅速，随着板式家具可拆连接和自装配式家具兴起，家具专用的连接件越来越多。

小贴士

图3-9所示为几种家具专用连接件连接的在局部详图上的规定画法。

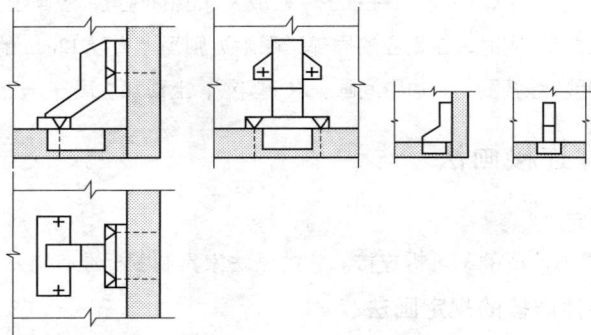

图3-9 几种家具专用连接件连接的画法

(a) 空心螺钉连接；(b) 圆柱螺母连接；(c) 螺栓偏心连接件连接；(d) 凸轮柱连接件连接

(1) 空芯螺钉连接。

(2) 圆柱螺母连接。

(3) 螺栓偏心连接件连接。

(4) 凸轮柱连接件连接。

(5) 杯状暗铰链。右边较小的是在基本视图上的画法，如图3-10所示。

图3-10 杯状暗铰链的规定画法

3.3 家具设计实例

3.3.1 椅凳类家具

3.3.1.1 椅凳类家具简述

凳椅类家具是人类文明发展的见证，人类从学会直立行走到使用工具到享受文明是一个漫长的过程，这些家具在历史的长河中是极为重要的星河一点。

椅凳类家具与人体直接接触，起着支承人体的作用。椅凳的使用范围非常广泛，但主要是以休息和工作两种用途为主，因此在设计时要根据不同用途进行相应的结构设计。椅凳类家具的材质有木质、软垫、塑料、钢管等，木质椅凳的接合方式多为榫卯接合。

小贴士

设计椅凳类家具时需要绘制的图有哪些？

椅凳的设计需要绘制外形图（包括三视图，有时还包括透视效果图）、结构装配图，对复杂或特制的零部件还需绘制零部件图。本例将讲解一把常见木质餐椅的三视图及结构装配图。

3.3.1.2　绘制餐椅三视图

一般操作的过程是先进行画图前的各项设置，然后画好主视图的图形，再根据主视图按照画法几何的法则画出左视图和俯视图。

1. 图层设置

在作图之前先单击"图层"工具栏中的 ，桌面会弹出"图层特性管理器"对话框，如图 3-11 所示，单击 按钮，在下面的空白区会增加新的图层，先建立三个新图层，分别命名为"轮廓线"、"中心线"和"标注"。还可根据需要在此对话框中增加新的图层，改变线型等。

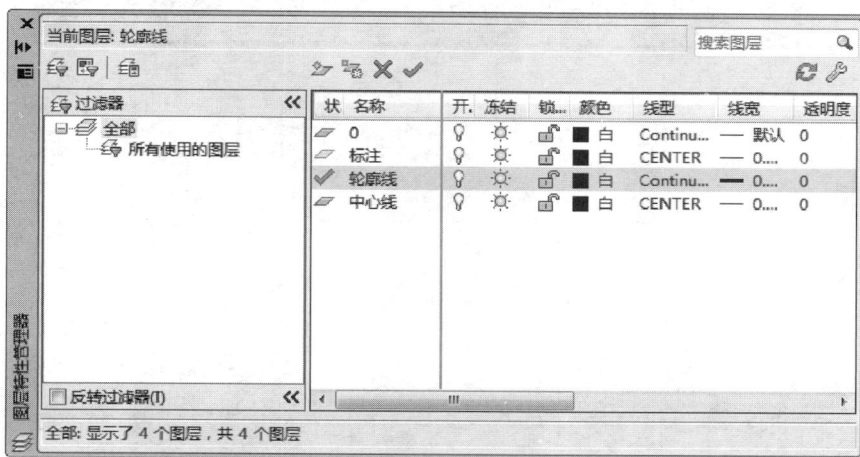

图 3-11　图层设置

2. 绘制主视图

（1）中心线的绘制。

使用直线工具，或在命令行中键入"line"，（如果"正交"没有打开，可以使用快捷键 F8 打开"正交"）分别绘制两条相互垂直的中心线，绘制结果如图 3-12 所示。

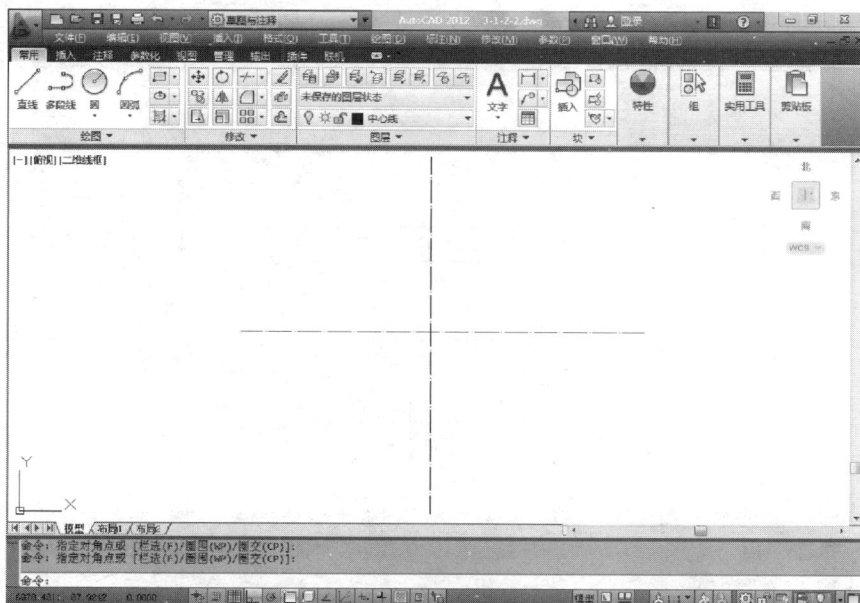

图 3-12　中心线绘制完成图

（2）中心线的偏移。

使用偏移对象工具，或在命令行中键入"offset"。

命令行提示：指定偏移距离或［通过（T）/删除（E）/图层（L）］＜通过＞：125，（之后回车）。

命令行提示：选择要偏移的对象，或［退出（E）/放弃（U）］＜退出＞：（选择竖直中心线）。

命令行提示：指定要偏移的那一侧上的点，或［退出（E）/多个（M）/放弃（U）］＜退出＞：（任意单击竖直中心点左边区域内的一点）。

单击鼠标右键，选择"确认"，绘制结果如图3-13所示。

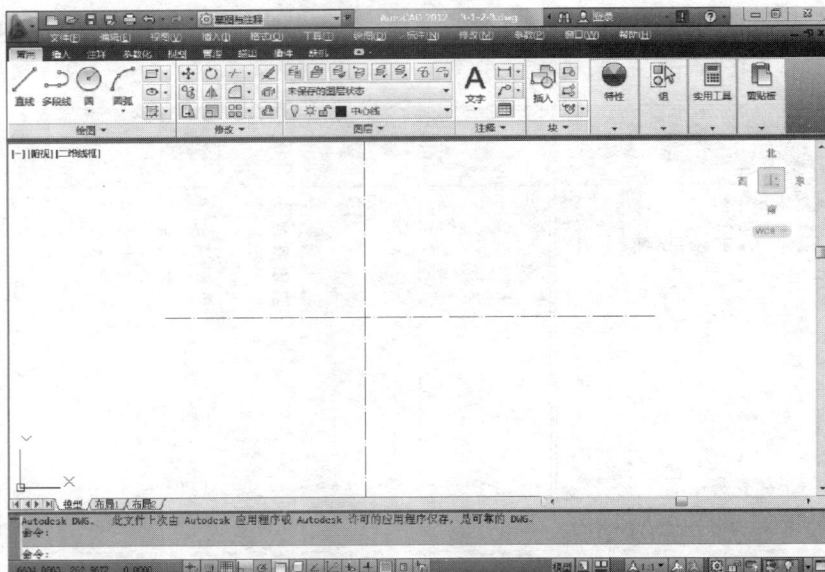

图3-13　竖直中心线偏移

继续使用偏移对象工具，分别将竖直中心线向左偏移135mm、140mm、170mm、200mm，向右偏移125mm、135mm、140mm、170mm、200mm；将水平中心线向上偏移210mm、240mm、270mm、300mm、370mm、440mm，向下偏移20mm、65mm、190mm、220mm、420mm。

绘制结果如图3-14所示。

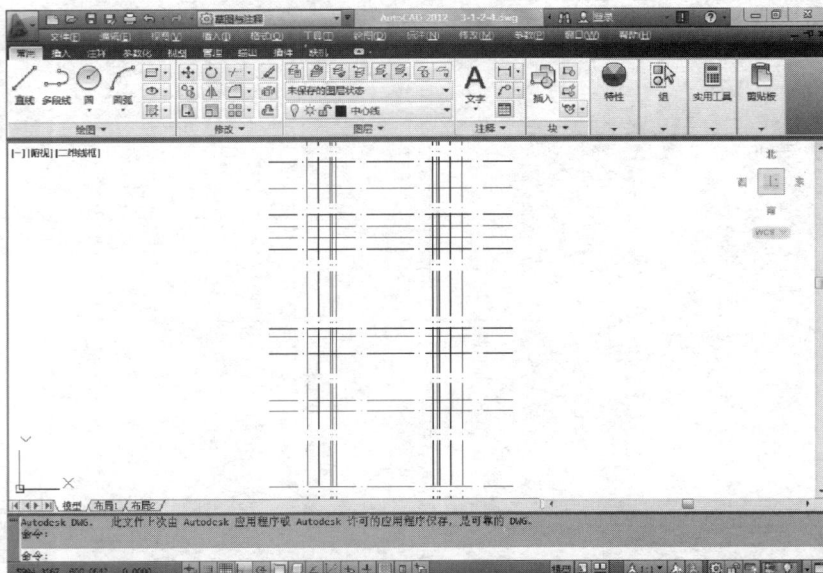

图3-14　中心线偏移完成图

（3）绘制餐椅主视外轮廓。

使用直线工具 ✎，或在命令行中键入 "line"，打开对象捕捉，通过鼠标在图纸上捕捉餐椅外轮廓各节点，绘制出餐椅主视轮廓（为了便于观察，点击 ⊞ 显示/隐藏线宽，显示线宽）。

绘制结果如图 3 – 15 所示。

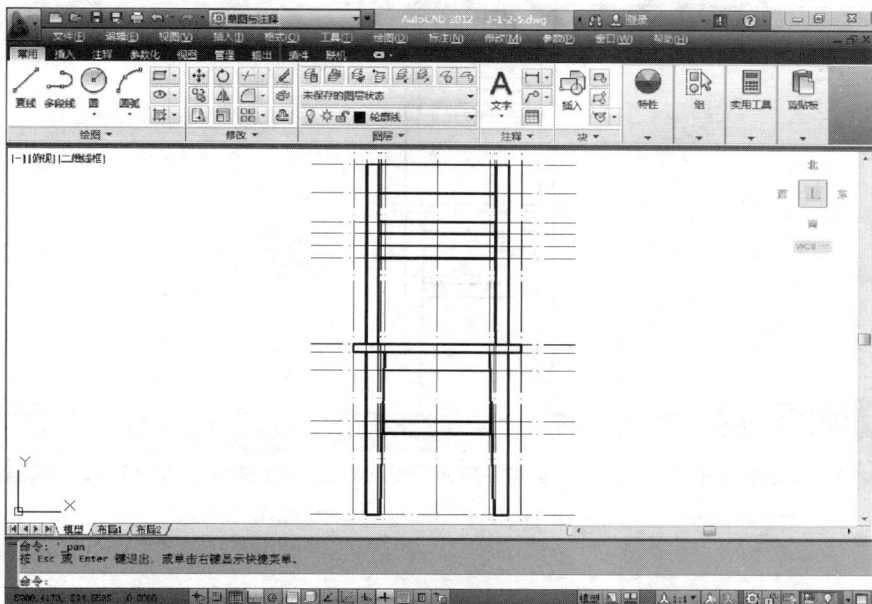

图 3 – 15　主视外轮廓绘制完成图

（4）绘制完成图。

单击"图层管理器"工具栏中的 🔲，桌面会弹出"图层特性管理器"对话框，单击 💡，将中心线图层关闭，如图 3 – 16 所示。

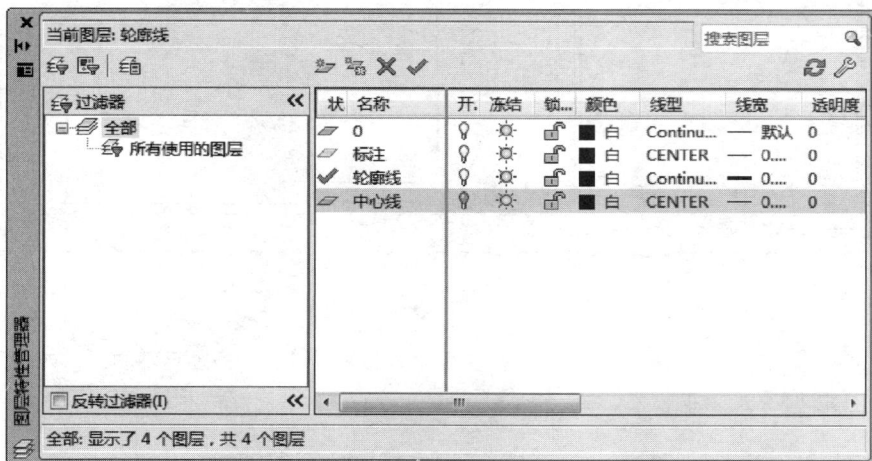

图 3 – 16　关闭中心线图层

这样，餐椅主视图绘制完成。绘制结果如图 3 – 17 所示。

3. 绘制左视图

（1）辅助线的绘制。

单击"图层管理器"工具栏中的 🔲，桌面会弹出"图层特性管理器"对话框，单击 💡，将中心线图层打开，并在选中中心线图层的情况下单击 ✔，将中心线图层置为当前图层，如图 3 – 18 所示。

图 3 - 17　主视图绘制完成图

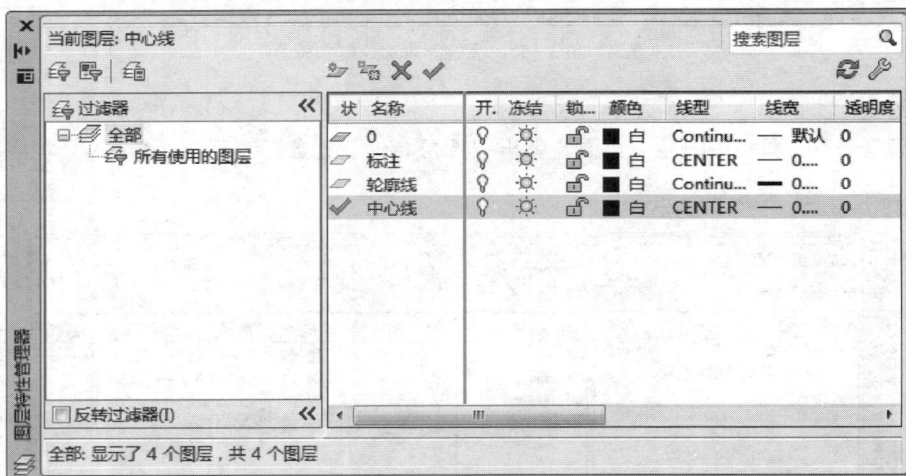

图 3 - 18　打开中心线图层

使用直线工具，或在命令行中键入"line"，在主视图右侧区域绘制一条竖直辅助线，如图 3 - 19 所示。

使用延伸工具，或在命令行中键入"extend"。

命令行提示：选择对象或＜全部选择＞：（选择竖直辅助线后回车）。

命令行提示：选择要延伸的对象，或按住 Shift 键选择要修剪的对象，或［栏选（F）/窗交（C）/投影（P）/边（E）/放弃（U）］：（自下而上选择主视图中所有水平辅助线）。

单击右键，选择"确认"，绘制结果如图 3 - 20 所示。

使用偏移对象工具，或在命令行中键入"offset"。

命令行提示：指定偏移距离或［通过（T）/删除（E）/图层（L）］＜通过＞：445，（之后回车）。

命令行提示：选择要偏移的对象，或［退出（E）/放弃（U）］＜退出＞：（选择竖直辅助线）。

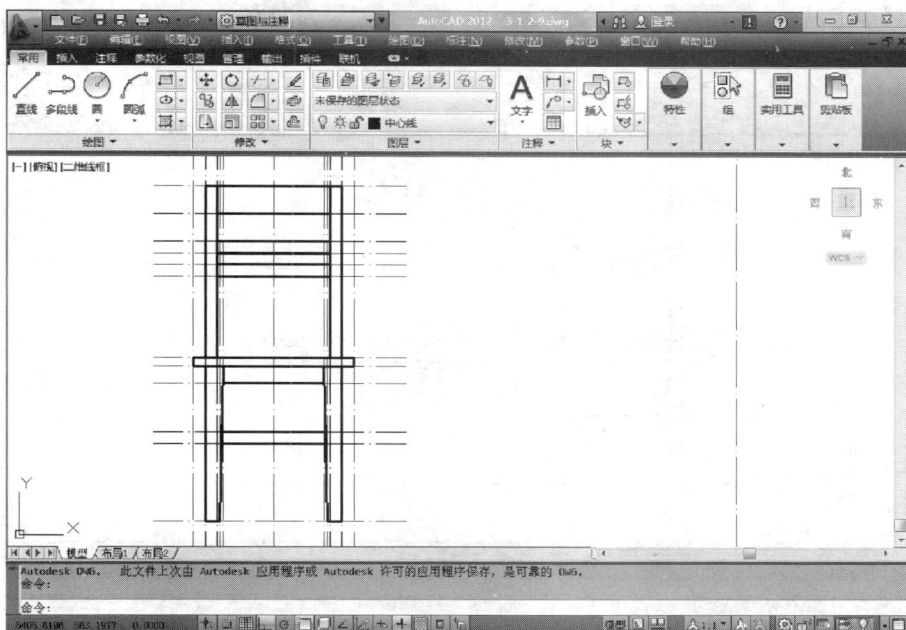

图 3 - 19　竖直辅助线绘制

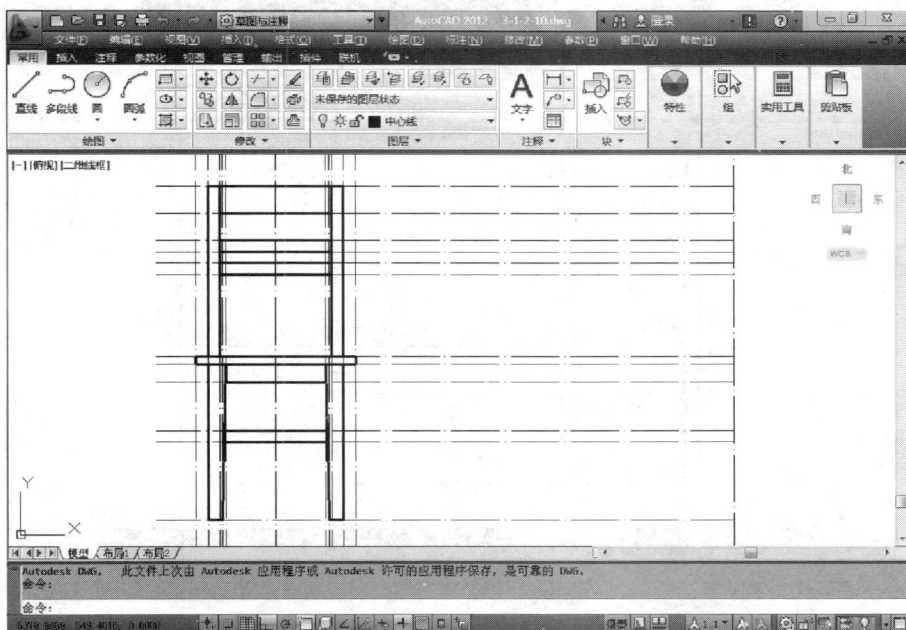

图 3 - 20　水平辅助线绘制完成

　　命令行提示：指定要偏移的那一侧上的点，或［退出（E）/多个（M）/放弃（U）］＜退出＞：（任意单击竖直辅助线左边区域内的一点）。

　　单击右键，选择"确认"，绘制结果如图 3 - 21 所示。

　　继续使用偏移对象工具，分别将左侧的竖直辅助线向右偏移 30mm、40mm、90mm、375mm、385mm、420mm，将最下方的水平辅助线向上偏移 100mm、130mm。

　　绘制结果如图 3 - 22 所示。

图 3 - 21　竖直辅助线偏移

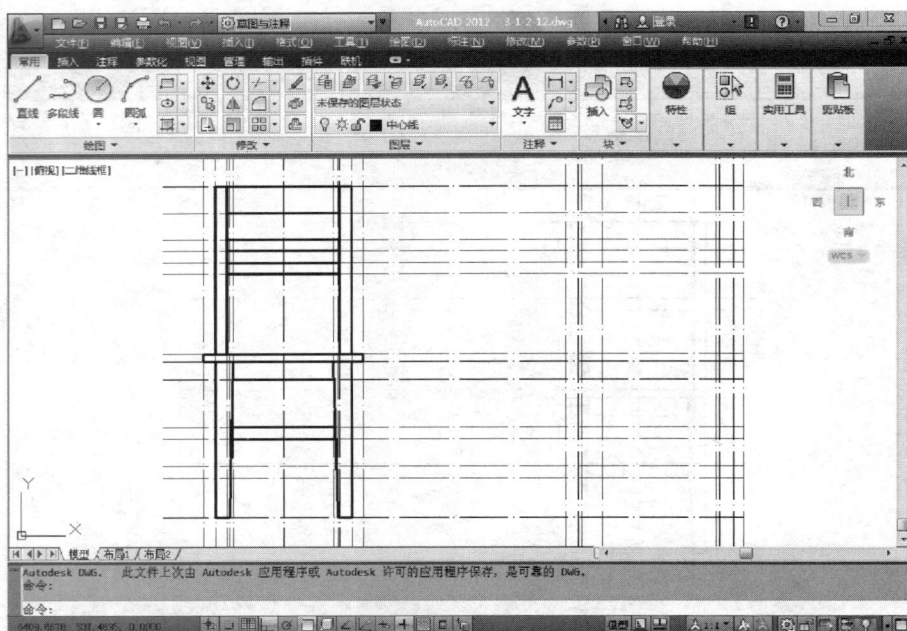

图 3 - 22　辅助线绘制完成图

（2）绘制餐椅左视外轮廓。

使用直线工具 ，或在命令行中键入 "line"，打开对象捕捉，通过鼠标在图纸上捕捉餐椅外轮廓各节点，绘制出餐椅左视轮廓（为了便于观察，单击 显示/隐藏线宽，显示线宽）。

绘制结果如图 3 - 23 所示。

（3）绘制餐椅靠背横档左视轮廓。

单击椅背最上面的横档线，将十字光标放在左边夹点上，光标右下方出现 "拉伸/拉长" 提示，单击 "拉伸"，如图 3 - 24 所示。

图 3 - 23　左视外轮廓绘制完成

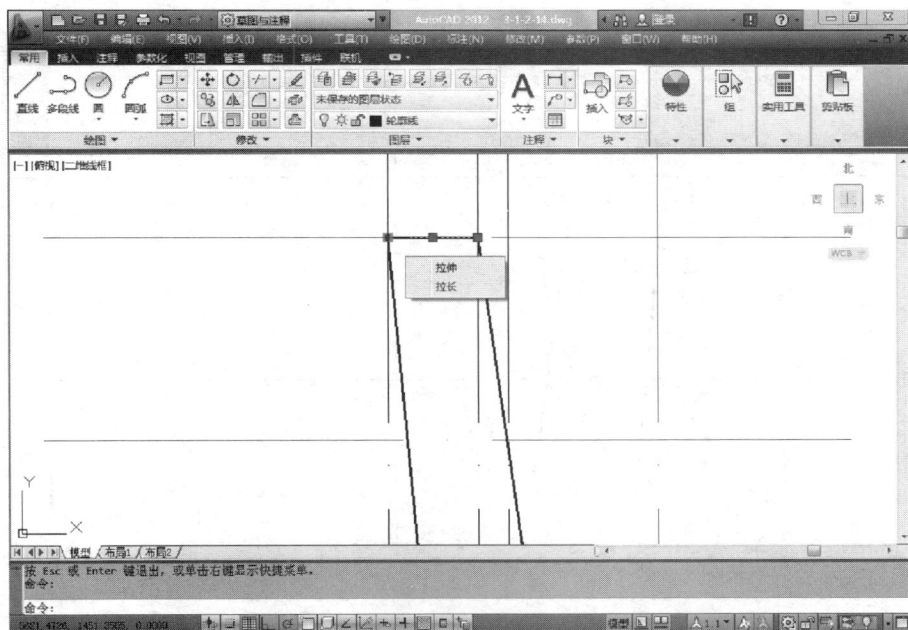

图 3 - 24　夹点拉伸

命令行提示：指定拉伸点或［基点（B）/复制（C）/放弃（U）/退出（X）］：水平向左拖动光标（如果"正交"没有打开，可以使用快捷键 F8 打开"正交"），输入移动距离 10 后回车。

使用直线工具，或在命令行中键入"line"（并打开对象捕捉）。

命令行提示：指定第一点：（单击上方直线的最左端点为第一点）。

命令行提示：指定下一点或［放弃（U）］：捕捉如图 3 - 25 所示平行线与辅助线的交点（如果"正交"为打开状态，使用快捷键 F8 关闭"正交"）。

命令行提示：指定下一点或［放弃（U）］：@ 10，0。

第一条横档绘制完成，如图 3 - 26 所示。

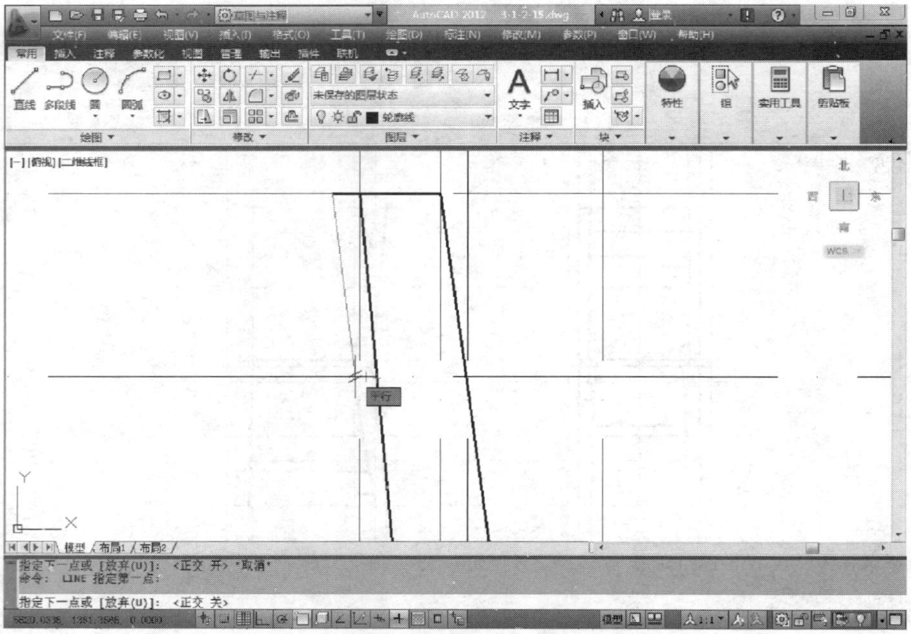

图 3-25　捕捉平行线

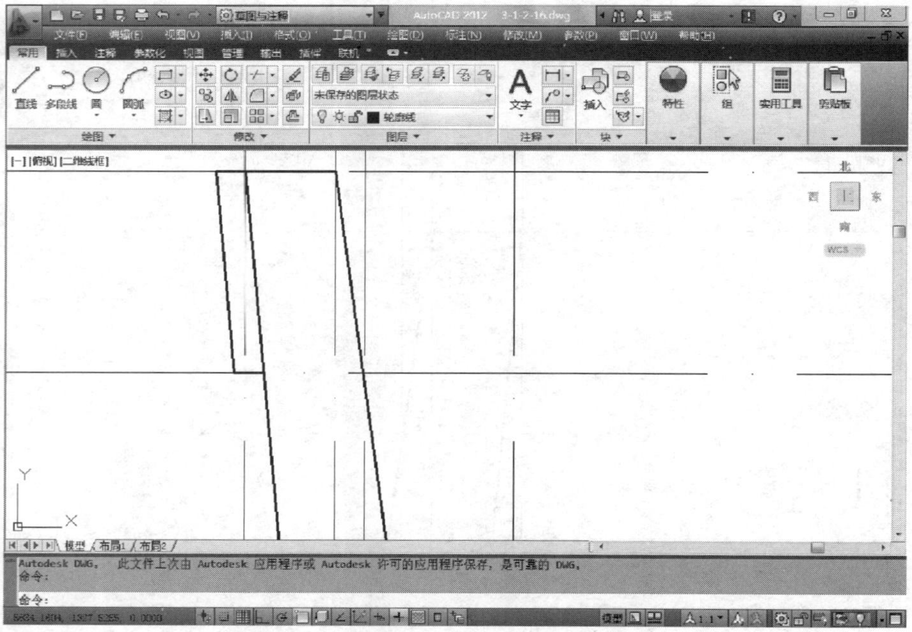

图 3-26　靠背横档左视轮廓绘制

用上述方法继续绘制下面两条横档，绘制结果如图 3-27 所示。

（4）绘制完成图。

单击"图层管理器"工具栏中的 🔒，桌面会弹出"图层特性管理器"对话框，单击 💡，将中心线图层关闭。这样，餐椅左视图绘制完成，绘制结果如图 3-28 所示。

4. 绘制俯视图

（1）辅助线的绘制。

单击"图层管理器"工具栏中的 🔒，桌面会弹出"图层特性管理器"对话框，单击 💡，将中心线图层打开，并在选中中心线图层的情况下单击 ✔，将中心线图层置为当前图层。

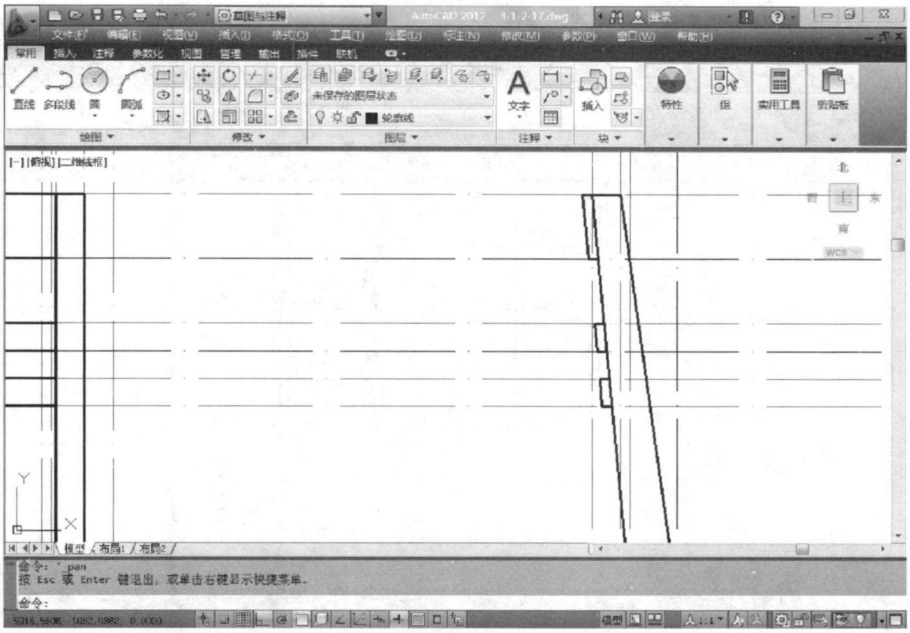

图 3 - 27　靠背横档左视轮廓绘制完成图

图 3 - 28　左视图绘制完成图

使用直线工具／，或在命令行中键入"line"，在主视图下方区域绘制一条水平辅助线，如图 3 - 29 所示。

使用延伸工具--／，或在命令行中键入"extend"。

命令行提示：选择对象或＜全部选择＞：（选择水平辅助线后回车）。

命令行提示：选择要延伸的对象，或按住 Shift 键选择要修剪的对象，或［栏选（F）/窗交（C）/投影（P）/边（E）/放弃（U）］：（自下而上选择主视图中所有竖直辅助线）。

单击右键，选择"确认"，绘制结果如图 3 - 30 所示。

使用偏移对象工具凸，或在命令行中键入"offset"。

命令行提示：指定偏移距离或［通过（T）/删除（E）/图层（L）］＜通过＞：355，（之后回车）。

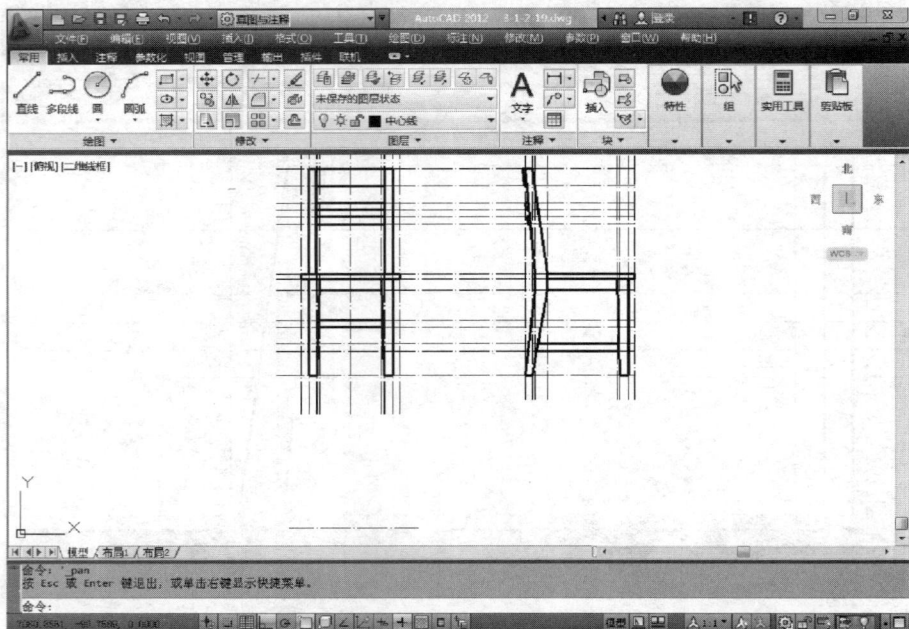

图 3-29　水平辅助线绘制

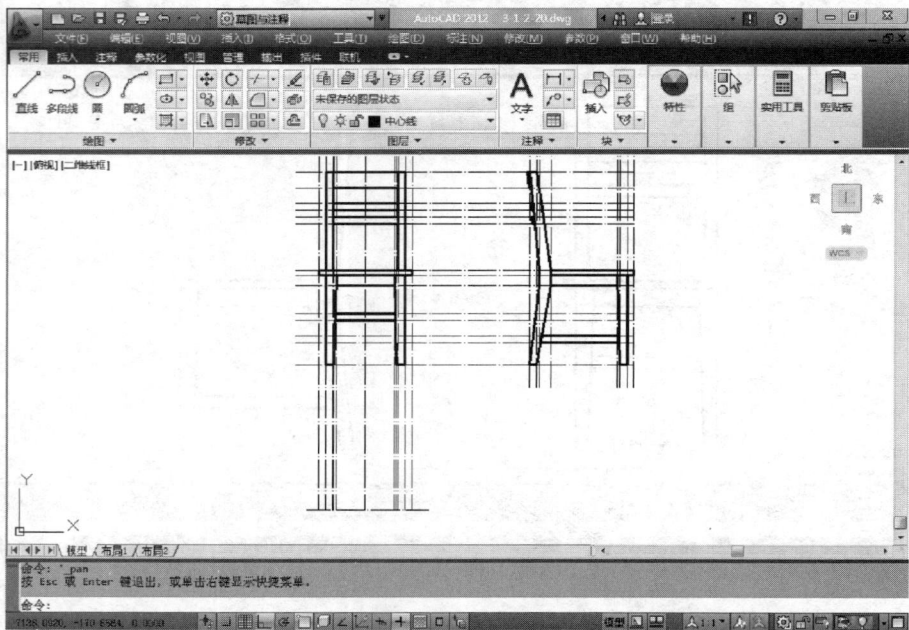

图 3-30　竖直辅助线绘制

　　命令行提示：选择要偏移的对象，或［退出（E）/放弃（U）］＜退出＞：（选择水平辅助线）。

　　命令行提示：指定要偏移的那一侧上的点，或［退出（E）/多个（M）/放弃（U）］＜退出＞：（任意单击水平辅助线上方区域内的一点）。

　　单击右键，选择"确认"。

　　继续使用偏移对象工具，分别将下方的水平辅助线向上偏移380mm、415mm、425mm、445mm、455mm。

　　绘制结果如图 3-31 所示。

图 3-31　水平辅助线偏移

（2）绘制餐椅俯视外轮廓。

使用直线工具 ✏️，或在命令行中键入"line"，打开对象捕捉，通过鼠标在图纸上捕捉餐椅外轮廓各节点，绘制出餐椅俯视轮廓（为了便于观察，单击 ➕ 显示/隐藏线宽，显示线宽）。

绘制结果如图 3-32 所示。

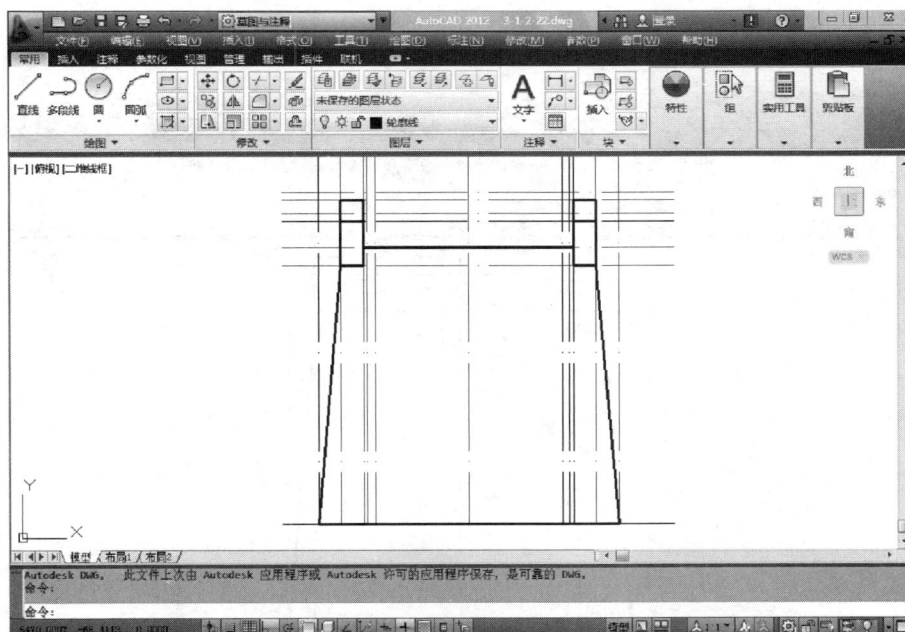

图 3-32　餐椅俯视外轮廓绘制

（3）绘制靠背横档俯视外轮廓。

使用圆弧（三点）工具，或在命令行中键入"arc"。

命令行提示：指定圆弧的起点或［圆心（C）］：（指定椅背左侧竖档的右上角点为起点）。

命令行提示：指定圆弧的第二个点或［圆心（C）／端点（E）］：（指定最上方水平辅助线与竖直中心线的交点为第二个点）。

命令行提示：指定圆弧的端点：（指定椅背右侧竖档的左上角点为端点）。

绘制结果如图3－33所示。

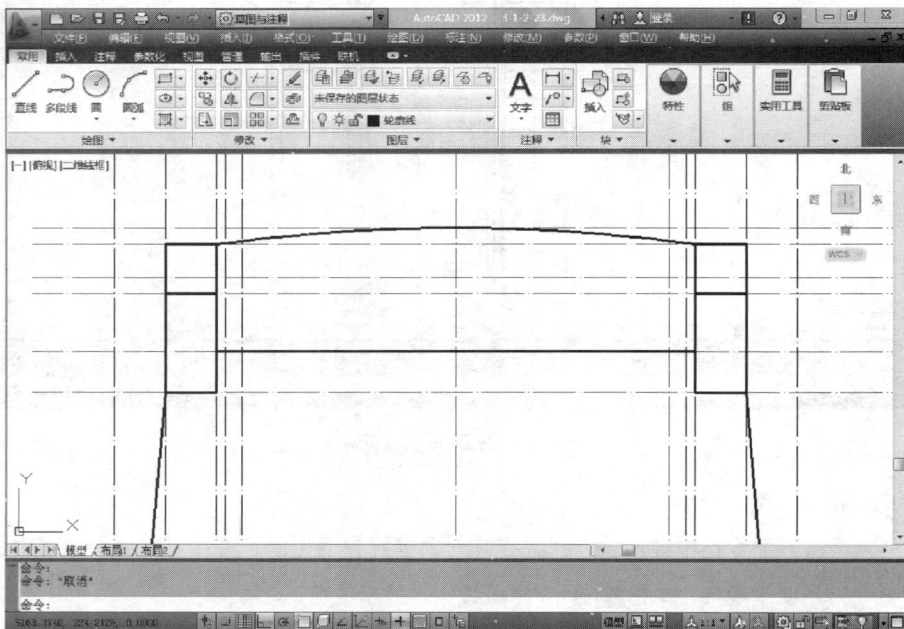

图3－33　靠背横档俯视外轮廓绘制

依次画出其他各横档俯视图，绘制结果如图3－34所示。

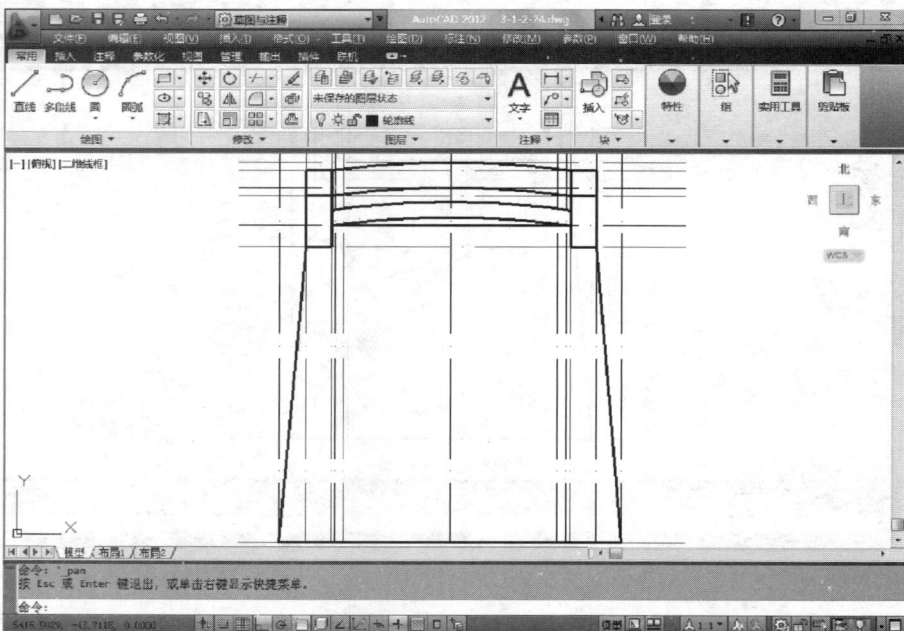

图3－34　靠背横档俯视外轮廓绘制完成图

（4）绘制完成图。

单击"图层管理器"工具栏中的<u>缅</u>，桌面会弹出"图层特性管理器"对话框，单击<u>♀</u>，将中心线图层关闭。这样，餐椅轮廓绘制完成，绘制结果如图3-35所示。

图 3-35　餐椅轮廓绘制完成图

5. 尺寸标注

单击"图层管理器"工具栏中的<u>缅</u>，桌面会弹出"图层特性管理器"对话框，将"标注"层置为当前层，进行标注样式设置后依次标注尺寸，完成后如图3-36所示。

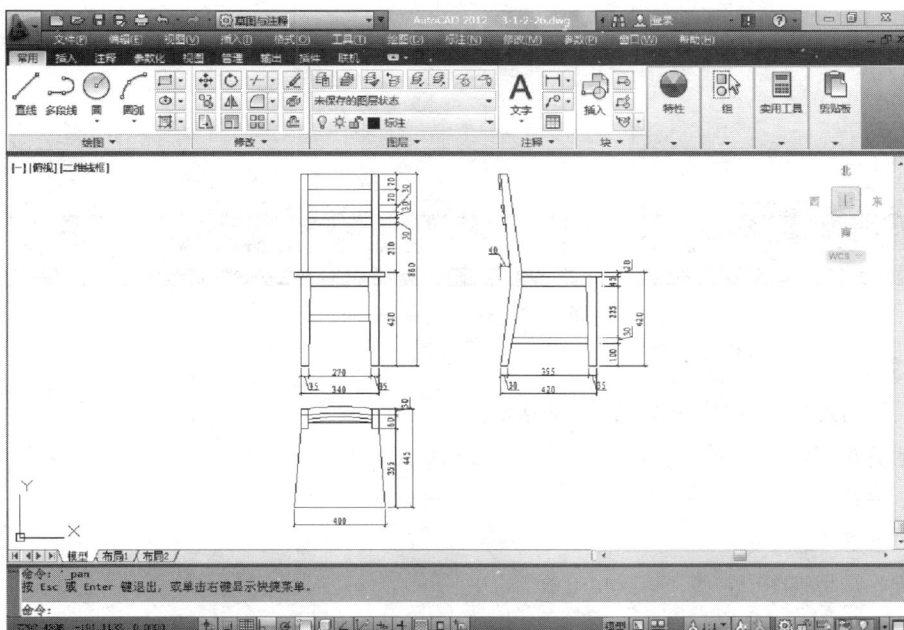

图 3-36　餐椅三视图绘制完成图

3.3.1.3 绘制餐椅结构装配图

在三视图的基础上，结构装配图需要清楚地表达家具及部件的结构特点和装配关系以及零部件的基本形状，因此一般要绘制各种剖视图。在总体尺寸和功能尺寸的基础上还需要标明装配尺寸（如榫头、榫接合位置）和零件尺寸。在重要的节点上需要绘制1:2甚至1:1的详图，装饰复杂和曲线多的零、部件需要绘制大样图。

可以在三视图的基础上直接进行结构装配图的绘制，缺少的线型、图层可以直接添加。

首先是绘制三个视图的剖视图。针对本件家具，为了清楚地表达内部结构，主视图半剖，左视图全剖，俯视图半剖。到底该如何选择剖视，需要一定的经验，并要求设计师尽量有一个比较系统的思维方法。被剖切线剖开的地方需要使用填充以表现使用的材料。用户需要注意的是填充时设置好显示比例，如果填充的图案过密或者过于稀疏就看不到填充效果。

1. 图层设置

在作图之前先单击"图层"工具栏中的 ，桌面会弹出"图层特性管理器"对话框，单击 按钮，在下面的空白区会增加新的图层，分别命名为"剖面线"和"局部详图"。

2. 绘制主视剖视图

（1）删去三视图的主视图中不需要的部分，在中心位置绘制中心线；因为右部剖开后可见椅子后腿，所以在"外轮廓线"一层绘制。实木剖面线在"剖面线"一层绘制，结果如图3-37所示。

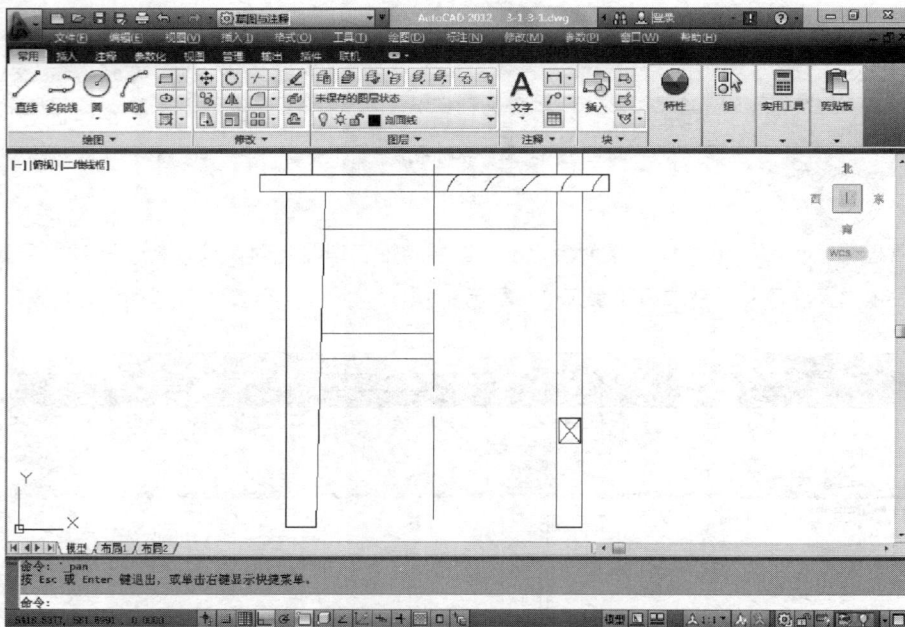

图3-37 主视剖视图绘制

（2）尺寸标注。

与上例类似，不再重复，绘制结果如图3-38所示。

3. 绘制左视剖视图

根据三视图的左视图绘制剖视图的左视图。

（1）绘制榫接合位置。

打开对象捕捉，从主视图引直线，再采用修剪命令。

（2）绘制其余细节。

包括剖面线，以及标注尺寸，方法与上例类似，绘制结果如图3-39所示。

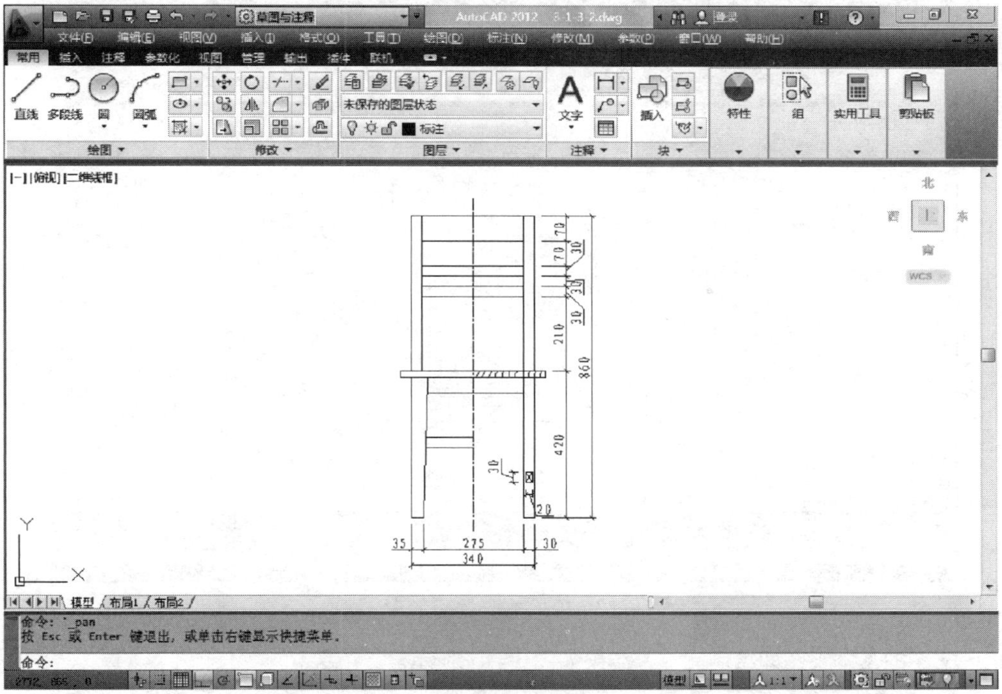

图 3-38　主视剖视图绘制完成图

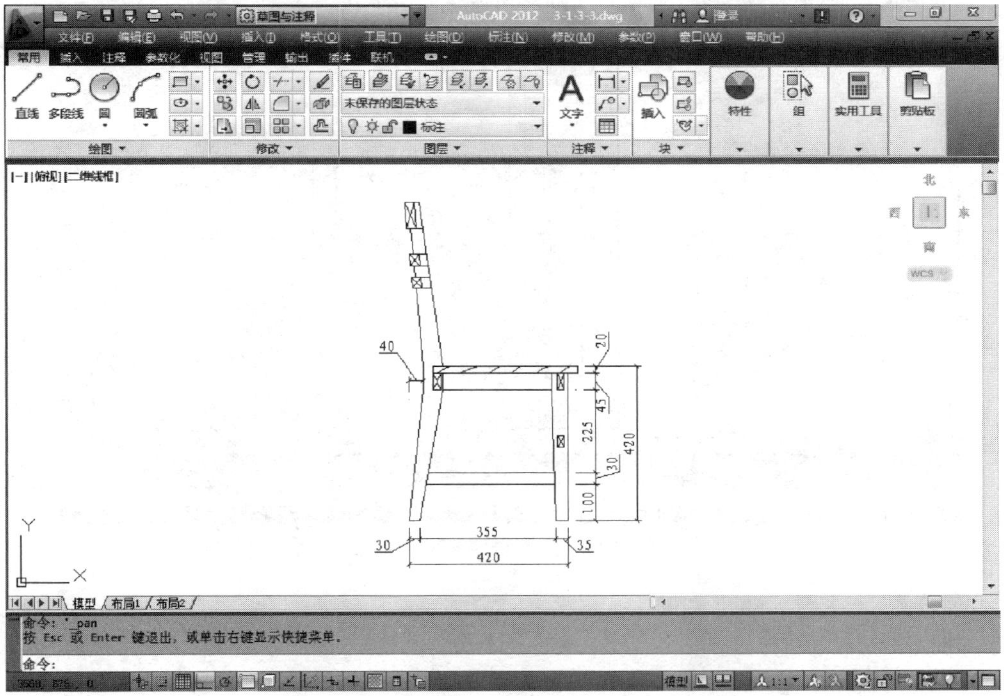

图 3-39　左视剖视图绘制完成图

4. 绘制俯视剖视图

在原来的三视图俯视图上绘制中心线，绘制腿部撑档、拉档等细节，之后绘制剖面线，以及进行标注尺寸，方法与上例类似，注意绘制结果如图 3-40 所示。

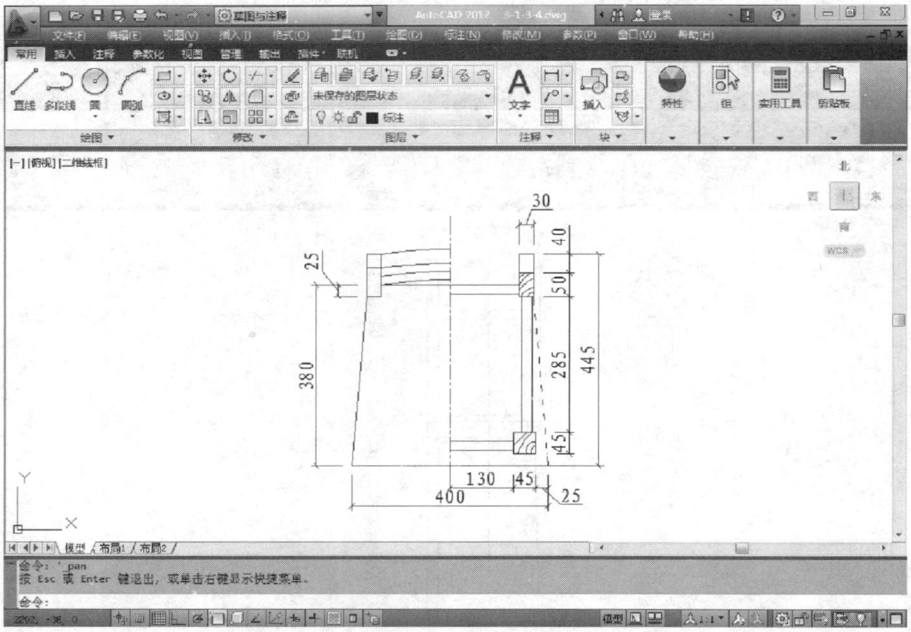

图 3-40 俯视剖视图绘制完成图

这样结构装配图的基本视图即绘制完成，结果如图 3-41 所示。

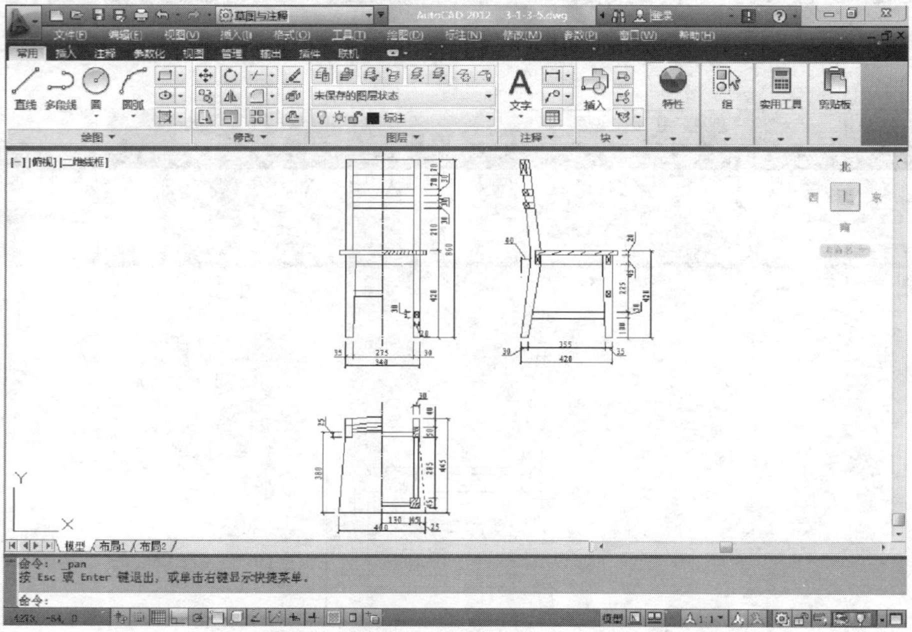

图 3-41 餐椅剖视图绘制完成图

5. 绘制局部详图

（1）在基本视图上绘制索引符号。

小贴士

需要绘制局部详图的部位以将节点的结构表达清楚且不重复为原则。

根据国家标准，基本视图上的索引符号的圆圈直径为 8，局部详图上为 12，这里的尺寸是最后的图纸上的尺寸。而在屏幕上实际绘制的尺寸是这一尺寸与出图比例的乘积。在这一例中出图比例是 1:10。所以绘制时，基本视图上的索引符号的圆圈直径按 80 绘制，局部详图上的索引符号的圆圈直径按 120 绘制，绘制结果如图 3－42 所示。

图 3－42　索引符号绘制完成图

（2）绘制局部详图。

注意外轮廓线用粗实线，省略部分用折断线断开。

另外绘制局部详图时，可以按照实际尺寸进行绘制，绘制完成后整体将局部详图放大 5 倍，因为基本视图按 1：10 出图，而局部详图按 1：2 出图，之间的比例是 5 倍，绘制结果如图 3－43 所示。

总的绘制结果如图 3－44 所示。

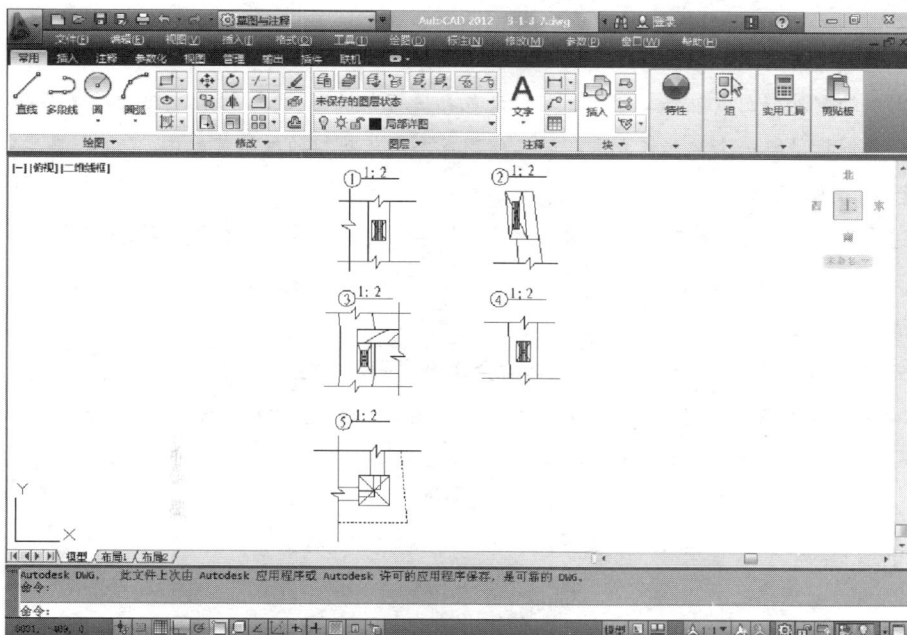

图 3－43　局部详图绘制完成图

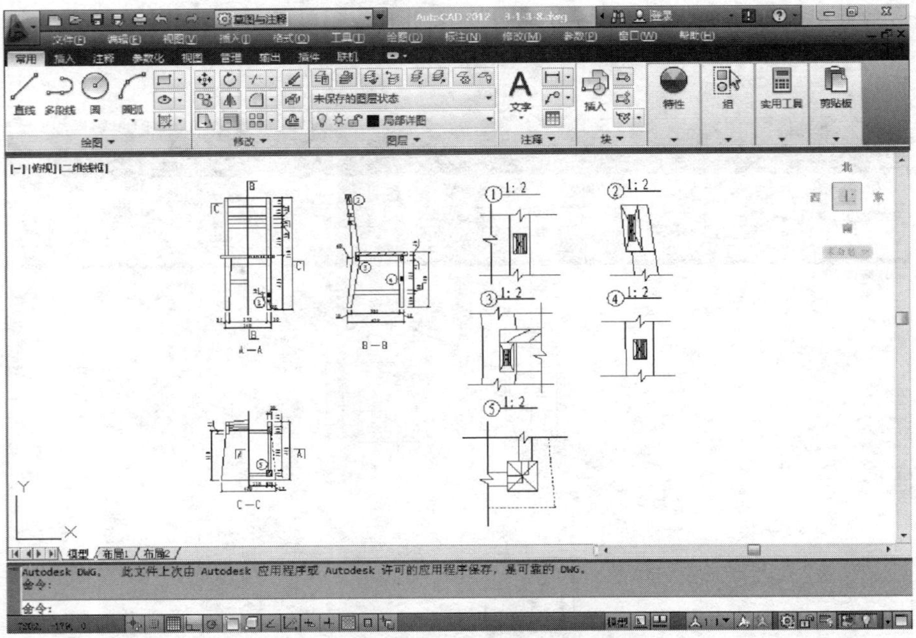

图 3-44　结构装配图绘制完成图

3.3.2　橱柜类家具

3.3.2.1　橱柜类家具简述

橱柜类家具是收藏、整理日常生活中的器物家具。根据存放物品及形态的不同，主要有柜类和架类两种不同的储存方式。柜类主要有衣柜、书柜、床头柜、酒柜、装饰柜等；架类主要有书架、衣帽架、陈列架等。

橱柜类家具的结构分为框架式和板式，框架式即以实木为框架，形成框嵌板结构；板式则是用各种金属五金件，将板材组合成箱体而成。

小贴士

设计橱柜类家具时需要绘制的图有哪些？

橱柜的设计需要绘制外形图（包括三视图，有时还包括透视效果图）、结构装配图，对复杂或特制的零部件还需绘制零部件图。本例将讲解一个常见板式衣柜的三视图及木质床头柜的结构装配图。

3.3.2.2　绘制衣柜三视图

一般操作的过程是先进行画图前的各项设置，然后画好主视图的图形，再根据主视图按照画法几何的法则画出左视图和俯视图。

1. 图层设置

在作图之前先单击"图层"工具栏中的圈，桌面会弹出"图层特性管理器"对话框，如图 3-45 所示，单击
圈按钮，在下面的空白区会增加新的图层，先建立三个新图层，分别命名为"衣柜"、"衣柜门"和"标注"。还可根据需要在此对话框中增加新的图层，改变线型等。

2. 绘制主视图

（1）轮廓线的绘制。

使用矩形工具□，或在命令行中键入"rectang"。

命令行提示：指定第一个角点或［倒角（C）/标高（E）/圆角（F）/厚度（T）/宽度（W）］：（任意单击图纸中的一点）。

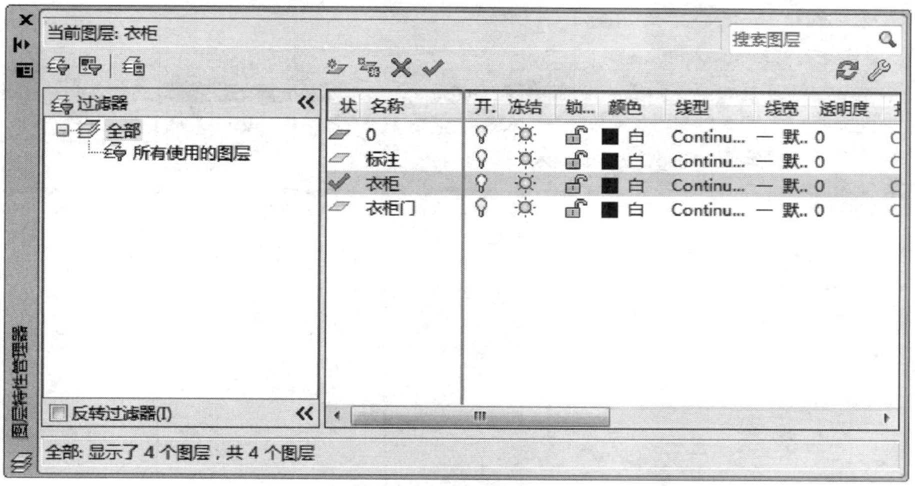

图 3-45　图层设置

命令行提示：指定另一个角点或［面积（A）/尺寸（D）/旋转（R）］：@1100，2100，（之后回车）。

绘制结果如图 3-46 所示。

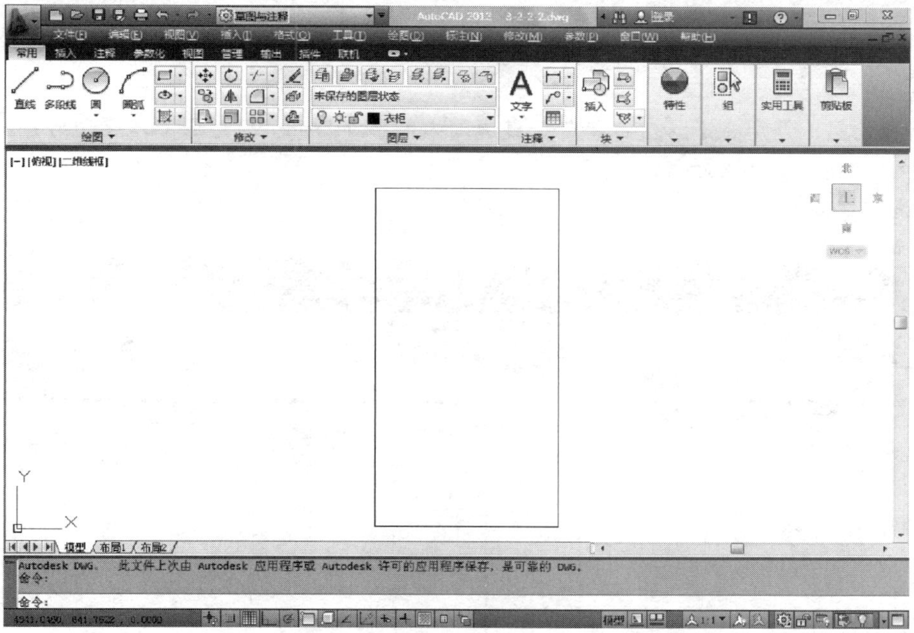

图 3-46　矩形绘制完成图

使用分解命令，或在命令行中键入"explode"。

命令行提示：选择对象，（单击上一步绘制的矩形，回车结束命令）。

使用偏移命令，或在命令行中键入"offset"。

命令行提示：指定偏移距离或［通过（T）/删除（E）/图层（L）］＜通过＞：10（之后回车）。

命令行提示：选择要偏移的对象，或［退出（E）/放弃（U）］＜退出＞：（选择矩形左侧竖直边）。

命令行提示：指定要偏移的那一侧上的点，或［退出（E）/多个（M）/放弃（U）］＜退出＞：（任意单击矩形内的一点）。

命令行提示：选择要偏移的对象，或［退出（E）/放弃（U）］＜退出＞：（选择矩形右侧竖直边）。

命令行提示：指定要偏移的那一侧上的点，或［退出（E）/多个（M）/放弃（U）］＜退出＞：（任意单击矩形内的一点）。

单击右键，选择"确认"，绘制结果如图3－47所示。

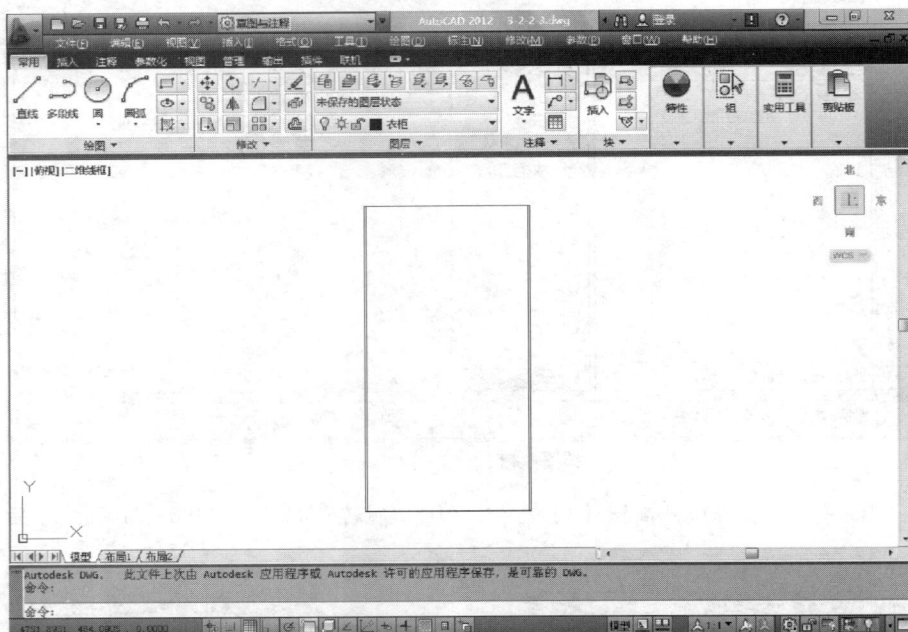

图3－47 偏移

继续使用偏移工具，分别将矩形左右两侧竖直边向内偏移545mm；将矩形上水平边分别向下偏移30mm、40mm；将矩形下水平边向上偏移80mm。

绘制结果如图3－48所示。

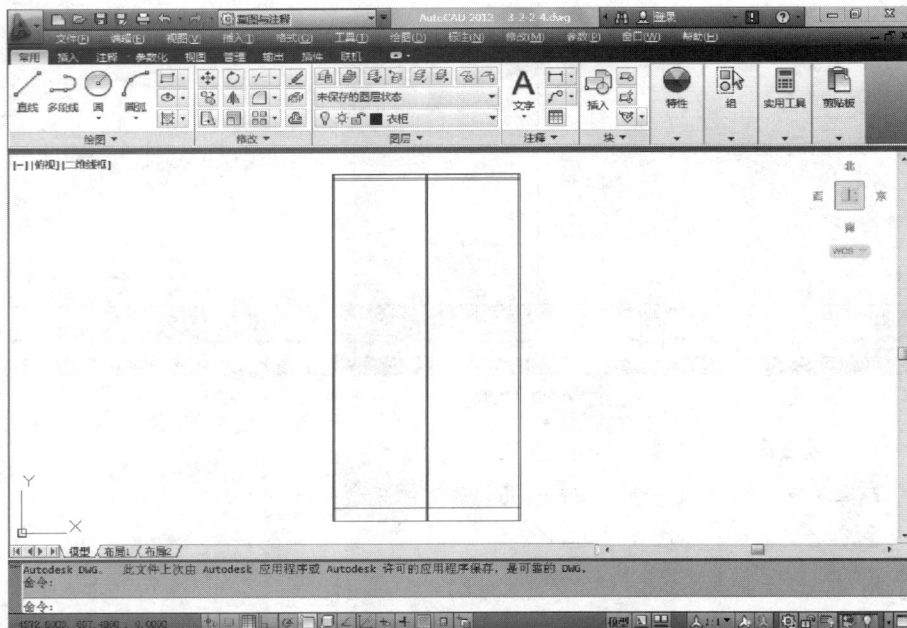

图3－48 偏移完成图

使用修剪命令⊬，或在命令行中键入"trim"。

命令行提示：选择对象或＜全部选择＞，（选择虚线部分直线并按Enter键），如图3－49所示。

命令行提示：选择要修剪的对象，或按住Shift键选择要延伸的对象，或［栏选（F）／窗交（C）／投影（P）／边（E）／放弃（U）］：（单击直线需要修剪的部分）。

单击右键，选择"确认"，绘制结果如图 3－50 所示。

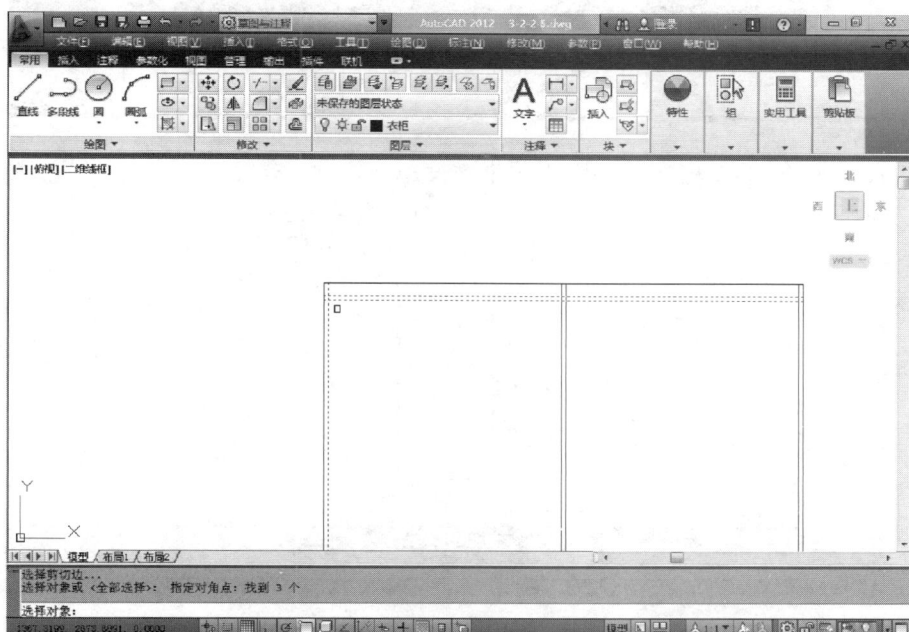

图 3－49　修剪

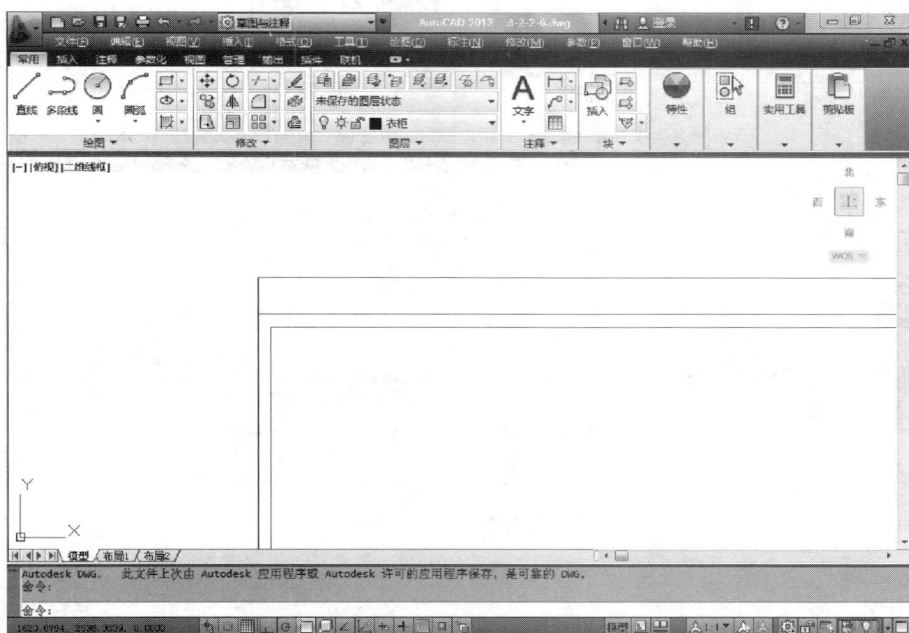

图 3－50　修剪完成图 1

继续使用修剪工具，修剪图形其他直线，绘制结果如图 3－51 所示。

（2）绘制把手。

单击"图层管理器"工具栏中的 _组，桌面会弹出"图层特性管理器"对话框，单击 _灯，将"衣柜门"图层打开，并在选中"衣柜门"图层的情况下点击 _✔，将"衣柜门"图层置为当前图层，如图 3－52 所示。

使用矩形工具 _□，或在命令行中键入"rectangle"。

命令行提示：指定第一个角点或［倒角（C）/标高（E）/圆角（F）/厚度（T）/宽度（W）］：按住 Shift 键，

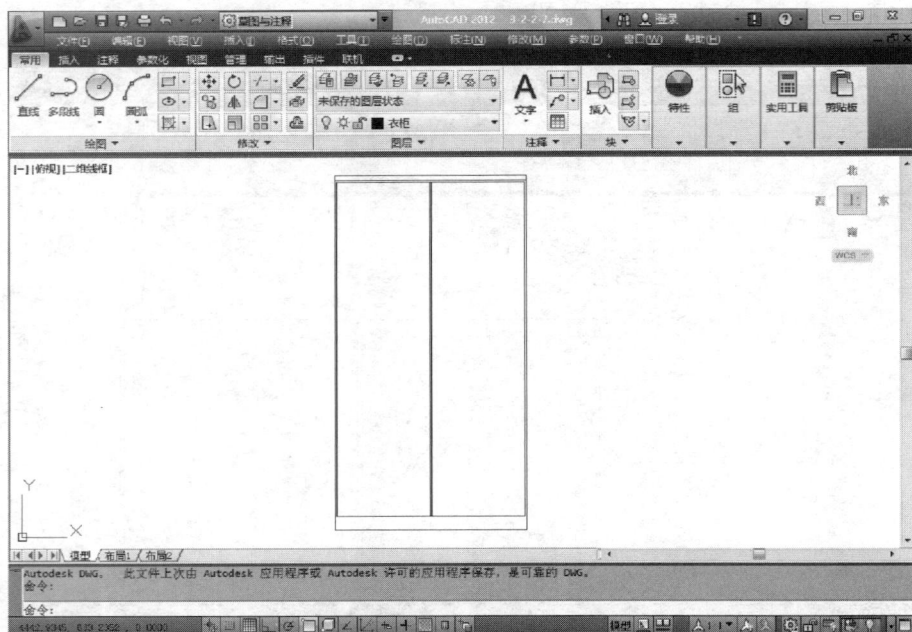

图3-51　修剪完成图2

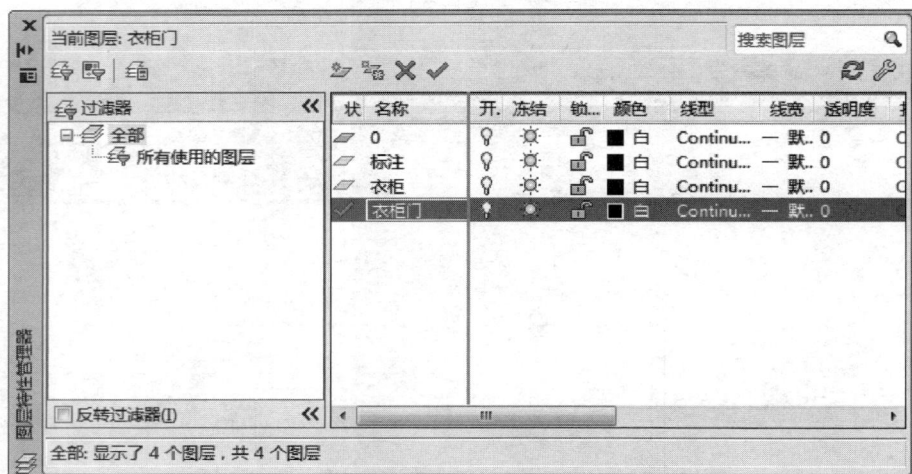

图3-52　选择图层

同时单击右键，出现如图3-53所示列表，选择"自"。

命令行提示：指定第一个角点或［倒角（C）/标高（E）/圆角（F）/厚度（T）/宽度（W）］：from 基点：（选择图形左下角点）。

命令行提示：指定第一个角点或［倒角（C）/标高（E）/圆角（F）/厚度（T）/宽度（W）］：from 基点：<偏移>：@498，1100，（之后回车）。

命令行提示：指定另一个角点或［面积（A）/尺寸（D）/旋转（R）］：@15，100，（之后回车）。

绘制结果如图3-54所示。

（3）绘制多段线及多线。

使用多段线工具 ，或在命令行中键入"polyline"。

命令行提示：指定起点，（按住 shift 键，同时单击右键，选择"自"）。

命令行提示：指定起点：from 基点：（选择图形左下角点）。

命令行提示：指定起点：from 基点：<偏移>：@100，1940，（之后回车）。

命令行提示：指定下一个点或 [圆弧（A）/半宽（H）/长度（L）/放弃（U）/宽度（W）]：@50，0，（之后回车）。

命令行提示：指定下一个点或 [圆弧（A）/半宽（H）/长度（L）/放弃（U）/宽度（W）]：（输入 A 后回车）。

命令行提示：指定圆弧的端点或 [角度（A）/圆心（CE）/闭合（CL）/方向（D）/半宽（H）/直线（L）/半径（R）/第二个点（S）/放弃（U）/宽度（W）]：（输入 S 后回车）。

命令行提示：指定圆弧上的第二个点：@128，30，（之后回车）。

命令行提示：指定圆弧的端点：@128，-30，（之后回车）。

命令行提示：指定圆弧的端点或 [角度（A）/圆心（CE）/闭合（CL）/方向（D）/半宽（H）/直线（L）/半径（R）/第二个点（S）/放弃（U）/宽度（W）]：（输入 L 后回车）。

命令行提示：指定下一点或 [圆弧（A）//闭合（C）/半宽（H）/长度（L）/放弃（U）/宽度（W）]：@50，0，（之后回车）。

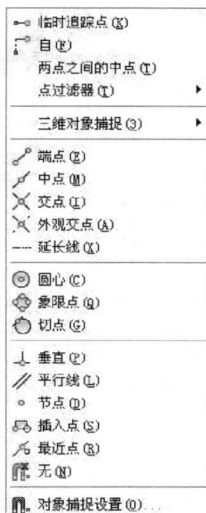

图 3-53　"自"命令

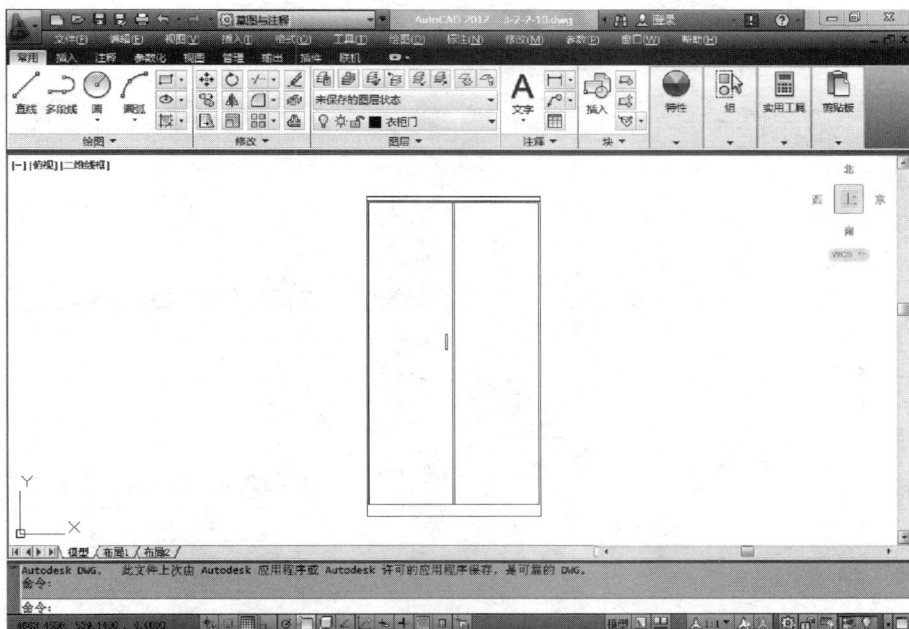

图 3-54　把手绘制完成

单击右键，选择"确认"，绘制结果如图 3-55 所示。

单击"格式"菜单中的"多线样式"命令，创建衣柜门多线样式，并置为当前，如图 3-56 所示。

使用"绘图"菜单栏中的多线命令，或在命令行中键入"mline"。

命令行提示：指定起点或 [对正（J）/比例（S）/样式（ST）]：S，（之后回车）。

命令行提示：输入多线比例 <20.00>：1，（之后回车）。

命令行提示：指定起点，（按住 shift 键，同时单击右键，选择"自"）。

命令行提示：指定起点：from 基点：（选择图形左下角点）。

命令行提示：指定起点：from 基点：<偏移>：@100，2060，（之后回车）。

命令行提示：指定下一点：@0，-1980，（之后回车）。

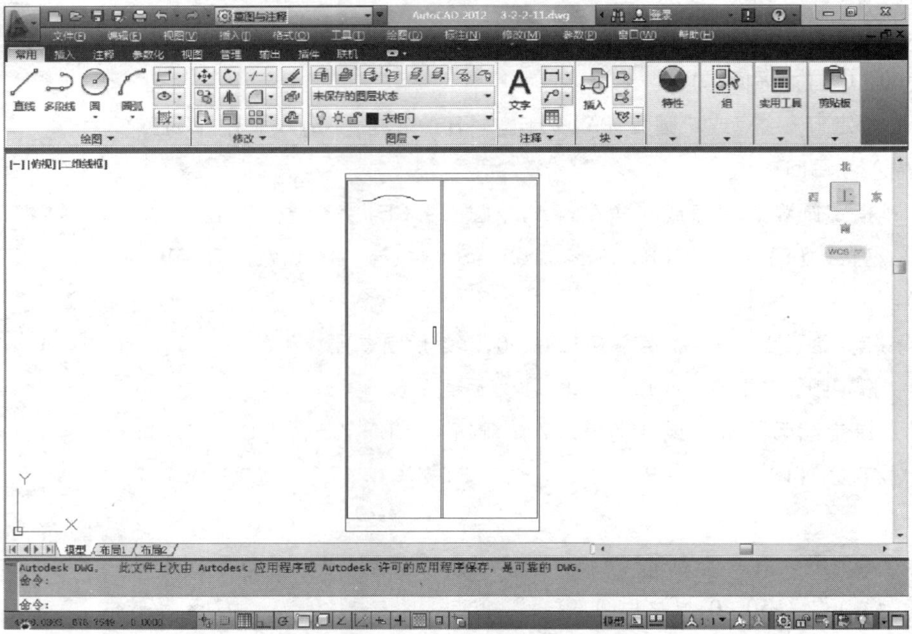

图3-55 多段线绘制完成

图3-56 设置多线样式

重复执行多线命令，两端点相对于图形左下角点的坐标分别为（475，2060），（475，80），绘制结果如图3-57所示。

使用直线工具 ，或在命令行中键入"line"。

命令行提示：指定第一点：（按住shift键，同时单击右键，选择"自"）。

命令行提示：指定起点：from基点：（选择图形左下角点）。

命令行提示：指定起点：from基点：＜偏移＞：@100，200，（之后回车）。

命令行提示：指定下一点或［放弃（U）］：@355，0，（之后回车）。

单击右键，选择"确认"，绘制结果如图3-58所示。

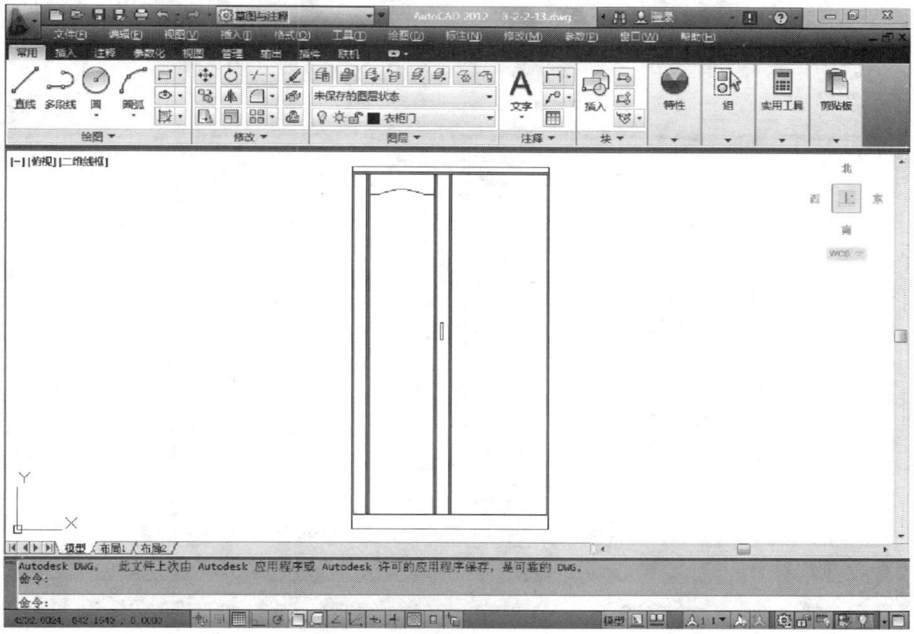

图 3－57　多线绘制完成

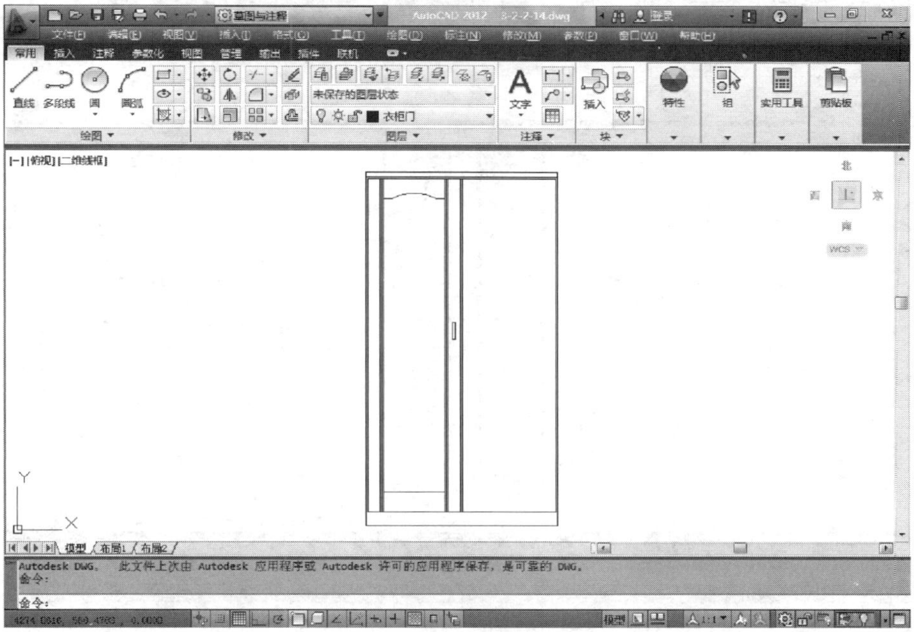

图 3－58　左侧柜门绘制完成

（4）绘制右侧图形。

使用镜像命令，或在命令行中键入"mirror"。

命令行提示：选择对象：（框选左衣柜门及把手，如图 3－59 所示，之后回车）。

命令行提示：指定镜像线的第一点：（捕捉衣柜上水平线的中点）。

命令行提示：指定镜像线的第二点：（捕捉衣柜下水平线的中点）。

命令行提示：要删除源对象吗？［是（Y）/否（N）］＜N＞：（回车）。

绘制结果如图 3－60 所示。

图 3-59　选择镜像对象

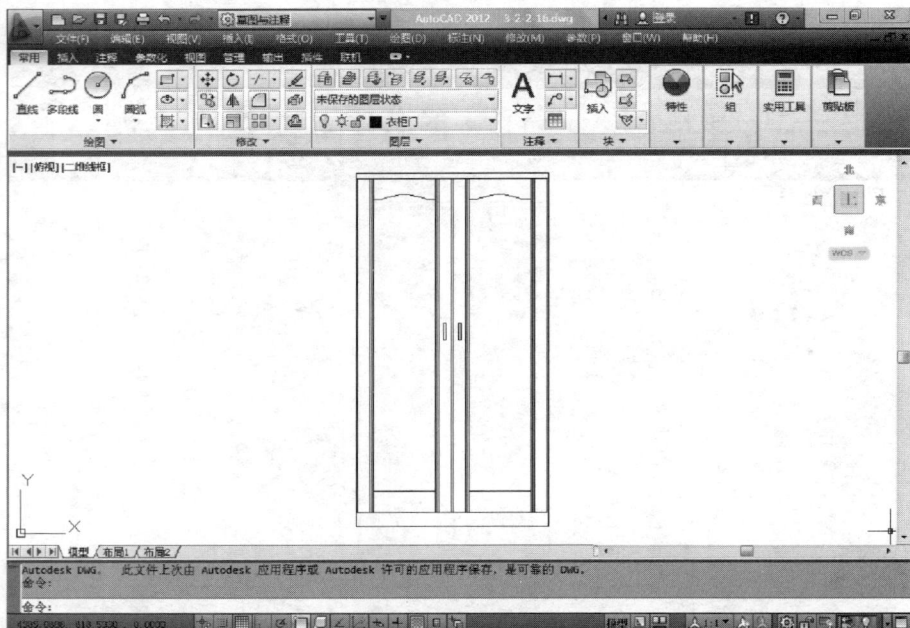

图 3-60　右侧柜门绘制完成

（5）绘制玻璃图例。

使用直线工具 ✐，或在命令行中键入"line"，绘制两条直线，直线 A 两端点相对于图形左下角点的坐标为（100，232），（455，587），直线 B 两端点相对于图形左下角点的坐标为（645，289），（1000，644）。

使用复制工具 ✐，或在命令行中键入"copy"。

命令行提示：选择对象：（单击选择直线 A，之后回车）。

命令行提示：指定基点或［位移（D）/模式（O）］＜位移＞：（捕捉到直线的一个端点）。

命令行提示：指定第二个点或＜使用第一个点作为位移＞：@0，1000，（之后回车）。

命令行提示：指定第二个点或［退出（E）/放弃（U）］＜退出＞：@0，1500，（之后回车）。

单击右键，选择"确认"。

重复使用复制命令，将直线 B 沿 Y 轴正方向分别复制 500mm，1000mm，1200mm，绘制结果如图 3－61 所示。

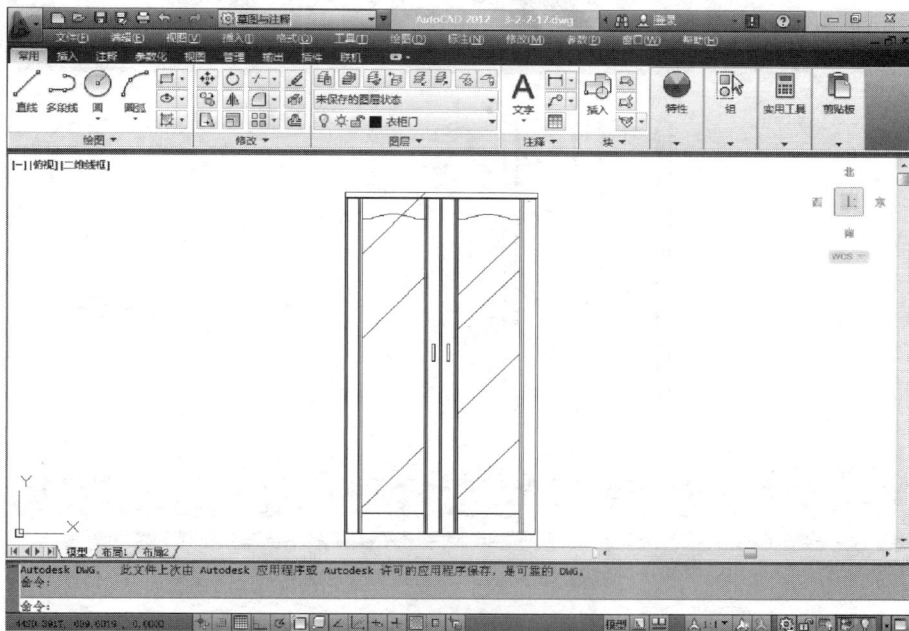

图 3－61　绘制玻璃图例

使用修剪工具，或在命令行键入"trim"，将玻璃图例多余的线条修剪掉。这样，衣柜主视图绘制完成。绘制结果如图 3－62 所示。

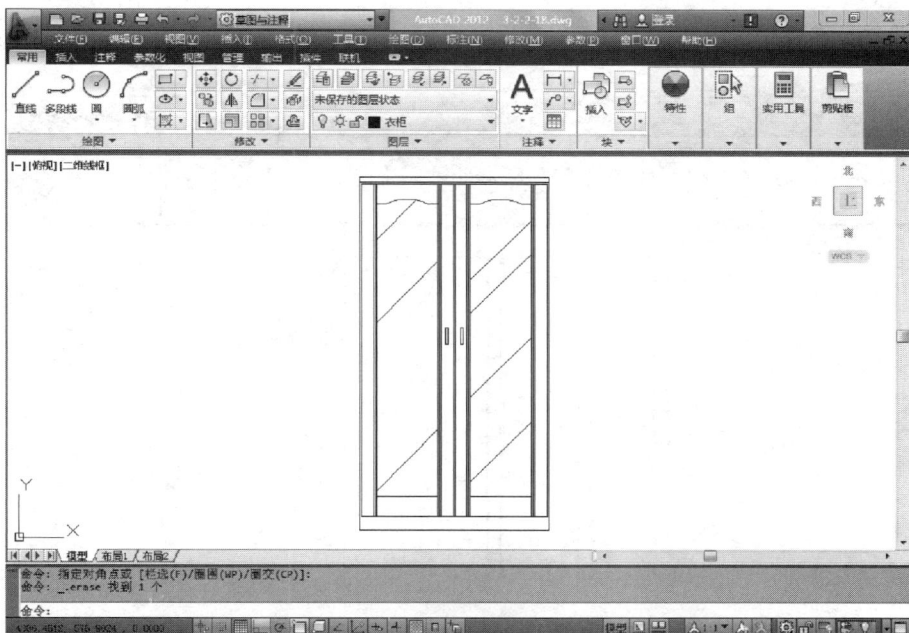

图 3－62　衣柜主视图绘制完成

3. 绘制左视图

单击"图层管理器"工具栏中的，桌面会弹出"图层特性管理器"对话框，单击，将"衣柜"图层打开，并在选中"衣柜"图层的情况下点击，将"衣柜"图层置为当前图层。

使用直线工具，或在命令行中键入"line"，在主视图右侧区域绘制一条竖直辅助线，如图 3－63 所示。

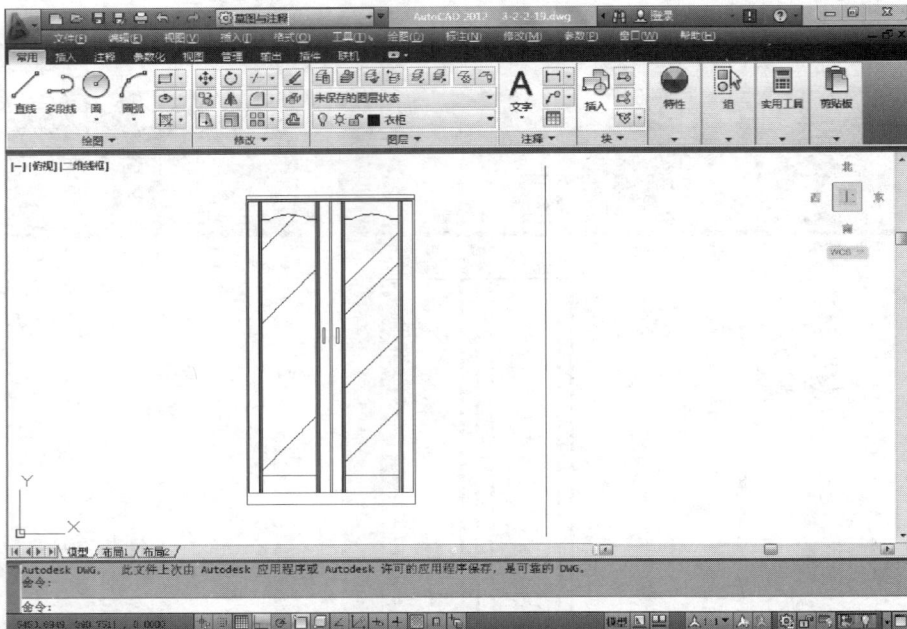

图 3-63　竖直辅助线绘制

使用延伸工具━━╱，或在命令行中键入"extend"。

命令行提示：选择对象或＜全部选择＞：（选择竖直辅助线后回车）。

命令行提示：选择要延伸的对象，或按住 shift 键选择要修剪的对象，或［栏选（F）／窗交（C）／投影（P）／边（E）／放弃（U）］：（依次选择主视图中所有水平线）。

单击右键，选择"确认"，绘制结果如图 3-64 所示。

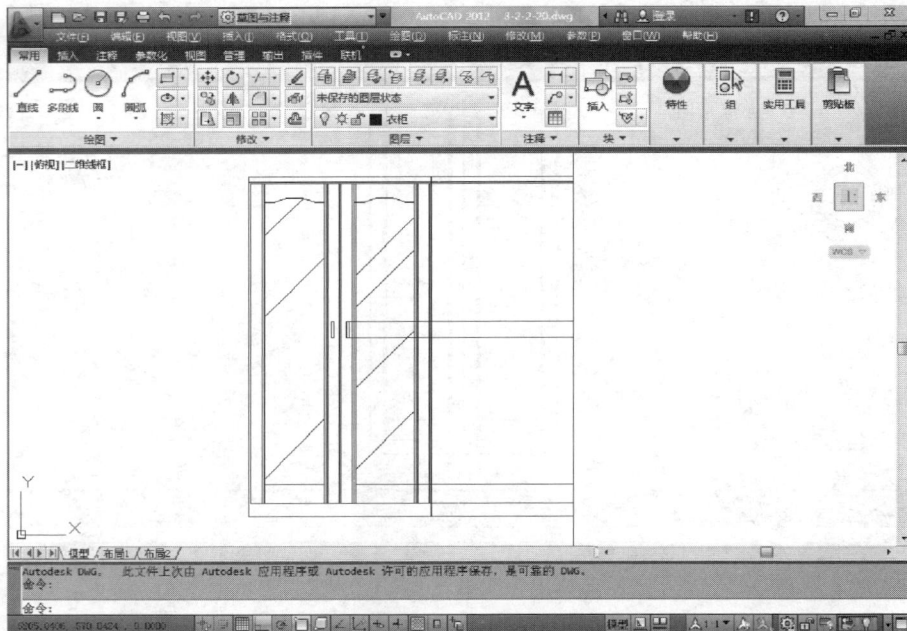

图 3-64　水平辅助线绘制完成

使用偏移对象工具，或在命令行中键入"offset"。

命令行提示：指定偏移距离或［通过（T）／删除（E）／图层（L）］＜通过＞：580，（之后回车）。

命令行提示：选择要偏移的对象，或［退出（E）/放弃（U）］＜退出＞：（选择竖直辅助线）。

命令行提示：指定要偏移的那一侧上的点，或［退出（E）/多个（M）/放弃（U）］＜退出＞：（任意单击竖直辅助线左边区域内的一点）。

单击右键，选择"确认"，绘制结果如图3－65所示。

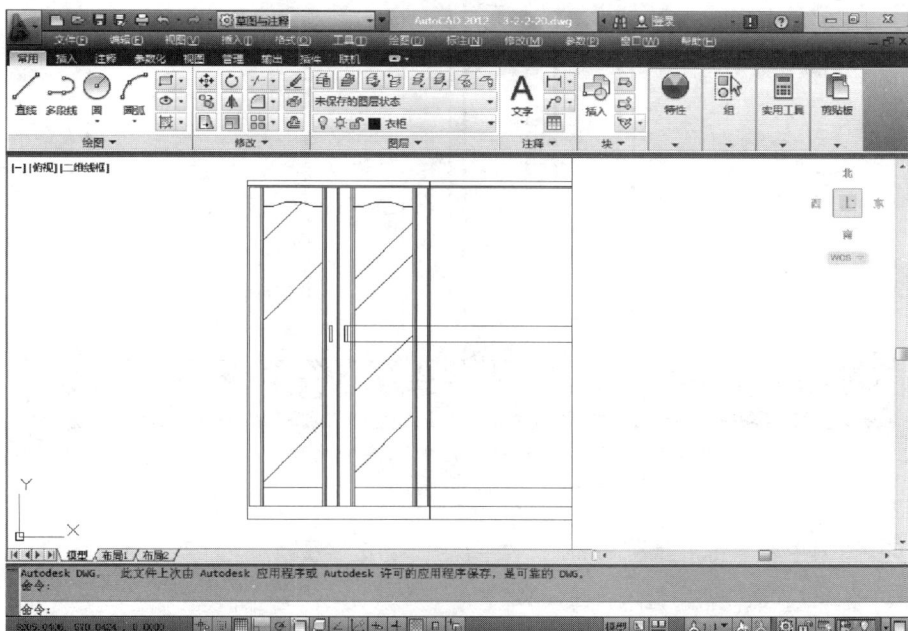

图3－65　竖直辅助线偏移

继续使用偏移对象工具，分别将左侧的竖直辅助线向右偏移560mm、600mm，绘制结果如图3－66所示。

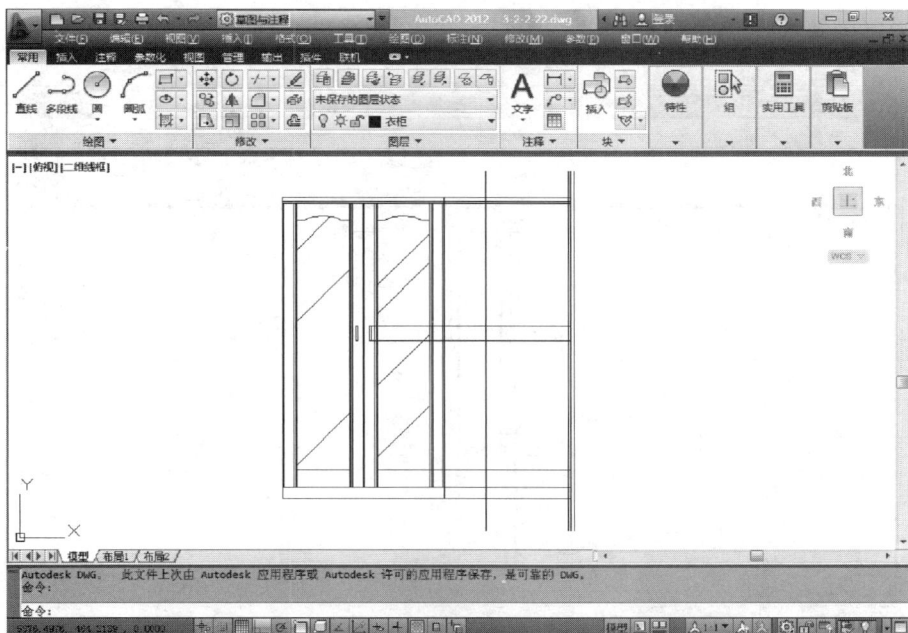

图3－66　辅助线绘制完成图

使用修剪工具，或在命令行键入"trim"，将左视图中多余的线条修剪掉。这样，衣柜左视图绘制完成，绘制结果如图3－67所示。

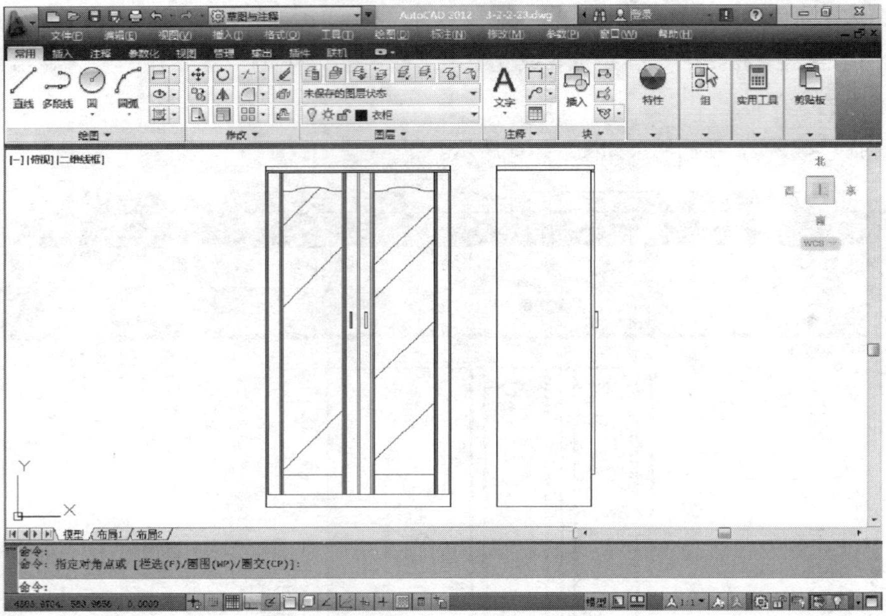

图 3 – 67　左视图绘制完成图

4. 绘制俯视图

使用直线工具 ✎，或在命令行中键入"line"，在主视图下方区域绘制一条水平辅助线。

使用延伸工具 ⁻⁻╱，或在命令行中键入"extend"。

命令行提示：选择对象或＜全部选择＞：(选择水平辅助线后回车)。

命令行提示：选择要延伸的对象，或按住 shift 键选择要修剪的对象，或［栏选（F）/窗交（C）/投影（P）/边（E）/放弃（U）］：(依次选择主视图中图形最两侧的竖直线以及两个把手各自的竖直线)。

单击右键，选择"确认"，绘制结果如图 3 – 68 所示。

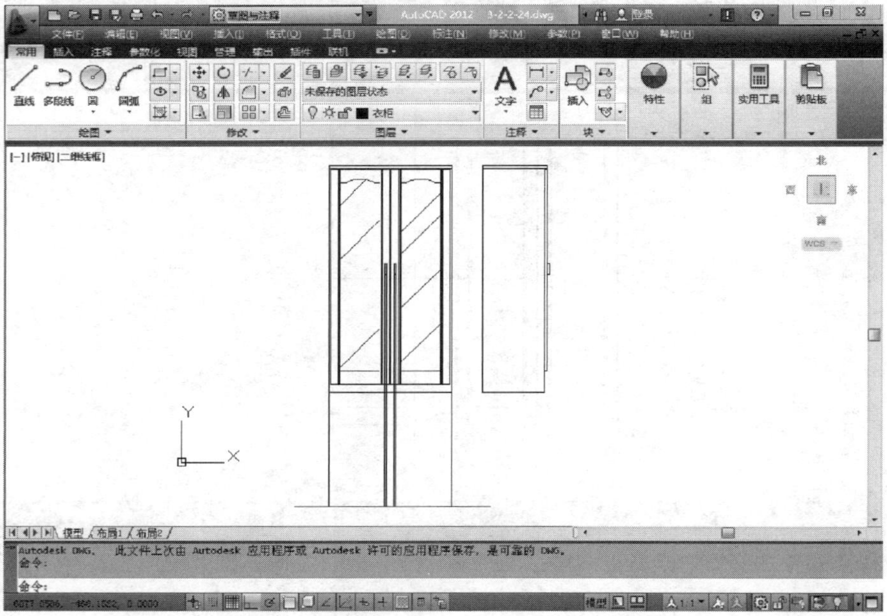

图 3 – 68　辅助线绘制

使用偏移对象工具 ⊕，或在命令行中键入"offset"。

命令行提示：指定偏移距离或［通过（T）/删除（E）/图层（L）］＜通过＞：580，(之后回车)。

命令行提示：选择要偏移的对象，或［退出（E）/放弃（U）］＜退出＞：（选择水平辅助线）。

命令行提示：指定要偏移的那一侧上的点，或［退出（E）/多个（M）/放弃（U）］＜退出＞：（任意单击水平辅助线上方区域内的一点）。

单击右键，选择"确认"。

继续使用偏移对象工具，将下方的水平辅助线向上偏移20mm。

绘制结果如图3-69所示。

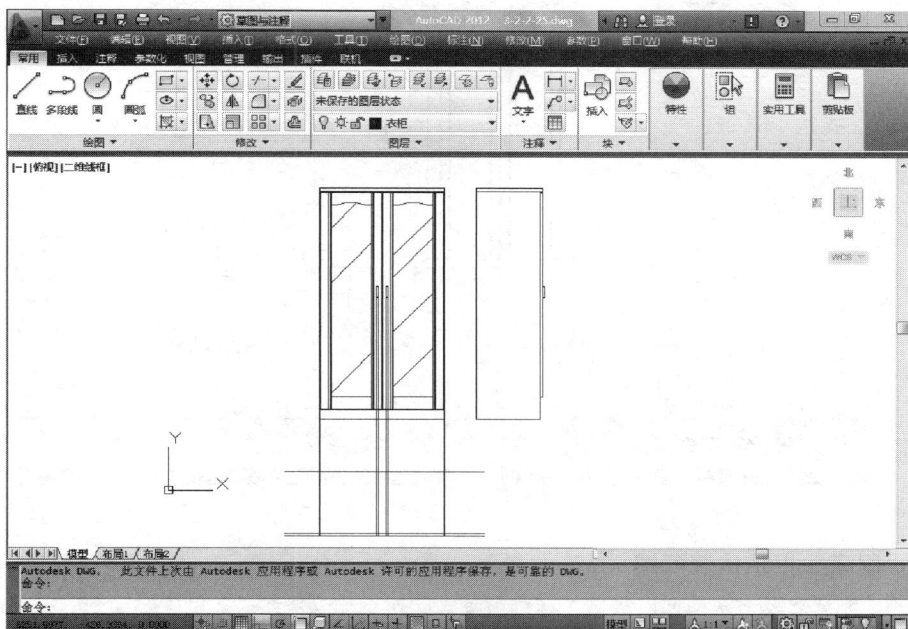

图3-69　水平辅助线偏移

使用修剪工具，或在命令行键入"trim"，将左视图中多余的线条修剪掉。这样，衣柜左视图绘制完成，绘制结果如图3-70所示。

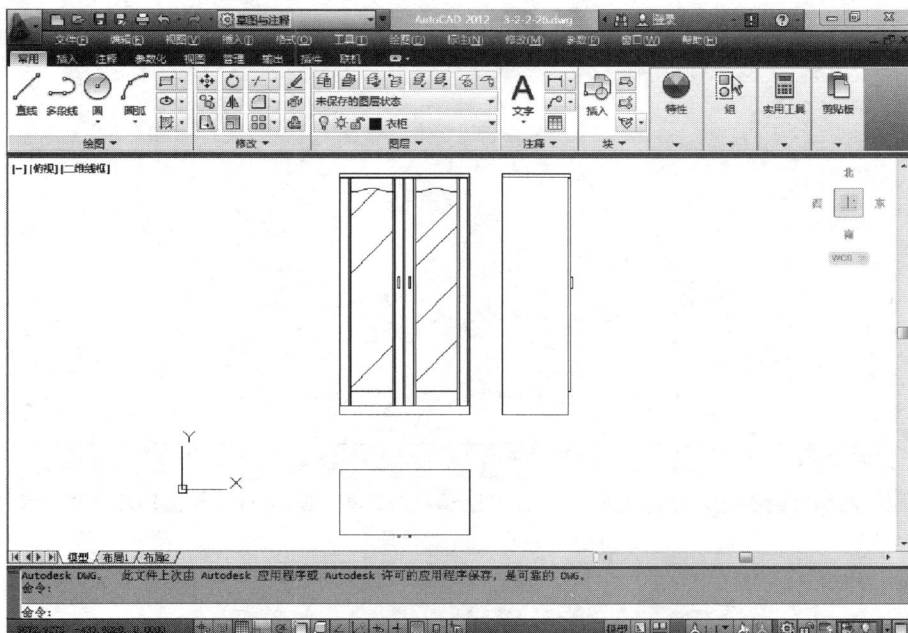

图3-70　衣柜俯视图绘制

5．尺寸标注

单击"图层管理器"工具栏中的 ，桌面会弹出"图层特性管理器"对话框，将"标注"层置为当前层，进行标注样式设置后依次标注尺寸，完成后如图3－71所示。

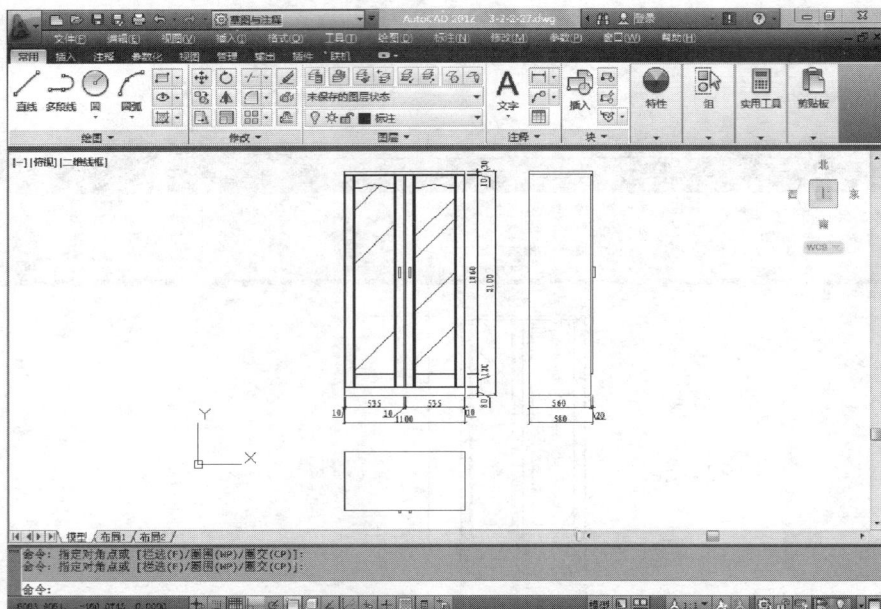

图3－71　衣柜三视图绘制完成图

3.3.2.3　绘制床头柜结构装配图

结构装配图的绘制要求及方法前面已经做了详细解释，此处不加以赘述。本例中要绘制的床头柜三视图，如图3－72所示。

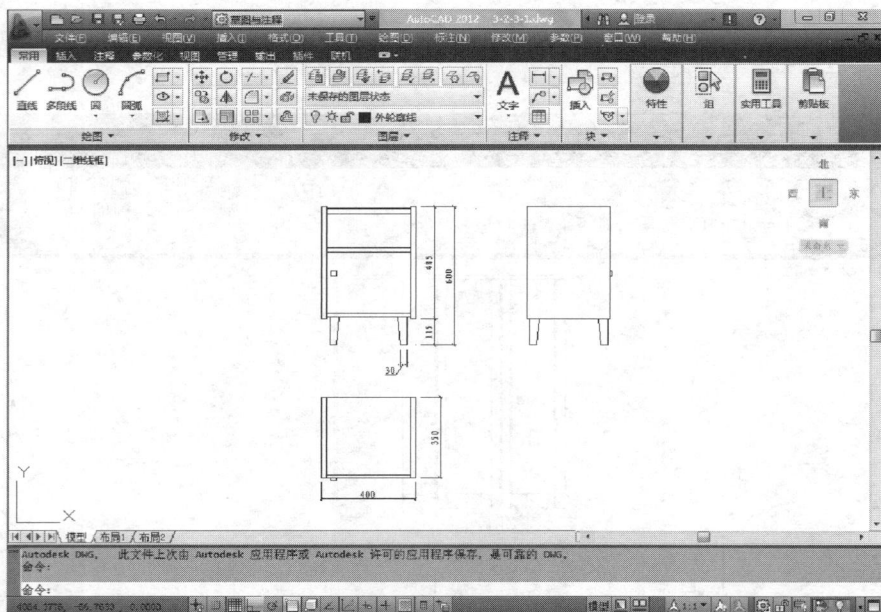

图3－72　床头柜三视图

1．图层设置

在作图之前先单击"图层"工具栏中的 ，桌面会弹出"图层特性管理器"对话框，单击 按钮，在下面的空白区会增加新的图层，分别命名为"剖面线"、"外轮廓线"、"中心线"、"虚线"、"标注"和"局部详图"。

2. 绘制主视剖视图

（1）删去三视图的主视图中不需要的部分，在中心位置绘制中心线。

使用偏移命令，将把手向内偏移 5mm，并用直线连接对角线。

使用填充命令，填充右旁板两个端面。

使用偏移命令，将右旁板的左右竖直线向内偏移 5mm。

使用矩形命令，绘制尺寸分别为 20mm×15mm，20mm×12mm，25mm×12mm 的矩形，并用直线将上述矩形对角线两两相连。

使用修剪命令，将中心线上的两个矩形的左边部分修剪掉，绘制结果如图 3-73 所示。

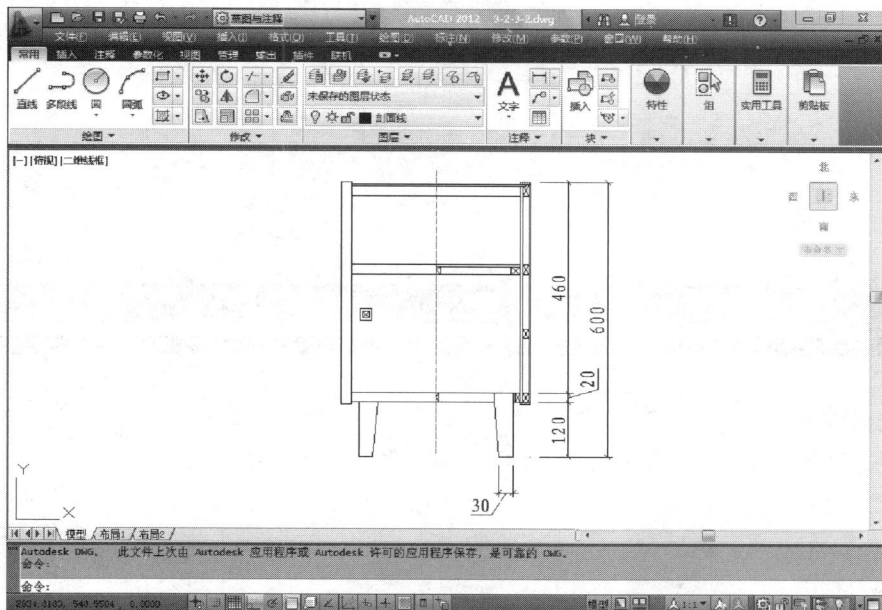

图 3-73 主视剖视图绘制 1

将"虚线"图层设置为当前图层，使用多段线、直线及复制命令，绘制出如图 3-74 所示的图形。

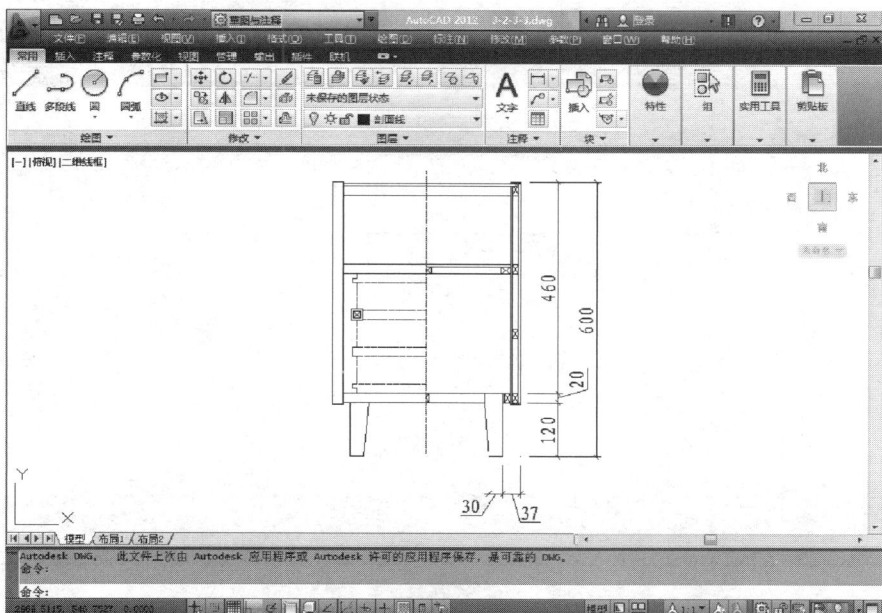

图 3-74 主视剖视图绘制 2

（2）尺寸标注。

尺寸标注与上例类似，不再重复，绘制结果如图 3 - 75 所示。

图 3 - 75　主视剖视图绘制完成图

3. 绘制左视剖视图

根据三视图的左视图绘制剖视图的左视图，绘制方法同主视剖视图。

（1）绘制榫接合位置。

打开对象捕捉，从主视图引直线，再采用修剪命令。

（2）绘制其余细节。

包括剖面线，以及标注尺寸，方法与上例类似，绘制结果如图 3 - 76 所示。

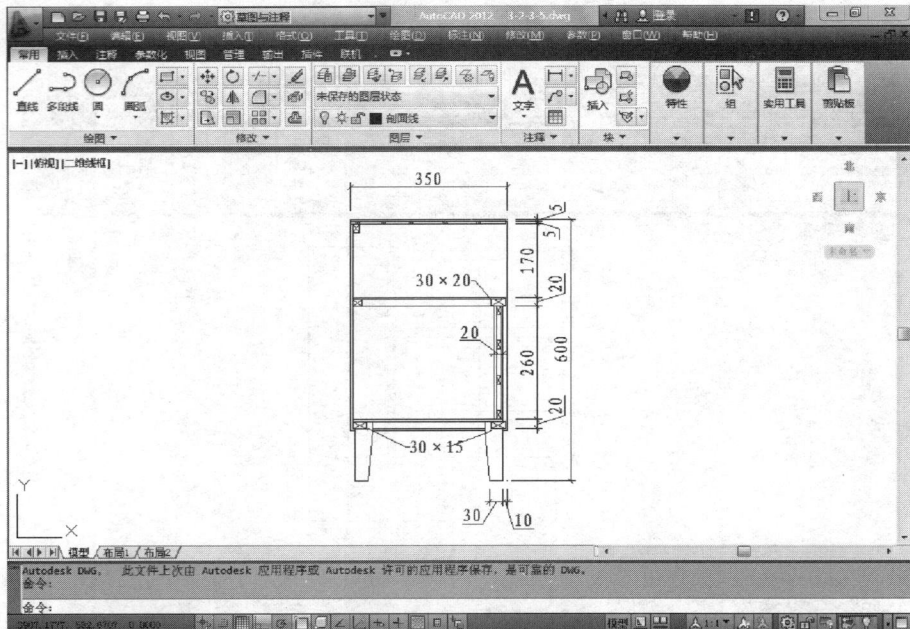

图 3 - 76　左视剖视图绘制完成图

这样结构装配图的基本视图即绘制完成，结果如图 3 - 77 所示。

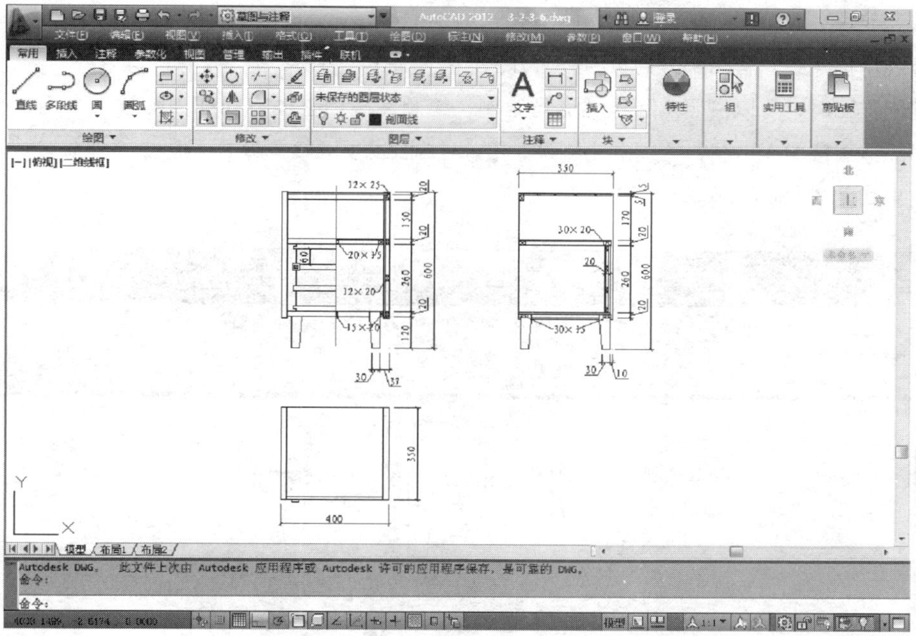

图 3-77　床头柜剖视图绘制完成图

4. 绘制局部详图

（1）在基本视图上绘制索引符号。

小贴士

需要绘制局部详图的部位以将节点的结构表达清楚且不重复为原则。

根据国家标准，基本视图上的索引符号的圆圈直径为 8，局部详图上为 12，这里的尺寸是最后的图纸上的尺寸。而在屏幕上实际绘制的尺寸是这一尺寸与出图比例的乘积。在这一例中出图比例是 1:10。所以绘制时，基本视图上的索引符号的圆圈直径按 80 绘制，局部详图上的索引符号的圆圈直径按 120 绘制，绘制结果如图 3-78 所示。

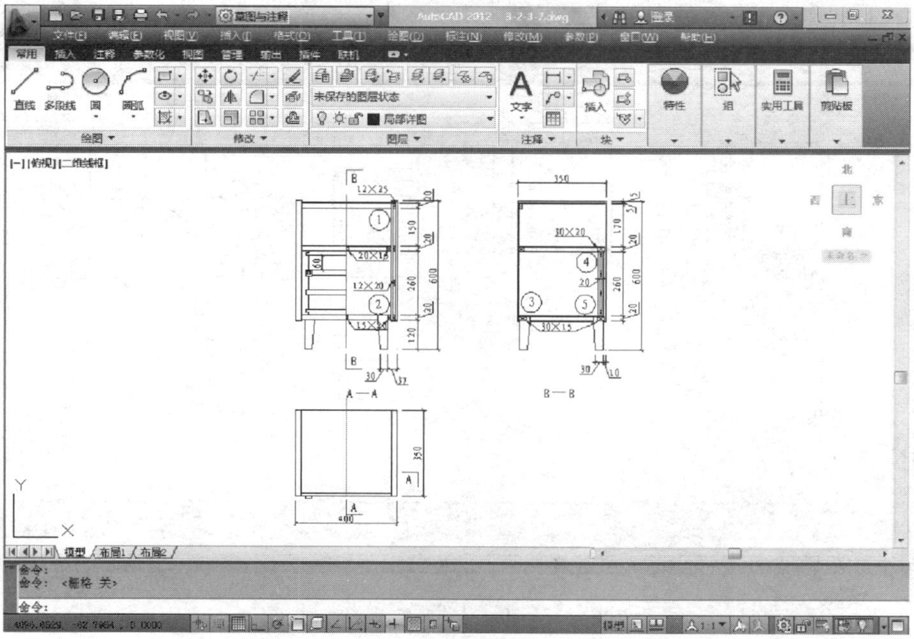

图 3-78　索引符号绘制完成图

（2）绘制局部详图。

注意外轮廓线用粗实线，省略部分用折断线断开。

另外绘制局部详图时，可以按照实际尺寸进行绘制，绘制完成后整体将局部详图放大5倍，因为基本视图按1∶10出图，而局部详图按1∶2出图，之间的比例是5倍，绘制结果如图3-79所示。

总的绘制结果如图3-80所示。

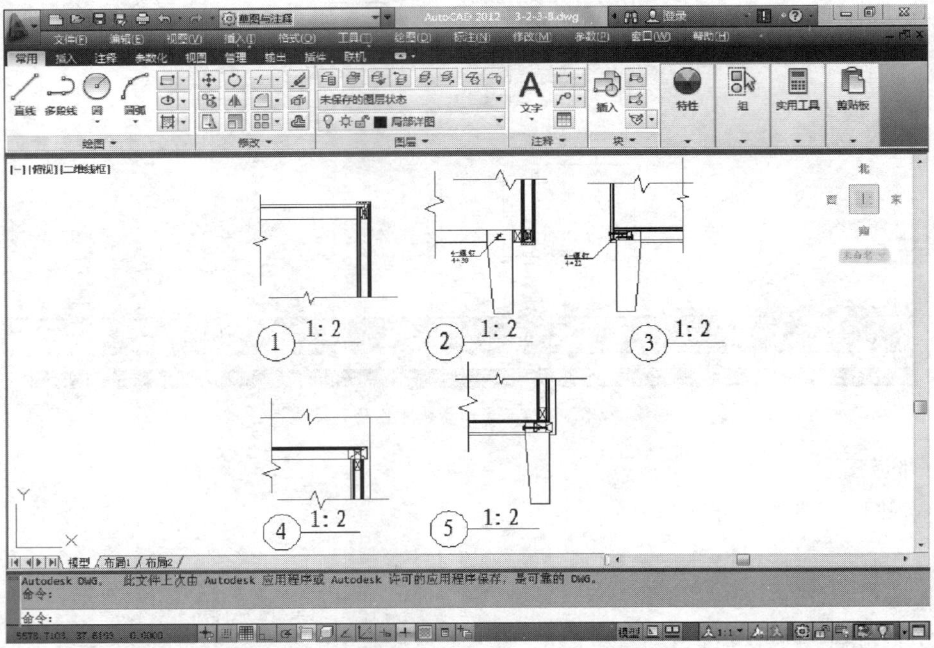

图3-79　局部详图绘制完成图

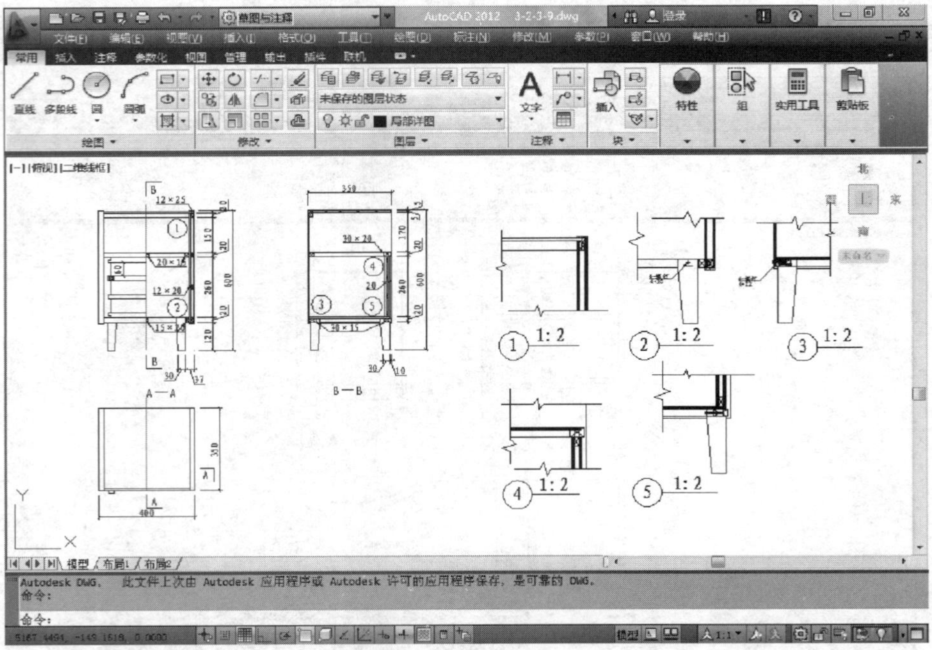

图3-80　结构装配图绘制完成图

3.3.3　桌案类家具

3.3.3.1　桌案类家具简述

桌案类家具的功能是为人提供一个平面和支撑，以方便人们在坐、立的状态下更方便、更舒适地进行其他操作，同时还起着储存和陈列物品的作用。按使用时人的姿势细分，桌案类家具分为两类，一类为坐姿时使用，如办公桌和大班台等；另一类为立姿时使用，如讲台和迎宾台等。

小贴士

设计桌案类家具时需要绘制的图有哪些？

桌案家具的设计需要绘制外形图、结构装配图，对复杂或特制的零部件还需绘制零部件图。本例将讲解一个常见木质写字台的三视图及结构装配图。

3.3.3.2　绘制写字台三视图

一般操作的过程是先进行画图前的各项设置，然后画好主视图的图形，再根据主视图按照画法几何的法则画出左视图和俯视图。

1. 图层设置

在作图之前先单击"图层"工具栏中的 ，桌面会弹出"图层特性管理器"对话框，新建三个新图层，分别命名为"轮廓线"、"中心线"和"标注"。

2. 绘制主视图

（1）中心线的绘制。

使用直线工具 ，或在命令行中键入"line"，（如果"正交"没有打开，可以使用快捷键 **F8** 打开"正交"）分别绘制两条相互垂直的中心线，绘制结果如图 3－81 所示。

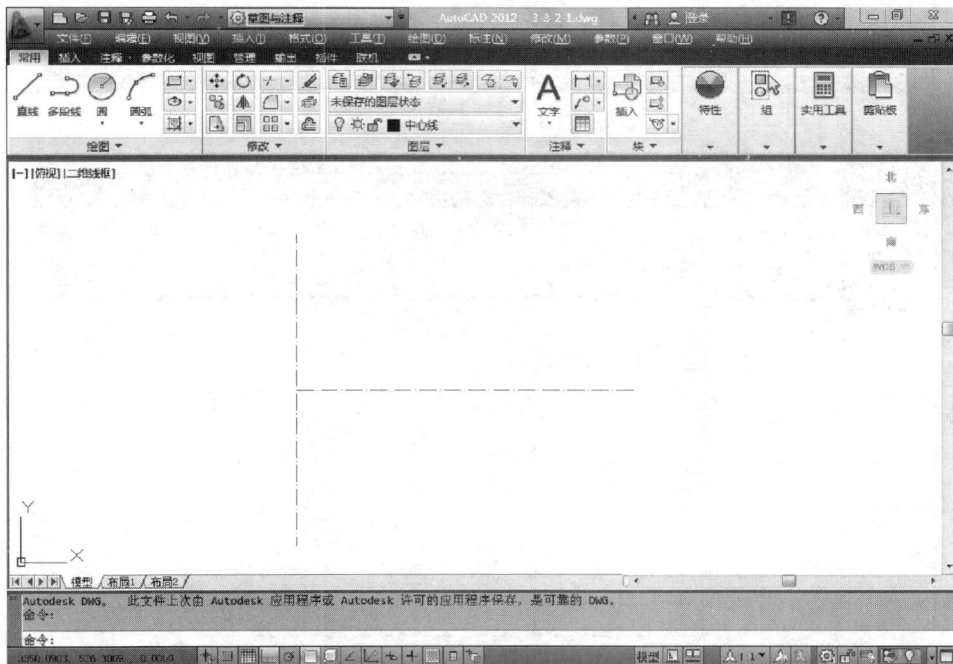

图 3－81　中心线绘制完成图

（2）中心线的偏移。

使用偏移对象工具 ，或在命令行中键入"offset"。

命令行提示：指定偏移距离或［通过（T）／删除（E）／图层（L）］＜通过＞：20，（之后回车）。

命令行提示：选择要偏移的对象，或［退出（E）／放弃（U）］＜退出＞：（选择竖直中心线）。

命令行提示：指定要偏移的那一侧上的点，或［退出（E）／多个（M）／放弃（U）］＜退出＞：（任意单击竖直中心点右边区域内的一点）。

单击右键，选择"确认"，绘制结果如图3-82所示。

继续使用偏移对象工具，分别将竖直中心线向右偏移30mm、35mm、387mm、538mm、890mm、895mm、900mm、905mm、955mm、975mm、1365mm、1370mm、1380mm、1400mm；将水平中心线向下偏移20mm、50mm、70mm、130mm、250mm、400mm、660mm、760mm。

绘制结果如图3-83所示。

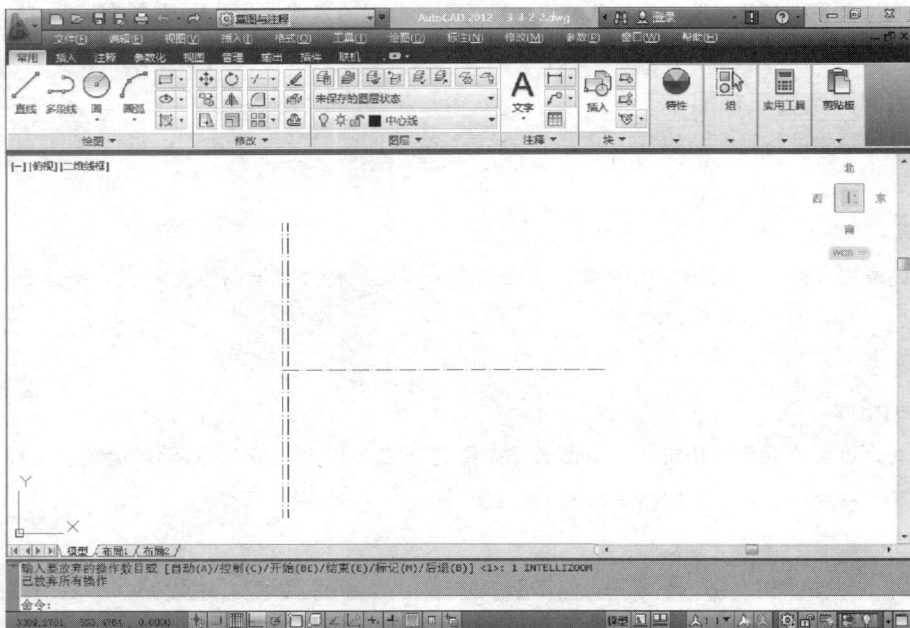

图3-82 竖直中心线偏移

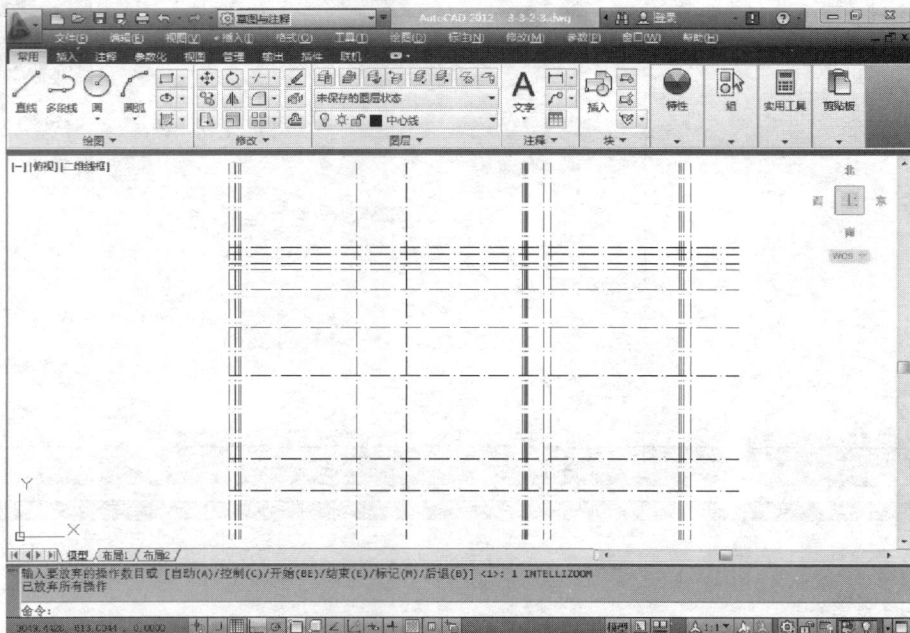

图3-83 中心线偏移完成图

（3）绘制写字台主视外轮廓。

使用直线工具 ⁄，或在命令行中键入"line"，打开对象捕捉，通过鼠标在图纸上捕捉写字台外轮廓各节点，绘制出写字台主视轮廓（为了便于观察，单击 ⊞ 显示/隐藏线宽，显示线宽）。

绘制结果如图 3-84 所示。

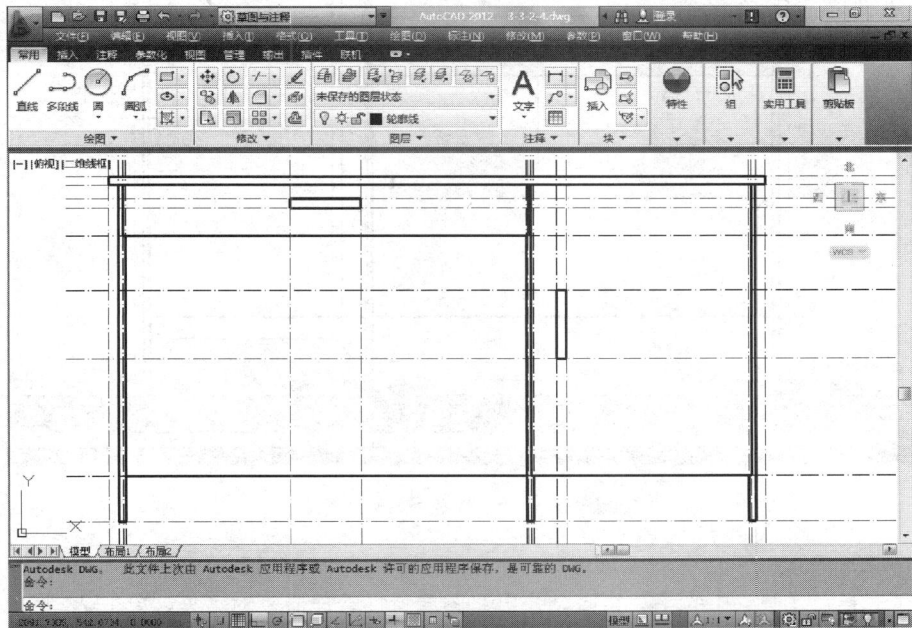

图 3-84　主视外轮廓绘制图 1

使用多段线工具 ⌐，或在命令行中键入"polyline"。

命令行提示：指定起点：（选择柜体左侧板的右下角点）。

命令行提示：指定下一个点或［圆弧（A）/半宽（H）/长度（L）/放弃（U）/宽度（W）］：（输入 A 后回车）。

命令行提示：指定圆弧的端点或［角度（A）/圆心（CE）/闭合（CL）/方向（D）/半宽（H）/直线（L）/半径（R）/第二个点（S）/放弃（U）/宽度（W）］：（输入 CE 之后回车）。

命令行提示：指定圆弧的圆心：@0，50，（之后回车）。

命令行提示：指定圆弧的端点或［角度（A）/长度（L）］：@50，0，（之后回车）。

命令行提示：指定圆弧的端点或［角度（A）/圆心（CE）/闭合（CL）/方向（D）/半宽（H）/直线（L）/半径（R）/第二个点（S）/放弃（U）/宽度（W）］：（输入 L 后回车）。

命令行提示：指定下一点或［圆弧（A）//闭合（C）/半宽（H）/长度（L）/放弃（U）/宽度（W）］：@360，0，（之后回车）。

命令行提示：指定下一个点或［圆弧（A）/半宽（H）/长度（L）/放弃（U）/宽度（W）］：（输入 A 后回车）。

命令行提示：指定圆弧的端点或［角度（A）/圆心（CE）/闭合（CL）/方向（D）/半宽（H）/直线（L）/半径（R）/第二个点（S）/放弃（U）/宽度（W）］：（输入 CE 之后回车）。

命令行提示：指定圆弧的圆心：@50，0，（之后回车）。

命令行提示：指定圆弧的端点或［角度（A）/长度（L）］：@0，-50，（之后回车）。

单击右键，选择"确认"，绘制结果如图 3-85 所示。

图 3-85　主视外轮廓绘制图 2

（4）绘制完成图。

单击"图层管理器"工具栏中的 ⏹，桌面会弹出"图层特性管理器"对话框，单击 💡，将中心线图层关闭，如图 3-86 所示。

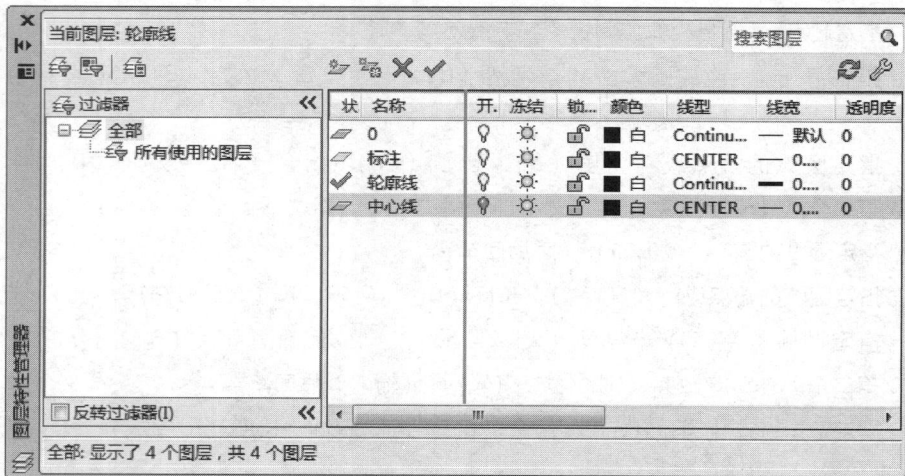

图 3-86　关闭中心线图层

这样，写字台主视图绘制完成，绘制结果如图 3-87 所示。

3. 绘制左视图

（1）辅助线的绘制。

单击"图层管理器"工具栏中的 ⏹，桌面会弹出"图层特性管理器"对话框，单击 💡，将中心线图层打开，并在选中中心线图层的情况下点击 ✔，将中心线图层置为当前图层，如图 3-88 所示。

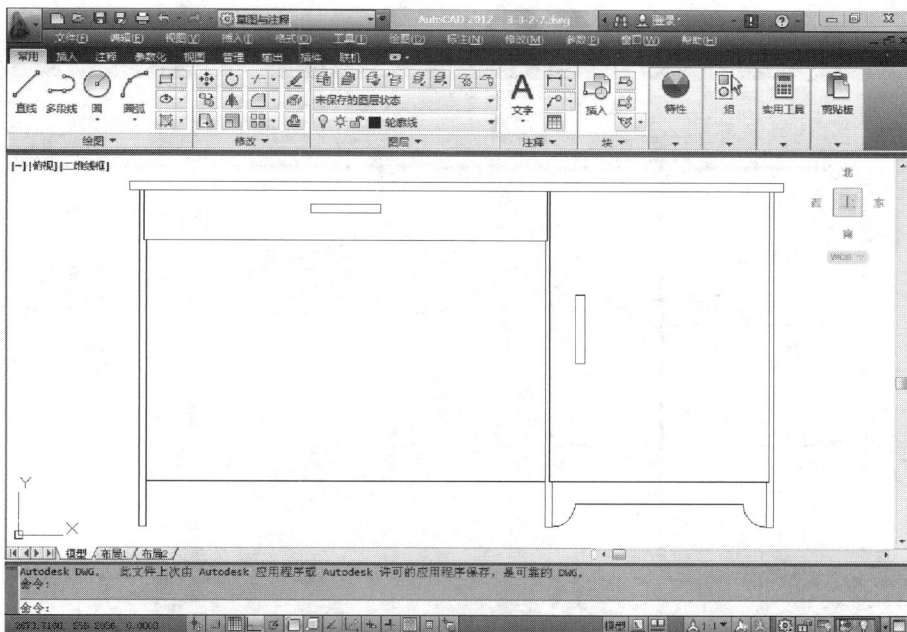

图 3－87　主视图绘制完成图

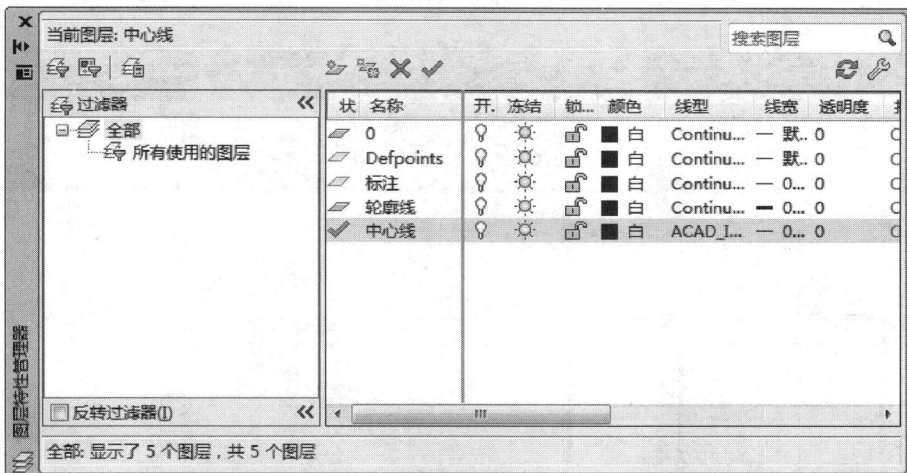

图 3－88　打开中心线图层

使用直线工具，或在命令行中键入"line"，在主视图右侧区域绘制一条竖直辅助线，如图 3－89 所示。

使用延伸工具，或在命令行中键入"extend"。

命令行提示：选择对象或＜全部选择＞：（选择竖直辅助线后回车）。

命令行提示：选择要延伸的对象，或按住 Shift 键选择要修剪的对象，或［栏选（F）/窗交（C）/投影（P）/边（E）/放弃（U）］：（自下而上选择主视图中所有水平辅助线）。

单击鼠标右键，选择"确认"，绘制结果如图 3－90 所示。

使用偏移对象工具，或在命令行中键入"offset"。

命令行提示：指定偏移距离或［通过（T）/删除（E）/图层（L）］＜通过＞：700，（之后回车）。

命令行提示：选择要偏移的对象，或［退出（E）/放弃（U）］＜退出＞：（选择竖直辅助线）。

命令行提示：指定要偏移的那一侧上的点，或［退出（E）/多个（M）/放弃（U）］＜退出＞：（任意单击竖直辅助线左边区域内的一点）。

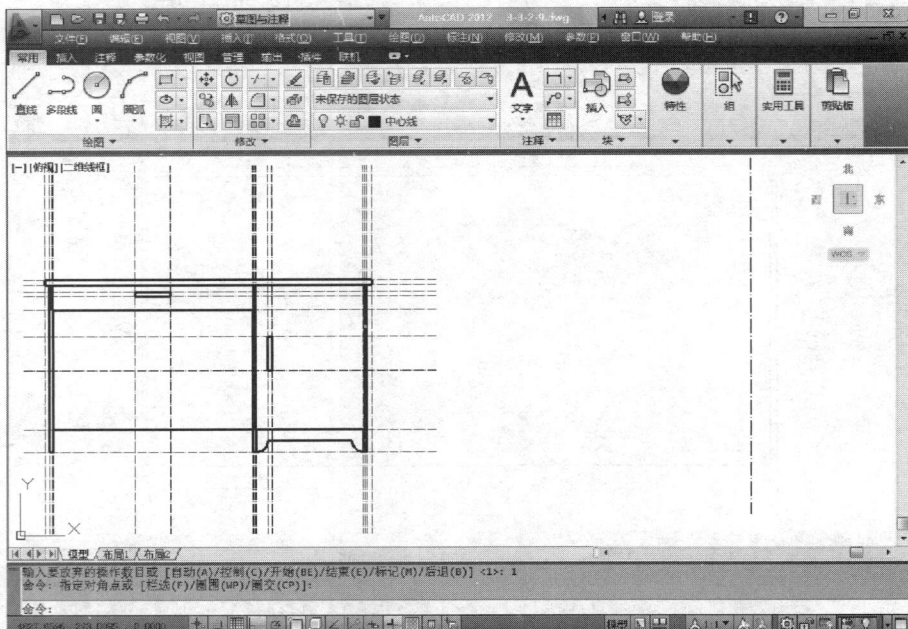

图3－89　竖直辅助线绘制

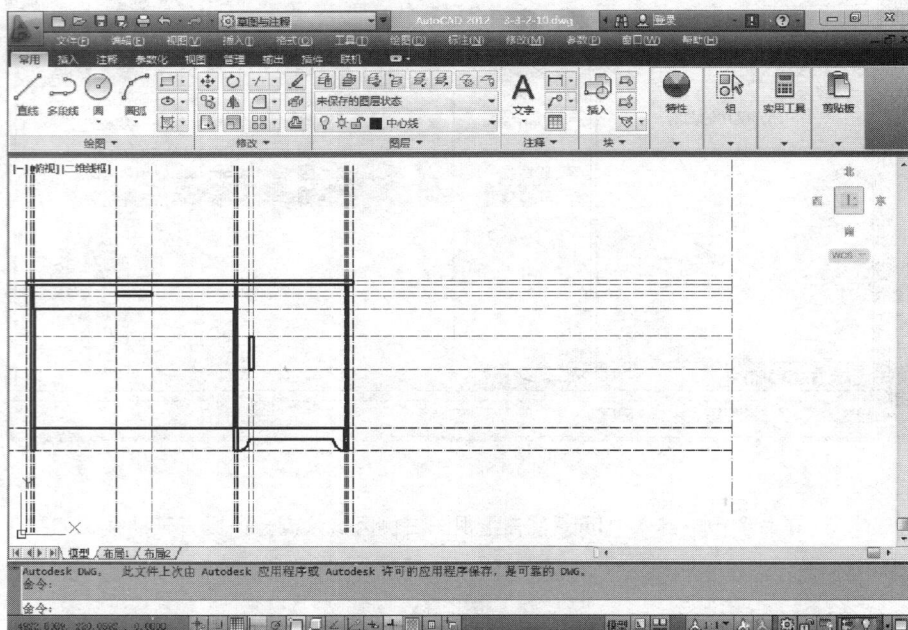

图3－90　水平辅助线绘制完成

单击右键，选择"确认"，绘制结果如图3－91所示。

继续使用偏移对象工具，分别将左侧的竖直辅助线向右偏移20mm、660mm、680mm。

绘制结果如图3－92所示。

（2）绘制写字台左视外轮廓。

使用直线工具 ，或在命令行中键入"line"，打开对象捕捉，通过鼠标在图纸上捕捉写字台外轮廓各节点，绘制出写字台左视轮廓（为了便于观察，单击 显示/隐藏线宽，显示线宽）。

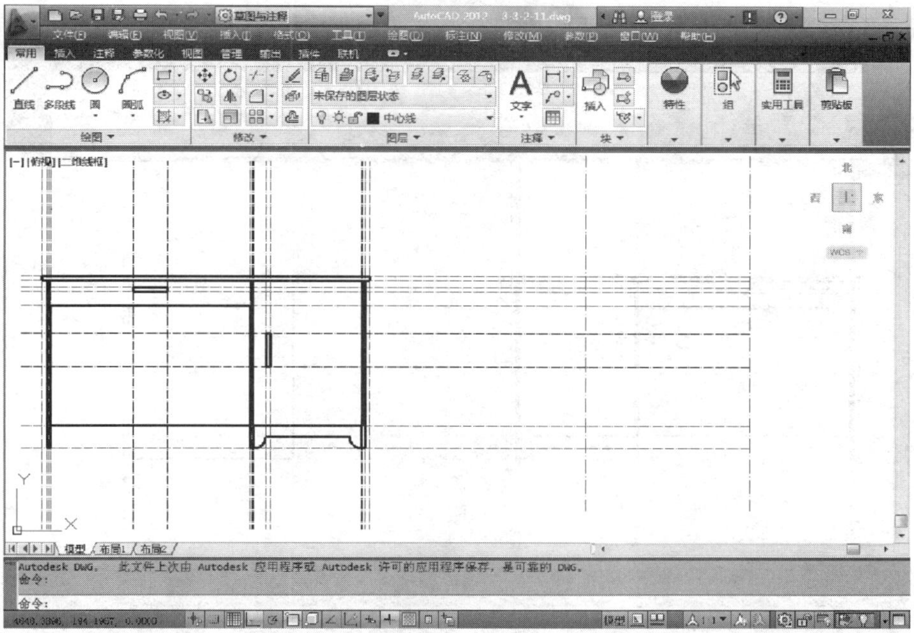

图 3－91　竖直辅助线偏移

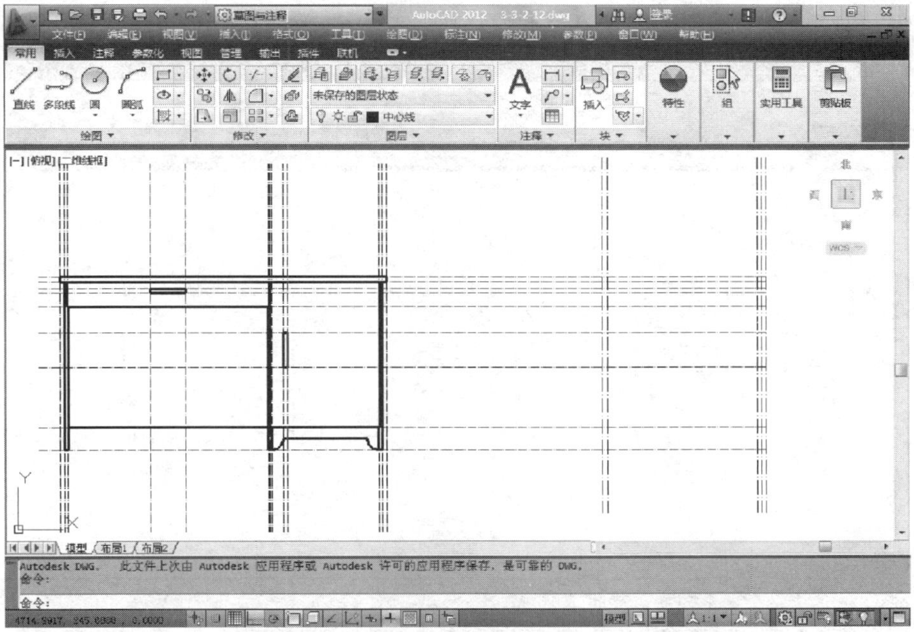

图 3－92　辅助线绘制完成图

绘制结果如图 3－93 所示。

（3）绘制完成图。

单击"图层管理器"工具栏中的 ，桌面会弹出"图层特性管理器"对话框，单击 ，将中心线图层关闭。这样，写字台左视图绘制完成，绘制结果如图 3－94 所示。

4. 绘制俯视图

（1）辅助线的绘制。

单击"图层管理器"工具栏中的 ，桌面会弹出"图层特性管理器"对话框，单击 ，将中心线图层打开，并在选中中心线图层的情况下单击 ，将中心线图层置为当前图层。

图 3 - 93　左视外轮廓绘制完成

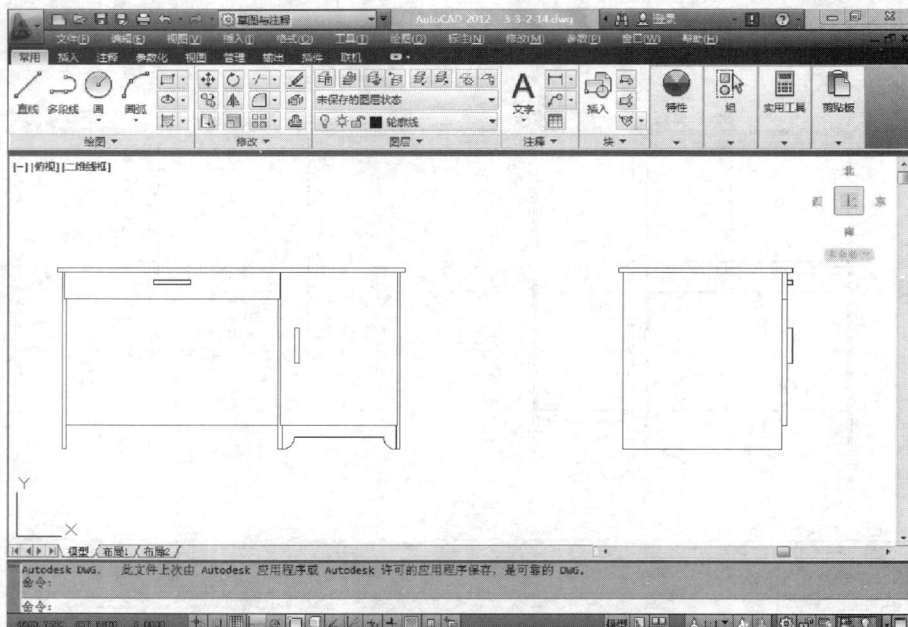

图 3 - 94　左视图绘制完成图

使用直线工具 ╱，或在命令行中键入 "line"，在主视图下方区域绘制一条水平辅助线，如图 3 - 95 所示。

使用延伸工具 ---╱，或在命令行中键入 "extend"。

命令行提示：选择对象或 < 全部选择 >：（选择水平辅助线后回车）。

命令行提示：选择要延伸的对象，或按住 Shift 键选择要修剪的对象，或 [栏选（F）/窗交（C）/投影（P）/边（E）/放弃（U）]：（选择主视图中左右两侧的竖直辅助线）。

单击右键，选择"确认"，绘制结果如图 3 - 96 所示。

使用偏移对象工具 ╬，或在命令行中键入 "offset"。

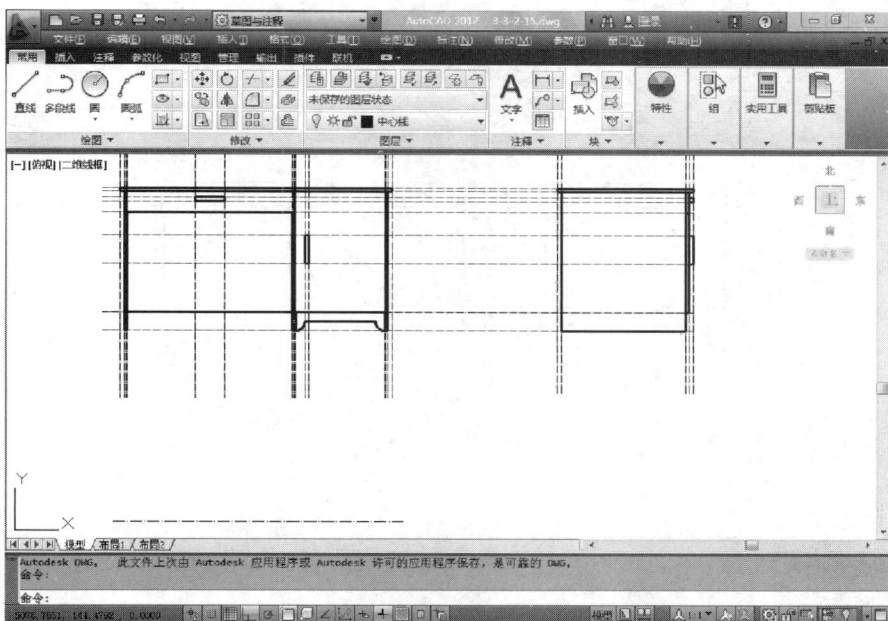

图 3-95 水平辅助线绘制

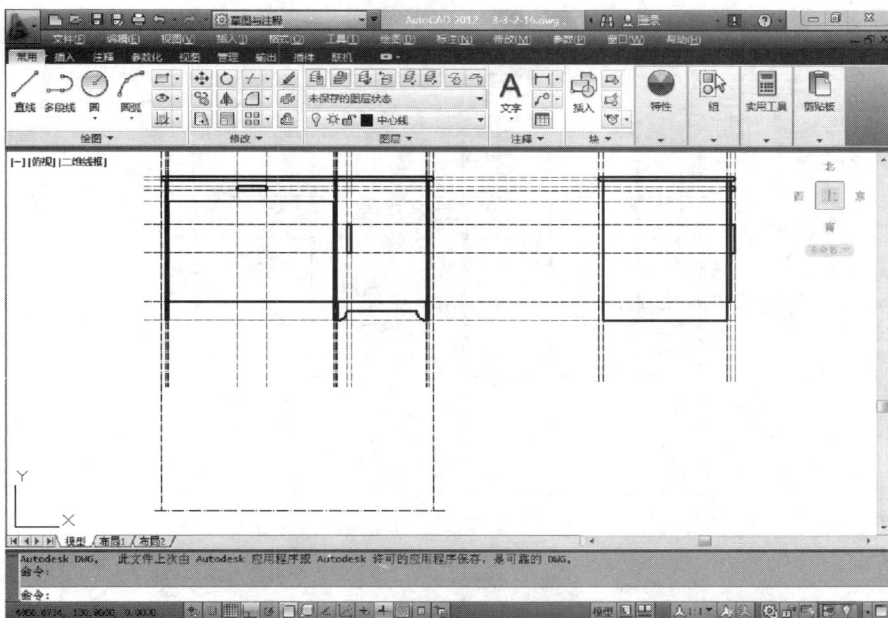

图 3-96 竖直辅助线绘制

命令行提示：指定偏移距离或［通过（T）/删除（E）/图层（L）］＜通过＞：700，（之后回车）。

命令行提示：选择要偏移的对象，或［退出（E）/放弃（U）］＜退出＞：（选择水平辅助线）。

命令行提示：指定要偏移的那一侧上的点，或［退出（E）/多个（M）/放弃（U）］＜退出＞：（任意单击水平辅助线上方区域内的一点）。

单击右键，选择"确认"，绘制结果如图 3-97 所示。

（2）绘制写字台俯视外轮廓。

使用直线工具，或在命令行中键入"line"，打开对象捕捉，通过鼠标在图纸上捕捉写字台外轮廓各节点，绘制出写字台俯视轮廓（为了便于观察，单击 ➕ 显示/隐藏线宽，显示线宽）。

绘制结果如图 3-98 所示。

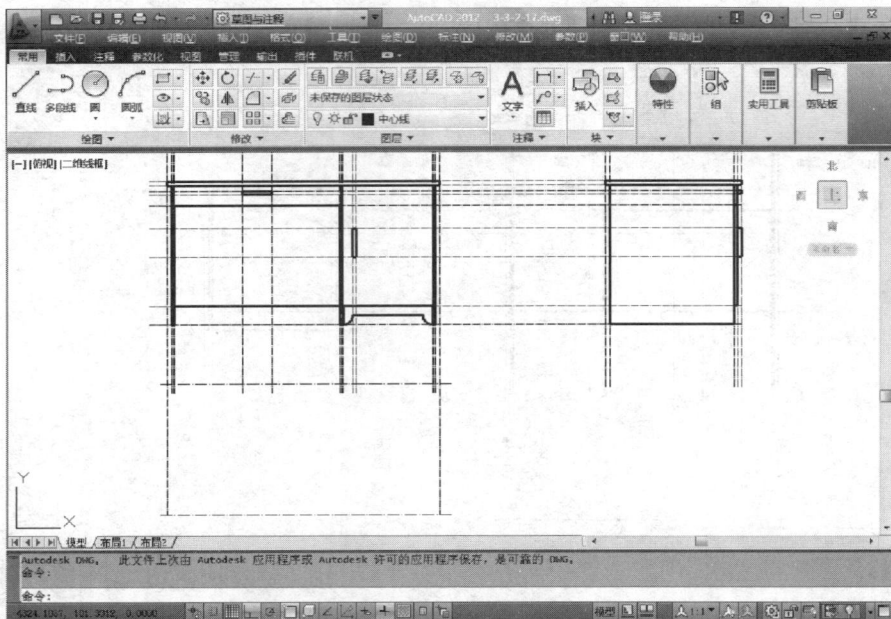

图 3 - 97 水平辅助线偏移

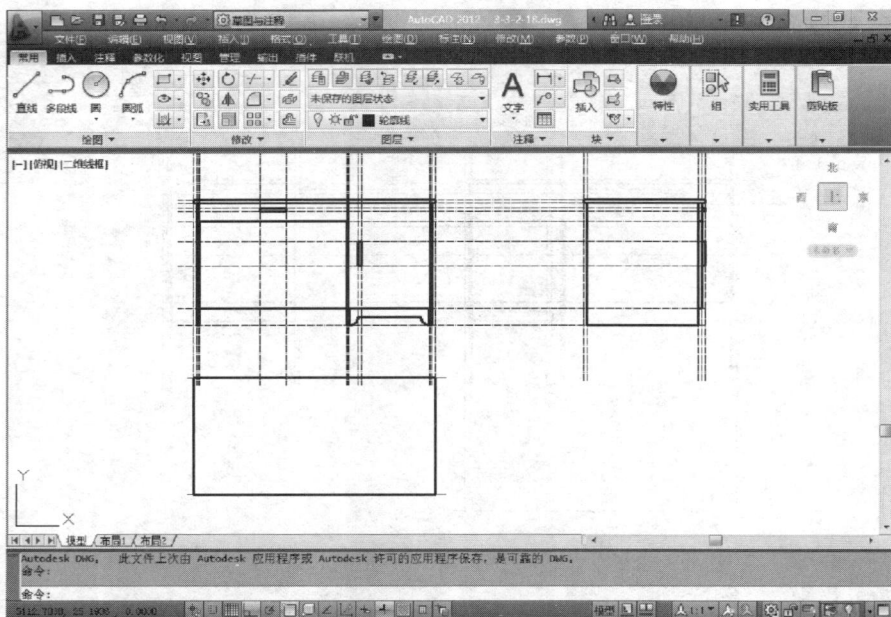

图 3 - 98 写字台俯视外轮廓绘制

（3）绘制完成图。

单击"图层管理器"工具栏中的🔲，桌面会弹出"图层特性管理器"对话框，单击💡，将中心线图层关闭。这样，写字台轮廓绘制完成，绘制结果如图 3 - 99 所示。

5. 尺寸标注

单击"图层管理器"工具栏中的🔲，桌面会弹出"图层特性管理器"对话框，将"标注"层置为当前层，进行标注样式设置后依次标注尺寸，完成后如图 3 - 100 所示。

3.3.3.3 绘制写字台结构装配图

针对本件家具，为了清楚地表达内部结构，主视图局部剖，左视图全剖，俯视图阶梯剖。被剖切线剖开的地方需要使用填充以表现使用的材料。

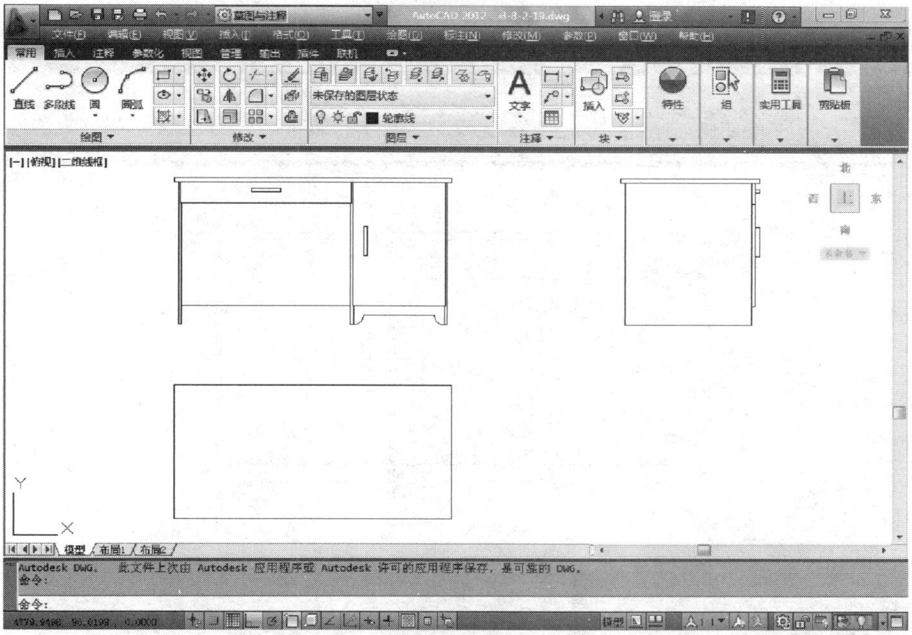

图 3-99　写字台轮廓绘制完成图

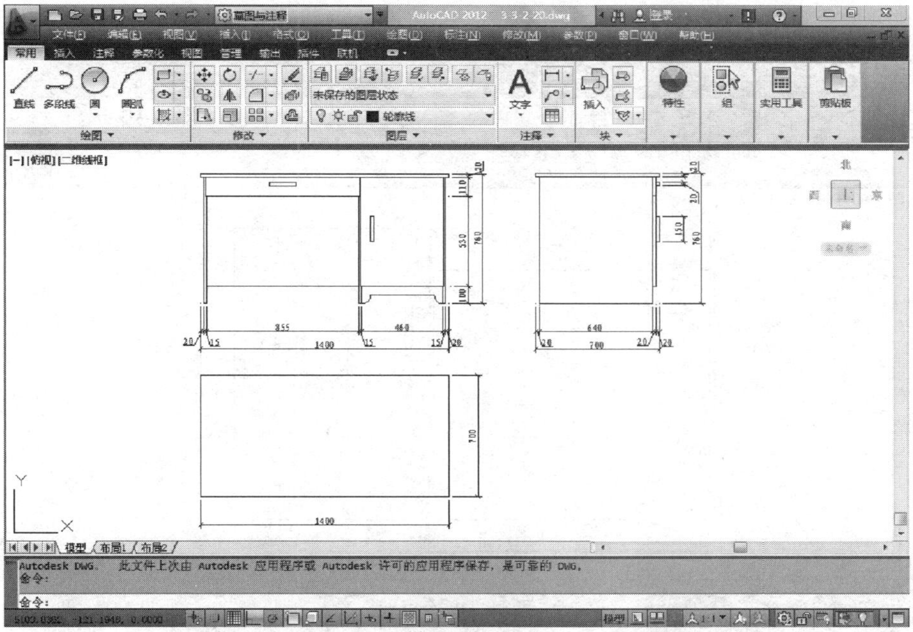

图 3-100　写字台三视图绘制完成图

1. 图层设置

在作图之前先单击"图层"工具栏中的，桌面会弹出"图层特性管理器"对话框，单击，在下面的空白区会增加新的图层，分别命名为"剖面线"和"局部详图"。

2. 绘制主视剖视图

（1）删去三视图中主视图上不需要的部分，视图和剖视图部分用波浪线分界。绘制剖开后可见的抽屉及柜体结构，并在"剖面线"一层用填充工具绘制表示中密度纤维板的剖面符号，结果如图 3-101 所示。

（2）尺寸标注。

与上例类似，不再重复，绘制结果如图 3-102 所示。

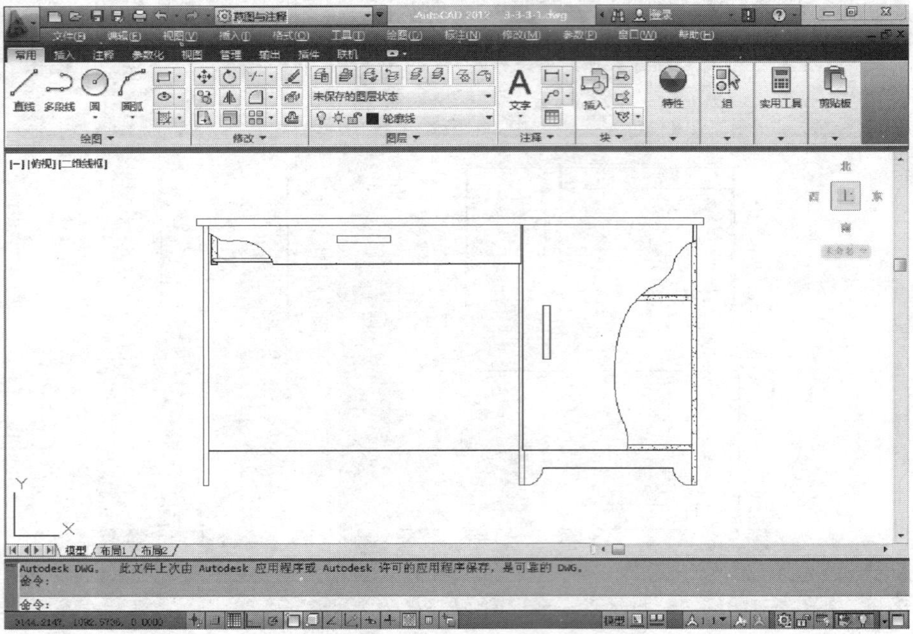

图 3-101　主视剖视图绘制

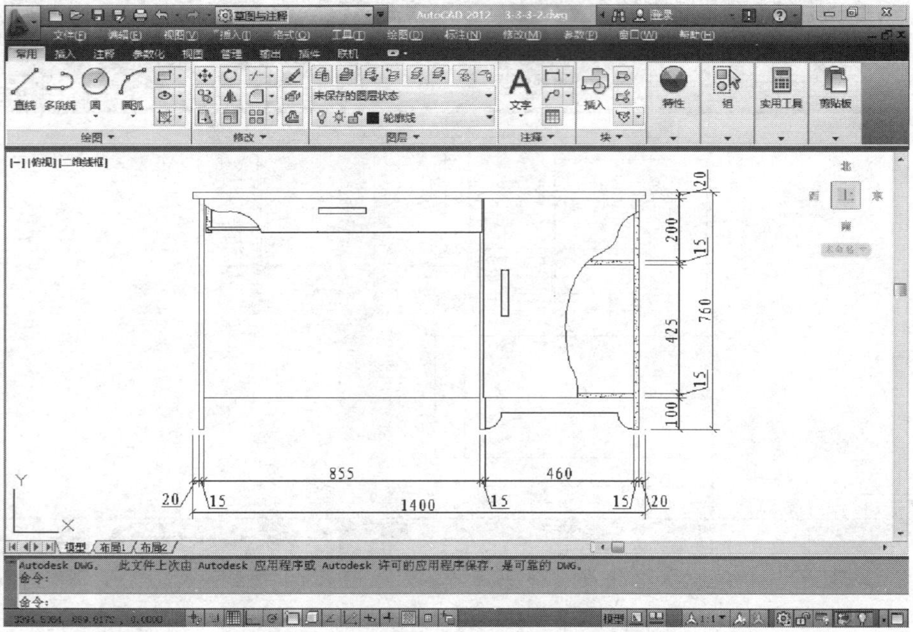

图 3-102　主视剖视图绘制完成图

3. 绘制左视剖视图

根据三视图的左视图绘制剖视图的左视图。绘制抽屉内部结构、剖面线，以及标注尺寸，方法与上例类似，绘制结果如图 3-103 所示。

4. 绘制俯视剖视图

在原来的三视图俯视图上绘制双折线，将左右两部分剖视图进行分界。绘制抽屉及柜体的结构，之后绘制剖面线，以及进行标注尺寸，方法与上例类似，注意绘制结果如图 3-104 所示。

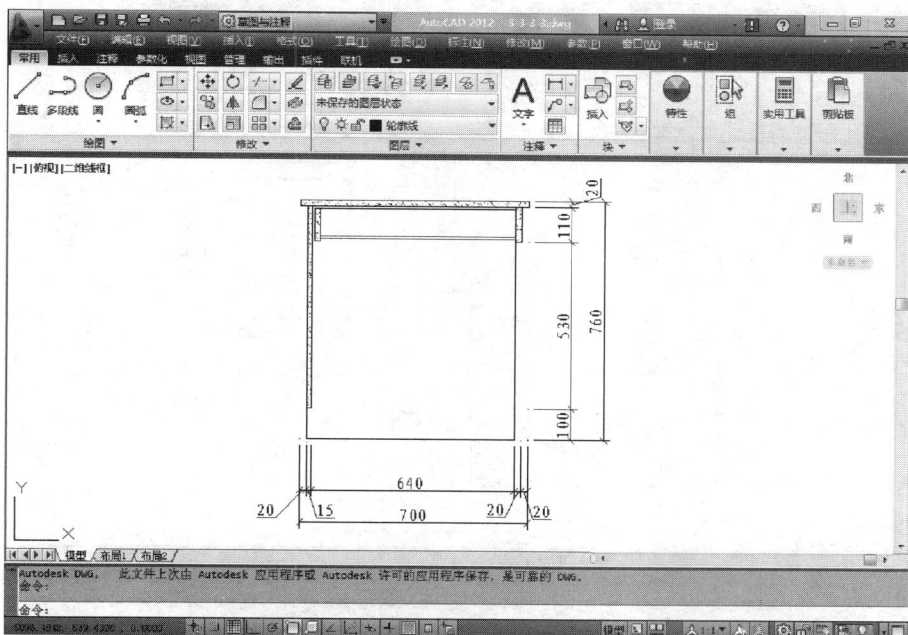

图 3-103 左视剖视图绘制完成图

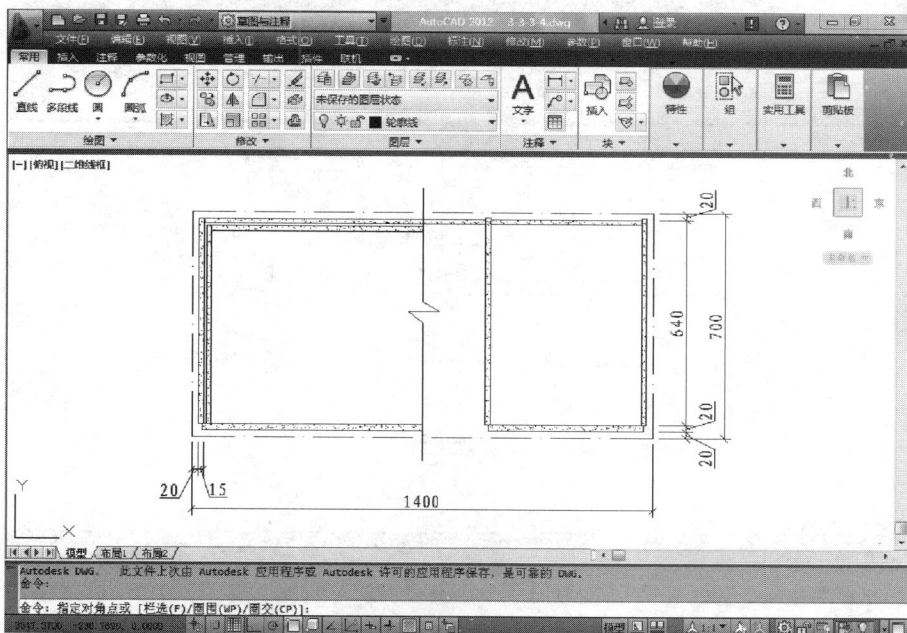

图 3-104 俯视剖视图绘制完成图

这样结构装配图的基本视图即绘制完成，结果如图 3-105 所示。

5. 绘制局部详图

（1）在基本视图上绘制索引符号。

在这一例中出图比例是 1:10。所以绘制时，基本视图上的索引符号的圆圈直径按 80 绘制，局部详图上的索引符号的圆圈直径按 120 绘制，绘制结果如图 3-106 所示。

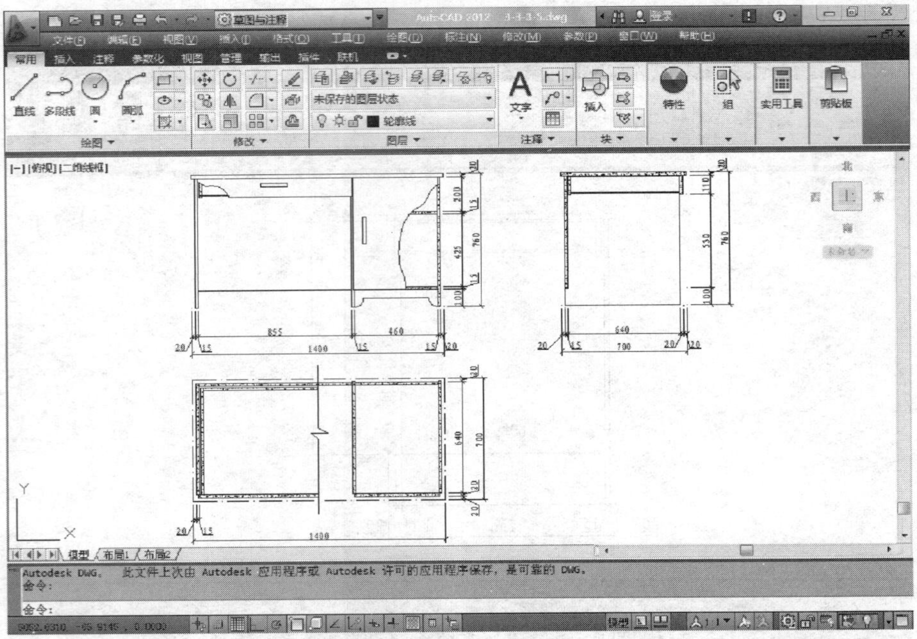

图 3-105 写字台剖视图绘制完成图

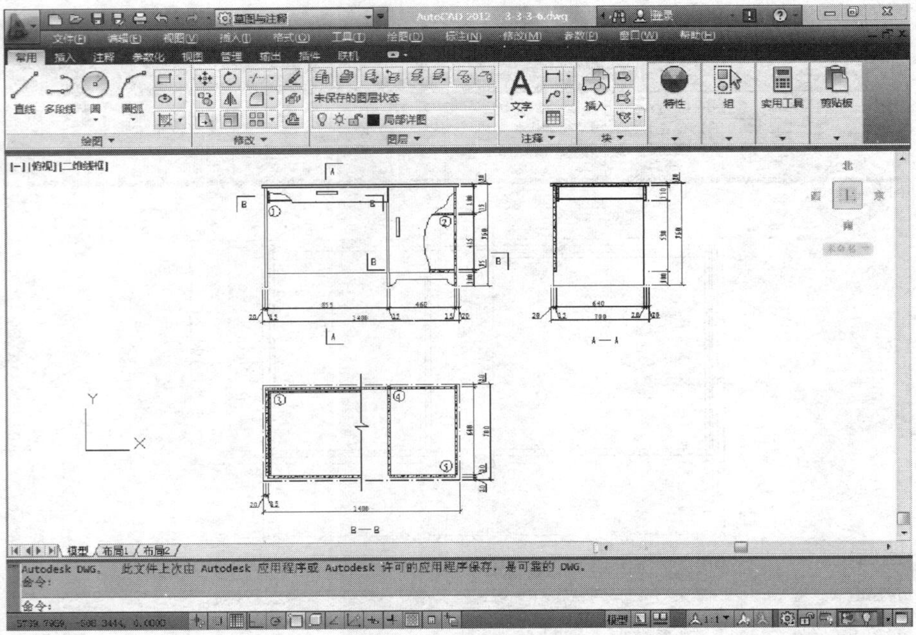

图 3-106 索引符号绘制完成图

（2）绘制局部详图。

小贴士

注意外轮廓线用粗实线，省略部分用折断线断开。

另外绘制局部详图时，我们可以按照实际尺寸进行绘制，绘制完成后整体将局部详图放大 5 倍，因为基本视图按 1∶10 出图，而局部详图按 1∶2 出图，之间的比例是 5 倍，绘制结果如图 3-107 所示。

总的绘制结果如图 3-108 所示。

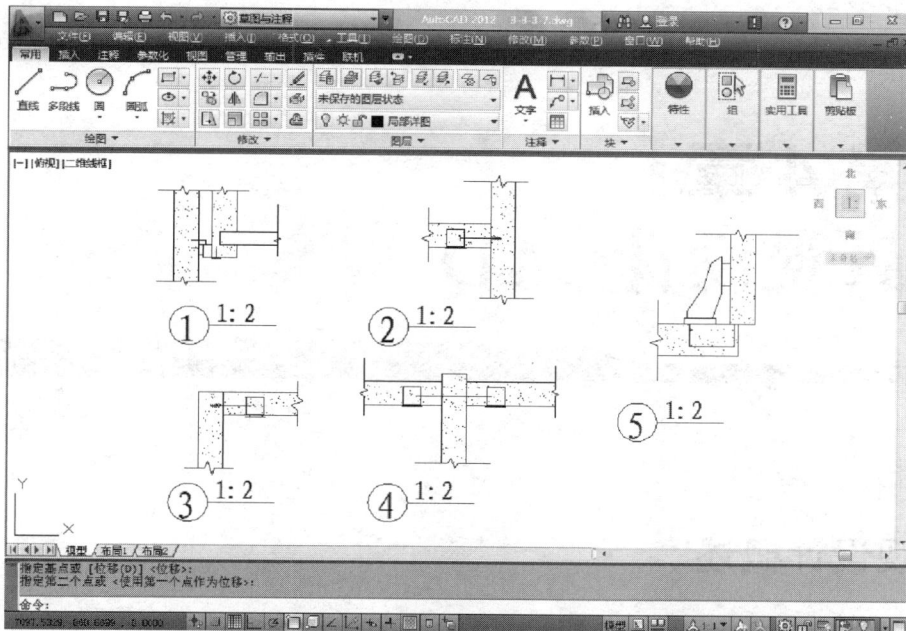

图 3-107　局部详图绘制完成图

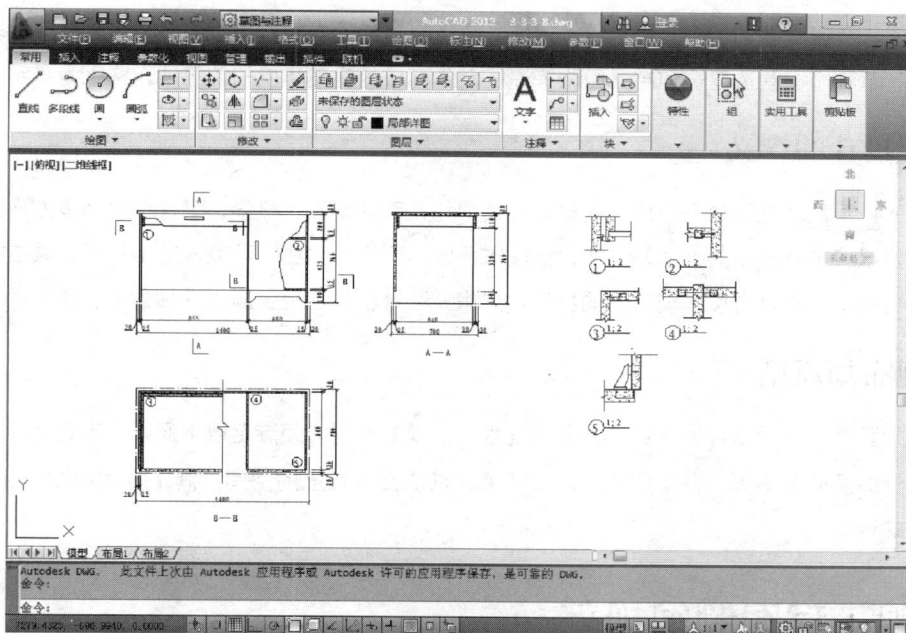

图 3-108　结构装配图绘制完成图

第4章
景观设计CAD

4.1 景观设计概述

4.1.1 景观

根据人群需求、环境规划、功能划分、经济条件，并运用工程技术和艺术手段，利用天然地形或人工创造地形地貌，进行树木花草种植、营造建筑和布置园路等途径创作而成的优美环境和游憩地，称之为景观。

4.1.2 景观设计的含义

狭义层面上的景观设计是面向户外环境的建设，其中包含艺术创作、科学、工程技术等多方面的因素。景观设计面向户外空间，以城市开放空间为主，具体包括城市公园、广场、居住区环境、道路景观、城市街边绿化以及城市滨水地带等，还包括一些以自然景观为主的类型，如旅游区景观、湿地公园、森林公园、村镇景观等。

4.1.3 景观布局原则

通常，景观须具有一定的适应性、经济性和美观性。景观的布局必须满足以下原则：满足功能要求；符合人们的行为习惯，设计必须服务于人；创造优美的视觉环境；创造合适尺度的空间；满足技术要求；尽可能降低造价；提供便于管理的环境。

4.2 景观工程图制图规范

景观制图是表达景观设计意图最直接的方法，是每个设计师必须掌握的技能。与手工制图一样，使用计算机绘制图形不仅要掌握绘图方法，还应该学习并遵守相关的制图规范。

AutoCAD景观制图可参照《房屋建筑制图统一标准》（GB/T 50001—2010）作为制图的依据。在景观图纸中，对制图的基本内容都有规定。这些内容包括图纸幅面、图框格式、图纸标题栏、绘图比例、字体和图纸、尺寸标注、符号标注、坐标网格、坐标标注和标高标注等。

4.2.1 图纸幅面

图幅规格具体详见室内设计制图的图幅规格。

4.2.2　图框格式

无论图样是否装订，均应在图纸幅面内画出图框，图框线用粗实线绘制。图纸以短边作为垂直边时应为横式，以短边作为水平边时应为立式。A0 ~ A3 图纸宜横式使用，必要时，也可立式使用。装订边预留 25mm 宽。图框线的中央有时需标对中线，这时图纸上四个边均附有对中标志，对中线宽为 0.35mm，伸入图框内 5mm。图框距图纸边界的尺寸视图大小及有无装订边而不同，不需装订的图样则不留装订边。具体详见室内设计制图的图框格式标准。

4.2.3　图纸标题栏

每张图纸上都必须绘制标题栏，用来简要地说明图纸的相关信息。标题栏通常位于图纸的右下角，其内容包括设计单位、工程项目名称、设计者、制图者、审核者、图名、比例、日期和图纸编号等，标题栏的尺寸是有规定的，长边为 180mm，短边为 40mm、30mm 或 50mm。

许多设计单位将图框、标题栏和会签栏等制作成图块，每次绘制图形完成时，只需调出图块，插入图形中。不仅提高了工作效率，还将图纸统一化。此外，不同专业和设计单位可根据需要，自行安排标题栏中的内容，但应以简洁明了为主。

如图 4-1 所示为《房屋建筑制图统一标准》（GB/T 50001—2010）的横向图纸标题栏图例。

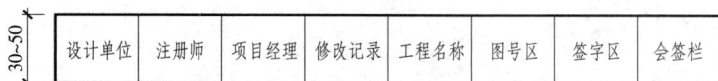

30-50	设计单位	注册师	项目经理	修改记录	工程名称	图号区	签字区	会签栏

图 4-1　标题栏

4.2.4　绘图比例、字体和图纸

图纸幅面中，图形的比例、标注文字的字体和图样线等均按照国家标准（GB）来进行设置和标注。

4.2.4.1　绘图比例

比例应以阿拉伯数字表示，其规格应比图名字高小一号或二号，写于图名右侧，数字的底线应取平，如图 4-2 所示。

同一张图内如有不同比例的图面应分别在图下注明比例。下面列出了常用的景观工程图的绘制比例值：总体规划及总平面图可采用 1∶5000、1∶2000、1∶1000 及 1∶500；分区总平面图可采用 1∶500、1∶300、1∶200；建筑平、立、剖面的扩初阶段可采用 1∶200、1∶100；建筑平、立、剖面的施工图设计阶段可采用 1∶100、1∶50；施工详图可采用 1∶20、1∶10、1∶5、1∶2，必要时也采用 1∶30。

平面图　　1∶100

图 4-2　数字底线与比例

4.2.4.2　字体

图纸上书写的文字、数字、符号等，均应该笔划清晰，字体端正，排列整齐。图及说明的汉字、拉丁字母、阿拉伯数字和罗马数字应采用"楷体_ GB2312"，其高度（h）与宽度（w）的关系应符合：w/h = 1。

尺寸标注数字、标注文字、圈内文字选用字高为 3.5mm；说明文字、比例标注选用字高为 4.8mm；图名标注文字选用字高为 6mm，比例标注选用字高为 4.8mm；图标栏内须填写的部分均选用字高为 2.5mm。

如图 4-3 所示的是图样上常见字体的书写实例。

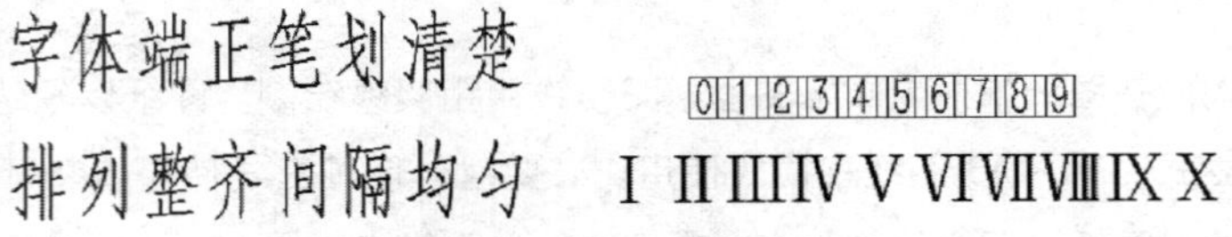

字体端正笔划清楚

排列整齐间隔均匀

0 1 2 3 4 5 6 7 8 9

Ⅰ Ⅱ Ⅲ Ⅳ Ⅴ Ⅵ Ⅶ Ⅷ Ⅸ Ⅹ

图4-3　长仿宋字和数字书写规范

4.2.4.3　绘图图线

绘制技术图样时，应遵循国家标准的规定。根据图纸内容及其复杂程度要选用合适的线型及线宽来区分图纸内容的主次。为统一整套图纸的风格对图中所使用的线宽及线型作出以下规定：特粗线0.70mm、粗线0.50mm、中线0.25mm、细线0.18mm。基本图线适用于各种技术图样，粗实线的宽度应根据图形的大小和复杂程度选取，一般取0.7mm。在前面已介绍了室内设计制图的图线规范，其中的一些内容与景观制图的规范和标准是相同的。

4.2.4.4　图纸编排顺序

设计阶段有方案、初步及施工图等各阶段设计，应在施工图的图号冠以"园施"来区别，各工种编排顺序如下："园施—0—X"：图纸目录及统一施工图说明；"园施—1—X"：总平面；"园施—2—XX"：种植；"园施—3—XX"：建筑及结构；"园施—4—XX"：给排水；"园施—5—XX"：电气照明。其中X为图纸编号，用阿拉伯数字表示。

4.2.5　尺寸标注

图形只能表达园林元素的形状，而元素的大小则由标注的尺寸确定。国标中对尺寸标注的基本方法做了一系列的规定，必须严格遵守。一个完整的尺寸应由尺寸界线、尺寸线、尺寸线终端和尺寸数字四个要素组成。具体绘制方法及注意事项详见第2章室内设计制图规范。

4.2.5.1　尺寸界线

尺寸界线用细实线绘制，一般应与被标注长度垂直，其一端应离开图样轮廓线不小于2mm；另一端超出尺寸线2～3mm。必要时，图样轮廓线也可用于尺寸界线。

4.2.5.2　尺寸线

尺寸线用细实线绘制，应与被标注长度平行，且不宜超出尺寸界线。尺寸线不能用其他图纸替代，一般也不得与其他图纸重合或画在其延长线上。

4.2.5.3　尺寸线终端

在前面已介绍了室内设计制图的尺寸起止符号，其标准和这部分内容是相同的，这里不再重复。

4.2.5.4　尺寸数字

图上尺寸应以尺寸数字为准。图样上的尺寸单位除标高及在总平面图终端单位为米（m）外，都必须以毫米（mm）为单位。尺寸数字应依据其读数方向写在尺寸线的上方中部，如没有足够的注写位置，最外边的尺寸数字可在尺寸界线外侧注写，中间相邻的尺寸数字可错开注写，也可引出注写。尺寸数字不能被任何图线穿过；不可避免时，应将图线断开。

4.2.5.5　尺寸标注的其他规定

表4-1列出了园林工程中其他尺寸标注的注法与规定。

表 4 - 1   尺寸标注的其他规定

标注内容	注 法 示 例	说 明
薄板厚度		应在厚度符号前加注符号"δ"
坡度		标注坡度时，在坡度数字下，应加注坡度符号，坡度符号用单面箭头，一般就指向下坡方向；或用直角三角形形式标注
斜度及锥度		斜度及锥度的标注： （1）斜度符号的顶角为30°，高度与字高相同； （2）锥度符号是顶角为30°的等腰三角形，底边宽度与字高相同； （3）斜度和锥度符号的主向，应分别与斜度、锥度的方向相同。必要时，可在标注锥度的同时，在括号中注出锥角的角度 a 之半

4.2.6 符号标注

在本节中，将景观工程图所有符号标注作详细的介绍。符号标注包括指北针、定位轴线及编号、索引符号、引出线及详图符号、标高符号、剖（断）符号等。

4.2.6.1 指北针

在总图部分的其他平面图上应画出指北针。指北针用细实线绘制，圆的直径为 24mm，指针尾宽为 3mm，在指针尖端注"N"字，字高 5mm，如图 4 - 4 所示。

4.2.6.2 定位轴线及编号

平面图中定位轴线，用来确定各部分的位置。

小贴士

定位轴线用细点划线表示，其编号注在轴线端部用细实线绘制的圆内，圆的直径为 8～10mm，圆心在定位轴线的延长线或延长线的折线上。平面图上定位轴线的编号应标注在图样的下方与左侧，竖向编号用阿拉伯数字按从左至右顺序编号，横向编号用大写拉丁字母（除 I、O、Z 外）按从下至上顺序编号，如图 4-5 所示。

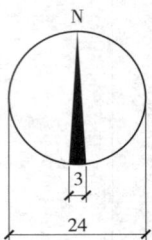

图 4-4　指北针

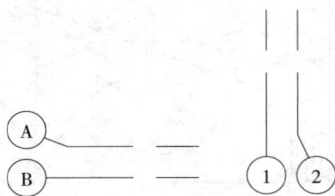

图 4-5　定位轴线及编号

在标注次要位置时，可用在两根轴线之间的附加轴线。附加轴线及其编号方法如图 4-6 所示。

在详图中，一个详图适用于几根定位轴线时的轴线编号方式如图 4-7 所示。

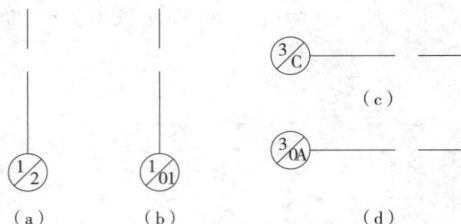

图 4-6　附加轴线及编号

（a）表示 2 号轴线后附加的第 1 条轴线；（b）表示 1 号
轴线前附加的第 1 条轴线；（c）表示 C 号轴线后附加的
第 3 条轴线；（d）表示 A 号轴线前附加的第 3 条轴线

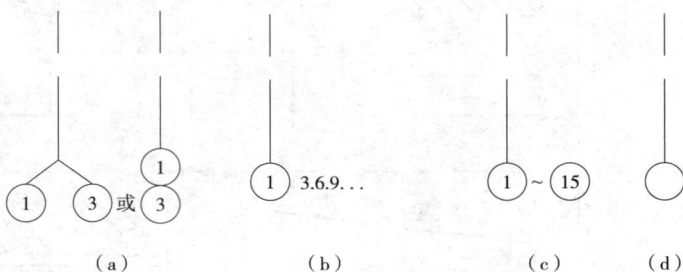

图 4-7　定位轴线及编号

（a）用于 2 根轴线；（b）用于多根非连续编号的轴线；
（c）用于多根连续编号的轴线；（d）用于通用详图的轴线

4.2.6.3　索引符号

对图中需要另画详图表达的局部构造或构件，在图中的相应部位应以索引符号索引。索引符号用来索引详图，而索引出的详图应画出详图符号来表示详图的位置和编号，并用索引符号和详图符号相互之间的对应关系，建立详图与被索引的图样之间的联系，以便相互对照查阅。

索引符号的圆及水平直径线均以细实线绘制，圆的直径应为 10mm，索引符号的引出线应指在要索引的位置上。引出的是剖面详图时，用粗实线段表示剖切位置，引出线所在的一侧应为剖视方向。圆内编号的含义为：上行为详图编号，下行为详图所在图纸的图号，如图 4-8 所示。

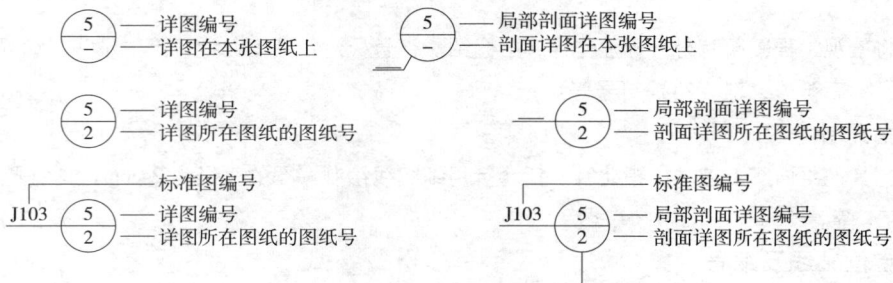

图 4-8　索引符号

4.2.6.4　引出线与详图符号

引出线应以细线绘制，采用水平向与斜线相交、斜线与水平线交角宜采用 120°、135°、90°，引出线上的文字说明如图4-9和图4-10所示。

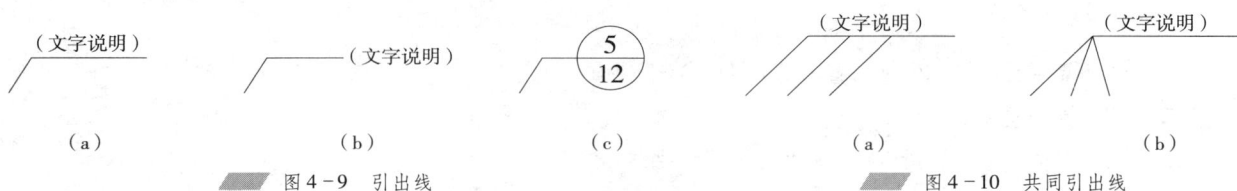

（a）　　　　　　　　　　　（b）　　　　　　　　　　　（c）

图4-9　引出线

（a）　　　　　　　　　　　　　（b）

图4-10　共同引出线

详图符号是以粗实线绘制直径为14mm的圆，当详图与被索引出的图形不在同一张图纸内时，可用细实线在详图符号内画一水平直径，圆内编号的含义为：上行为详图编号，下行为被索引图纸的图号，如图4-11所示。

与被索引图样同在一张图纸内的详图符号　　　　　与被索引图样不在一张图纸内的详图符号

图4-11　详图符号

4.2.6.5　标高符号

标高是标注建筑物高度的另一种尺寸标注形式，其标注方式应满足下列规定：

个体建筑物图样上的标高符号以细实线绘制，通常使用如图4-12（c）、（d）所示的形式，如标注位置不够，可按图4-12（a）、（b）所示形式绘制。图中 l 是注写标高数字的长度，高度 h 则视需而定。

总平面图上的标高符号应涂黑表示，如图4-13所示。

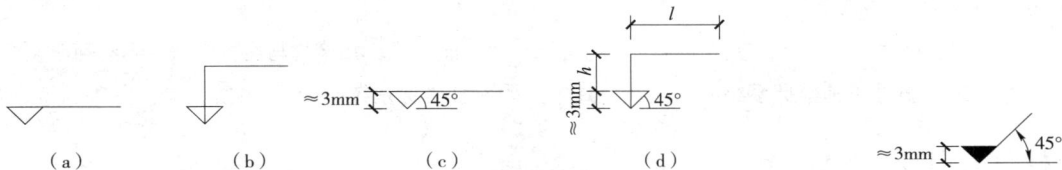

（a）　　　　　　　　（b）　　　　　　　（c）　　　　　　　　（d）

图4-12　个体建筑图样的标高符号

图4-13　总平面图上的标高符号

在图样的同一位置需表示几个不同标高时，标高数字可按如图4-14所示的形式注写。

标高数字以米（m）为单位，注到小数点以后第三位；在总平面图中，可注到小数点后第二位。零点标高应注写成±0.000；正数标高不注"＋"，负数标高应注"－"。标高符号的尖端应指至被注的高度处，尖端可向上，也可向下，如图4-15所示。

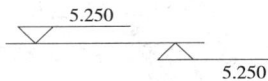

图4-14　一个符号标注几个标高

图4-15　标高符号的指向

4.2.6.6　剖（断）符号

剖面符号带有方向性以粗线呈"⌐"表示，而断面符号则不带方向性，常用在节点详图以粗线表示。带方向性的剖面应将临近可见的有关立面画全，而断面符号仅表示所切范围的画面，如图4-16所示。

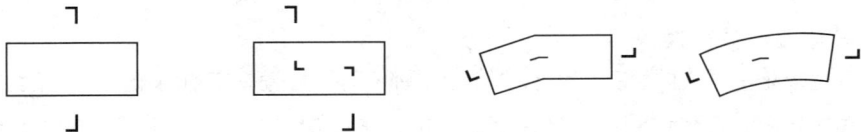

图4-16　剖（断）符号

4.2.7 坐标网格

坐标分为测量坐标和施工坐标。施工坐标是以 A、B 表示。

4.2.7.1 测量坐标

测量坐标为绝对坐标。测量坐标网应画成交叉十字线，以 X、Y 表示。

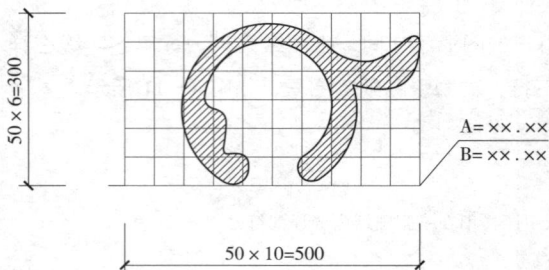

50 × 6=300

50 × 10=500

A=××.××
B=××.××

 图 4 - 17 复杂的曲面图形的施工坐标网格标注

4.2.7.2 施工坐标

施工坐标为相对坐标，相对零点宜通常选用已有建筑物的交叉点或道路的交叉点，为区别于绝对坐标，施工坐标用大写英文字母 A、B 表示。

施工坐标网格应以细实线绘制，一般画成 100m × 100m 或者 50m × 50m 的方格网，当然也可以根据需要调整，对于面积较小的场地可以采用 5m × 5m 或者 10m × 10m 的施工坐标网。

复杂的曲面图形可采用网格形式标注尺寸，如图 4 - 17 所示。

4.2.8 坐标标注

坐标直接标注在图上，如图面无足够位置，也可列表标注，如坐标数字的位数太多时，可将前面相同的位数省略，其省略位数应在附注中加以说明。

表示建筑物、构筑物位置的图标，宜注其 3 个角的坐标，如果建筑物、构筑物与坐标轴线平行，可注对角坐标。平面图上有测量和施工两种坐标系统时，应在附注中注明两种坐标系统的换算公式。

4.2.9 标高标注

施工图中标注的标高应为绝对标高，如标注相对标高，则应注明相对标高与绝对标高的关系。

4.3 园林设计

小贴士

园林设计面向户外空间，以城市开放空间为主，具体包括城市公园、广场、居住区环境、道路园林、城市街边绿化以及城市滨水地带等，还包括一些以自然园林为主的类型，如旅游区园林、湿地公园、森林公园、村镇园林等。

在本节中，我们主要讲述园林设计中的园林道路、园林水体、园林小品、园林植物的设计简述和绘制方法。所举的实例为一小区园林规划的平面图，如图 4 - 18 所示。

利用这个园林平面图的绘制，讲解了"直线"、"多段线"、"样条曲线"、"偏移"、"复制"、"移动"、"修剪"、"延伸"、"填充"等命令的使用方法，并讲解了图层的设置及如何创建块和插入块，具体的操作和设置方法步骤如下。

4.3.1 园林道路

4.3.1.1 园林道路设计简述

园林道路设计在现代化城市中起着重大作用，城市人口的密集、机动车辆的增加，自然环境的污染，使自然失去原有的平衡，平衡被破坏对人类生存和发展起着负面影响，在城市中交通拥挤的路段，如立交桥、交叉路口等这些环境污染较严重的地区，大量的进行园林道路设计，达到绿化、美化的效果。

图 4-18 小区园林规划平面图

4.3.1.2 绘制小区道路

为了绘图方便，便于编辑、修改和输出，使图形的各种信息清晰、有序，同样可以根据实际情况设置如下几个图层："园路"、"水体"、"小品"、"植物"、"尺寸"。具体设置方法参照第二章室内设计的图层设置。

1. 居民区间园路的绘制

小贴士

具有规则形状的园林道路，将采用"多段线"和"矩形"命令来绘制，不规则的道路则采用"样条曲线"命令来绘制。

使用多段线工具，或在命令行中键入"pline"。

命令行提示：指定起点：（可在绘图区域任意指定一点）。

命令行提示：当前线宽为 0.100。

命令行提示：指定下一个点或［圆弧（A）/半宽（H）/长度（L）/放弃（U）/宽度（W）］：（按照图中的尺寸，选择 L/A 改变要画的多段线的样式）。

居民区两旁的路的第一部分就绘制出来了，如图 4-19 所示。

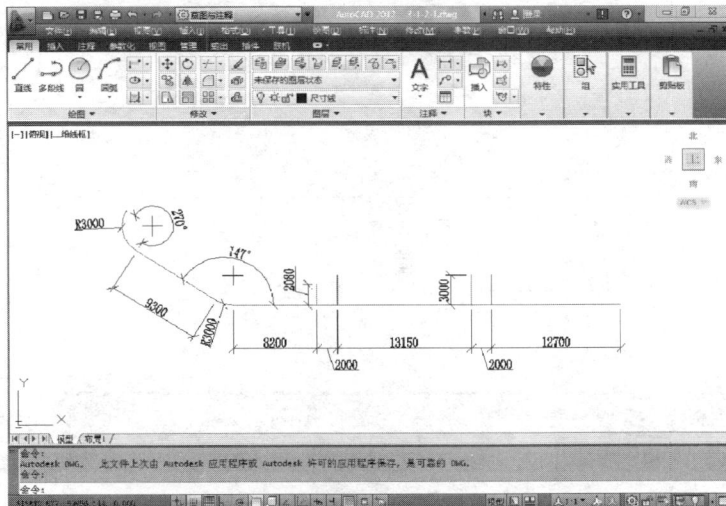

图 4-19 居民区间道路完成图 1

使用修剪工具--/，或在命令行中键入"trim"。

命令行提示：选择剪切边…（用鼠标单击选中内部的几条线，确认）。

命令行提示：选择对象或＜全部选择＞：指定对角点：找到 10 个。

命令行提示：回车或空格或单击右键，确认已选择完对象，命令行提示：选择要修剪的对象，或按住 Shift 键选择要延伸的对象，或［栏选（P）/窗交（C）/投影（P）/边（E）/删除（R）/放弃（U）］：（此时直接用鼠标点击外部不需要的部分即可），这样就把不需要的部分剪切掉了，最后我们得到图 4 - 20。

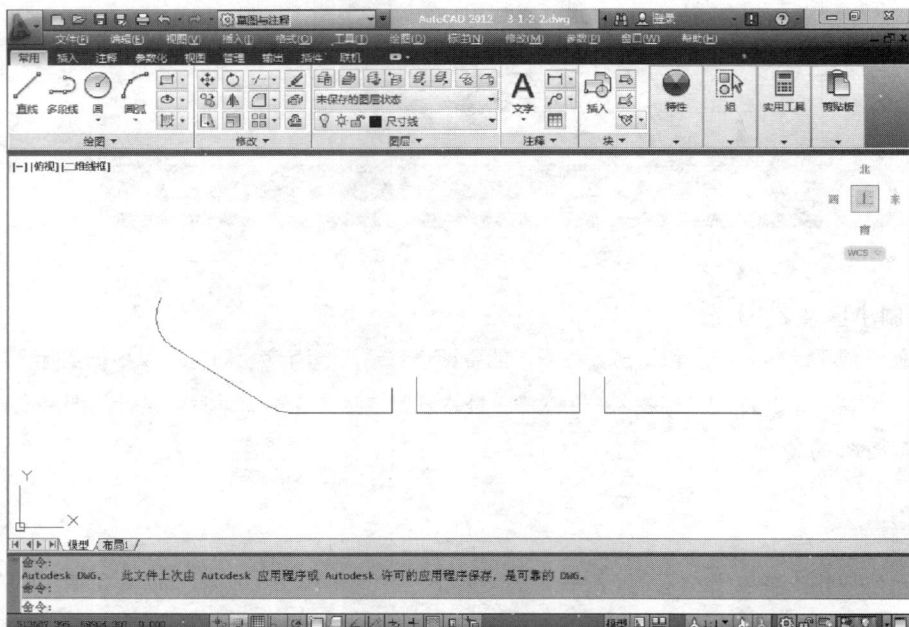

图 4 - 20　居民区间道路完成图 2

同理，使用多段线工具🖊，或在命令行中键入"pline"，绘制出如图 4 - 21 和图 4 - 22 所示的道路。

图 4 - 21　居民区间道路完成图 3

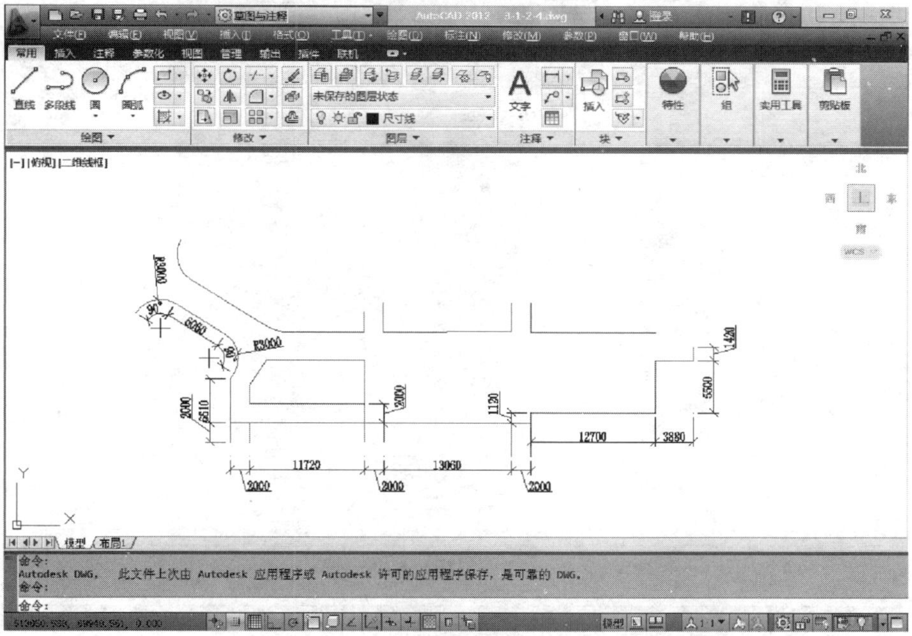

图4-22 居民区间道路完成图4

最后，用同样的方法修剪园路上多余的线条，如图4-23所示。

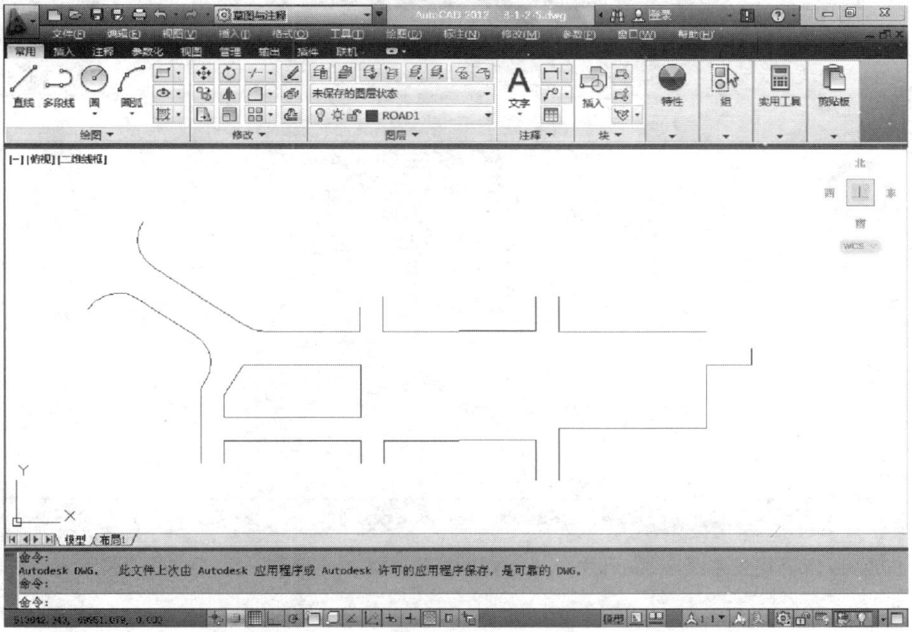

图4-23 居民区间道路完成图5

2. 整个小区内部道路的绘制

使用多段线工具，或在命令行中键入"pline"，接着上面画好的居民区间的园路绘制出，如图4-24所示的道路。

同理，使用多段线工具，或在命令行中键入"pline"，绘制出如图4-25所示的道路。

然后使用复制工具，或在命令行中键入"copy"。

命令行提示：选择对象：（选择之前画好的居民区间园路）。

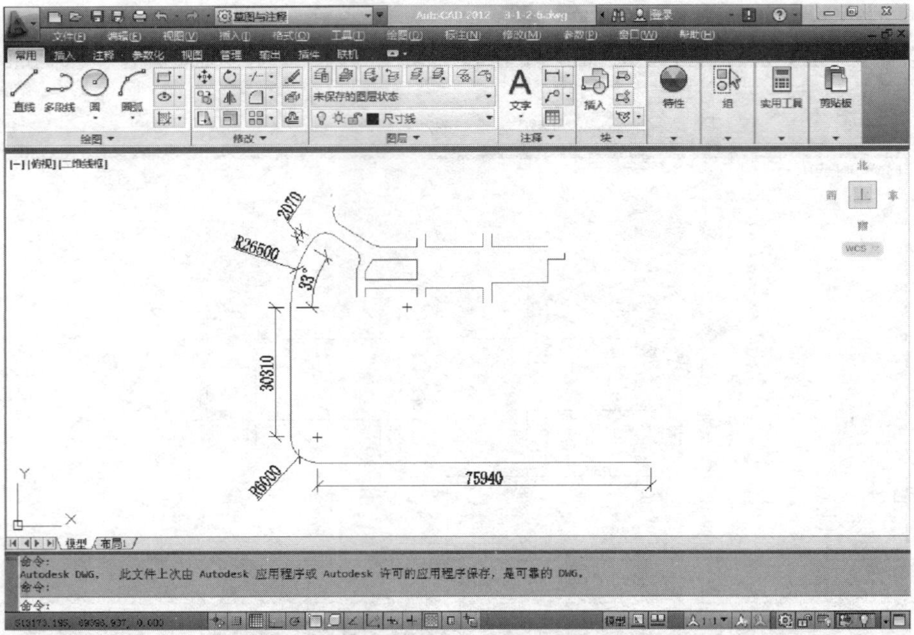

图 4-24　小区道路轮廓线完成图 1

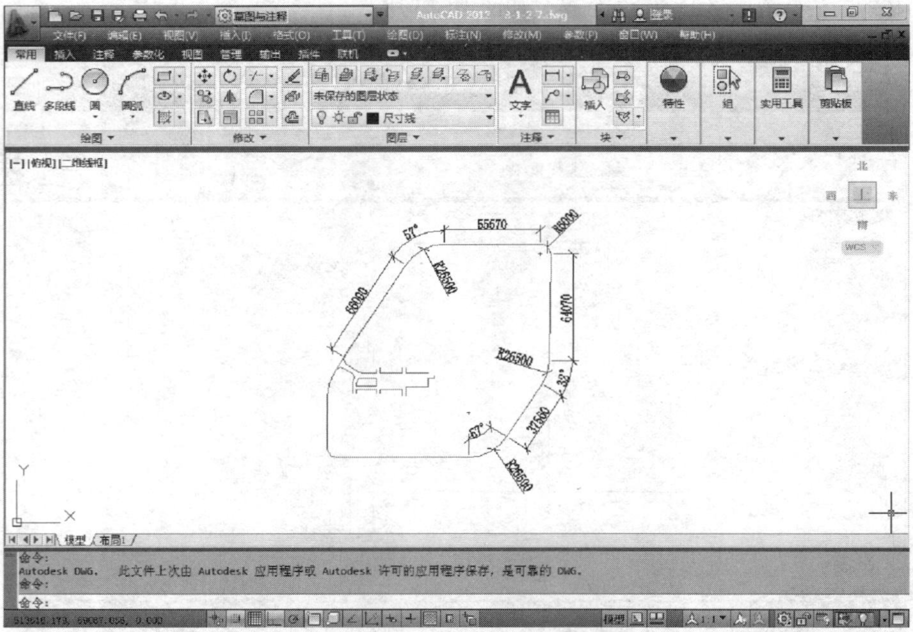

图 4-25　小区道路轮廓线完成图 2

命令行提示：指定基点或 [位移 (D) /模式 (O)] <位移>：(指定这段园路最左上角)。

命令行提示：指定第二个点或 [阵列 (A) /退出 (E) /放弃 (U)] <退出>：(将第二个点指定在图 4-25 中距离居民区园路 66000mm 处的外围园路处)。

整个居民区内部道路的这一步就绘制出来了，如图 4-26 所示。

使用直线工具 ╱ ，或在命令行中键入 "line"，(并打开对象捕捉)。

命令行提示：指定第一点：(单击上方直线的最左端点为第一点；)。

命令行提示：指定下一点或 [放弃 (U)]：(捕捉如图 4-26 所示小区内上部分的园路德右上角处)。

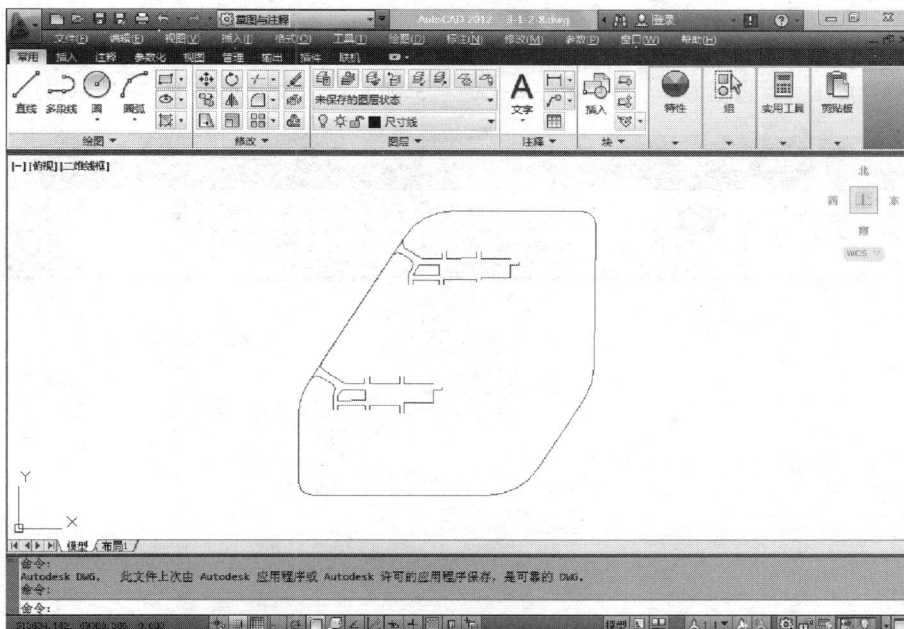

图 4 - 26 小区内部道路完成图 1

命令行提示：指定下一点或［放弃（U）］：（继续绘制如图 4 - 27 部分）。

最后将多余的部分删除，则整个小区内部园路绘制完成，如图 4 - 27 所示。

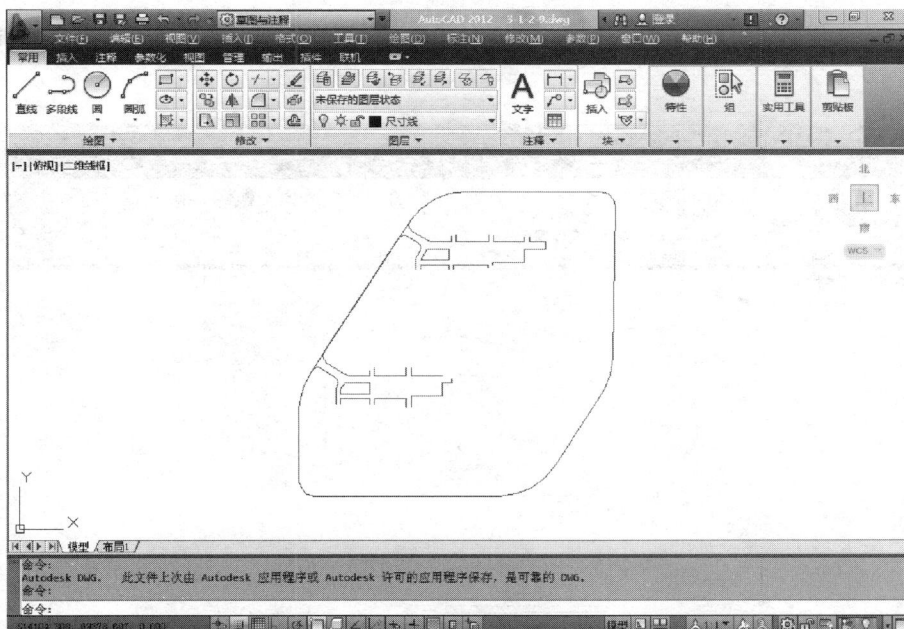

图 4 - 27 小区内部道路完成图 2

3. 小区外围道路的绘制

使用偏移对象工具，或在命令行中键入"offset"。

命令行提示：指定偏移距离或［通过（T）/删除（E）/图层（L）］＜通过＞：3500，之后回车。

命令行提示：选择要偏移的对象，或［退出（E）/放弃（U）］＜退出＞：（选择图 4 - 27 中小区的轮廓线）。

命令行提示：指定要偏移的那一侧上的点，或［退出（E）/多个（M）/放弃（U）］＜退出＞：（任意单击水平辅助线上方区域内的一点）。

　　单击右键，选择"确认"。

　　继续使用偏移对象工具，将上方的小区轮廓线向上偏移3500mm，绘制出如图4-28所示道路。

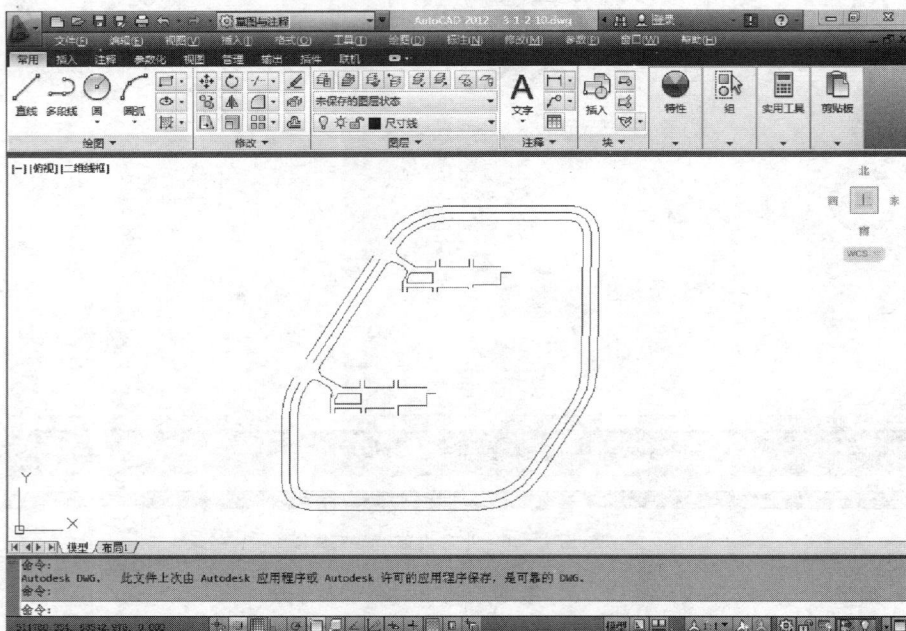

图4-28　小区外围道路完成图1

　　之后将最外围的两层道路进行简单的修改，通过夹点编辑和修改线型，将小区外围道路绘制成如图4-29所示。

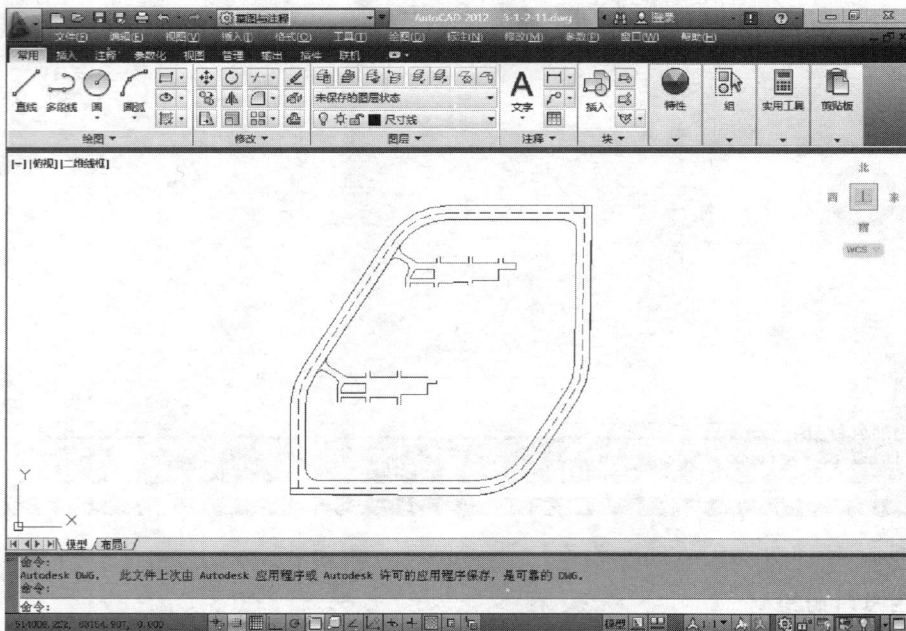

图4-29　小区外围道路完成图2

　　随后在最外围的两层道路旁进行简单的绘制，通过多段线工具，将小区外围道路修改成如图4-30所示。

　　最后使用修改工具，将小区道路修改如图4-31所示。

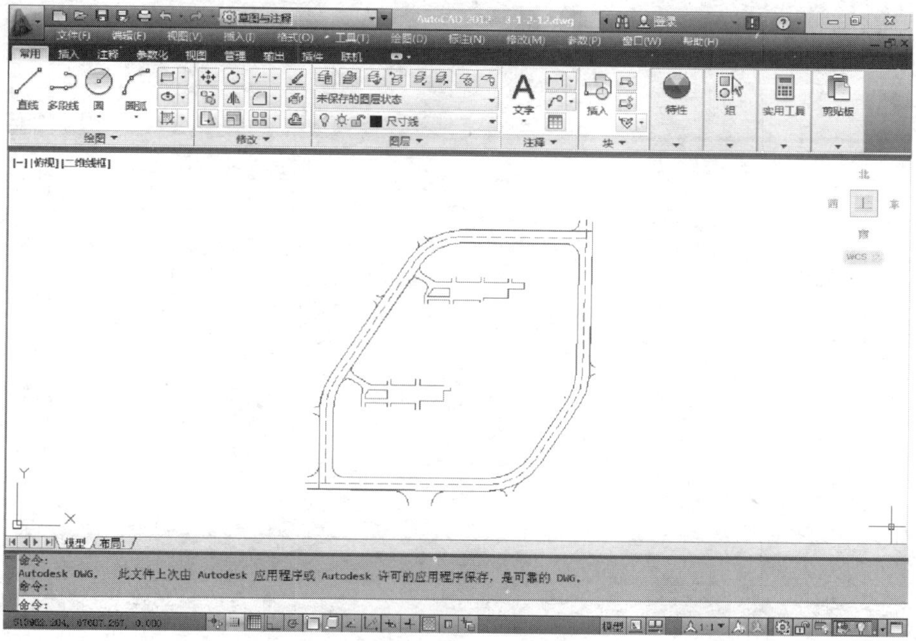

图4-30 小区外围道路完成图3

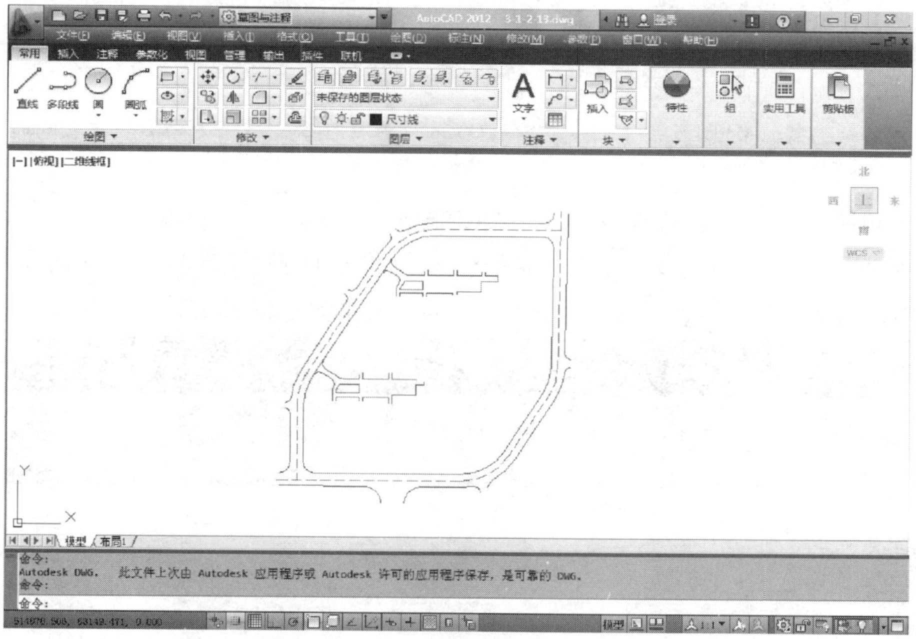

图4-31 小区外围道路完成图4

4. 小区内部绿化道路的绘制

使用偏移对象工具 ▣ ，或在命令行中键入 "offset"。

命令行提示：指定偏移距离或［通过（T）/删除（E）/图层（L）］＜通过＞：1500，之后回车。

命令行提示：选择要偏移的对象，或［退出（E）/放弃（U）］＜退出＞：（选择最内侧小区道路轮廓线线）。

命令行提示：指定要偏移的那一侧上的点，或［退出（E）/多个（M）/放弃（U）］＜退出＞：（任意单击小区轮廓线线下方区域内的一点）。

单击右键，选择"确认"，得到如图4-32所示。

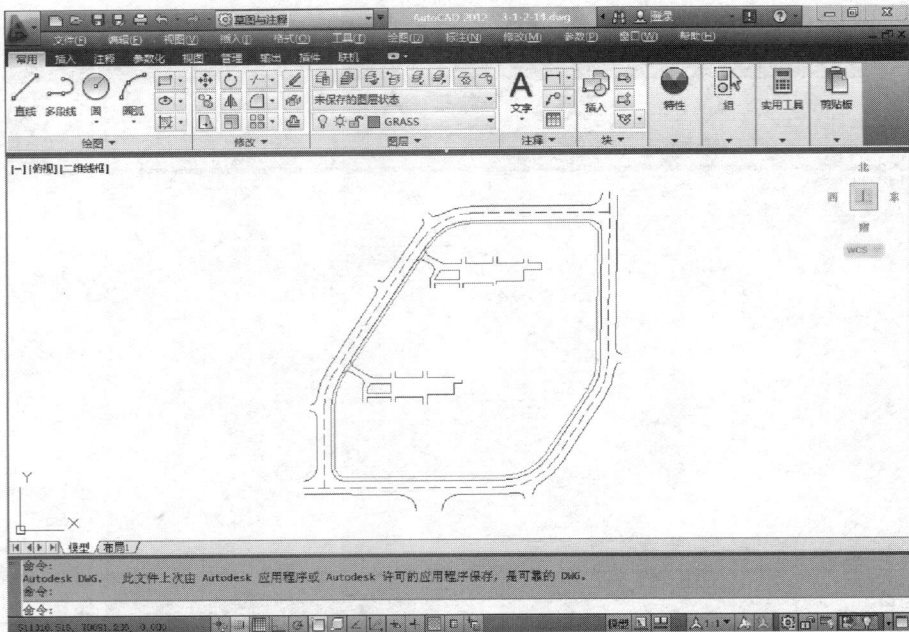

图4-32　小区内部绿化道路完成图1

使用样条曲线工具 $\mathcal{N}$ ，或在命令行中键入"spline"。

输入样条曲线创建方式［拟合（F）/控制点（CV）］＜拟合＞：_ FIT。

当前设置：方式＝拟合　节点＝弦。

指定第一个点或［方式（M）/节点（K）/对象（O）］：（选择在绿化道路上距离居民楼间道路18510处，如图4-33所示）。

输入下一个点或［起点切向（T）/公差（L）］：（按照图4-32绘制）。

输入下一个点或［端点相切（T）/公差（L）/放弃（U）/闭合（C）］：（画好后回车确认）。

最后在图中选用圆形工具 $\bigcirc$ ，或在命令行中键入"circle"，绘制如图4-33所示。

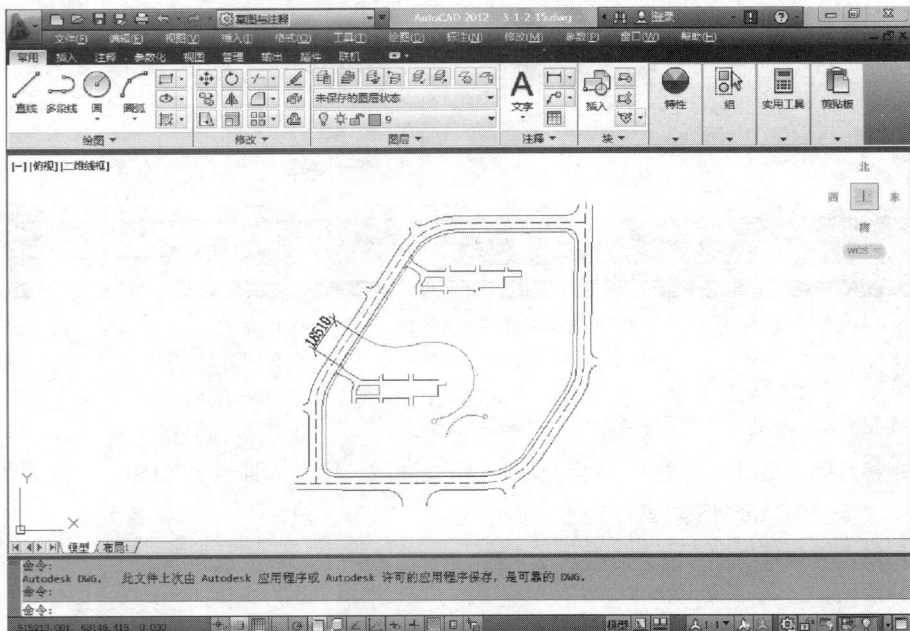

图4-33　小区内部绿化道路完成图2

随后使用偏移对象工具 🔁 ，或在命令行中键入 "offset" ，将画好的样条曲线偏移 12100 的距离，得到如图 4－34 所示。

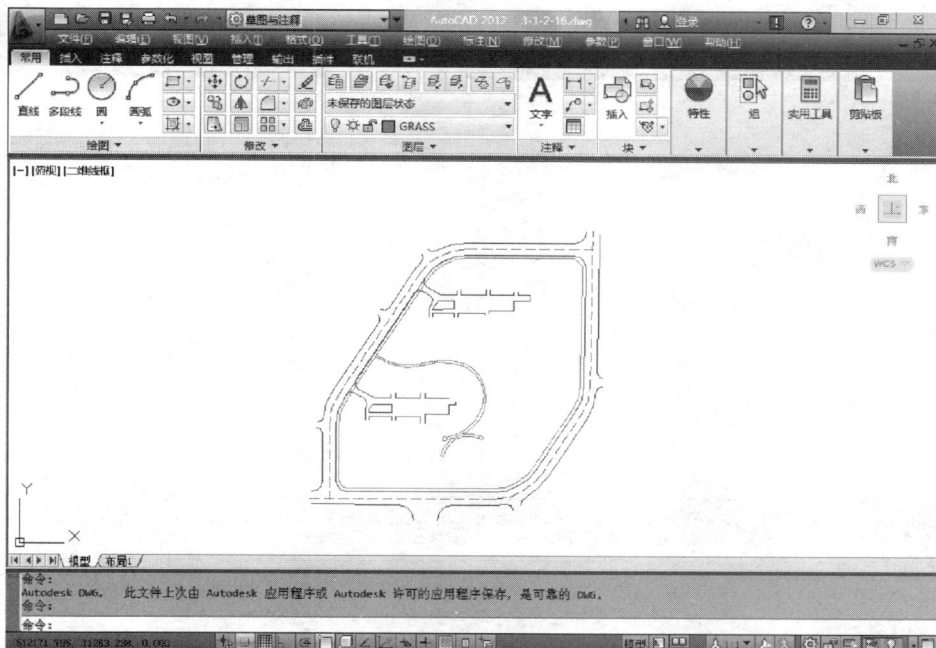

图 4－34 小区内部绿化道路完成图 3

按照图 4－33 和图 4－34 的画法，使用 "样条曲线" 命令和 "偏移" 命令，绘制出如图 4－35 所示的道路。

图 4－35 小区内部绿化道路完成图 4

然后在两条较长的样条曲线之间，用样条曲线工具绘制如图 4－36 所示。

再次采用修剪命令，将上图中的绿化道路修改成如图 4－37 所示。

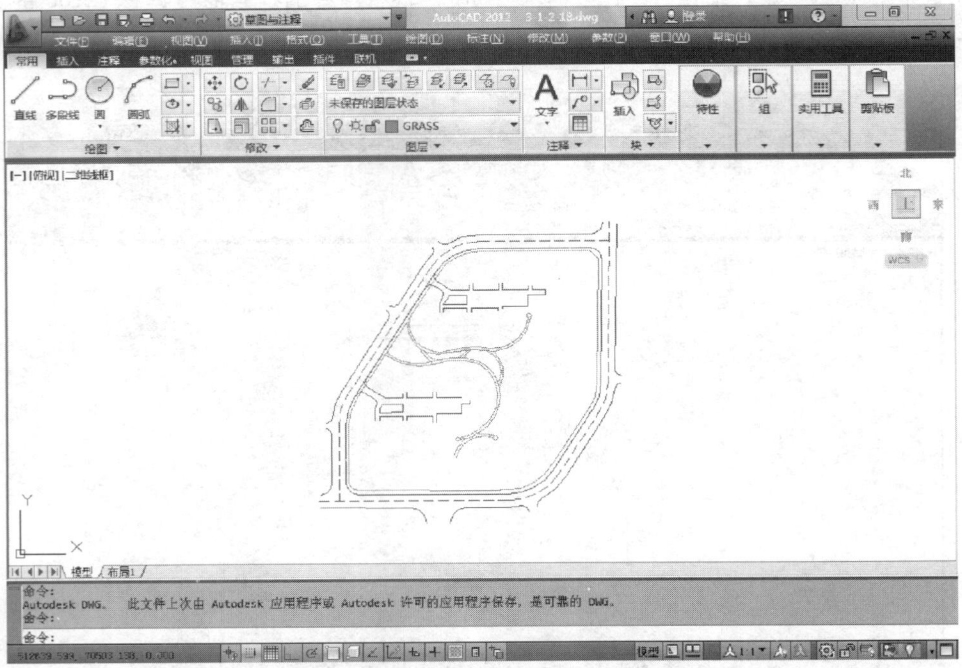

图4-36　小区内部绿化道路完成图5

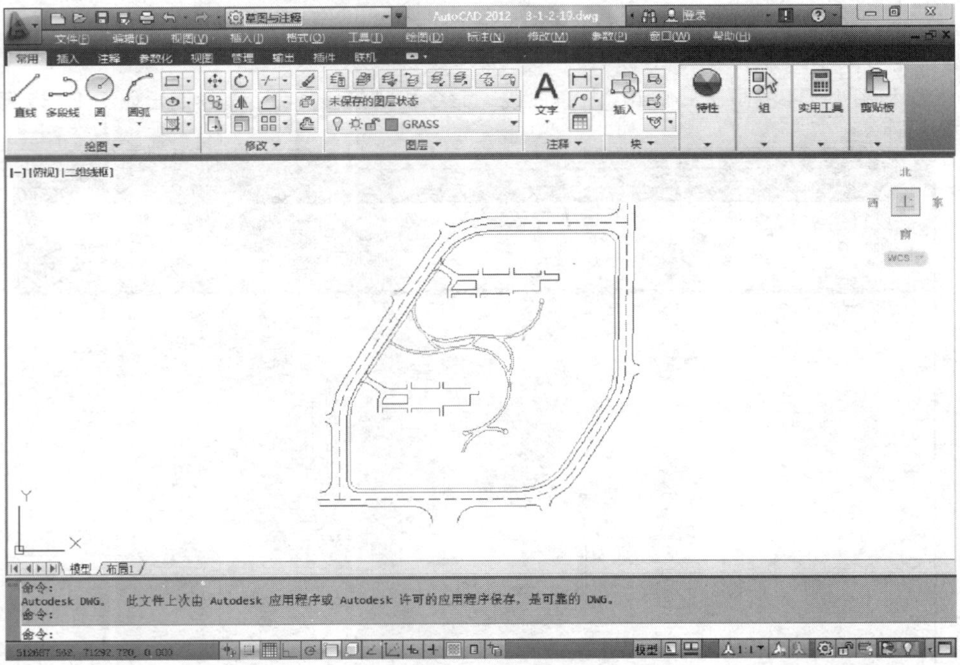

图4-37　小区内部绿化道路完成图6

最后，反复使用"样条曲线"命令、"偏移"命令和"修剪"命令，可以得到如图4-38的图形。

5. 小区内青石汀步的绘制

使用矩形工具▱，或在命令行中键入"rectang"。

命令行提示：指定第一个角点或［倒角（C）/标高（E）/圆角（F）/厚度（T）/宽度（W）］：（选择如图4-39所示的绿化区中心位置绘制）。

图4-38　小区内部绿化道路完成图7

命令行提示：指定另一个角点或 ［面积（A）/尺寸（D）/旋转（R）］：（选择 D，输入1000，700）。

单击右键，选择"确认"，得到如图4-39所示。

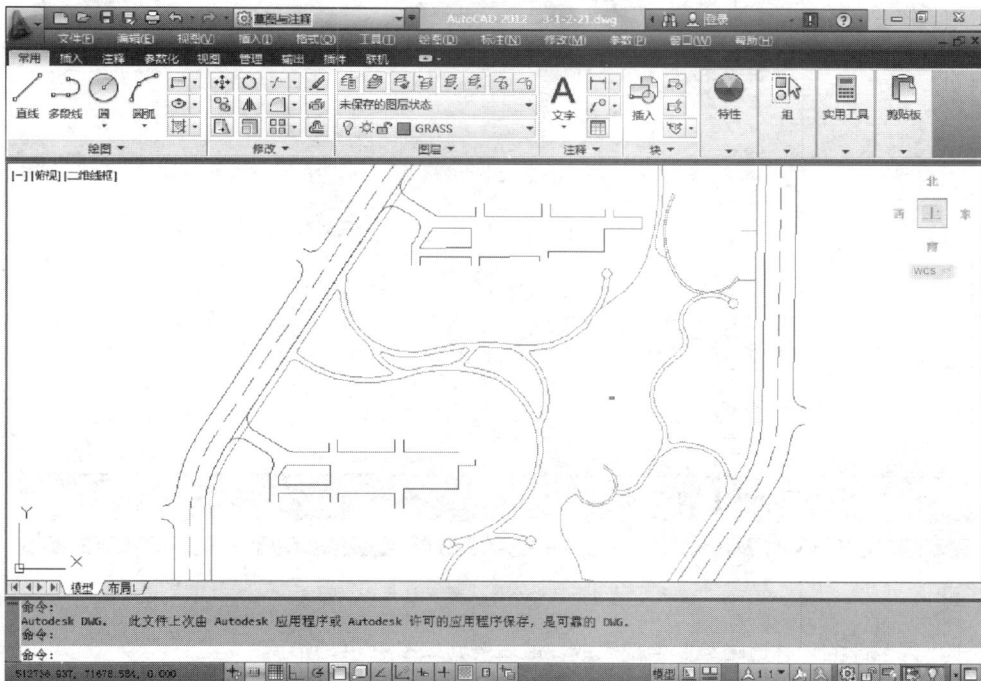

图4-39　小区内青石汀步完成图1

随后再次利用矩形工具，绘制如图4-40所示。

同理，在小区绿化道路中绘制另一处青石步汀，如图4-41所示。

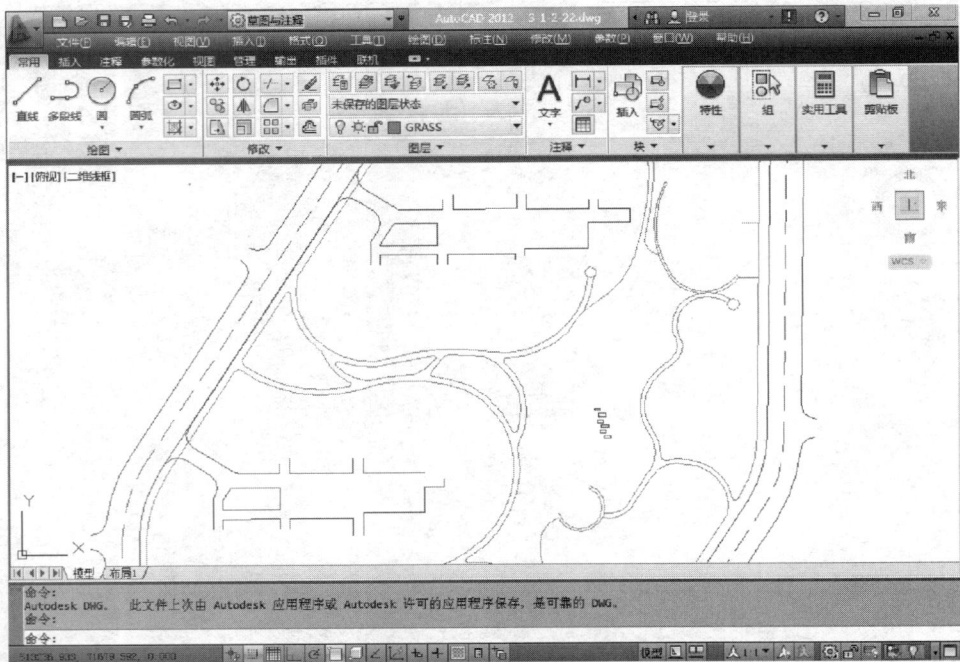

图 4-40　小区内青石汀步完成图 2

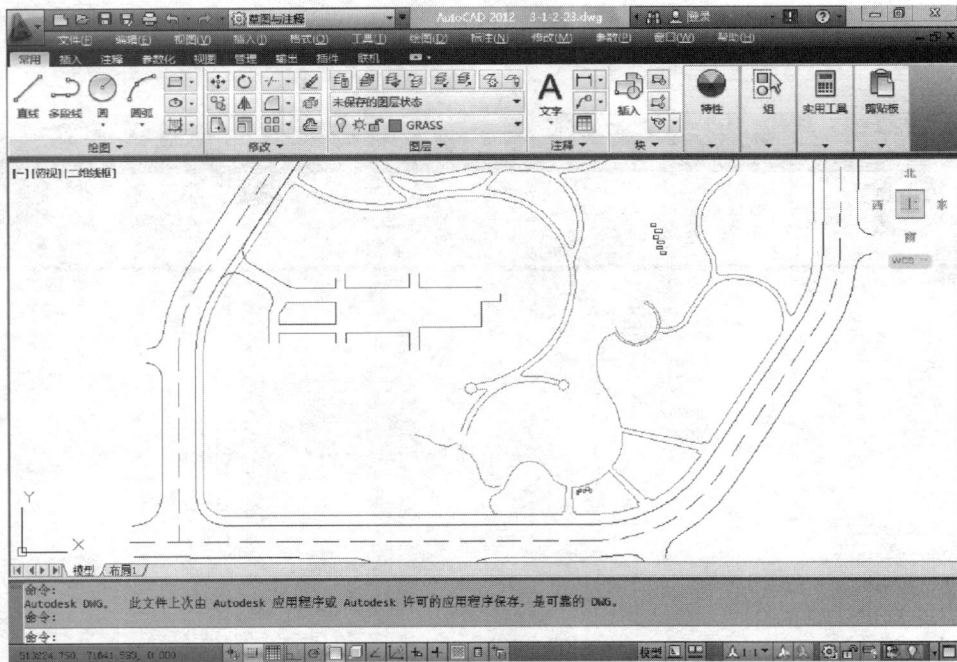

图 4-41　小区内青石汀步完成图 3

　　至此，整个小区全部的园林道路绘制全部完成，最后得到如图 4-42 所示。

4.3.2　园林水体

4.3.2.1　园林水体简述

　　水体，作为园林中一道别样的风景点缀，以它特有的气息与神韵感染着每一个人。它是园林景观和给水排水的

图 4 - 42　小区内青石汀步完成图 4

有机结合。随着房地产等相关行业的发展，人们对居住环境有了更高的要求。水体逐渐成为居住区环境设计的一大亮点，水体的应用技术也得到很快发展，许多技术已大量应用于实践中。

4.3.2.2　绘制水池

首先将当前图层设置为水池层。

使用样条曲线工具 ，或在命令行中键入 "spline"。

命令行提示：在小区全部的园林道路的基础上，参照绘制图 4 - 33 的方法，绘制如图 4 - 43 所示。

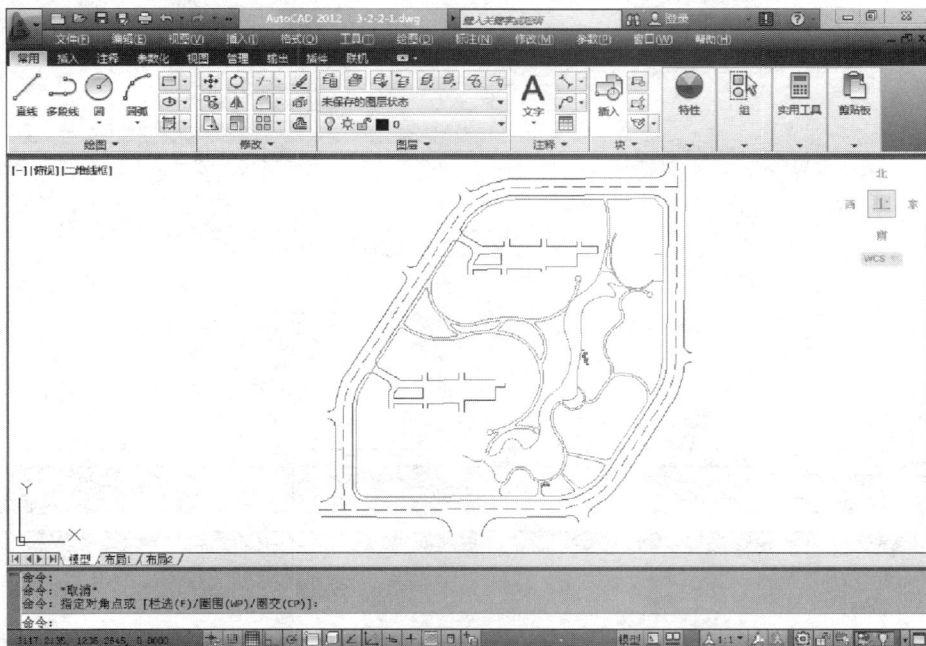

图 4 - 43　水池边缘线完成图 1

使用偏移对象工具 📐 ，或在命令行中键入"offset"，将画好的部分样条曲线偏移2420的距离，得到如图4-44和图4-45所示。

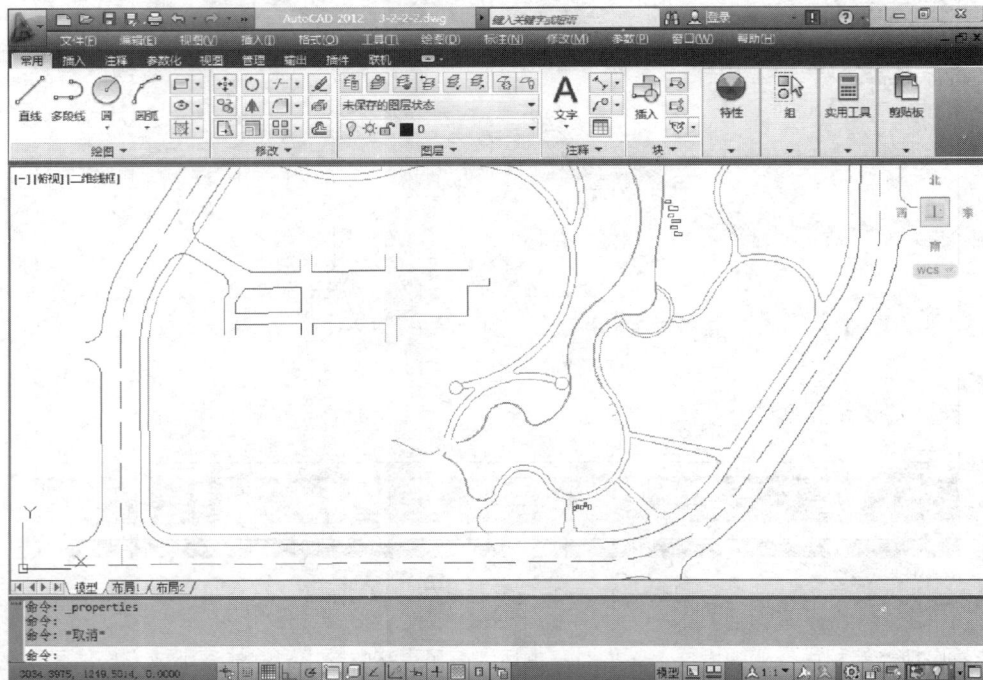

图4-44　水池边缘线完成图2

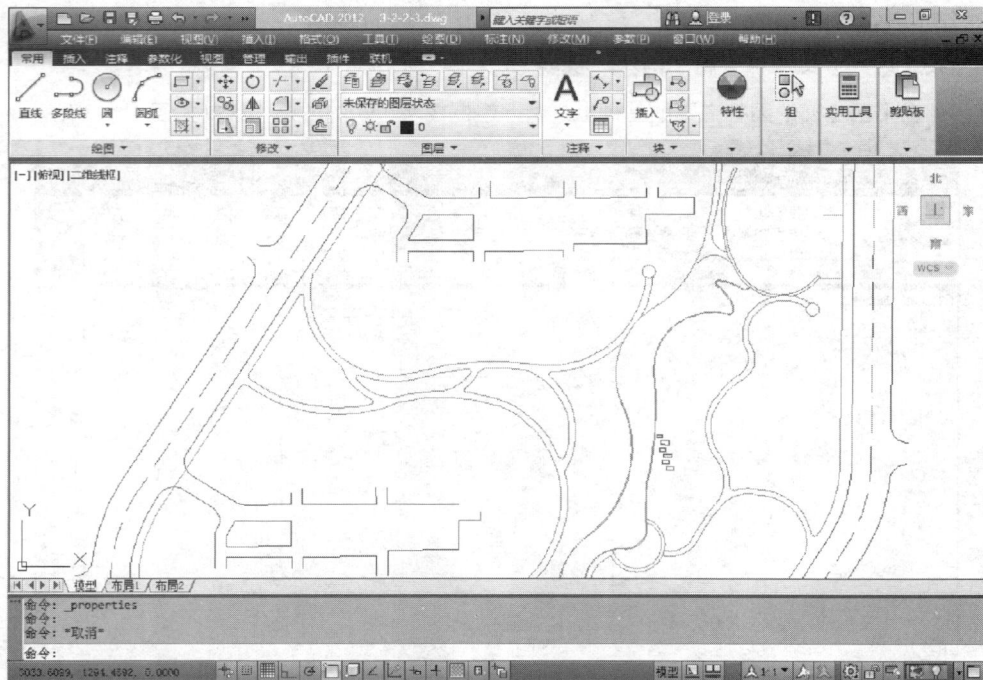

图4-45　水池边缘线完成图3

同理，使用偏移对象工具 📐 ，或在命令行中键入"offset"，将画好的剩余样条曲线偏移12000的距离，然后使用夹点编辑进行适当的调整，得到如图4-46和图4-47所示。

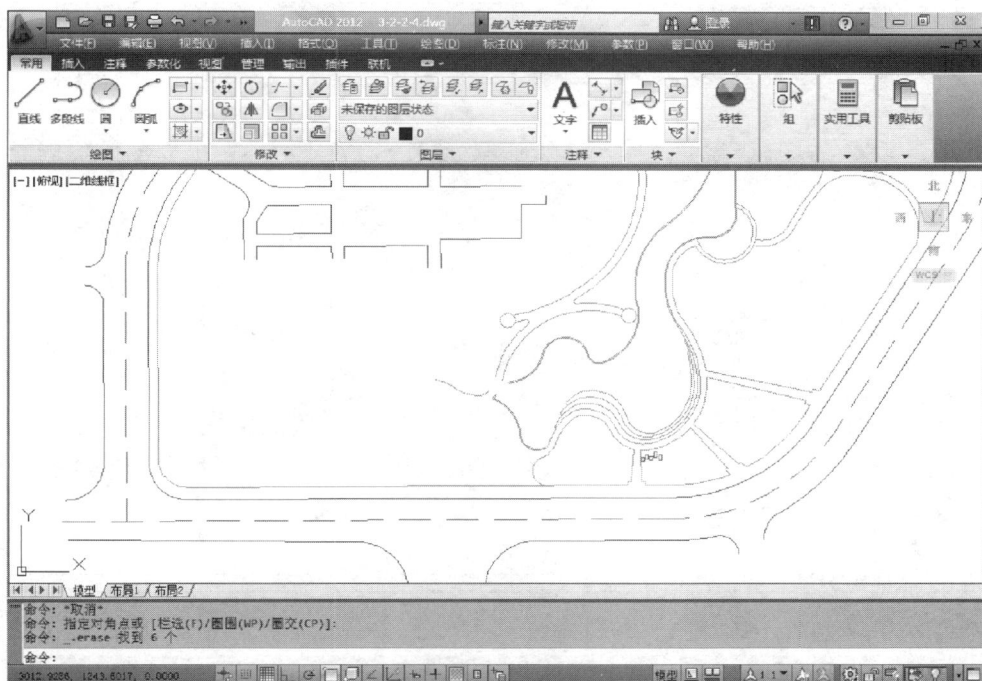

图 4 - 46 水池边缘线完成图 4

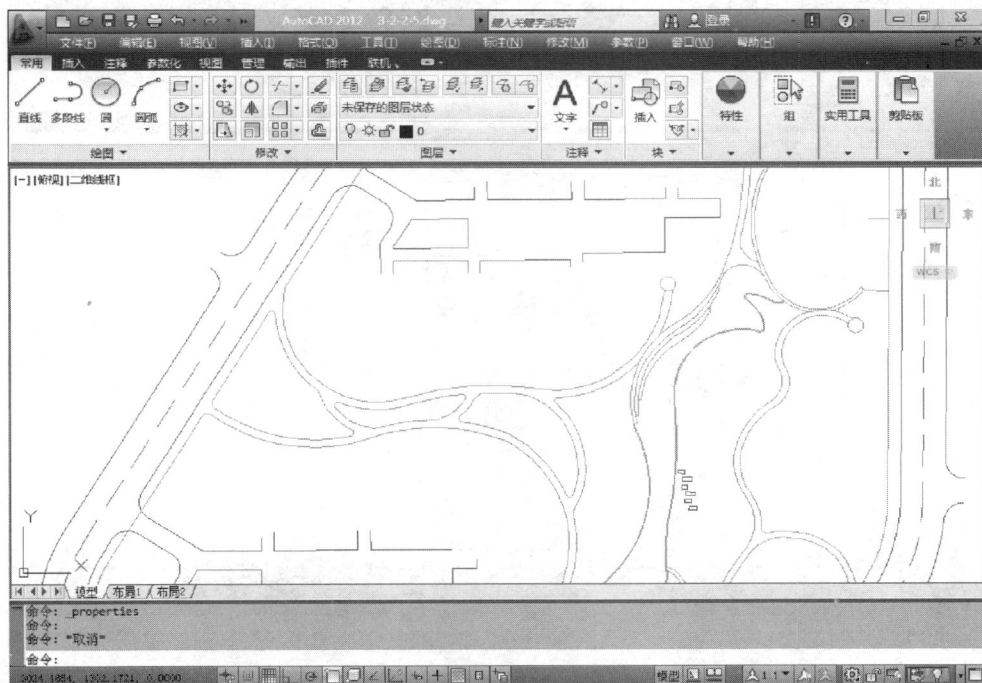

图 4 - 47 水池边缘线完成图 5

使用直线工具 ✐，或在命令行中键入 "line"，（并打开对象捕捉），绘制如图 4 - 48 所示。

至此，水池边缘线绘制全部完成，最后得到如图 4 - 49 所示。

使用图案填充工具 ，或在命令行中键入 "hatchedit"。

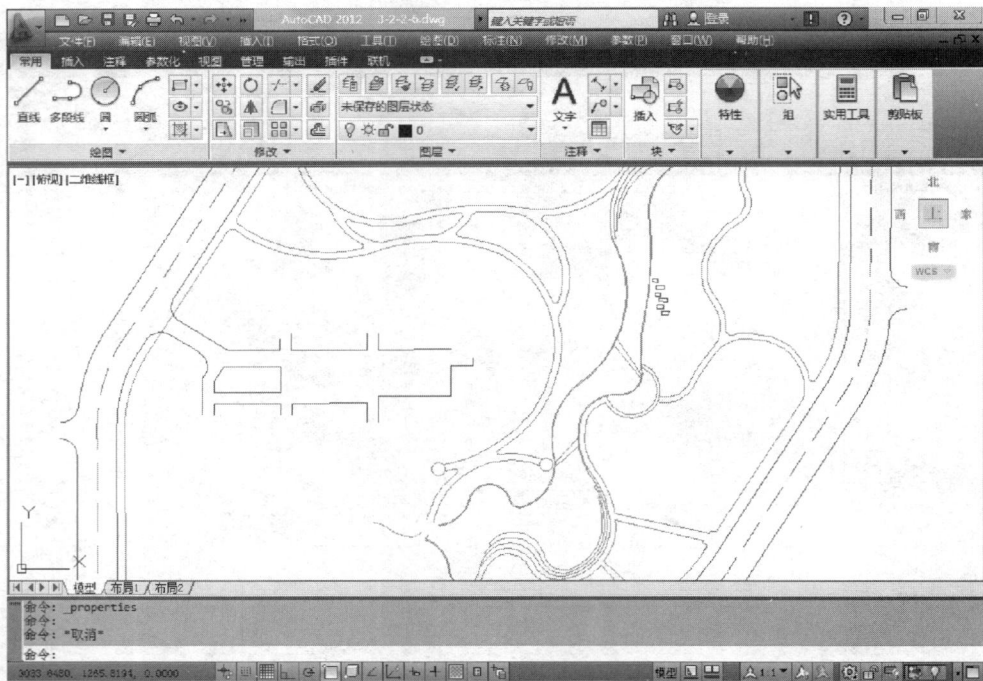

图4-48　水池边缘线完成图6

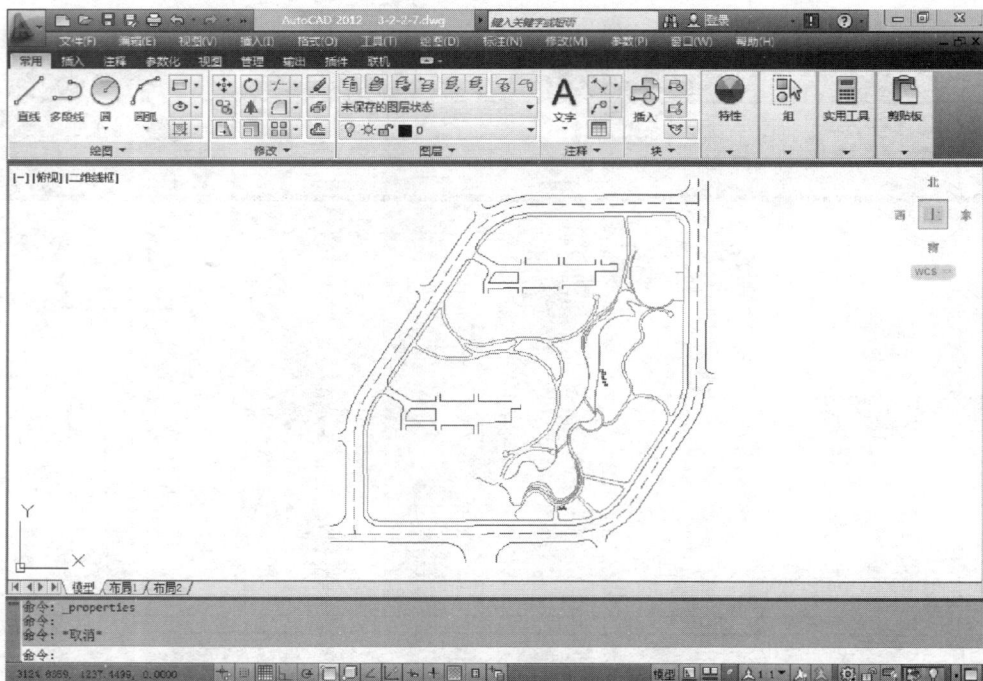

图4-49　水池边缘线完成图7

　　命令行提示：拾取内部点或［选择对象（S）/设置（T）］：（选择T，之后回车）弹出"图案填充和渐变色"对话框，如图4-50所示。

　　单击"样例"，又弹出了"图案填充选项板"，如图4-51所示，在"其他预定义"中我们选择了名称为"AR-RROOF"的图案样例，用来填充水池。

图 4-50　"图案填充和渐变色"对话框

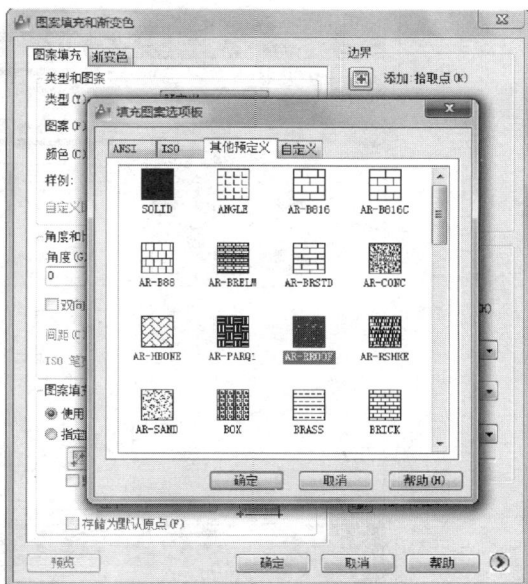

图 4-51　选择填充样例

回到"图案填充和渐变色"对话框，单击"拾取点"，切换到绘图窗口，在水池内部任意点单击，则发现周围封闭的一圈线都变为虚线（因为填充要找到一个封闭的面，所以适当时可在未封闭处画线使其封闭，这样可保证封闭的一圈线都变成虚线），并且封闭的区域内部已经被填充（如果未被填充，可以返回"边界图案填充"对话框，修改比例），如图 4-52 所示。

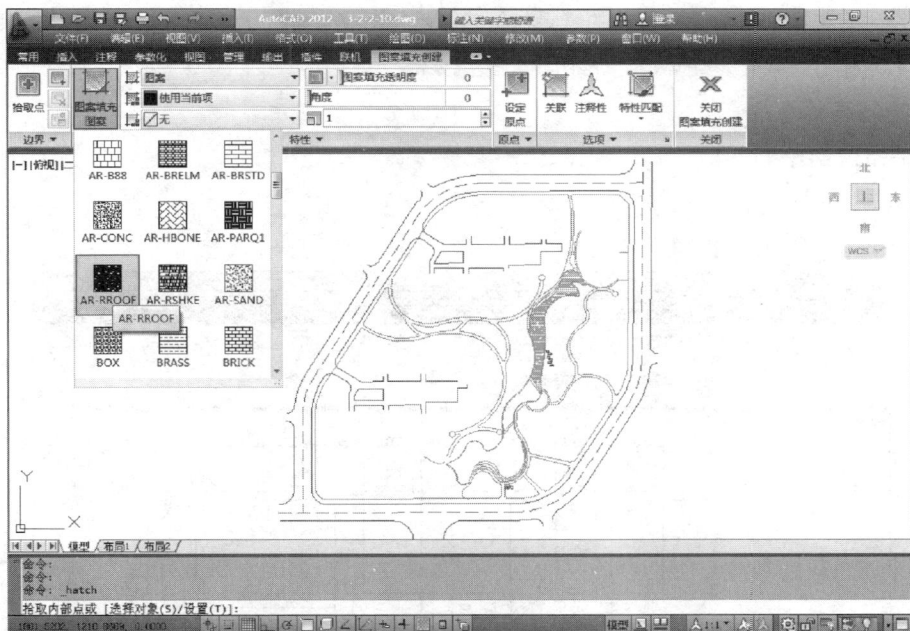

图 4-52　填充水池

同理，可填充水池剩下的部分，确定后水池的填充就做好了，如图 4-53 所示。

4.3.3　园林小品

4.3.3.1　园林小品简述

园林小品是园林中供休息、装饰、照明、展示和为园林管理及方便游人之用的小型建筑设施。一般没有内部空

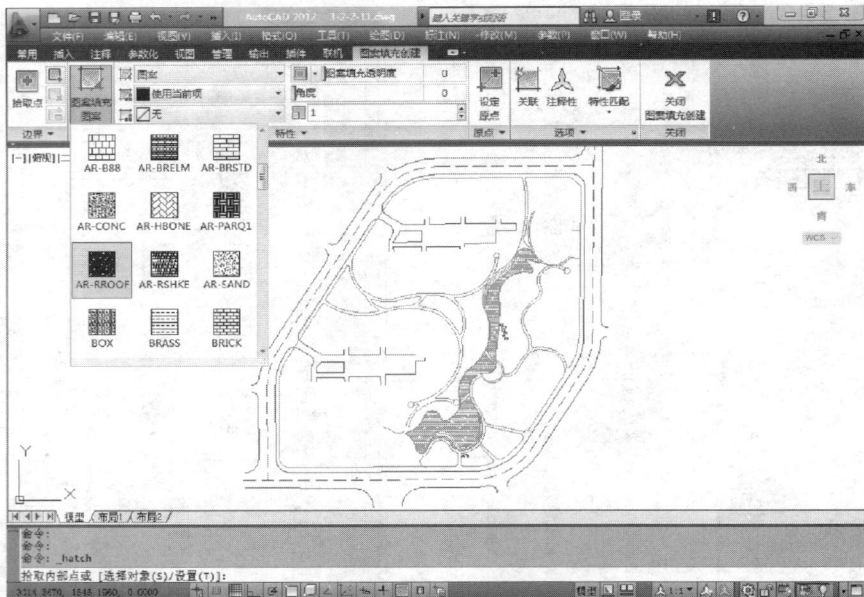

图4-53　水池完成图

间，体量小巧，造型别致。园林小品既能美化环境，丰富园趣，为游人提供文化休闲和公共活动的方便，又能使游人从中获得美的感受和良好的教益。

园林小品把建筑、山水、植物融为一体，在有限的范围内，利用自然条件，模拟大自然的美景，经过人为的加工、提炼和创造，源于自然而高于自然。小品可以将外界的景色组织起来，它的装饰性能够提高其他园林要素的观赏价值，满足人们的审美要求，给人以艺术的享受和美感。还把桌凳、地坪、踏步、标示牌、灯具等功能作用比较明显的小品予以艺术化、景致化，使环境产生不同的艺术效果。

4.3.3.2　绘制园林小品

1. 住宅区平面图的绘制

具有规则形状的住宅区，将采用"直线"、"偏移"和"复制"命令来绘制。

如图4-54所示，这是小区内一个住宅区其中的平面尺寸图。

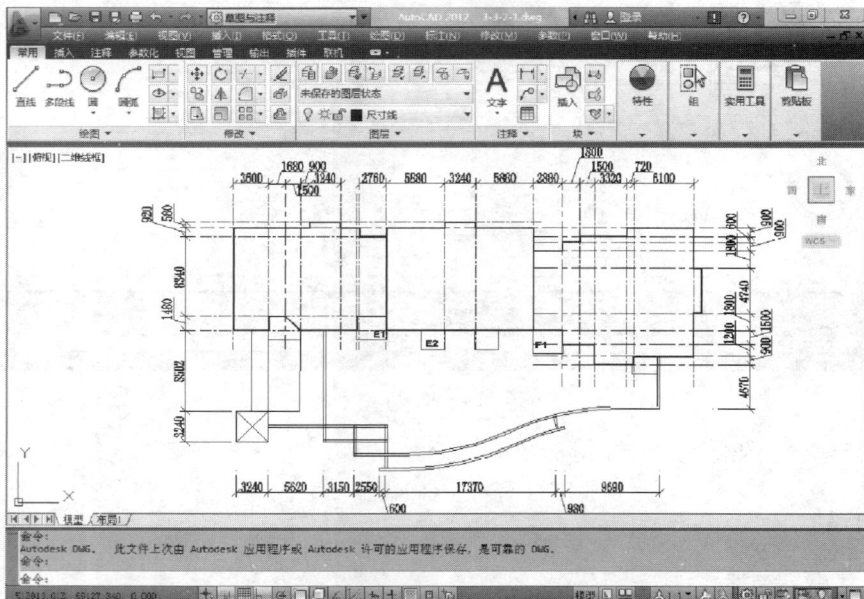

图4-54　住宅区完成图1

首先将"轴线"图层设为当前图层，根据图4-54所示尺寸绘制，使用"直线"命令，绘制出如图4-55所示的住宅平面图的轴线。

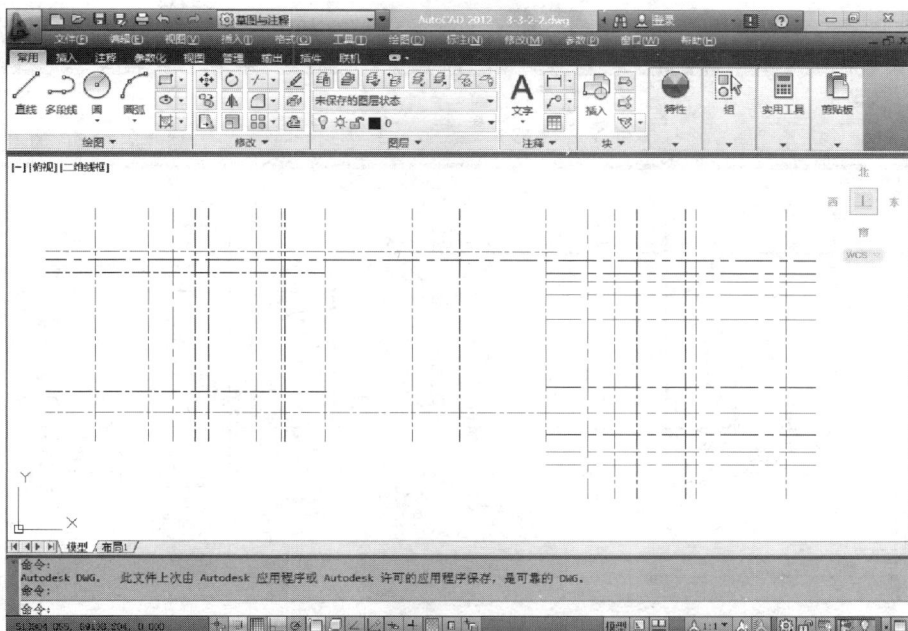

图4-55　住宅区完成图2

使用多段线工具，或在命令行中键入"pline"。

命令行提示：指定起点：（通过鼠标在图纸上捕捉住宅区轮廓节点）。

命令行提示：当前线宽为0.000。

命令行提示：指定下一个点或［圆弧（A）/半宽（H）/长度（L）/放弃（U）/宽度（W）］：（选择W，输入0.1）。

根据图4-54绘制如图4-56所示的住宅区平面图。

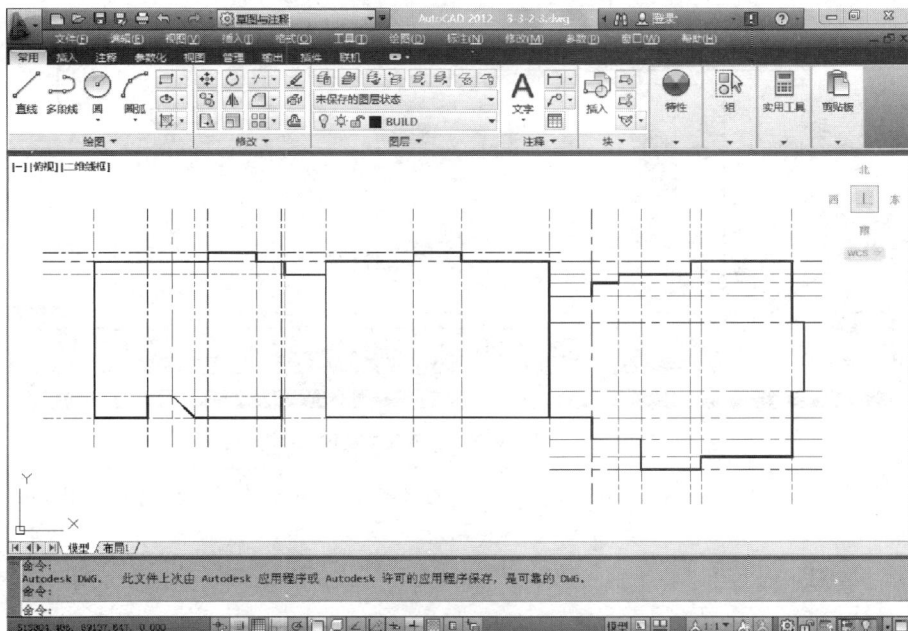

图4-56　住宅区完成图3

使用直线工具 ✏，或在命令行中键入"line"，（并打开对象捕捉），绘制图4-57及图4-58中所示住宅区另一块平面部分。

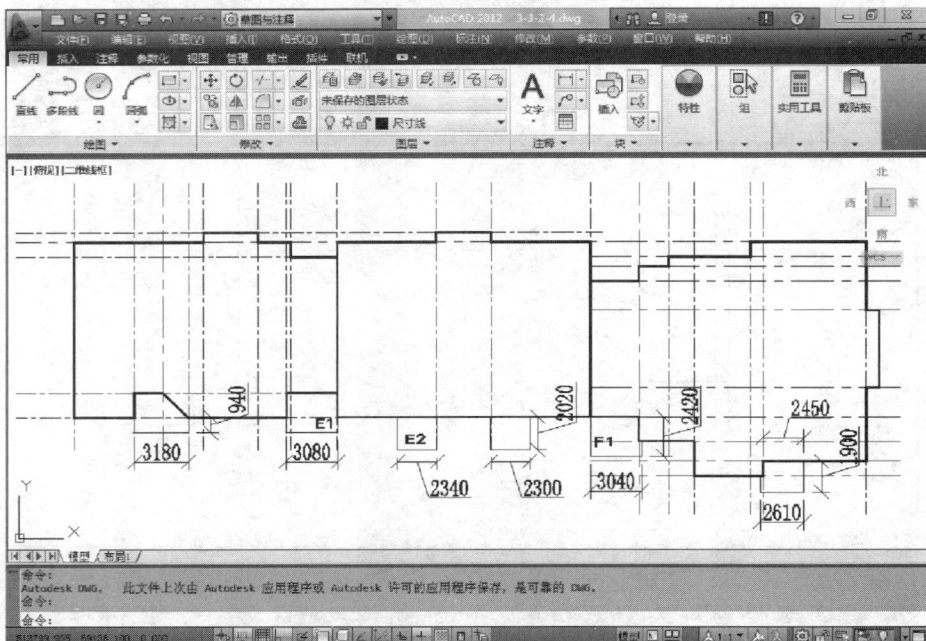

图4-57　住宅区完成图4

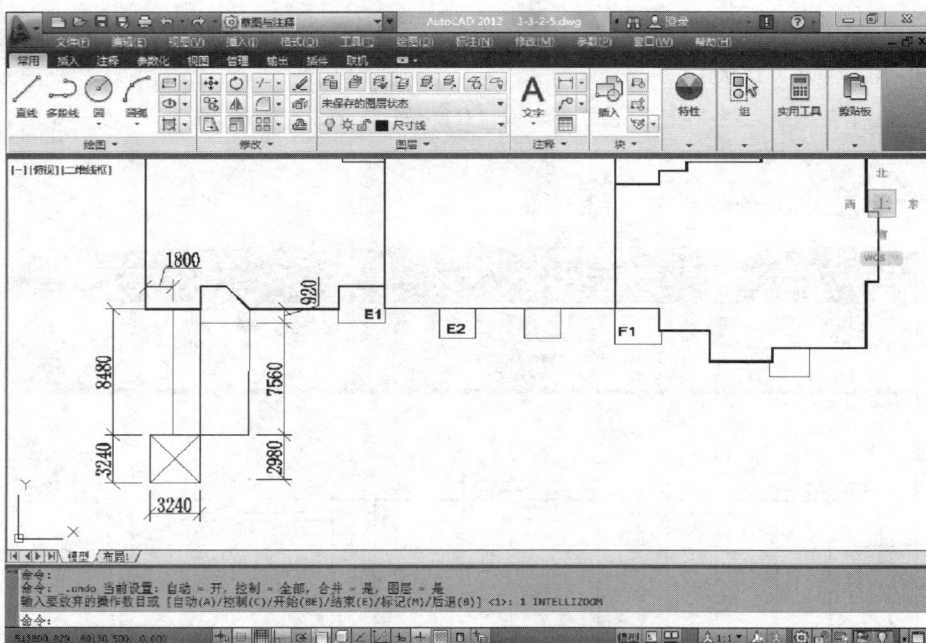

图4-58　住宅区完成图5

然后使用"直线"和"偏移"工具，外围观景阳台的墙体的厚度都按照240mm，绘制如图4-59所住宅区中最后一部分的平面图。

然后使用复制工具 🗐，或在命令行中键入"copy"。

命令行提示：选择对象：（选择之前画好的住宅区平面图）。

命令行提示：指定基点或［位移（D）/模式（O）］ <位移>：（指定平面图如图4-60所示一点）。

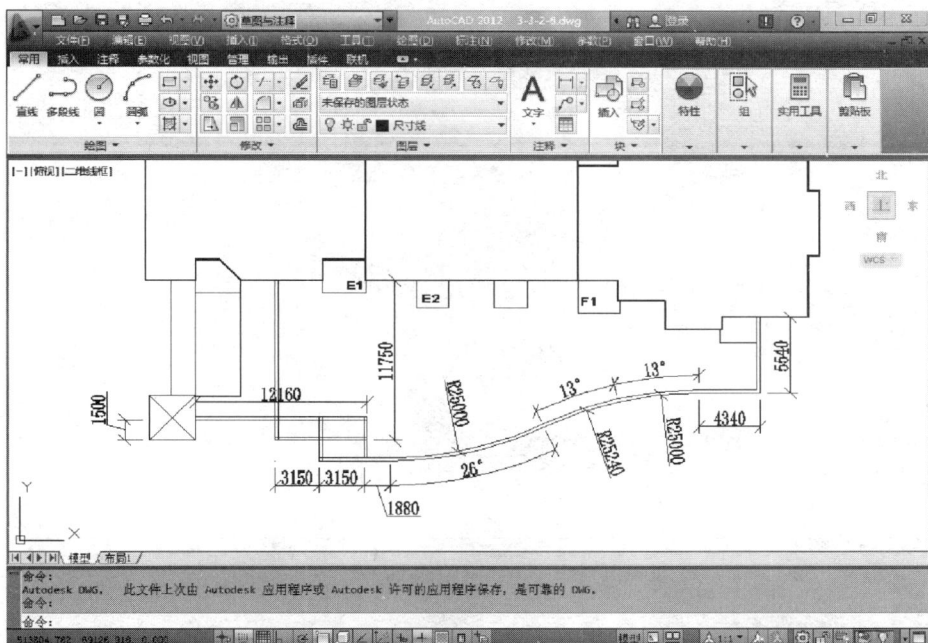

图 4-59　住宅区完成图 6

　　命令行提示：指定第二个点或［阵列（A）/退出（E）/放弃（U）］＜退出＞：（将第二个点指定在图 4-60 中距离居民区园路最左侧 670mm 处）。

　　第一部分的住宅区的这一步就绘制出来了，如图 4-60 所示。

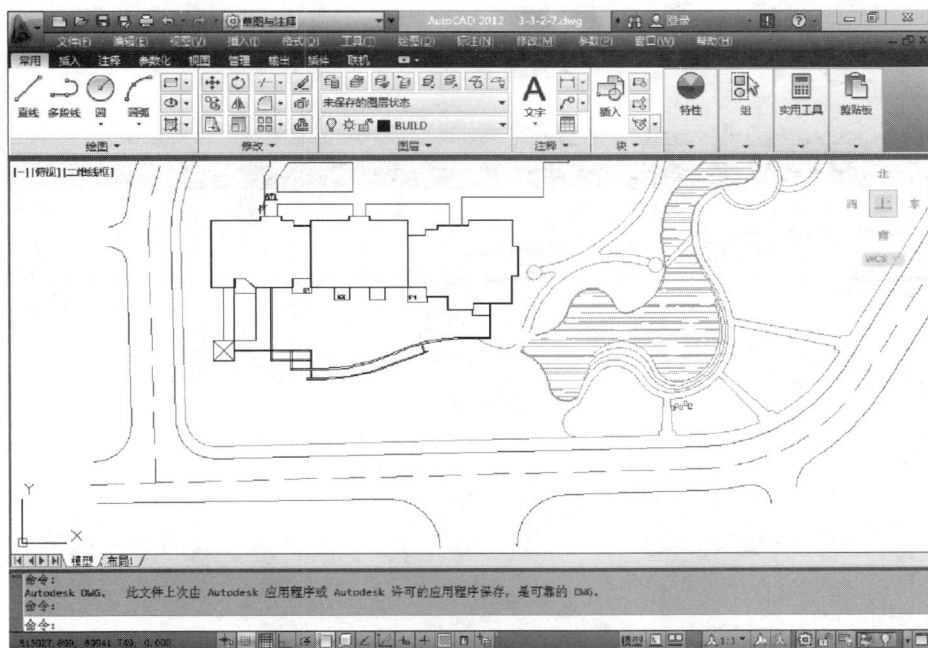

图 4-60　住宅区完成图 7

　　最后使用"复制"工具，将住宅区平面图复制到其他园路处，如图 4-61 所示。

2. 滨水广场的绘制

使用椭圆弧工具，或是在命令行键入"ellipse"。

命令行提示：指定椭圆的轴端点或［圆弧（A）/中心点（C）］：_ a。

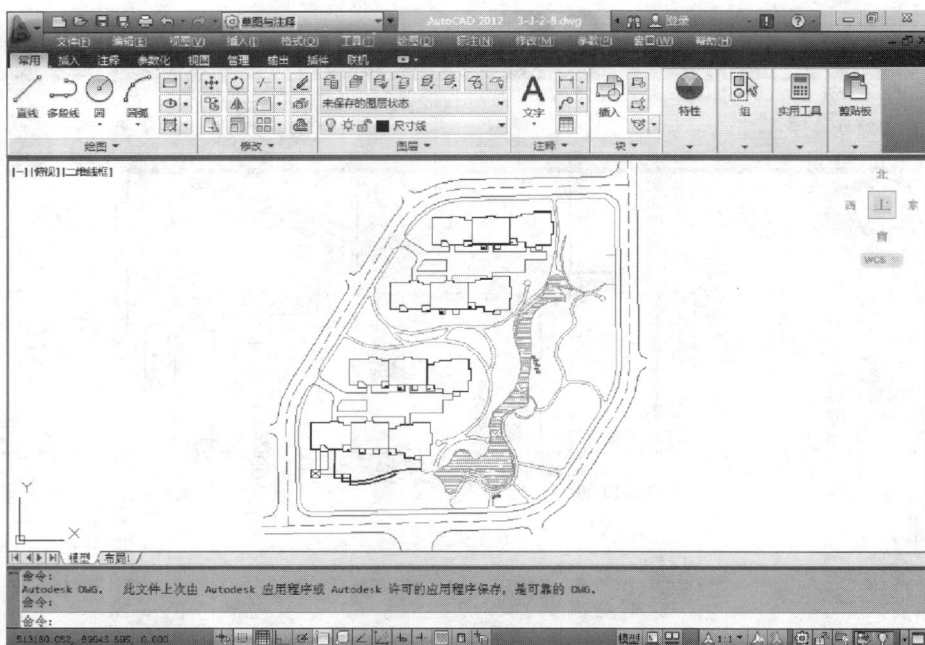

图4-61　住宅区完成图8

命令行提示：指定椭圆弧的轴端点或［中心点（C）］：（选择图纸上一点）。

命令行提示：指定轴的另一个端点：（选择距离第一点左侧**37970mm**处为第二端点）。

命令行提示：指定另一条半轴长度或［旋转（R）］：（选择距中心点上方垂直距离**10990mm**处的一点）。

命令行提示：指定起点角度或［参数（P）］：0。

命令行提示：指定端点角度或［参数（P）/包含角度（I）］：180。

绘制出如图4-62所示。

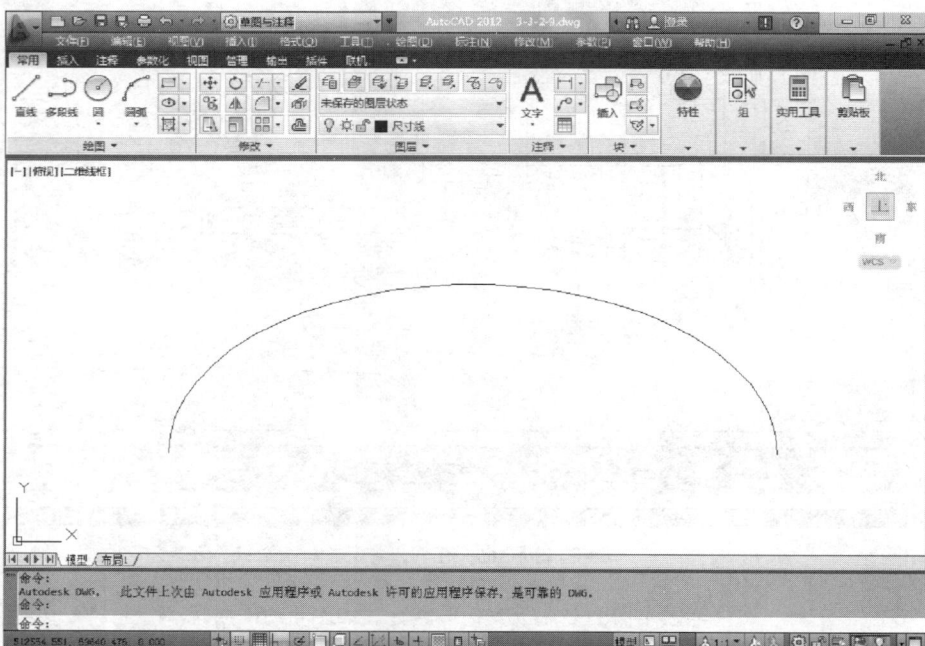

图4-62　滨水广场完成图1

使用圆弧工具🖉，或是在命令行键入"arc"。

命令行提示：指定圆弧的起点或［圆心（C）］：（捕捉距离椭圆弧右侧端点向左 32000mm 处）。

命令行提示：指定圆弧的第二个点或［圆心（C）／端点（E）］：＿c 指定圆弧的圆心：（捕捉距第一点左侧 5000mm 处）。

命令行提示：指定圆弧的端点或［角度（A）／弦长（L）］：＿a 指定包含角：180。

然后用直线工具将两个图形未闭口处连接起来，绘制出如图 4-63 所示。

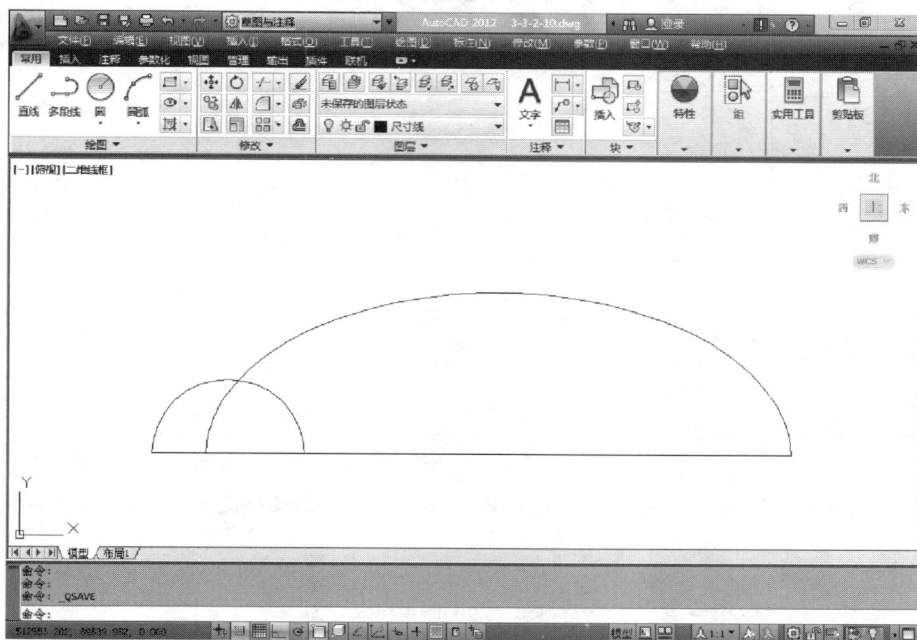

图 4-63　滨水广场完成图 2

然后使用"偏移"工具将画好的椭圆弧和圆弧进行偏移，偏移最小的距离为 500mm，其余按照图 4-64 所示偏移，最后进行"延伸"和"修剪"，绘制如图 4-64 所示。

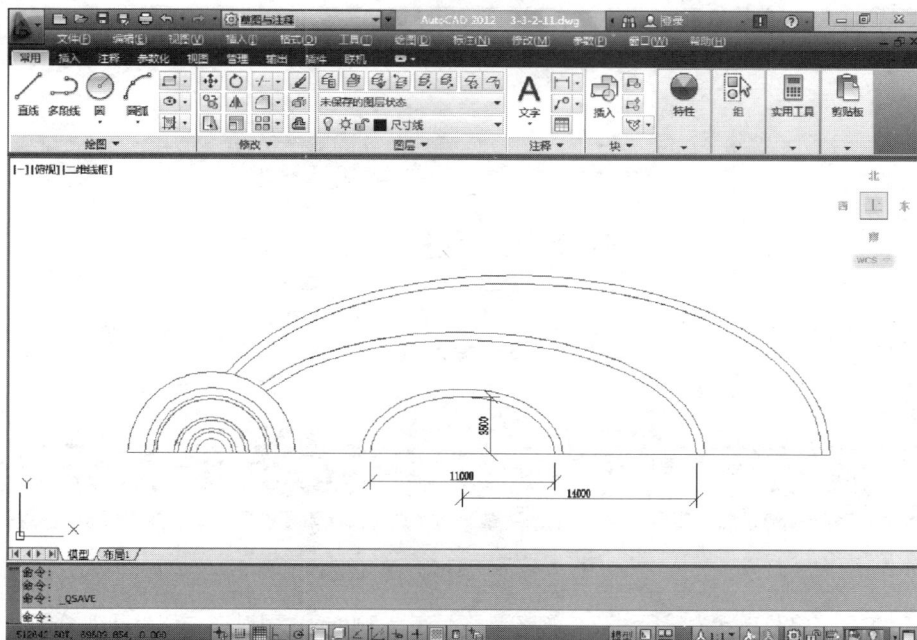

图 4-64　滨水广场完成图 3

然后打开极轴，将极轴的角度设置为30°，使用"直线"工具绘制，如图4-65所示。

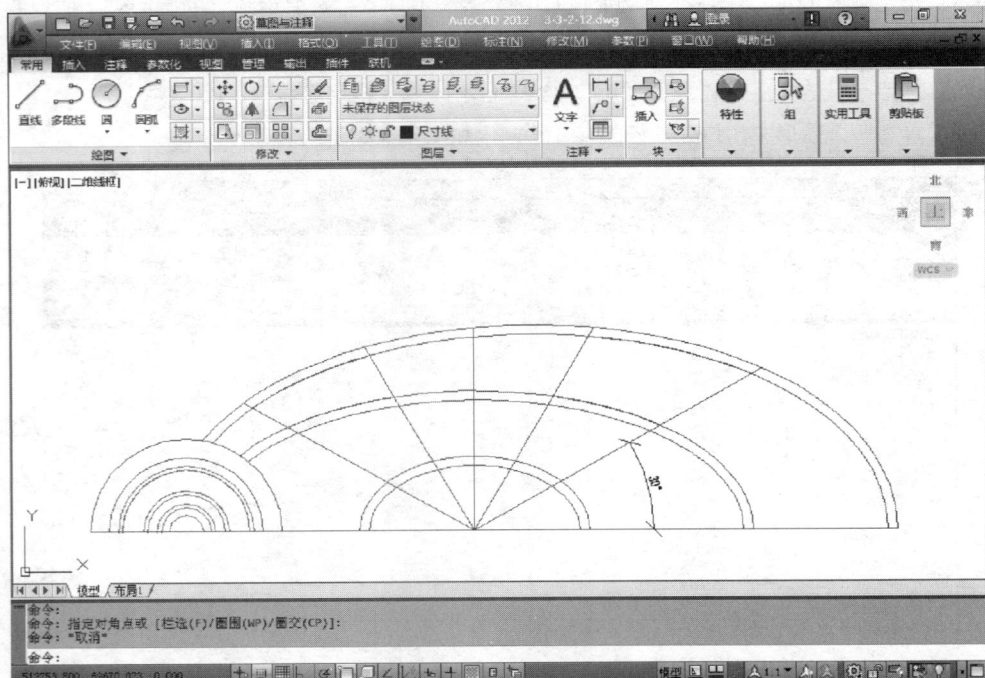

图4-65　滨水广场完成图4

利用"修剪"工具，将线段中多余部分减去，绘制如图4-66所示。

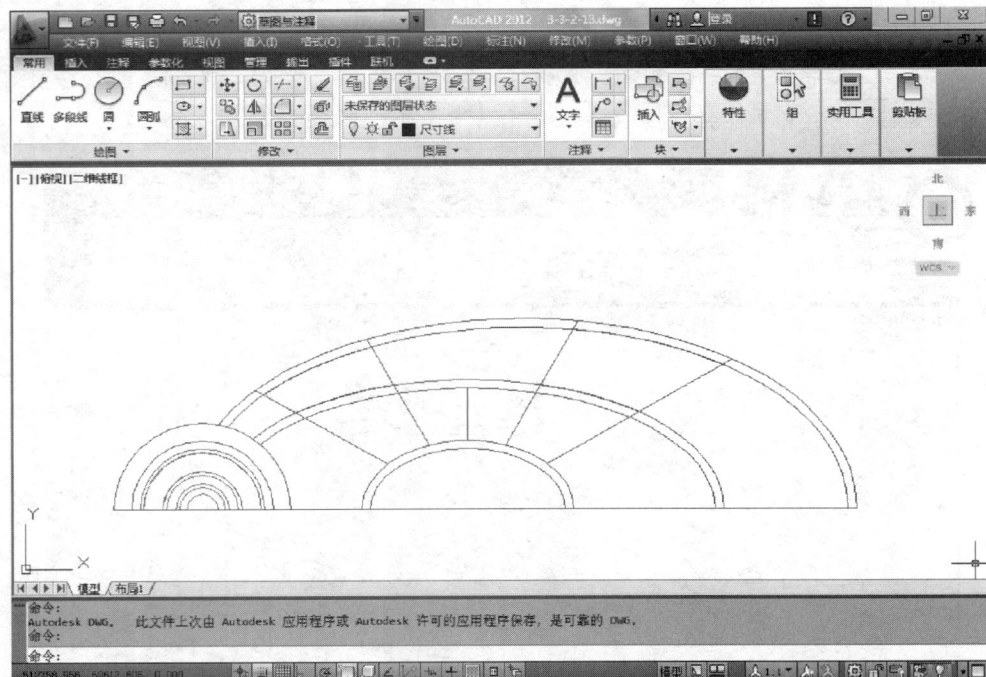

图4-66　滨水广场完成图5

利用"偏移"工具，将放射状的线段进行偏移，偏移距离为500mm，同时在左侧半圆处绘制圆弧并进行偏移，如图4-67所示。

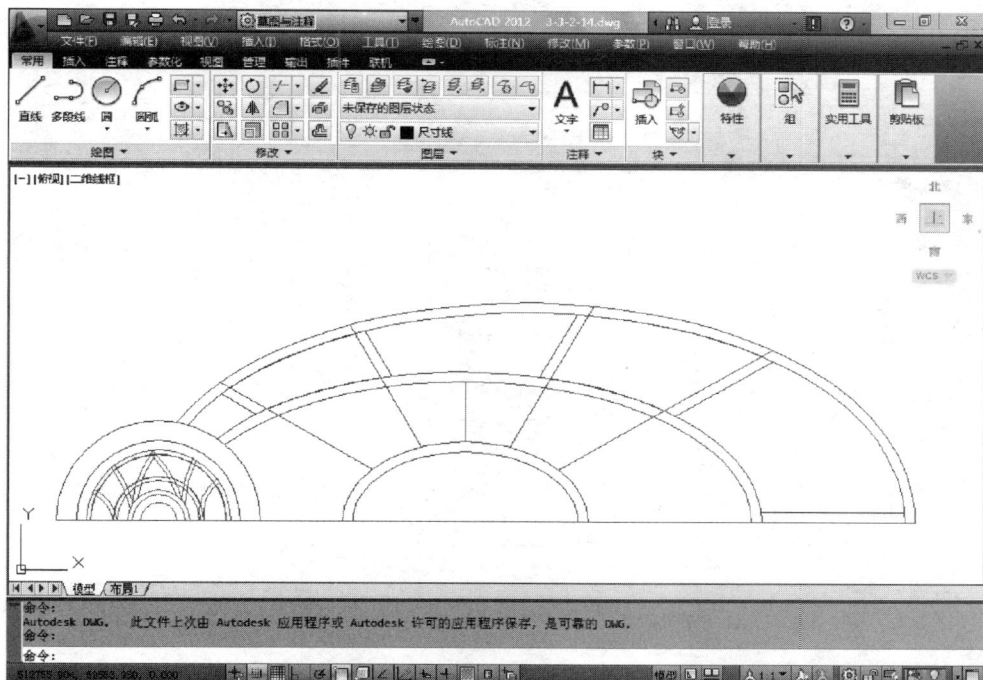

图 4-67　滨水广场完成图6

利用"填充"工具，将半椭圆的最下端进行填充，绘制如图4-68所示。

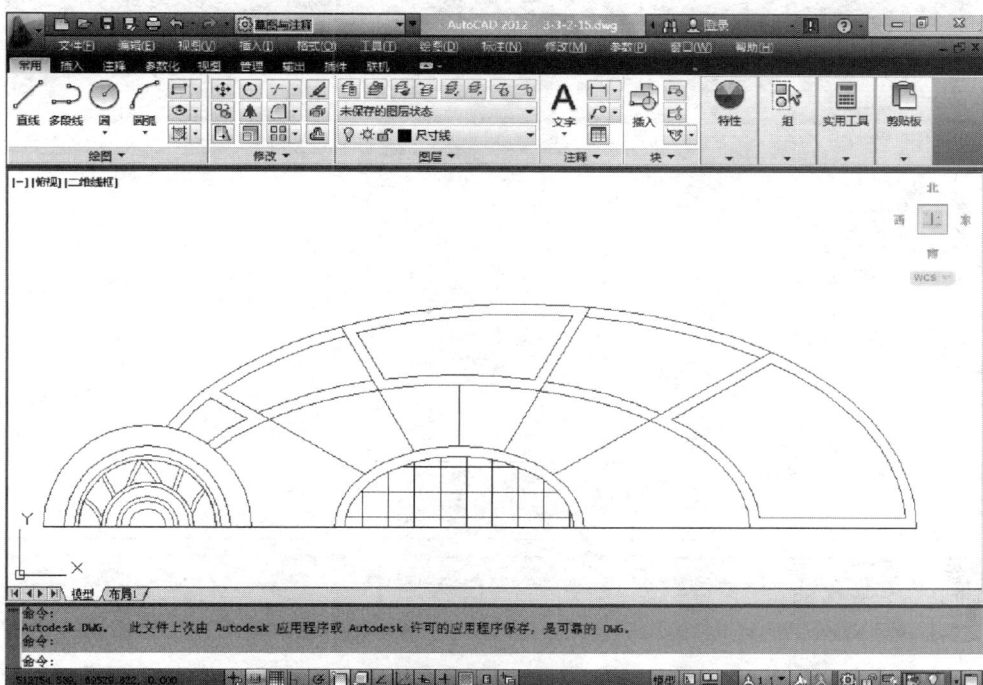

图 4-68　滨水广场完成图7

将滨水广场放置在小区的左下角处，如图4-69所示。

3. 葡萄架的绘制

利用"圆弧"和"直线"工具，绘制如图4-70所示的图形。

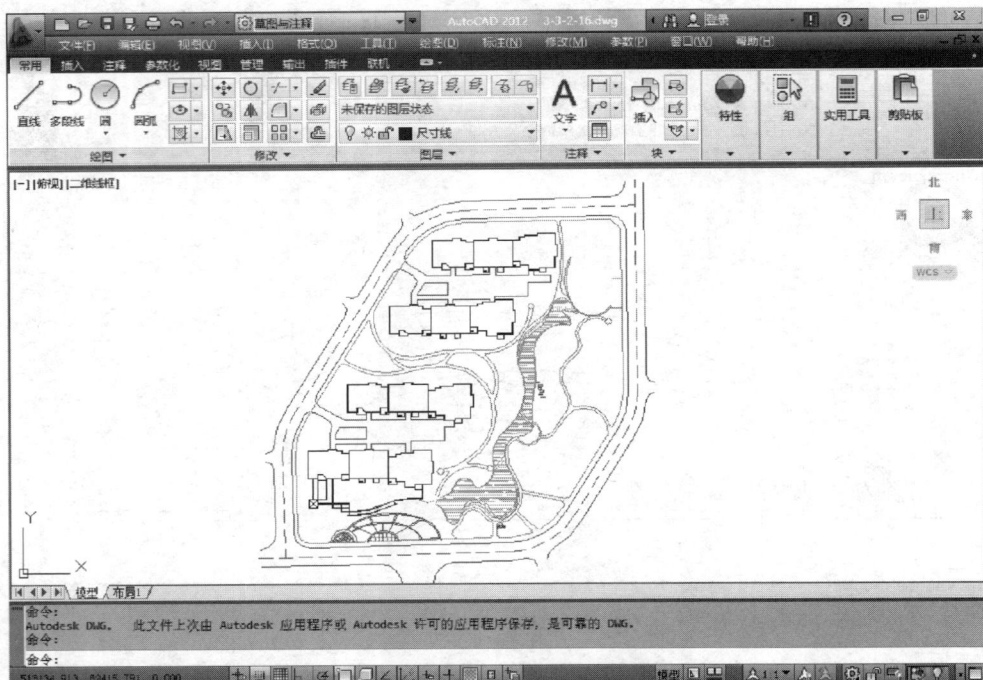

图4-69 滨水广场完成图8

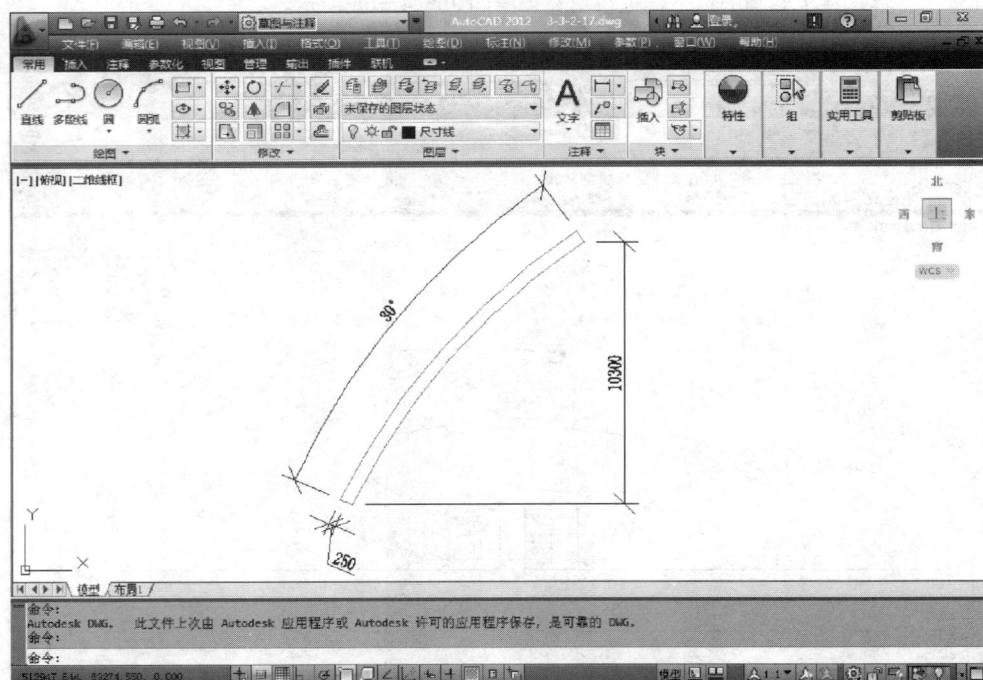

图4-70 葡萄架完成图1

利用"偏移"工具，将上图中绘制好的一段进行偏移，如图4-71所示。

利用"矩形"工具，绘制如图4-72所示尺寸的矩形，并通过"旋转"工具，将矩形旋转到如图4-72所示位置。

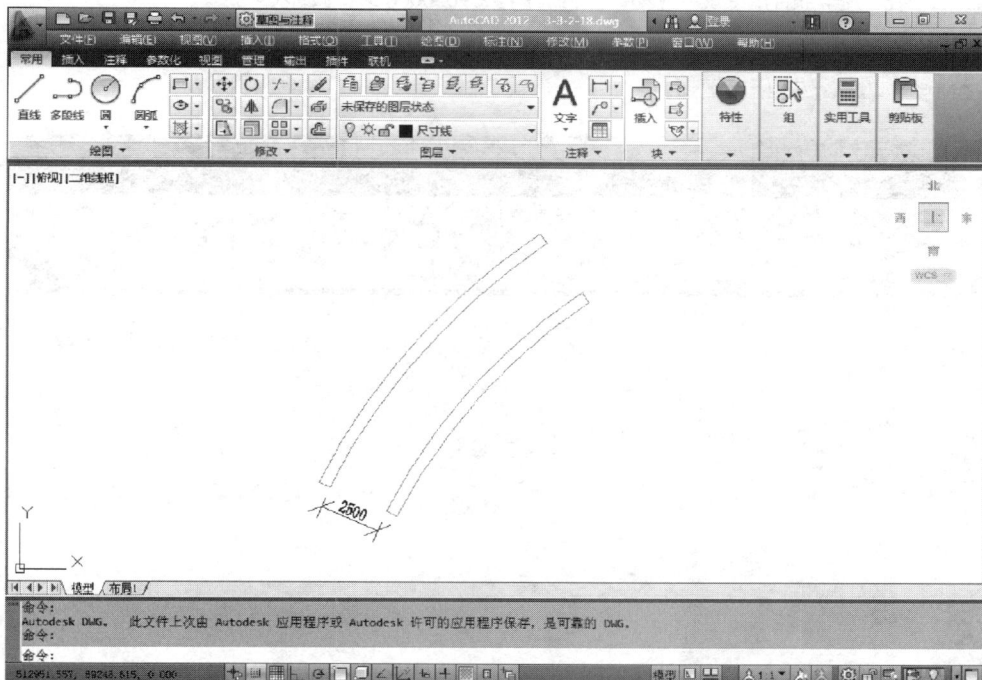

图 4-71　葡萄架完成图 2

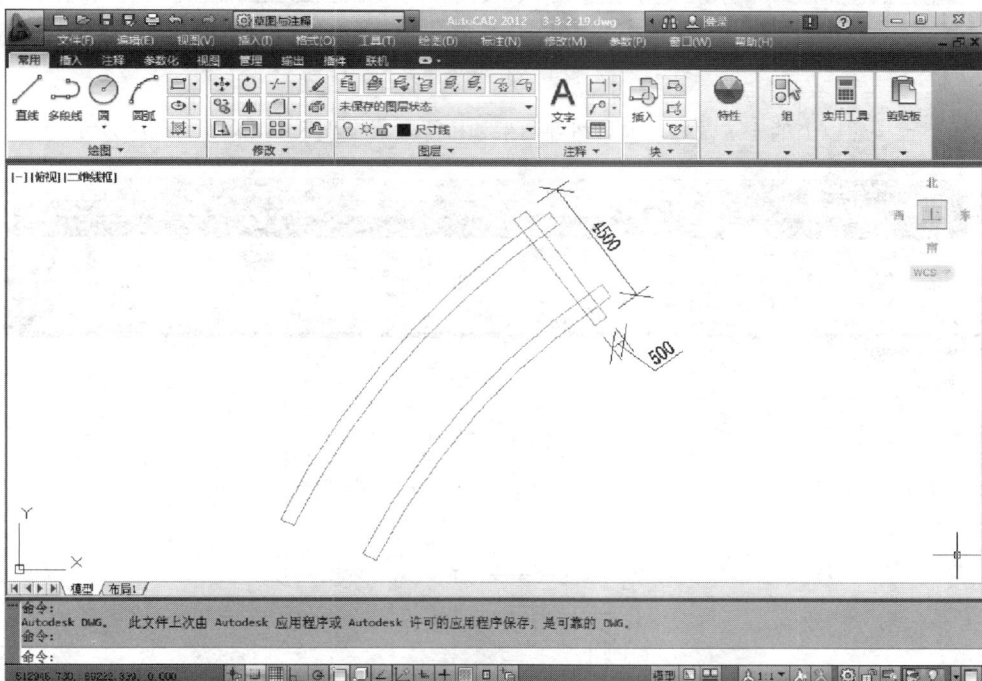

图 4-72　葡萄架完成图 3

使用阵列工具 阵列 ▼，或是在命令行键入 "ARRAYPOLAR"。

命令行提示：选择对象：（选择刚画好的矩形）。

命令行提示：指定阵列的中心点或［基点（B）/旋转轴（A）］：（选择用圆弧工具画好的最右侧圆弧的中心）。

命令行提示：输入项目数或［项目间角度（A）/表达式（E）］＜4＞：a。

命令行提示：指定项目间的角度或［表达式（EX）］＜90.0000＞：（输入4）。

命令行提示：指定项目数或［填充角度（F）/表达式（E）］＜4＞：7。

最后回车绘制成如图4-73所示图形。

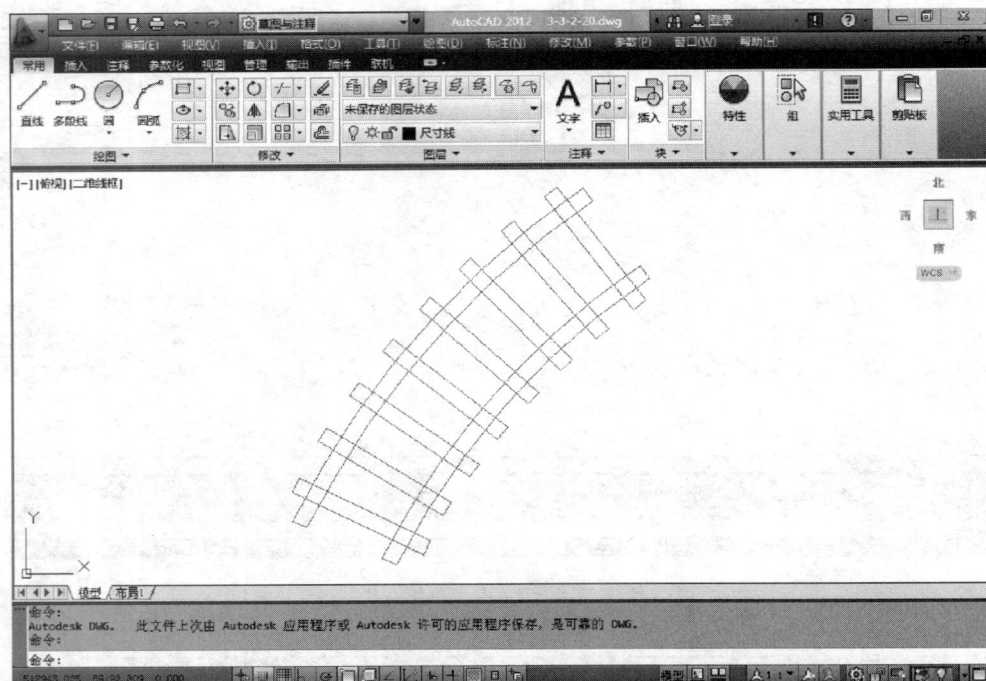

图4-73 葡萄架完成图4

将水上的桥梁也按照以上的方法做好，最后将葡萄架和桥梁安置在小区中，如图4-74所示。

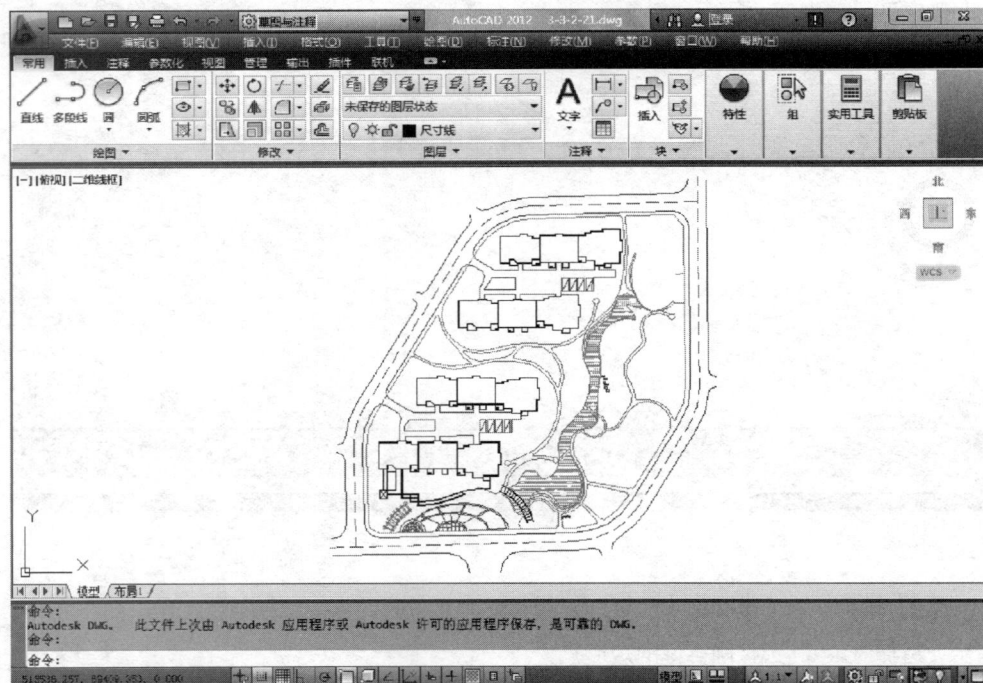

图4-74 葡萄架完成图5

4. 景观亭的绘制

利用"矩形"工具，绘制如图 4-75 所示矩形。

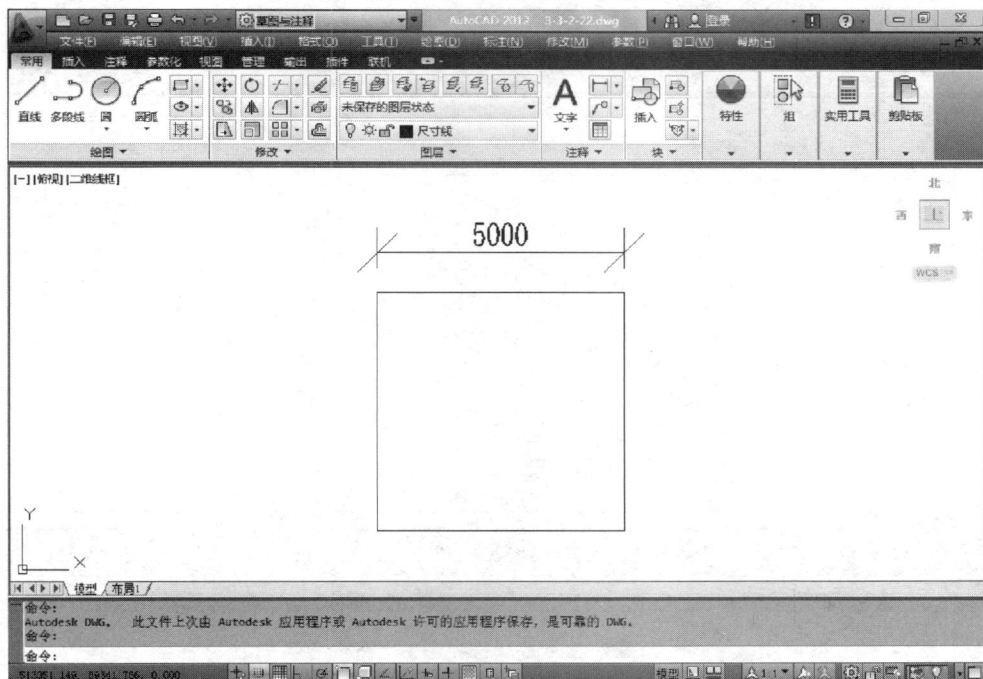

图 4-75 景观亭完成图 1

利用"偏移"工具，将矩形向内侧偏移 500mm，绘制如图 4-76 所示。

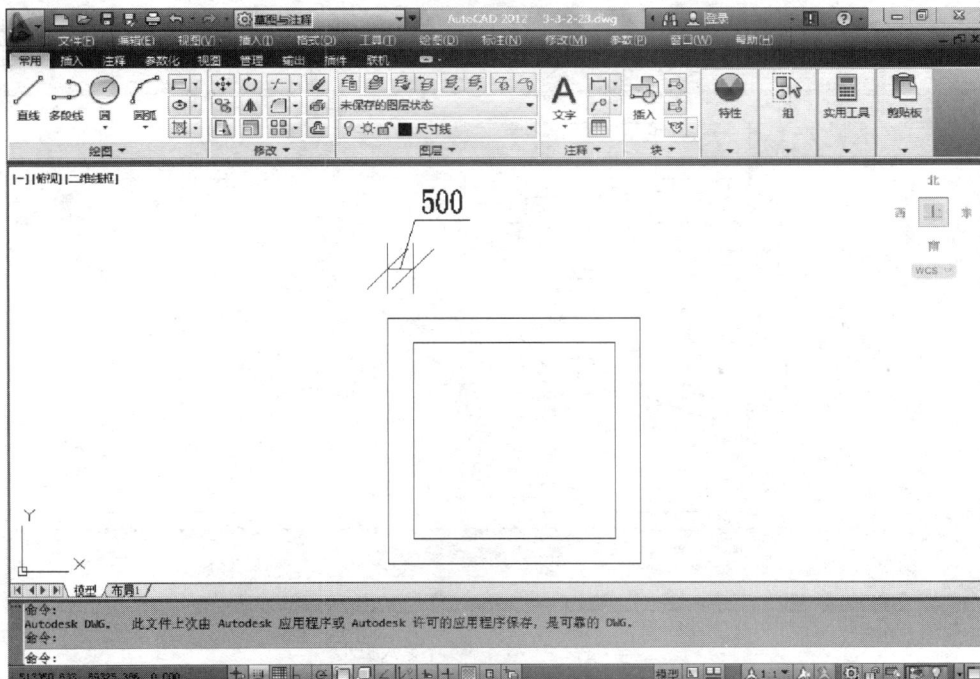

图 4-76 景观亭完成图 2

然后利用"直线"工具，绘制如图 4-77 所示。

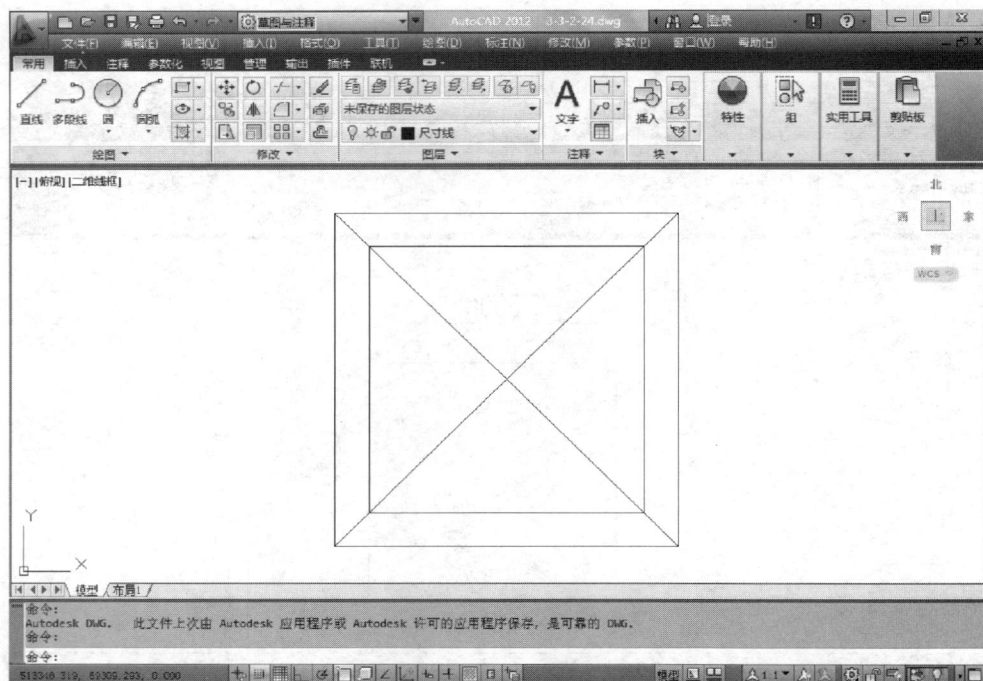

图4-77　景观亭完成图3

这样，景观亭就绘制好了，将其旋转粘贴在小区中，如图4-78所示。

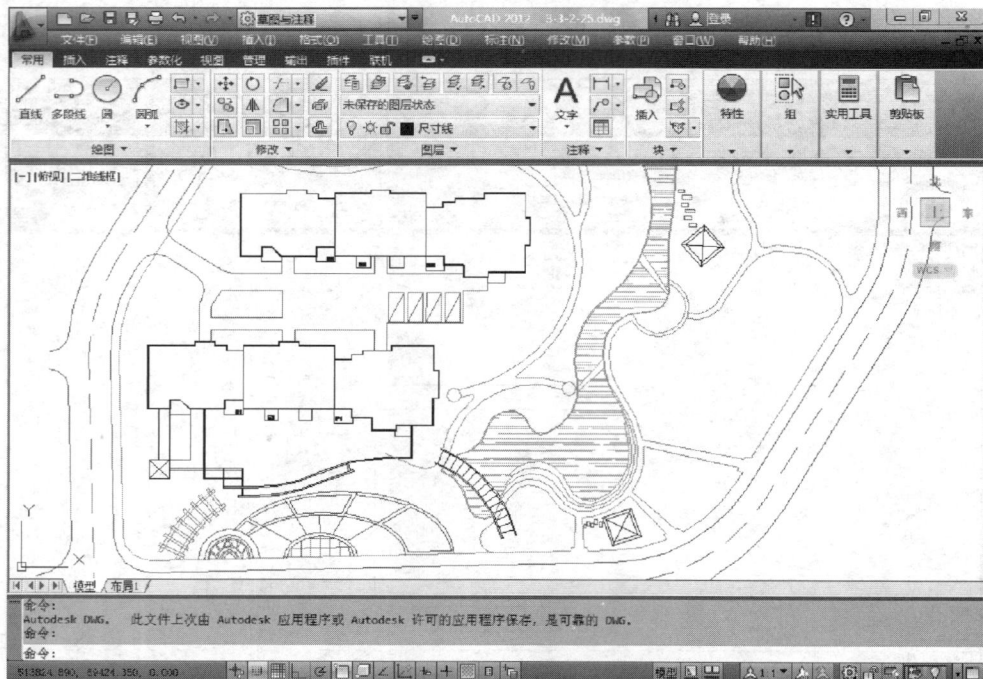

图4-78　景观亭完成图4

5. 假山的绘制

假山利用"样条曲线"工具绘制，绘制如图4-79所示假山。

将绘制好的假山放置在小区中如图所示位置，如图4-80所示。

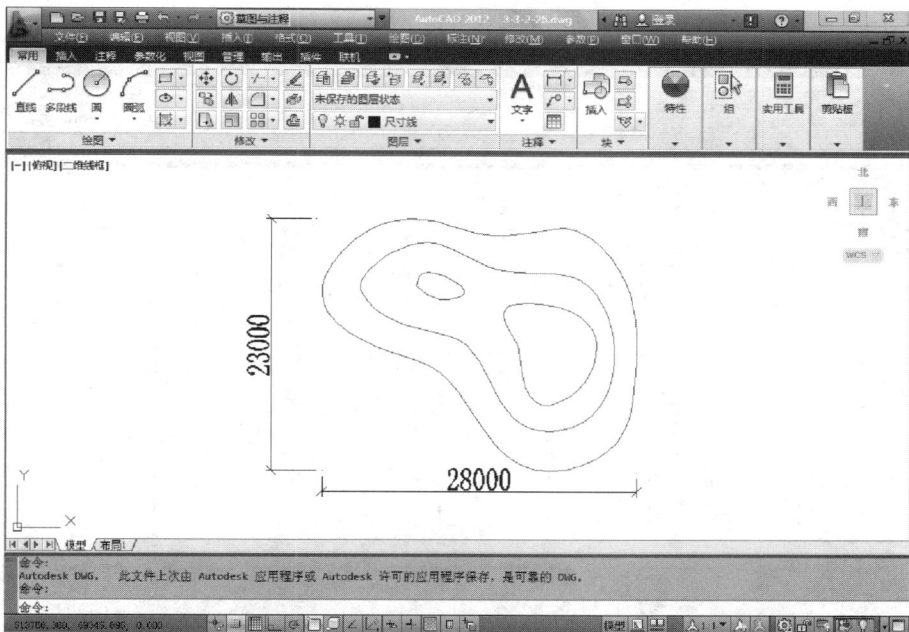

图 4-79　假山完成图 1

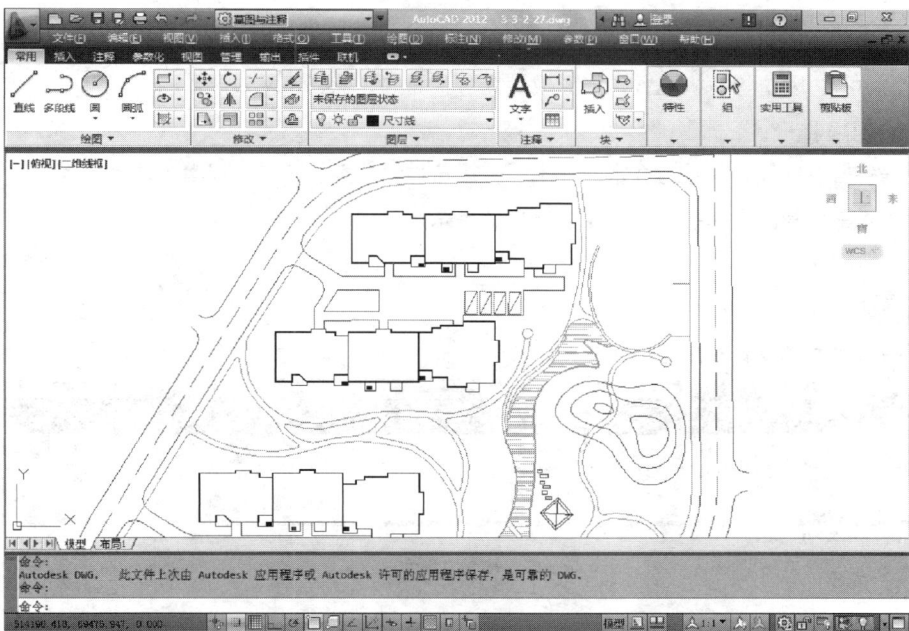

图 4-80　假山完成图 2

6. 篮球场的绘制

网上有很多篮球场现成的图块，所以其绘制方法不再一一赘述，可将其下载粘贴在如图所示位置，并在旁边进行填充，如图 4-81 所示。

4.3.4　园林植物

4.3.4.1　园林植物设计简述

植物是园林设计中有生命的呈现。园林植物作为园林空间构成的要素之一，其重要性和不可替代性在现代园林中日益明显地表现出来。园林生态效益的体现主要依靠以植物群落景观为主体的自然生态系统和人工植物群落；园

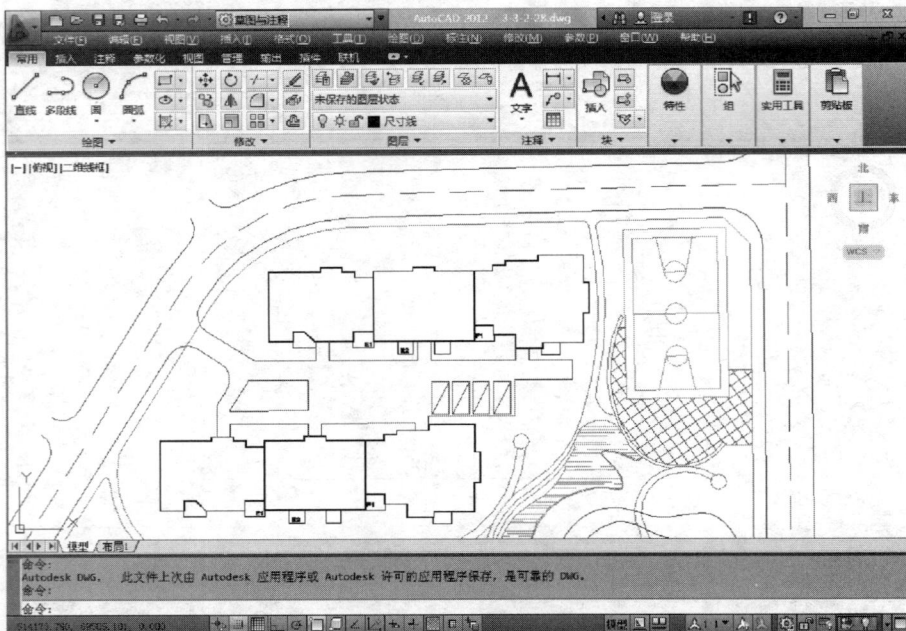

图 4-81　篮球场完成图

林植物有着多变的形体和丰富的季相变化，其他的构景要素无不需要借助园林植物来丰富和完善，园林植物与地形、山水、建筑、山石、雕塑等有机配置，将形成优美、雅静的环境和艺术效果。

4.3.4.2　绘制绿植

园林植物根据各自特征，将其分为乔木、灌木、攀援植物、竹类、花卉、绿篱个草地七大类。园林植物的平面图是指园林植物的水平投影图，一般都采用图例概括的表示。

小贴士

常见的植物平面图有哪些？如图 4-82 所示。

图 4-82　常见的植物平面图

下面主要讲一下大片树林的画法，主要使用了云线的命令。

使用注释中的修订云线工具🌧，或在命令行中键入"revcloud"。

命令行提示：指定起点或［弧长（A）/对象（O）/样式（S）］＜对象＞：（在绘图区的空白处单击鼠标指定第一点）。

命令行提示：沿云线路径引导十字光标：（沿着大片树林的路径移动十字光标，最后将其终点与起点闭合）。

命令行提示：修订云线完成。得到如图4-83所示。

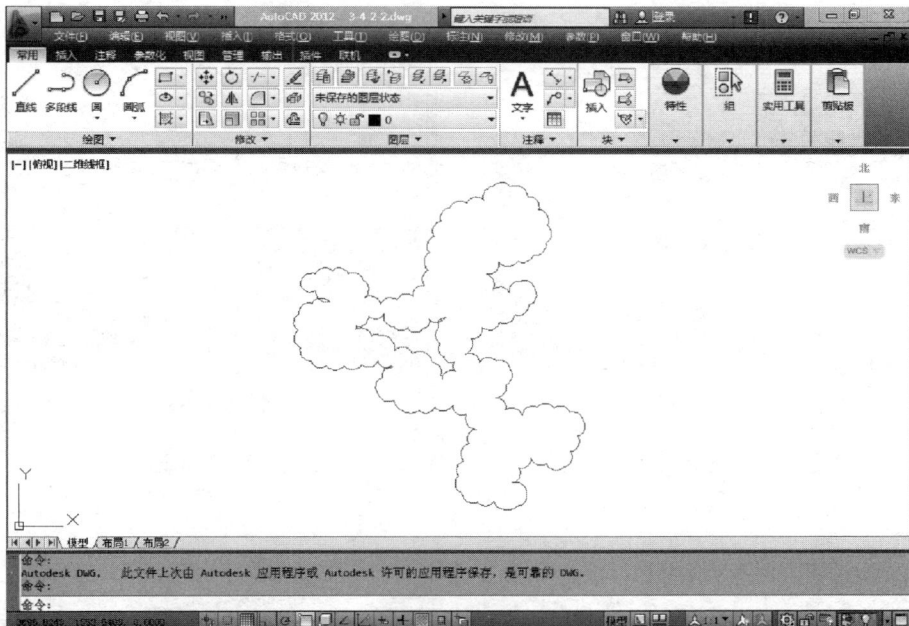

图4-83　修订云线的绘制

将上述所有植物平面图画好了，开始进行小区内园林景观平面图中绿植的种植。主要使用了创建块和插入块的命令（以大片树林的平面图为例说明）。

使用创建块工具🔲，或在命令行中键入"block"，弹出"块定义"对话框，如图4-84所示。

图4-84　块定义对话框

命令行提示：block：（将上述对话框进行设置，如图4-85所示，然后单击"选择对象"）。

命令行提示：选择对象（用鼠标选择要选择的对象，继续选择，之后回车，返回到"块定义"对话框，单击确定即可）。

这样，大片树林的块就被创建好了。

使用插入块工具，或在命令行中键入"insert"，在弹出"插入"对话框的"名称"选项后，通过浏览选择刚才定义好的块的名称，如选择大片树林，"旋转"的角度设为0°，插入，如图4-86所示。

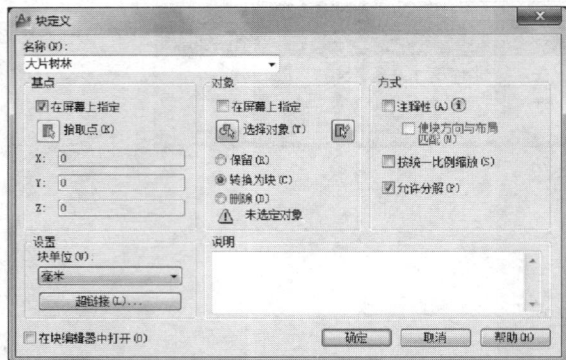

图4-85　设置块定义对话框

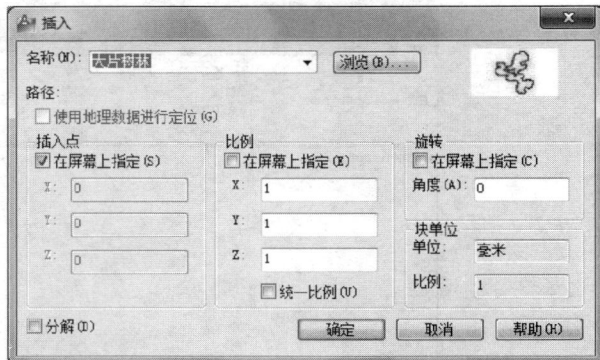

图4-86　设置块插入对话框

命令行提示：指定插入点［基点（B）/比例（S）/X/Y/Z/旋转（R）］（将插入基点选在小区的右下角的点，确定）。

大片树林就布置在这个小区内了，如图4-87所示。

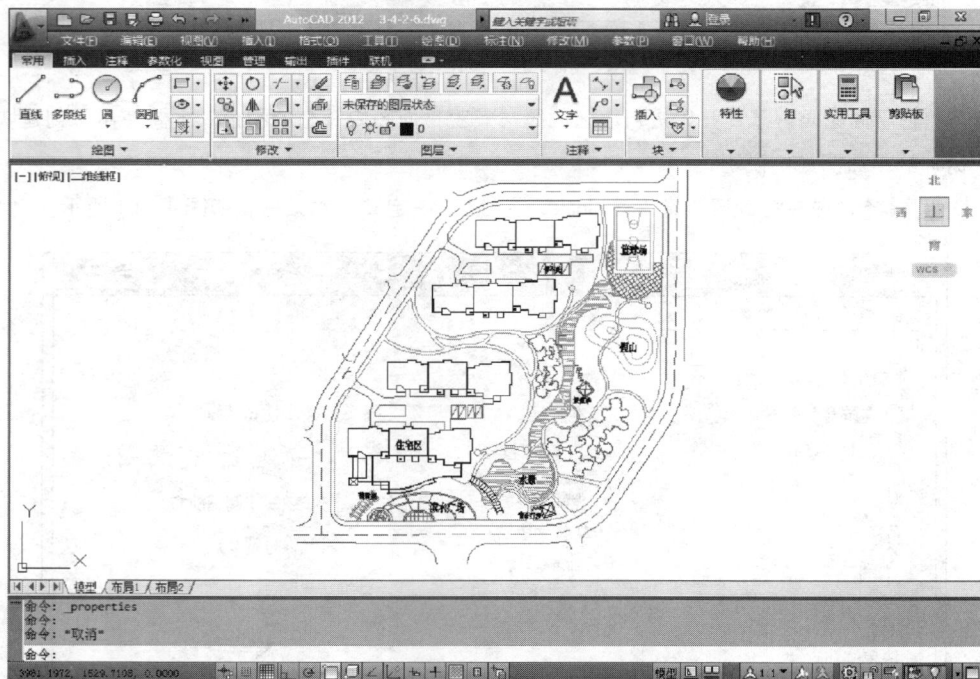

图4-87　绿植完成图1

同理，使用插入块工具，或在命令行中键入"insert"，绘制出如图4-88~图4-90所示。

至此，小区园林规划的平面图全部完成。

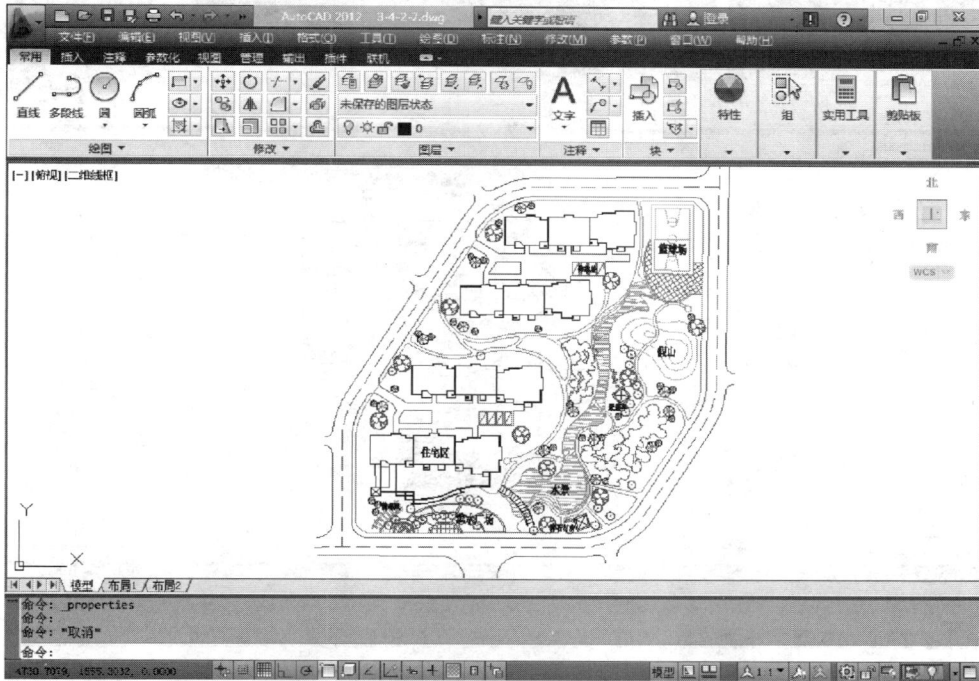

图 4 - 88 绿植完成图 2

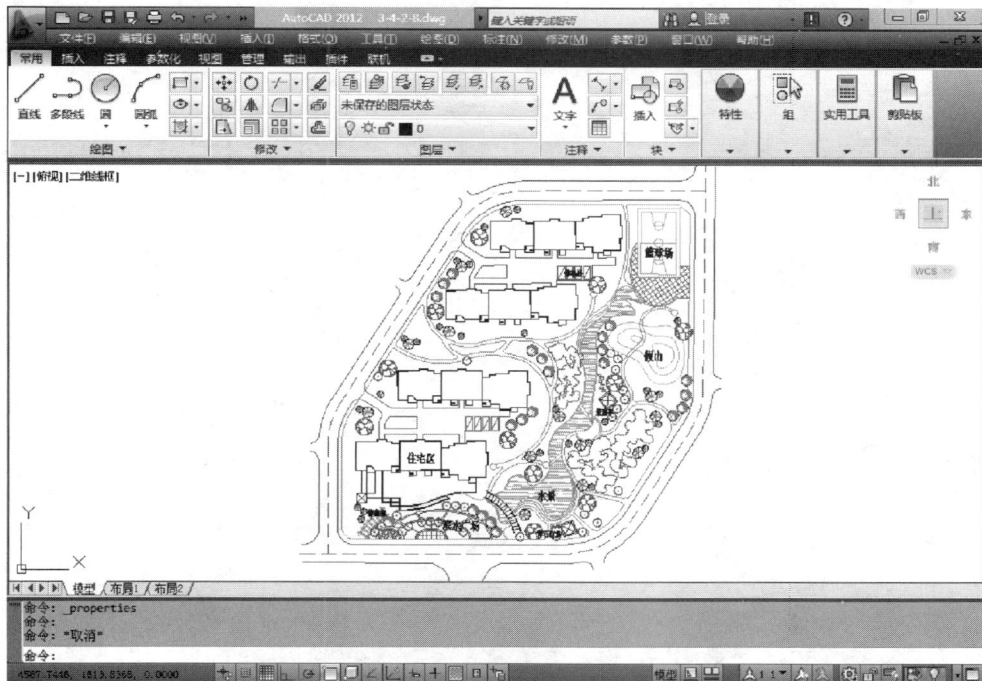

图 4 - 89 绿植完成图 3

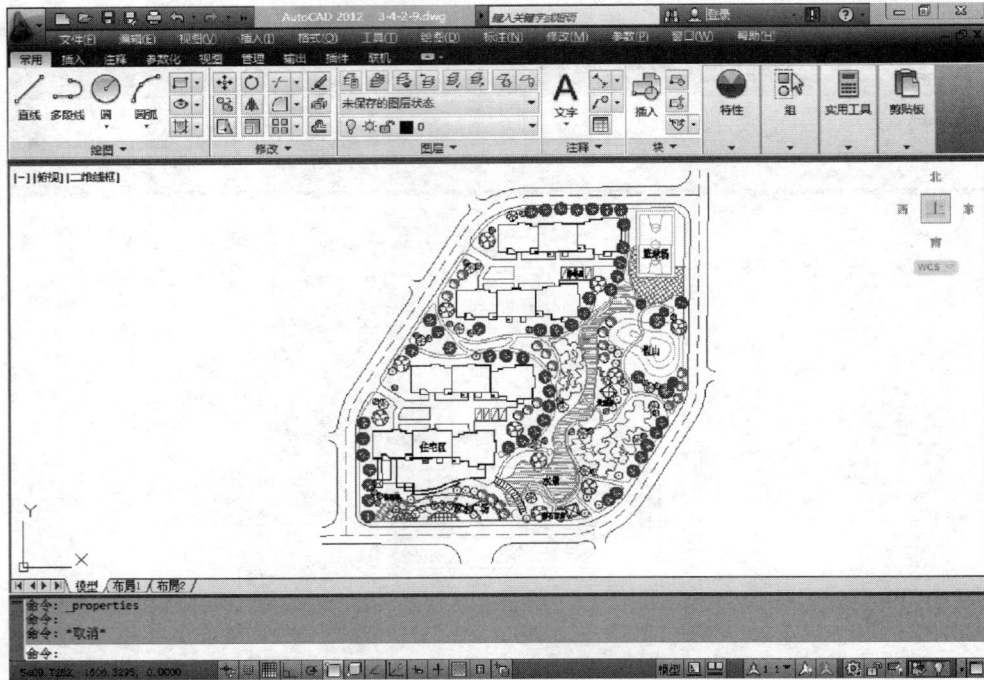

图 4 – 90 绿植完成图 4

第5章
三维建模及渲染

5.1 AutoCAD 2012 三维绘图基础

在 AutoCAD 中，不仅可以绘制二维图形，也可以绘制三维模型。AutoCAD 提供了丰富的三维绘图功能，通过三维模型可以直观地表现出物体的实际形状。本节将介绍三维绘图的相关知识。

5.1.1 进入三维建模工作空间

在 AutoCAD 2012 中，默认的工作空间是"草图与注释"，用户通过以下操作可进入"三维建模"工作空间。"工作空间"工具栏 ⚙草图与注释 ▾ 会显示在菜单栏的上方，在下拉菜单中选择"三维建模"，可以切换工作空间。三维工作界面如图 5-1 所示。

图 5-1　三维建模工作界面

5.1.2 三维建模工作空间的基本界面

与 AutoCAD 经典工作空间相比，三维建模工作空间为了方便三维建模，在默认工作界面的设置上隐去了不常用的二维部分，只显示了常用的三维部分。有菜单栏、工具选项卡、面板、命令行、状态栏等几大板块，如图5-2所示。

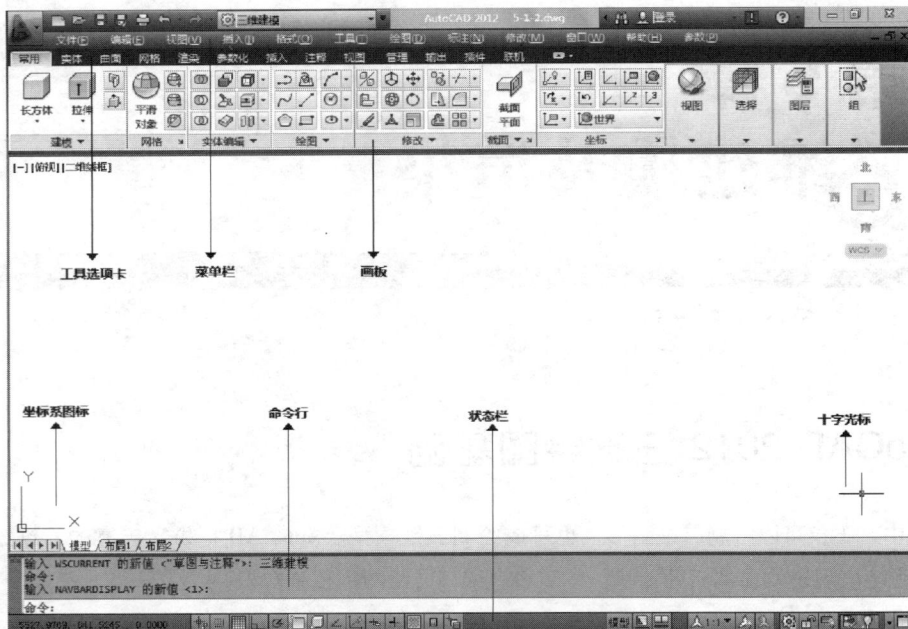

图5-2 三维建模工作界面

三维工作空间下，AutoCAD 2012的工具选项卡和面板集成了主要的三维功能。同一类型的工具或命令集成在一个选项卡下面，如图5-3所示，极大地方便了用户的使用。

图5-3 工具选项卡和面板

5.2 绘制写字台三维模型

绘制写字台模型，需要对其结构熟悉，灵活运用三维实体的基本图形绘制命令和编辑命令；一般先绘制写字台的主体结构，再绘制写字台的抽屉和柜门。基本流程如下。

5.2.1 根据个人习惯设定绘图环境

运行 AutoCAD 2012，进入"三维建模"工作空间。根据个人爱好和习惯设置工具栏、面板和工具选项板的位置，完成绘图环境的设定。图形单位默认为毫米，精度可以在菜单浏览器"格式—单位"中根据需要自行设定。绘图环境如图5-4所示。

5.2.2 绘制写字台的主体结构

1. 切换视图

选择菜单栏中的"视图"、"三维视图"、"东南等轴测"命令，将当前视图切换到东南等轴测视图。过程如图5-5所示。

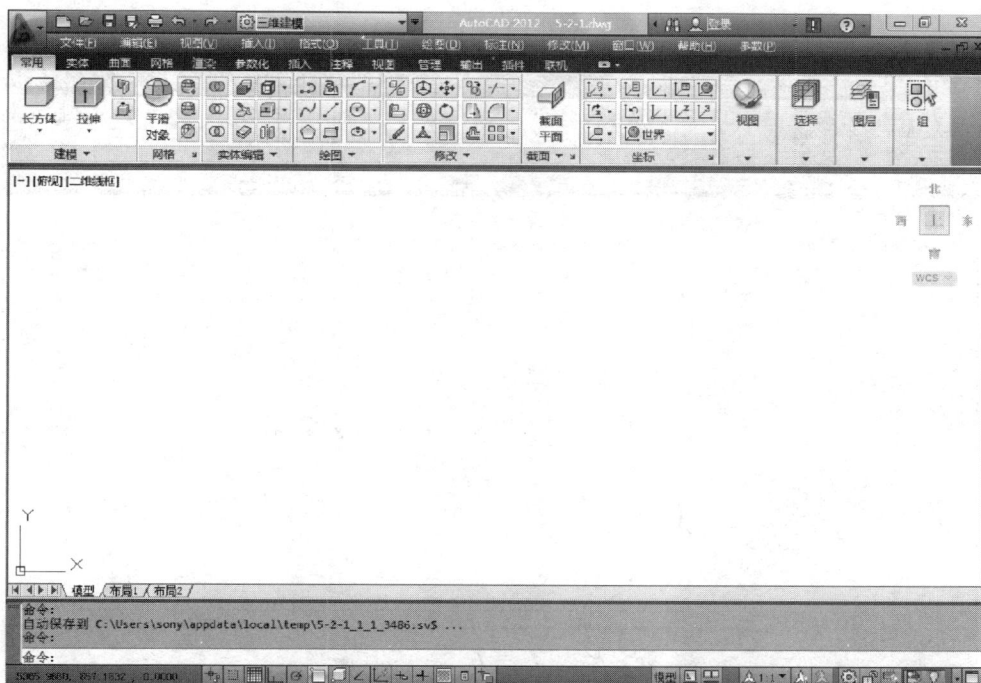

图 5 - 4 绘图环境

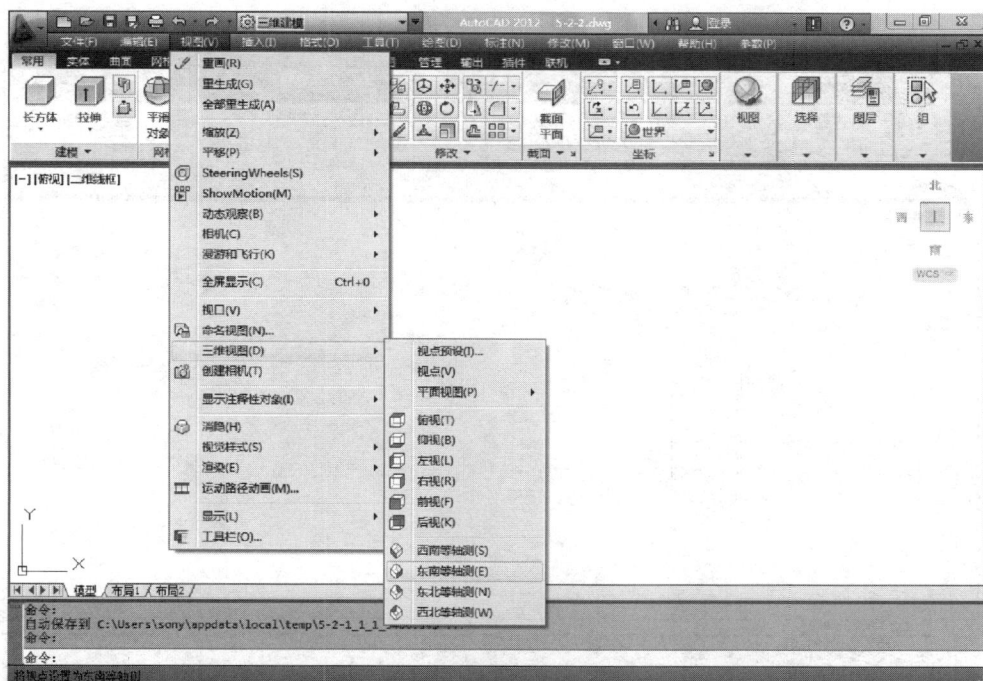

图 5 - 5 切换过程

切换完界面如图 5 - 6 所示。

2. 创建左旁板

单击"建模"工具栏中的"长方体"按钮 ⬜，绘制一个长方体，角点为（0，0，0）和（@500，30，900）。绘制结果如图 5 - 7 所示。

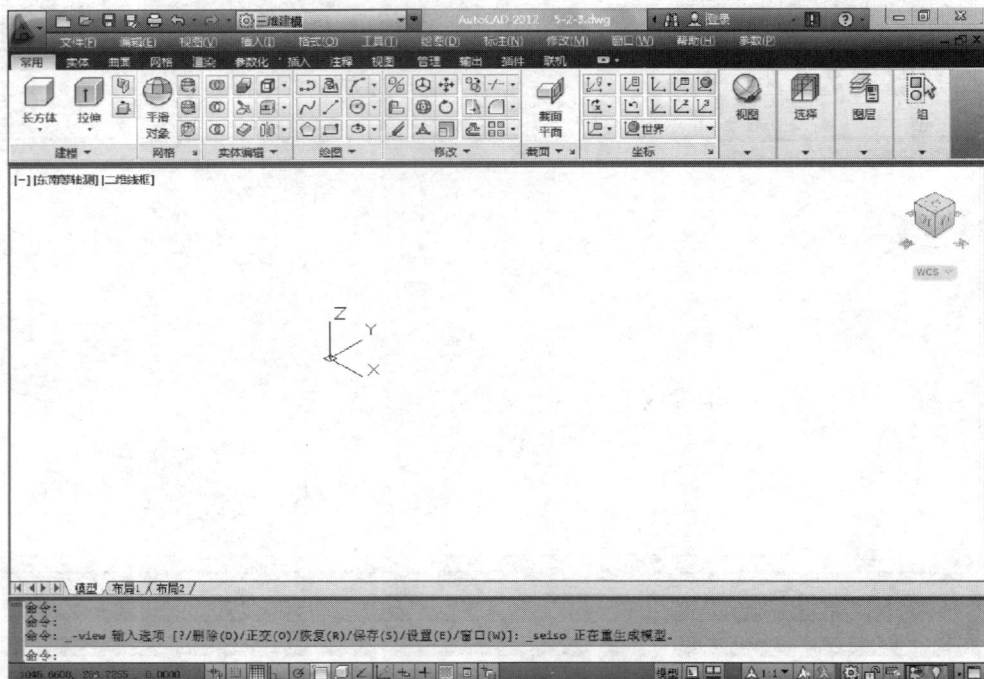

图5-6 切换后界面

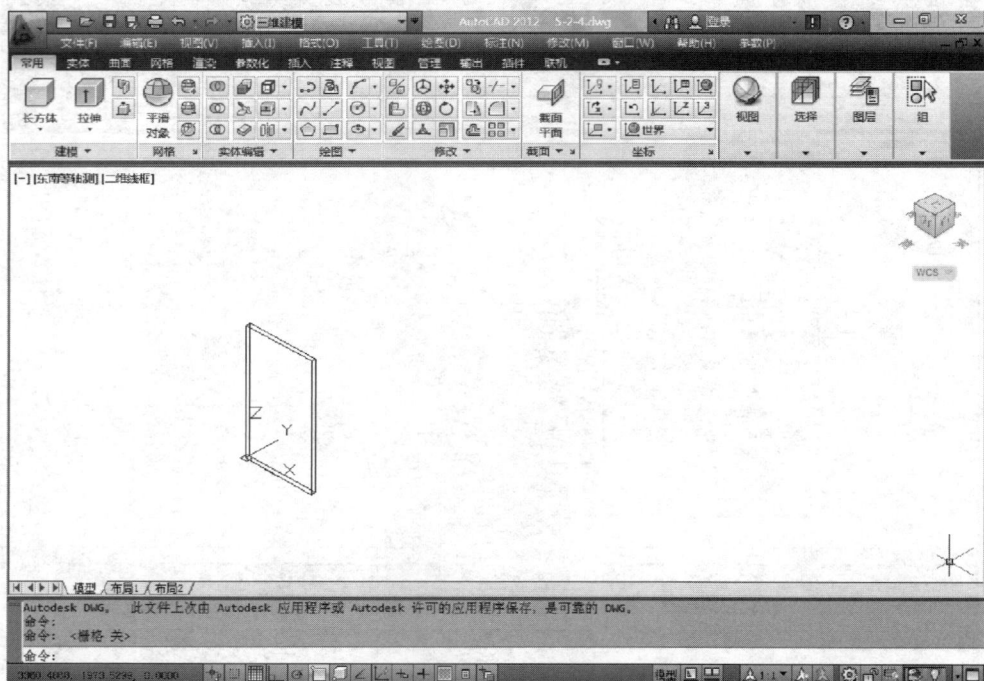

图5-7 创建长方体后的图形

3. 绘制中隔板

在命令行中键入"3DARRAY",对上一步所作的长方体进行阵列,命令行提示及操作如下。

命令行提示:3DARRAY。

命令行提示:选择对象:(选择上一步所绘制的长方体)。

命令行提示：选择对象。

命令行提示：输入阵列类型［矩形（R）/环形（P）］＜矩形＞。

命令行提示：输入行数（－－－）＜1＞：2。

命令行提示：输入列数（｜｜｜）＜1＞：1。

命令行提示：输入层数（…）＜1＞：1。

命令行提示：指定行间距（－－－）：730。

绘制结果如图 5－8 所示。

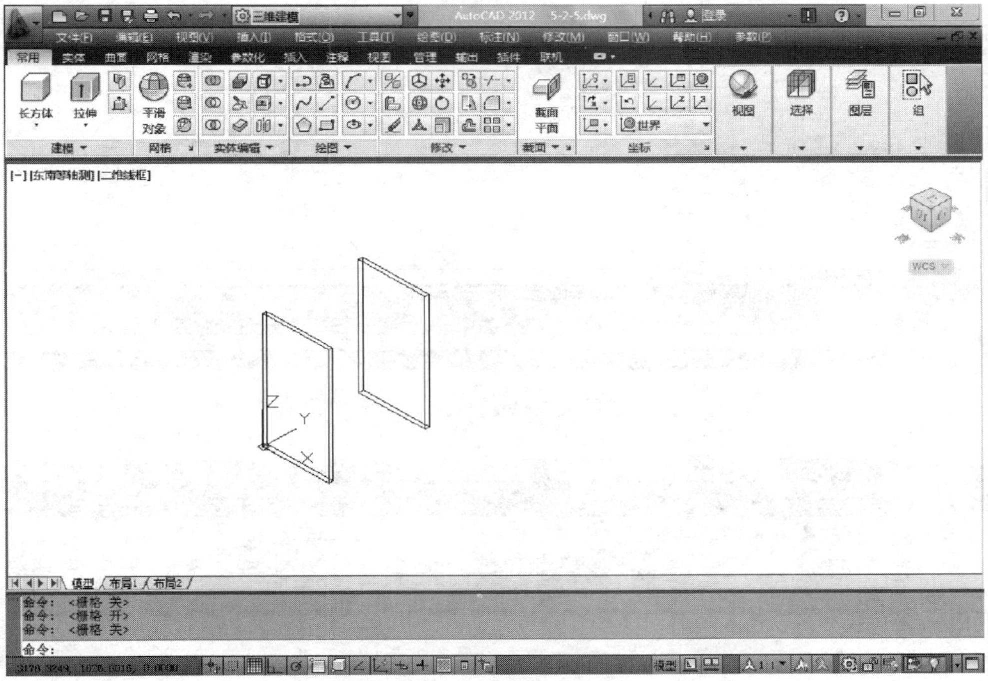

图 5－8 三维阵列后的图形

4. 绘制右旁板

单击"修改"工具栏中的"复制"按钮，复制上一步所作的长方体，命令行及操作如下。

命令行提示：copy。

命令行提示：选择对象（选择上一步所作的长方体）。

命令行提示：选择对象。

命令行提示：当前设置：复制模式＝多个。

命令行提示：指定基点或［位移（D）/模式（O）］＜位移＞：0，730，0。

命令行提示：指定第二个点或［阵列（A）］＜使用第一个点作为位移＞：@0，430，0。

命令行提示：指定第二个点或［阵列（A）/退出（E）/放弃（U）］＜退出＞。

绘制结果如图 5－9 所示。

5. 绘制面板

单击"建模"工具栏中的"长方体"按钮，绘制一个长方体，角点为（0，－30，900）和（@530，1250，30）。绘制结果如图 5－10 所示。

6. 对面板进行圆角处理

单击"修改"工具栏中的"圆角"按钮，对图形进行圆角处理，命令行提示及操作如下。

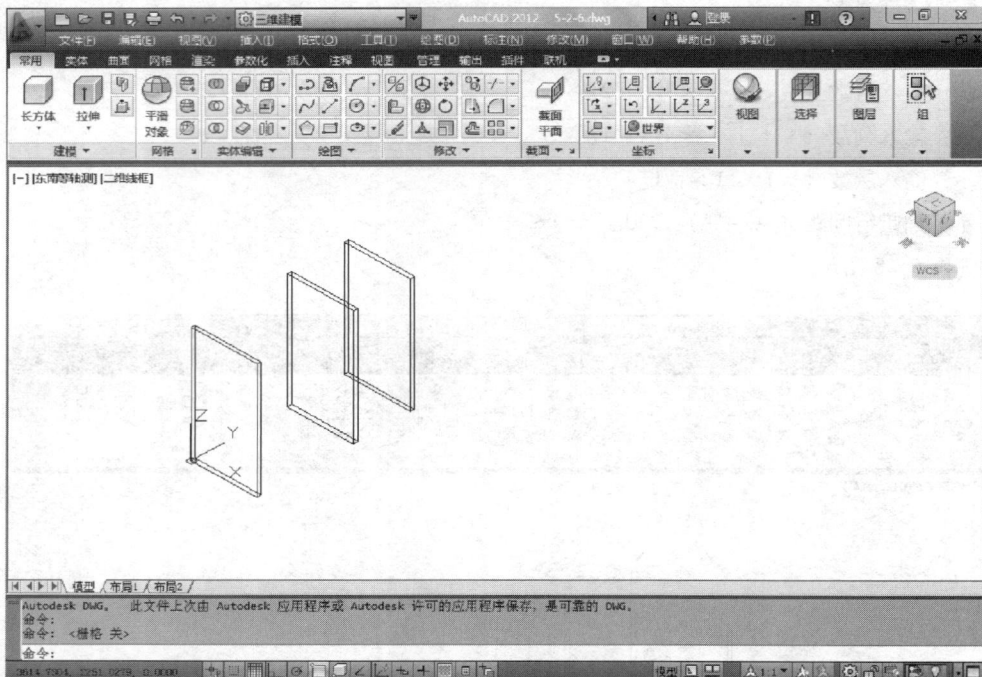

图 5-9　复制后的图形

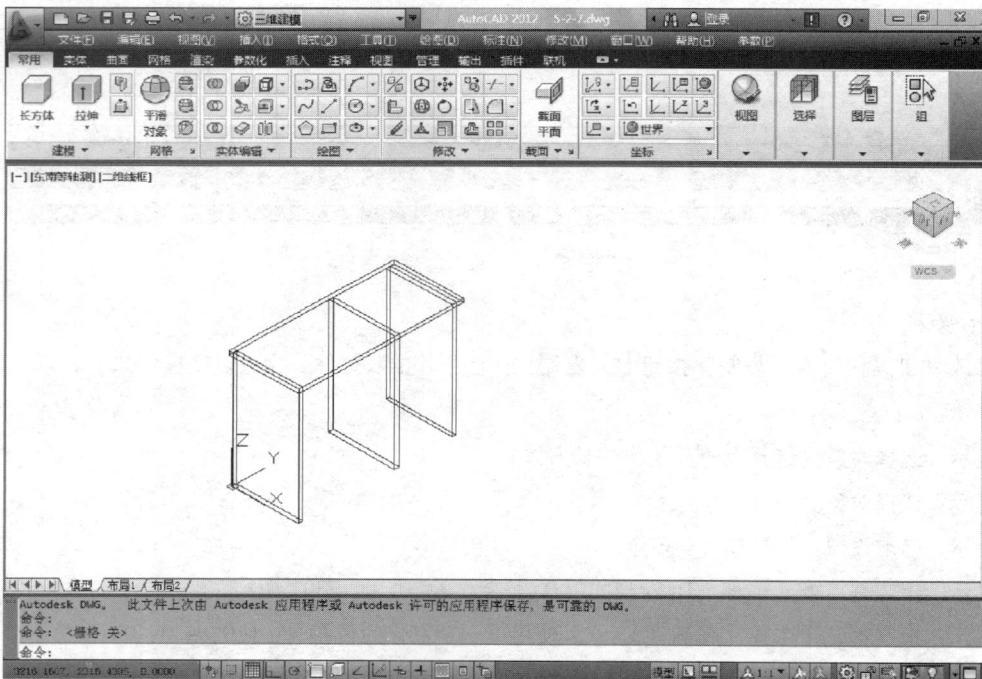

图 5-10　绘制长方体后的图形

命令行提示：fillet。

命令行提示：当前设置：模式 = 修剪，半径 = 0.0000。

命令行提示：选择第一个对象或［放弃（U）/多段线（P）/半径（R）/修剪（T）/多个（M）］：（选择上一步所作的长方形前面的一边）。

命令行提示：输入圆角半径或［表达式（E）］：15。

命令行提示：选择边或［链（C）/环（L）/半径（R）］：（依次选择上一步所作的长方形的另外七条边）。

命令行提示：选择边或［链（C）/环（L）/半径（R）］。

绘制结果如图 5－11 所示。

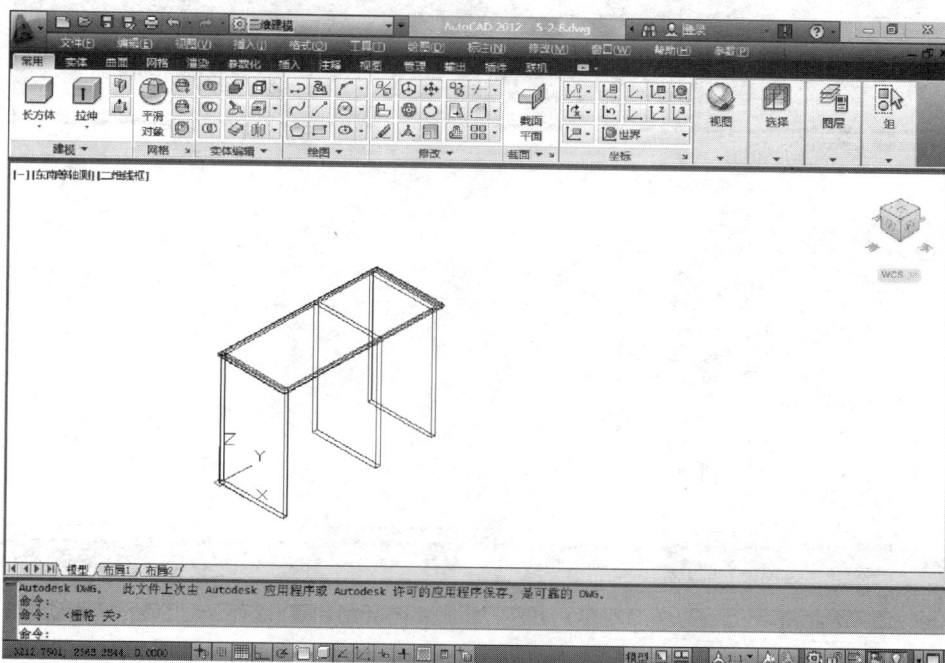

图 5－11　倒圆角后的图形

7. 绘制搁板及底板

单击"建模"工具栏中的"长方体"按钮，绘制一个长方体，角点为（0，0，630）和（@ 500，700，30）。绘制结果如图 5－12 所示。

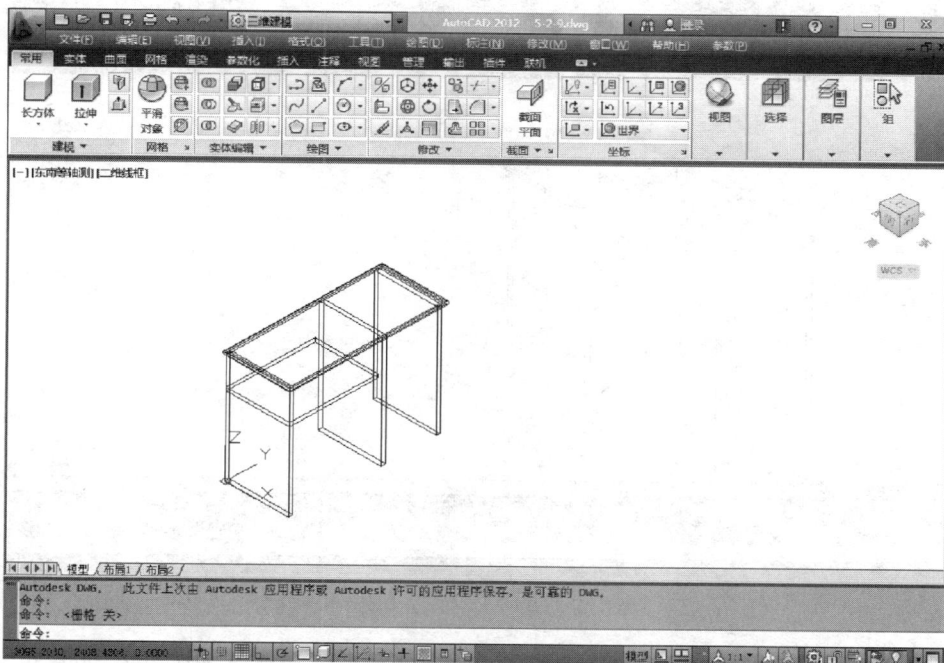

图 5－12　绘制长方体后的图形

单击"建模"工具栏中的"长方体"按钮 ⬛，绘制一个长方体，角点为（0，760，630）和（@ 500，400，30）。绘制结果如图 5 - 13 所示。

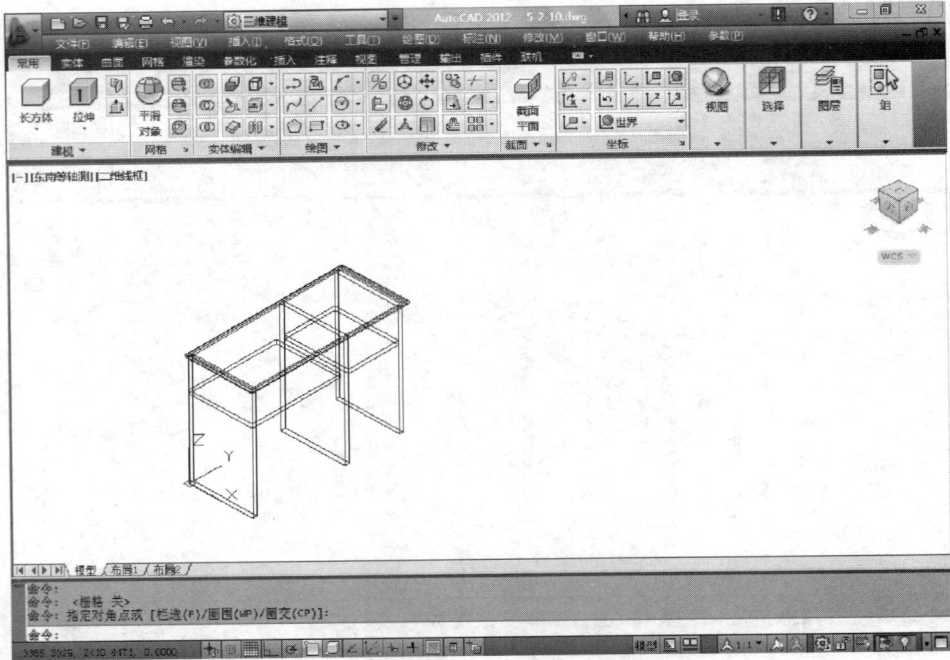

图 5 - 13　绘制长方体后的图形

单击"建模"工具栏中的"长方体"按钮 ⬛，绘制一个长方体，角点为（0，30，50）和（@ 220，700，30）。绘制结果如图 5 - 14 所示。

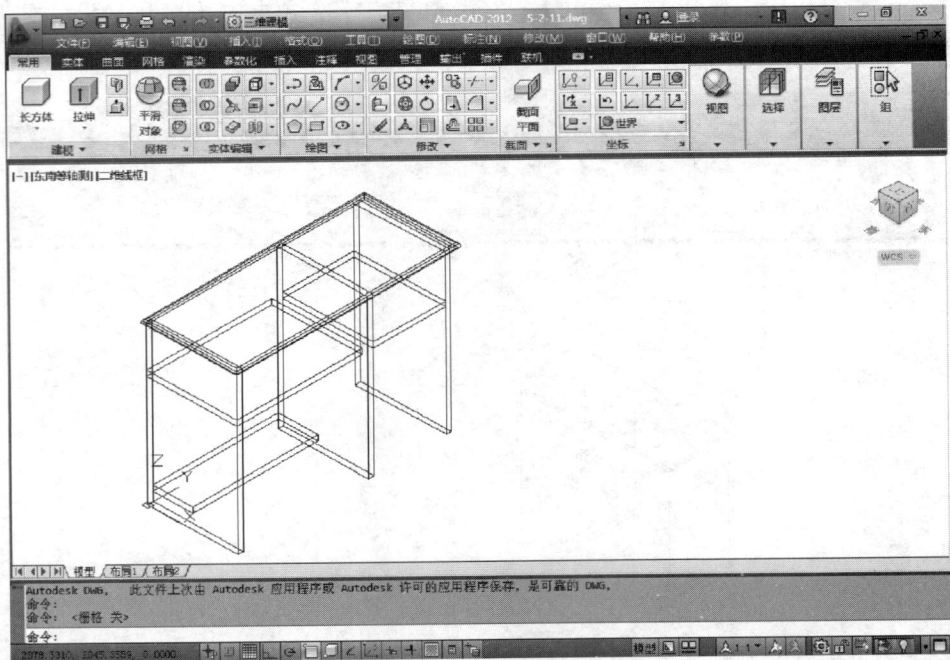

图 5 - 14　绘制长方体后的图形

单击"建模"工具栏中的"长方体"按钮 ⬛，绘制一个长方体，角点为（0，760，50）和（@ 500，400，30）。绘制结果如图 5 - 15 所示。

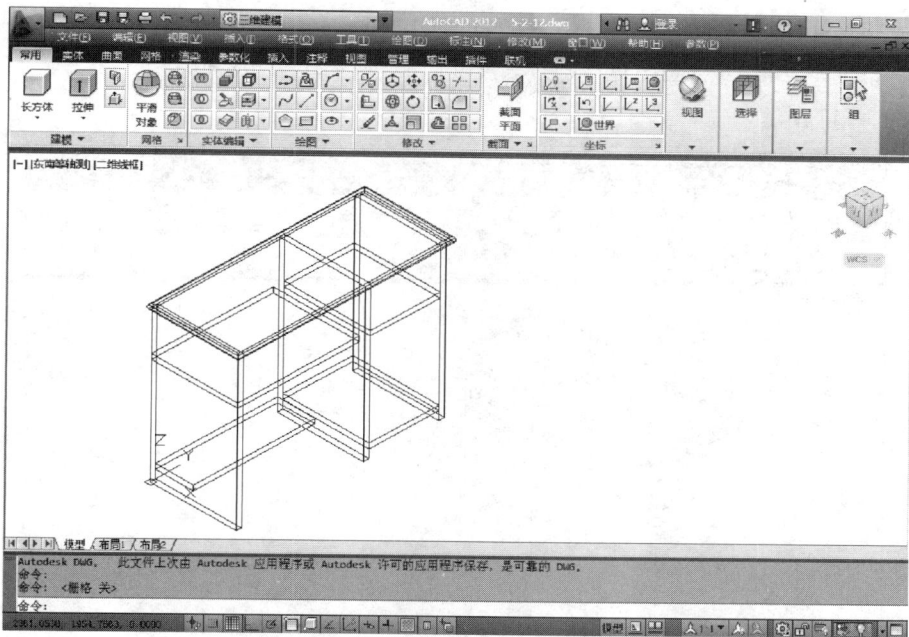

图 5 - 15　绘制长方体后的图形

5.2.3　绘制写字台的抽屉和柜门

1. 绘制抽屉面板

单击"建模"工具栏中的"长方体"按钮，绘制一个长方体，角点为（500，760，660）和（@ - 30，400，240）。绘制结果如图 5 - 16 所示。

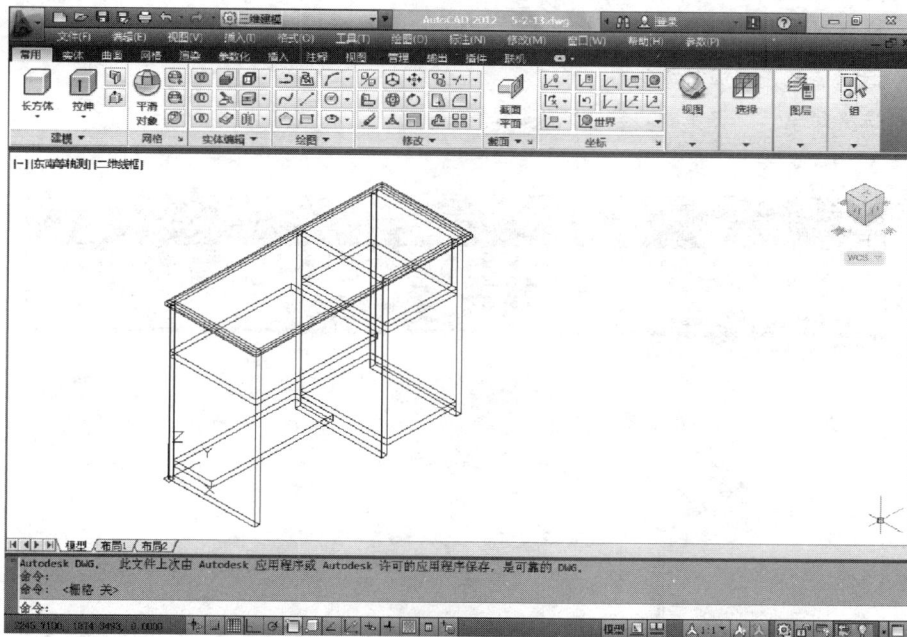

图 5 - 16　绘制长方体后的图形

2. 绘制抽屉拉手

单击"建模"工具栏中的"楔体"按钮，绘制一个楔体，命令行提示与操作如下。

命令行提示：wedge。

命令行提示：指定第一个角点或 [中心 (C)]：500，900，735。

命令行提示：指定其他角点或 [立方体 (C) /长度 (L)]：@ -25，120，30。

绘制结果如图 5-17 所示。

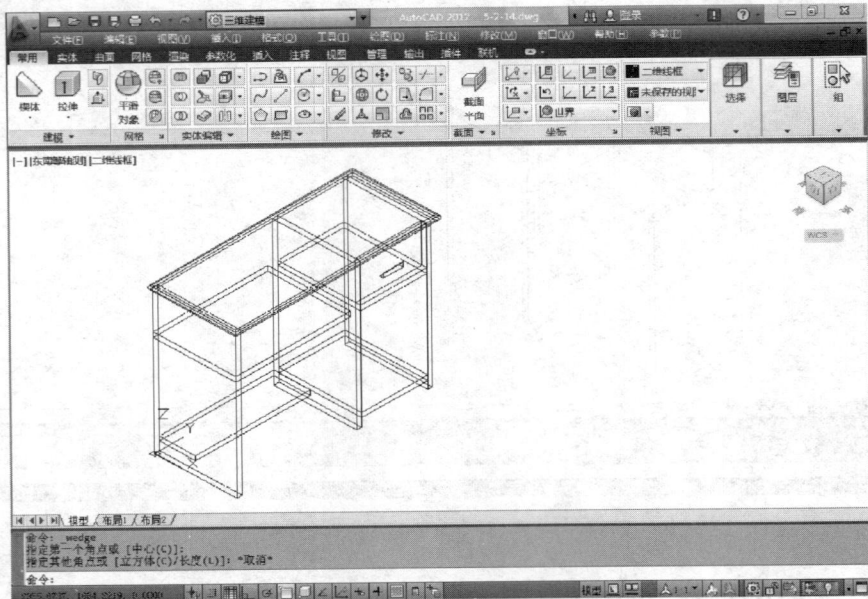

图 5-17 绘制楔体后的图形

3. 将面板与拉手进行差集处理

单击"实体编辑"工具栏中的"差集"按钮 ⊙ ，减去上一步所作的楔体，命令行及操作如下。

命令行提示：subtract 选择要从中减去的实体、曲面和面域…。

命令行提示：选择对象：（选择第一步绘制的长方体）。

命令行提示：选择要减去的实体、曲面和面域…。

命令行提示：选择对象（选择第二步绘制的楔体）。

绘制结果如图 5-18 所示。

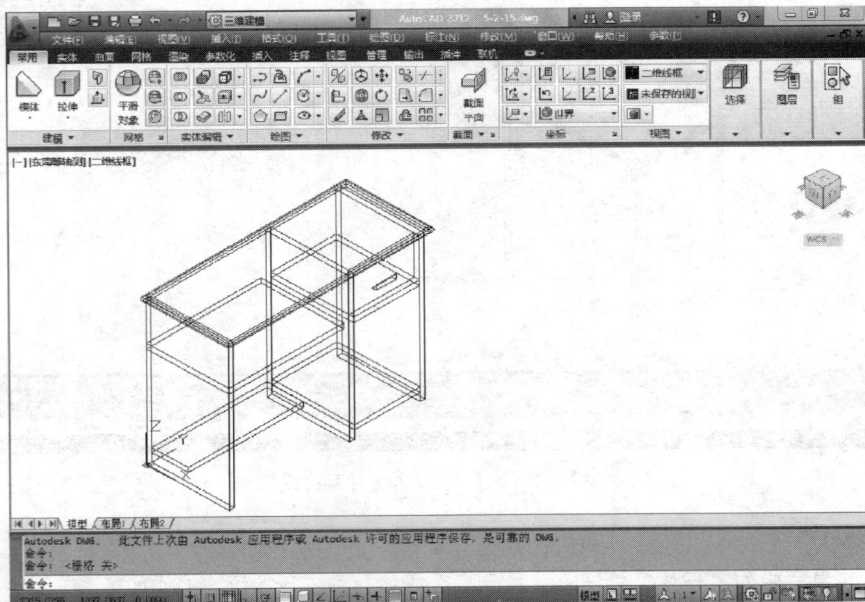

图 5-18 差集后的图形1

4. 绘制抽屉面板

单击"建模"工具栏中的"长方体"按钮 ▱，绘制一个长方体，角点为（500，760，80）和（@-30，400，550）。

5. 绘制抽屉拉手

单击"建模"工具栏中的"楔体"按钮 ◣，绘制一个楔体，角点为（500，860，295）和（@-25，30，120）。

6. 将面板与拉手进行差集处理

单击"实体编辑"工具栏中的"差集"按钮 ◎，在"4."绘制的长方体中减去"5."所作的楔体。

绘制结果如图5-19所示。

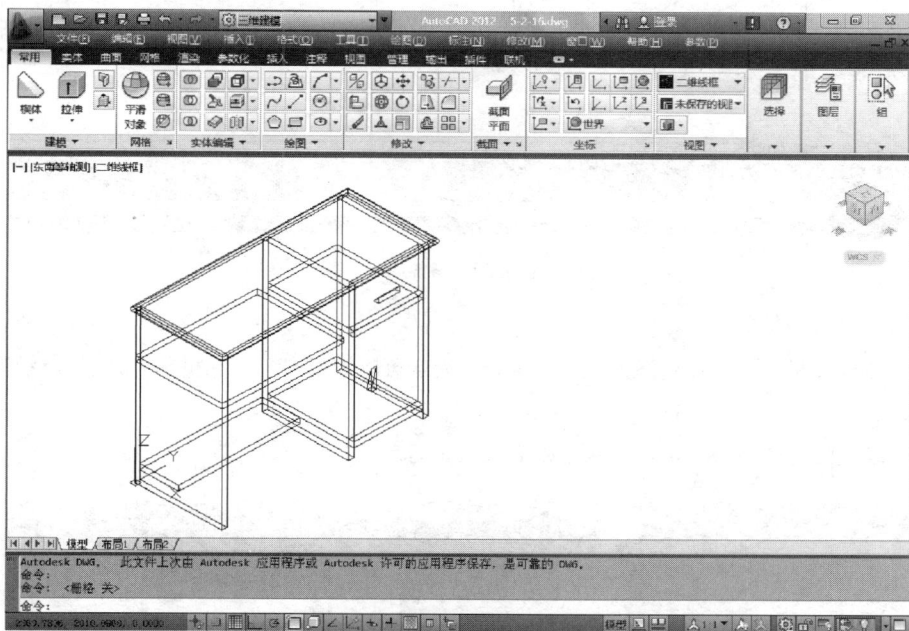

图 5-19　差集后的图形 2

7. 绘制抽屉面板

单击"建模"工具栏中的"长方体"按钮 ▱，绘制一个长方体，角点为（500，30，600）和（@-30，700，300）。

8. 绘制抽屉拉手

单击"建模"工具栏中的"楔体"按钮 ◣，绘制一个楔体，角点为（500，300，735）和（@-25，120，30）。

9. 将面板与拉手进行差集处理

单击"实体编辑"工具栏中的"差集"按钮 ◎，在"7."绘制的长方体中减去"8."所作的楔体。

绘制结果如图5-20所示。

5.2.4　渲染写字台实体

5.2.4.1　搭建场景，调整视图

1. 搭建场景

将这个写字台放在3m×3m×3m的没有开窗的房间一角，房间顶棚上有一盏吸顶灯或吊灯，还有一盏射向柜

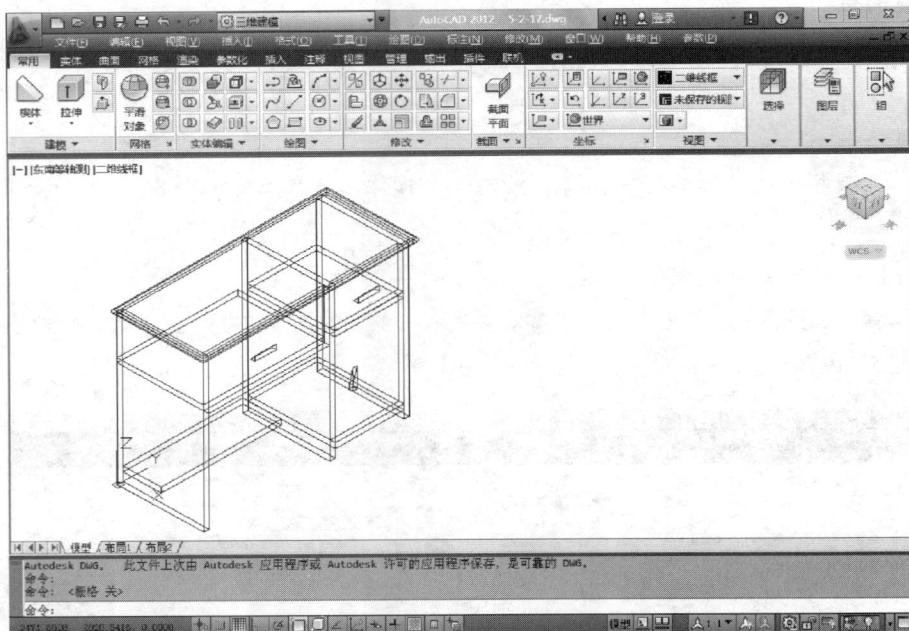

图 5-20　差集后的图形 3

内的射灯，人在房间的另一角看柜子。

　　用户可以用"创建相机"以得到合适的观看角度，也完全可以不用"创建相机"，单纯调节视图得到合适的观看角度。

　　用六个长方体搭建围合成 3m×3m×3m 的室内空间，如图 5-21 所示。

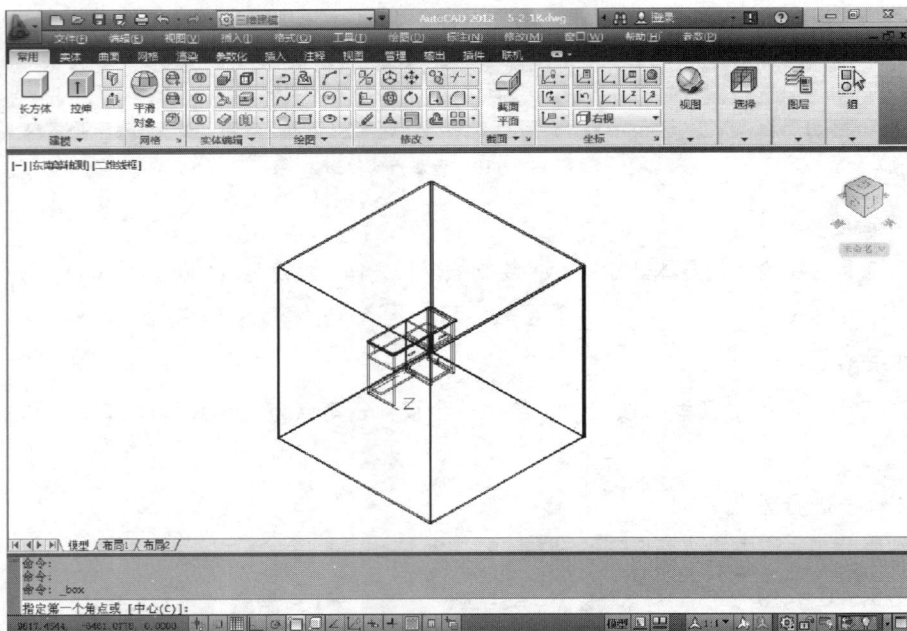

图 5-21　创建房间后的图形

2. 创建相机并调整到合适位置

　　单击"视图"的"创建相机"工具，在视图内创建摄像机模仿人眼，一般视高 1.5～1.7m，如图 5-22 所示。

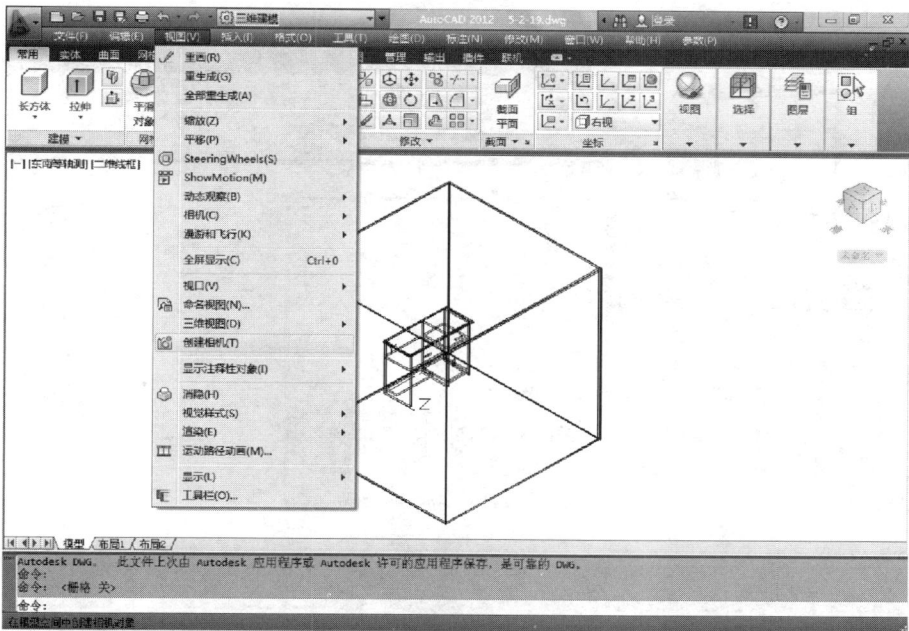

图 5-22　选择"创建相机"

　　系统提示"指定相机位置",可以在"平行投影"模式下,在下拉列表中选择"俯视图",以准确地确定相机的平面位置,之后确定目标点位置,如图 5-23 所示。

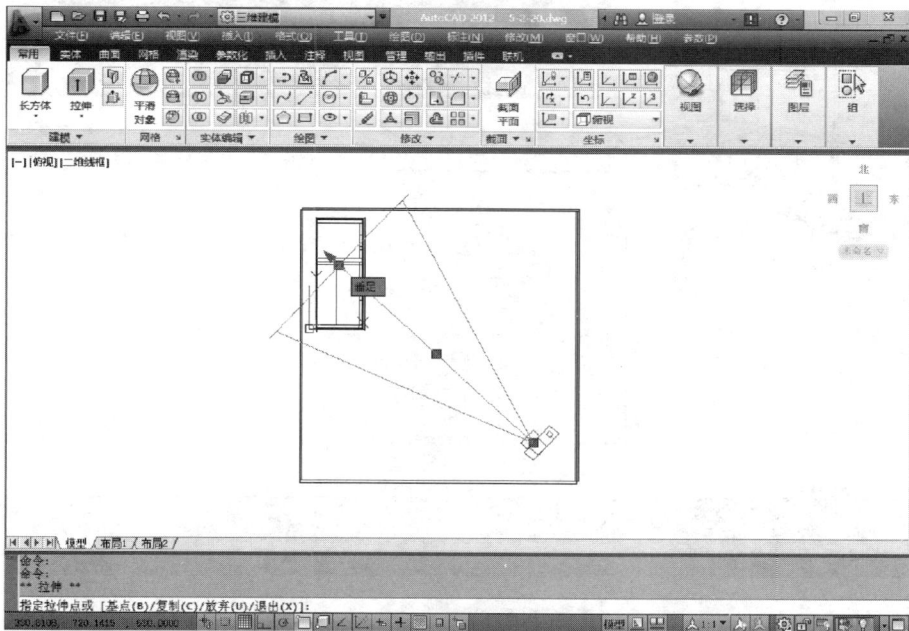

图 5-23　确定目标点位置

　　确定相机和目标点的水平位置后,可以切换到"透视投影"下的右视图(在 ViewCube 上点右键,弹出的快捷菜单中选择"透视投影"),调整相机和目标点的高度。选中刚才创建的相机,弹出"相机预览"对话框,可以观察相机和目标点高度是否合适,如图 5-24 所示。

　　将光标点击相机的蓝色夹点,夹点变为红色,出现红绿蓝(RGB)三色的坐标系图标,在坐标系图标上挪动光标,选择想挪动的方向,相应的轴会变为金色,并出现轴的延长线,挪动相机到合适的位置并单击,确定相机的新位置。同样方法调整目标点的位置,如图 5-25 所示。

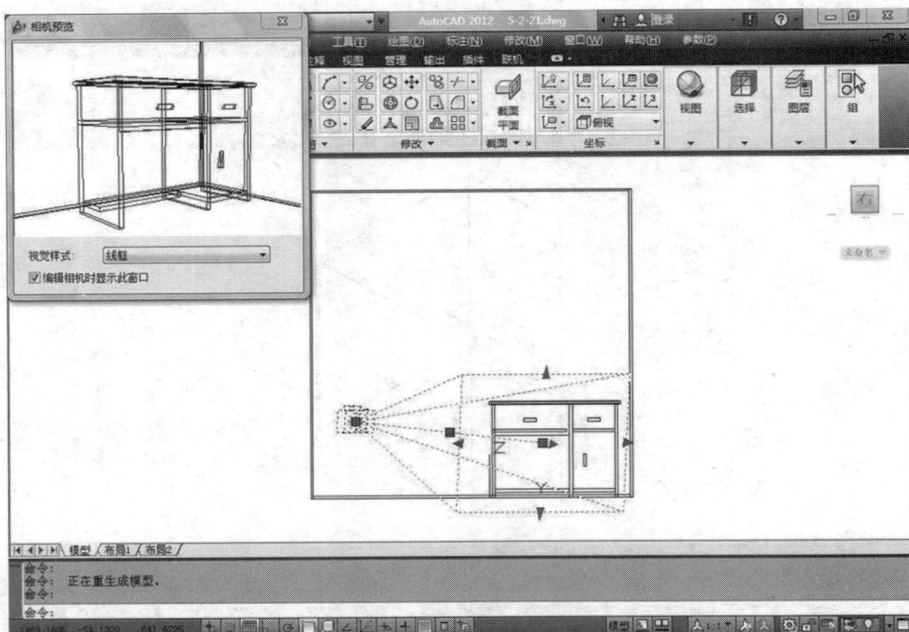

图 5-24 "相机预览"对话框

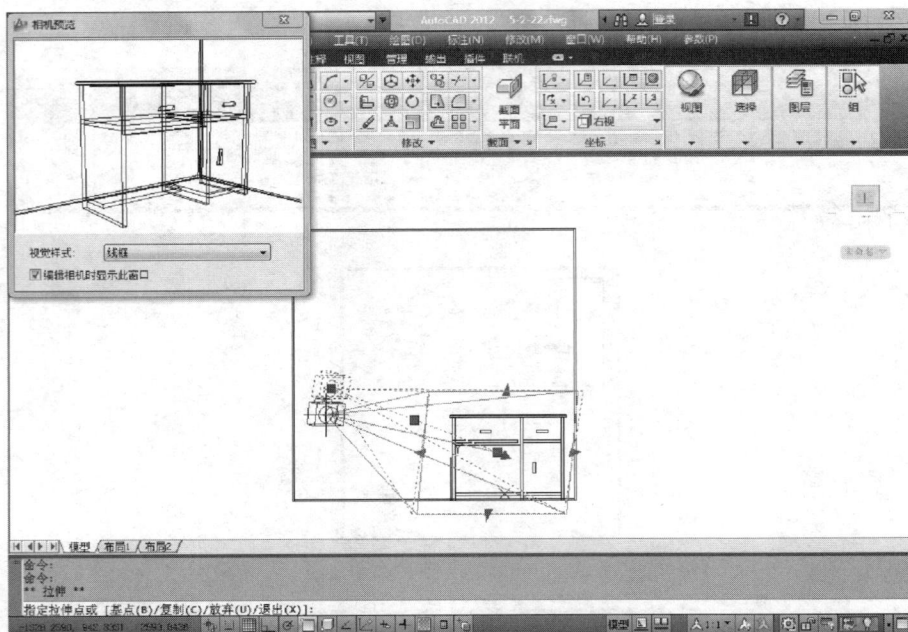

图 5-25 移动相机位置

选中相机，在"对象特性"选项板（Ctrl+1）中修改相机焦距和视野，结合相机和目标点的位置，得到合适的相机视图。

5.2.4.2 设置光源

1. 设置点光源

新建点光源有几种不同的方式，可以选择菜单栏中的"视图"、"渲染"、"光源"、"新建点光源"，如图 5-26 所示；也可以选择工具栏中的"渲染"、"新建点光源"，如图 5-27 所示；或者直接在命令行键入"light"命令。

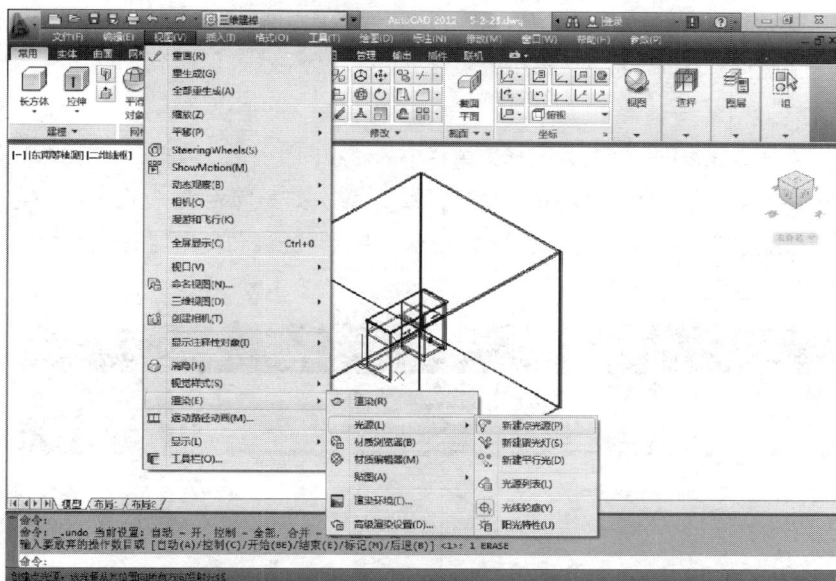

图 5－26　"光源"子菜单

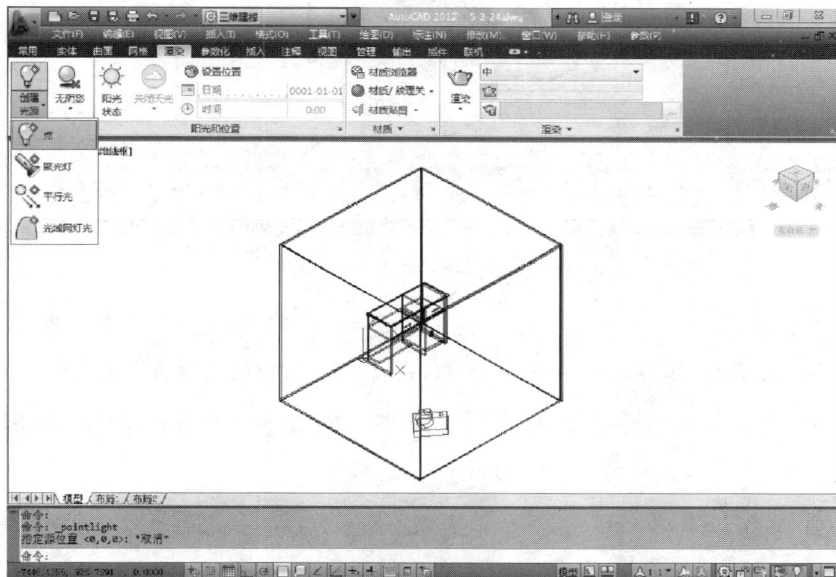

图 5－27　新建点光源

系统弹出"光源-视口光源模式"的提示对话框，询问用户是否使默认光源自行打开，单击"关闭默认光源（建议）"，如图 5－28 所示。

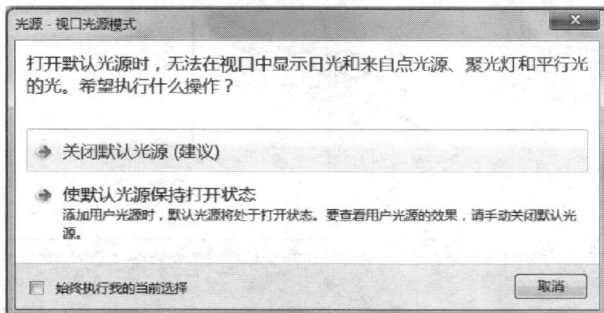

图 5－28　"光源-视口光源模式"对话框

系统提示"指定光源位置",与设定相机位置相同,可以先在平行投影的俯视图下确定水平位置,再到平行投影的主视图下,确定光源高度,从而完成点光源位置的指定。

2. 设置聚光灯光源

新建聚光灯光源同新建点光源一样,可以选择菜单栏中的"视图"—"渲染"—"光源"—"新建聚光灯光源";也可以选择工具栏中的"渲染"—"新建聚光灯光源"。聚光灯如同相机一样,也需要指定目标点的位置。完成后在东南等轴测下观察视图大体位置,如图5-29所示。有关点光源和聚光灯光源的属性都可以选中光源后,在特性选项板(Ctrl+1)中进行调整。

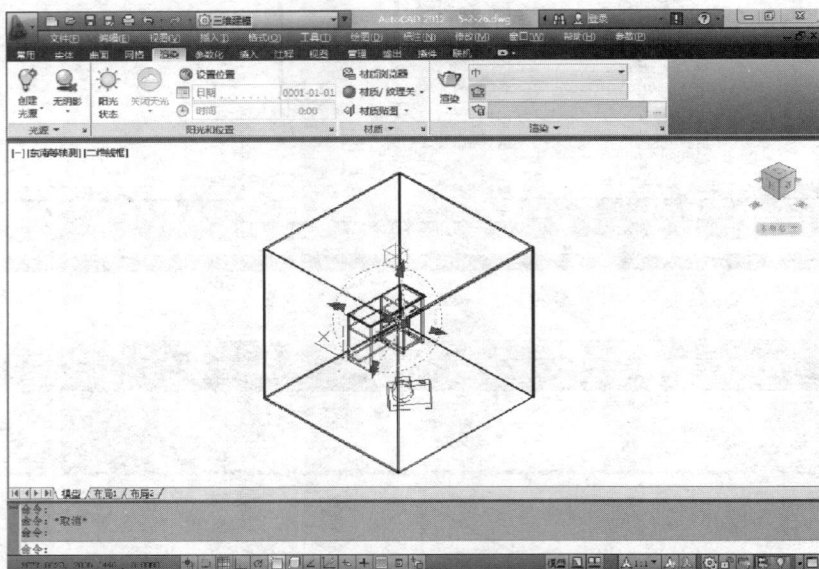

图5-29 查看聚光灯位置

3. 渲染观察灯光效果

可以回到相机视图,如图5-30所示,渲染一下看看灯光效果,等编辑完材质后再结合着材质仔细调整灯光。单击"渲染"面板中的"渲染"按钮,出现"渲染"窗口,进行渲染,完成后如图5-31所示,在图中可以清楚地看到聚光灯形成的光斑效果以及点光源和聚光灯投下的阴影。

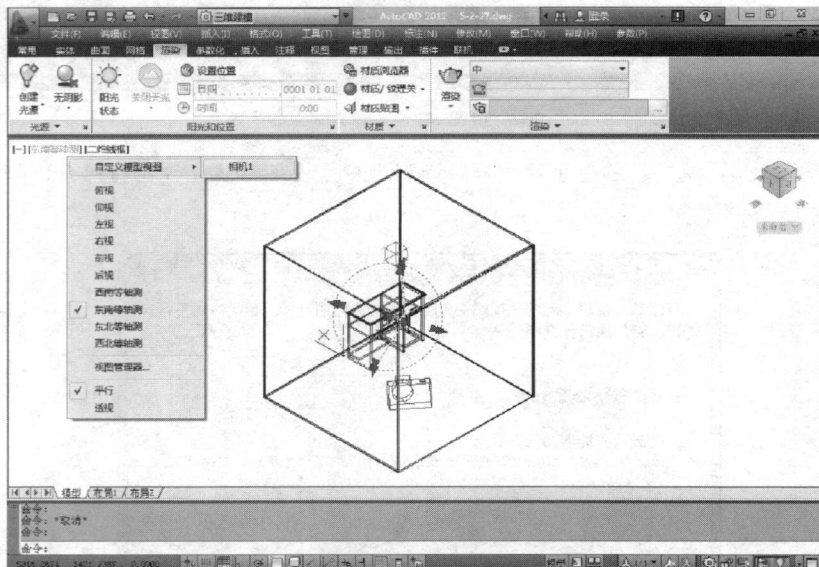

图5-30 选择"相机视图"

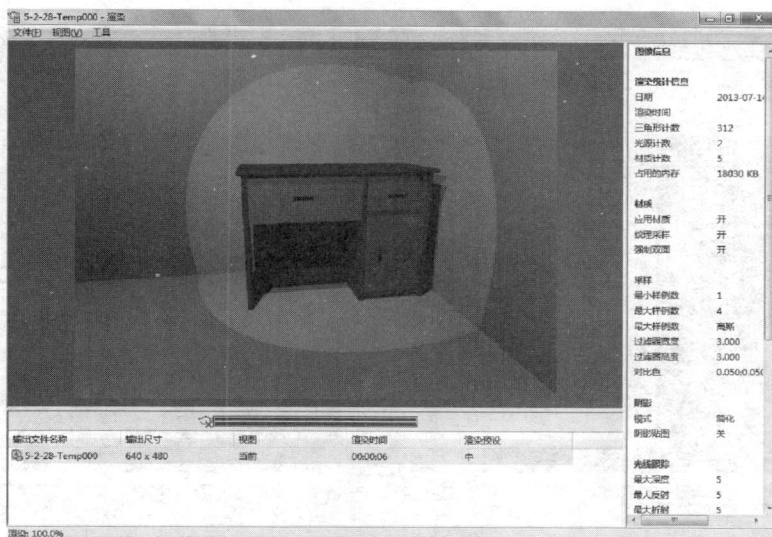

图 5－31　"渲染"窗口

5.2.4.3　设置材质

1. 选择材质

AutoCAD 2012 提供了多种材质可以选择，在"材质"选项卡中包含了对材质的各种操作。单击"材质浏览器"按钮，弹出材质浏览器面板，如图 5－32 所示，里面提供了多种材质样例的标签以供选择，分类如图 5－33 中所示，可以根据需要自行选择；也可以根据需要自行创建材质。

2. 附材质

选择需要附材质的对象，然后选中材质浏览器中需要的材质，单击右键后选择"指定给当前选择"选项，或者先选择"选择要应用的对象"选项，再选择需要附材质的对象；如图 5－33 所示。

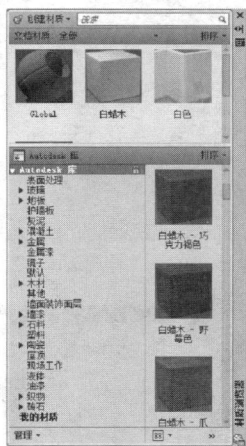

图 5－32　材质浏览器面板

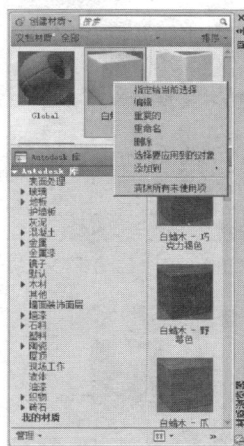

图 5－33　附材质选项

在"材质"面板中，选择"材质纹理"控制开关按钮状态为开，"材质贴图"按钮方式为长方体，选择菜单栏中"视图"—"视觉样式"—"真实"，此时场景中显示出了材质和纹理，如图 5－34 所示。

3. 编辑材质

在"材质浏览器"选项板中选中需要编辑的材质，单击右键，选择"编辑"选项，如图 5－35 所示，弹出"材质编辑器"选项板，如图 5－36 所示，系统已经设置好了基本的参数，包括常规、反射率、透明度等基本的物理光学特性。用户可以再"图像"选项上单击右键，选择"编辑图像"选项，如图 5－37 所示，弹出"纹理编辑器"选项板，如图 5－38 所示，对图像的位置、比例、重复等进行调节，同时，在窗口中可以直观地看到调整的效果。

图 5-34 "真实"视觉样式

小贴士

这里暂时接受默认设置，用户可以自行尝试不同设置的不同效果。

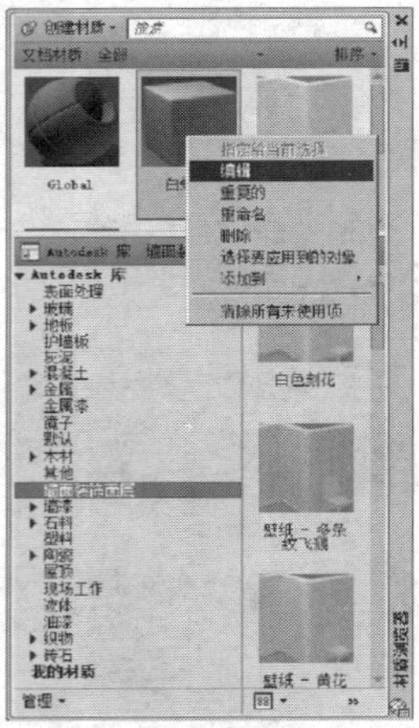

图 5-35 "编辑"材质选项

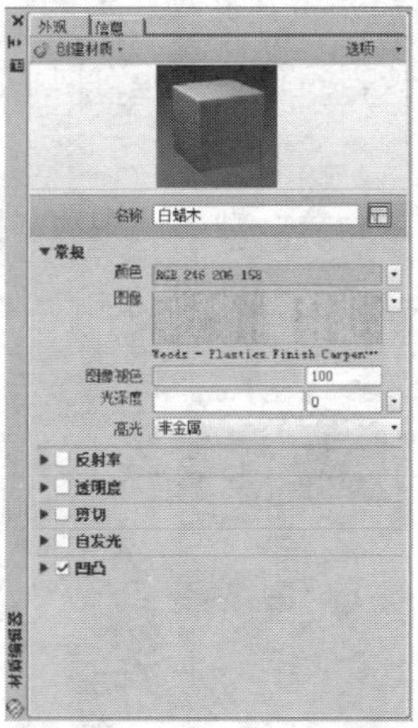

图 5-36 "材质编辑器"选项板

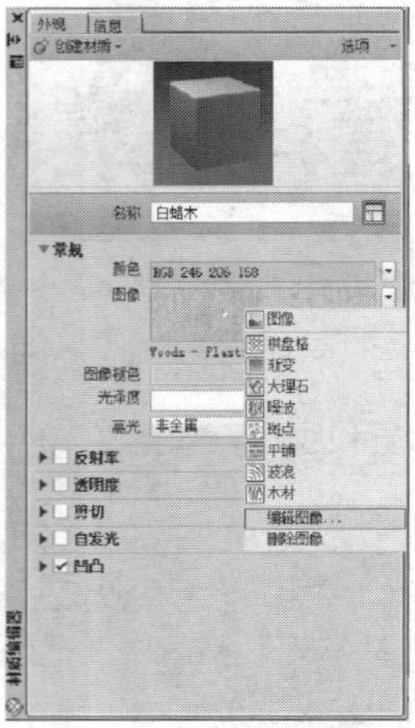

图 5-37 "编辑图像"选项图

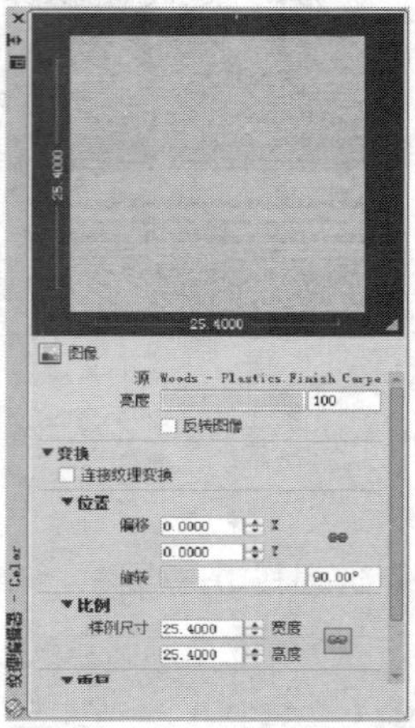

图 5-38 "纹理编辑器"选项板

4. 渲染

单击"渲染"面板中的"渲染"按钮，渲染一下，效果如图 5－39 所示。

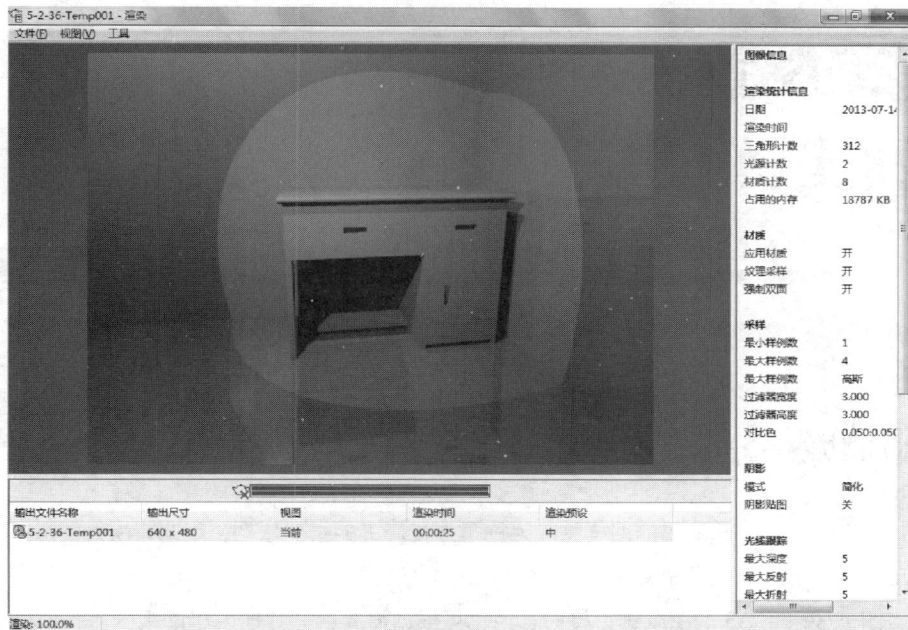

图 5－39　渲染结果

第6章
图纸输出

6.1 打印概述

对于室内设计施工而言，打印输出的图样将成为施工人员施工的主要依据，因此将所绘图形打印输出就尤为重要。室内设计施工图其输出对象主要是打印机。

室内设计施工图一般采用 A3 的图纸进行打印，但也可根据需要选择其他大小的纸张。打印时，需要确定纸张大小、输出比例、打印线宽和颜色等相关内容。在最终打印输出之前，要认真检查核对图纸上的内容，确认无误后再打印。

6.2 从模型空间直接打印出图

打印有两种方式：模型空间打印和使用布局空间打印。模型空间打印指的是在模型窗口进行相关设置并直接打印；使用布局打印是指在布局窗口中进行相关设置并进行打印。

6.2.1 插入图签

在输出打印施工图时，需要给它加上图签。通常图签是作为图块直接插入使用的。这里用快捷键 INSERT/I 给原有图形加上"A3 图签"，如图 6-1 所示。

这个图签是用 1∶1 比例绘制的，而平面布置图也是按照 1∶1 绘制的。为了使图形能够打印在图签之内，需要将图签放大，或是将图形缩小。这里用 SCALE/SC 命令将图签放大 20 倍。并将图形移动到图签内，如图 6-2 所示。

6.2.2 页面设置

页面设置包括打印设备、纸张、打印区域、打印样式、打印方向等影响最终打印外观和格式的所有设置集合。页面布置可以命名保存，也可以将同一个命名页面布置应用到多个布局图中，以下介绍页面设置的创建和设置方法。

在命令窗口中输入 PAGESETUP 并按回车键，或执行"输出"菜单栏中"页面设置管理器"，打开页面设置管理器，如图 6-3 所示。

单击"新建"，打开"新建页面设置"对话框，在对话框中输入新页面设置名"A3 图纸页面布置设置"，如图 6-4 所示。

图 6-1　插入的图签

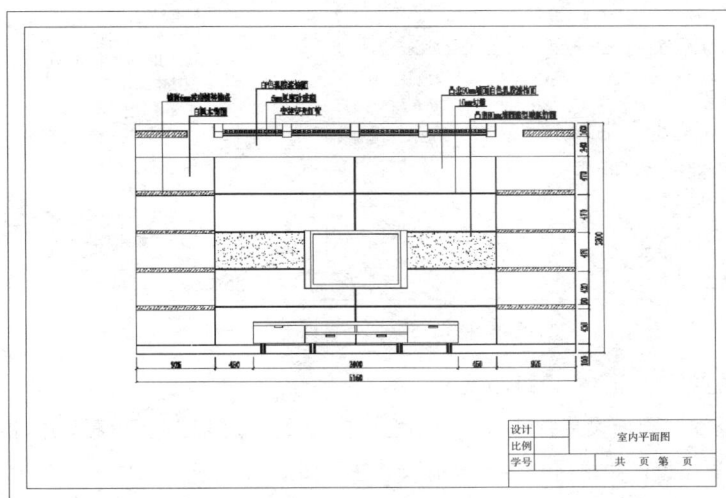

图 6-2　插入图签后的效果

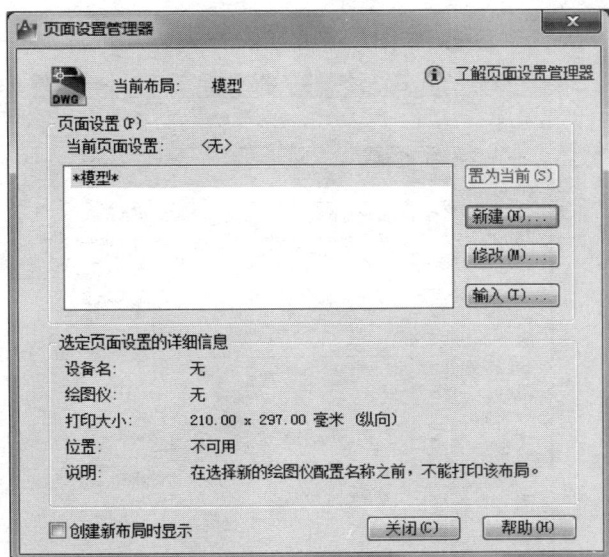

图 6-3　"页面设置管理器"对话框

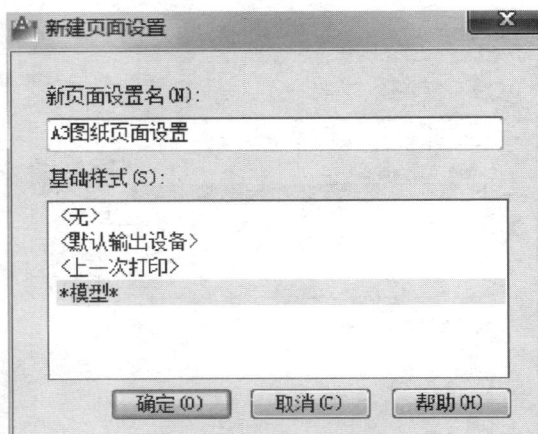

图 6-4　"新建页面设置"对话框

在"页面设置"对话框"打印机/绘图仪"选项组中选择打印机；在"图纸尺寸"选项组中选择 A3 类图纸；在"打印区域"／"打印范围"中下拉选项组选择"窗口"项；勾选"打印比例"选项组"布满图纸"复选框，图形将根据图纸尺寸缩放打印图形，使打印图形布满图纸；在"打印偏移"中勾选"居中打印。

在对话框右边的"打印样式表"下拉选项组选择：motochrome.ctb（单色打印）；勾选"打印选项"选项组"按样式打印"复选框，使打印样式生效，否则图形将按照其自身的特性进行打印；在图形方向栏勾选横向打印，如图 6-5 所示。

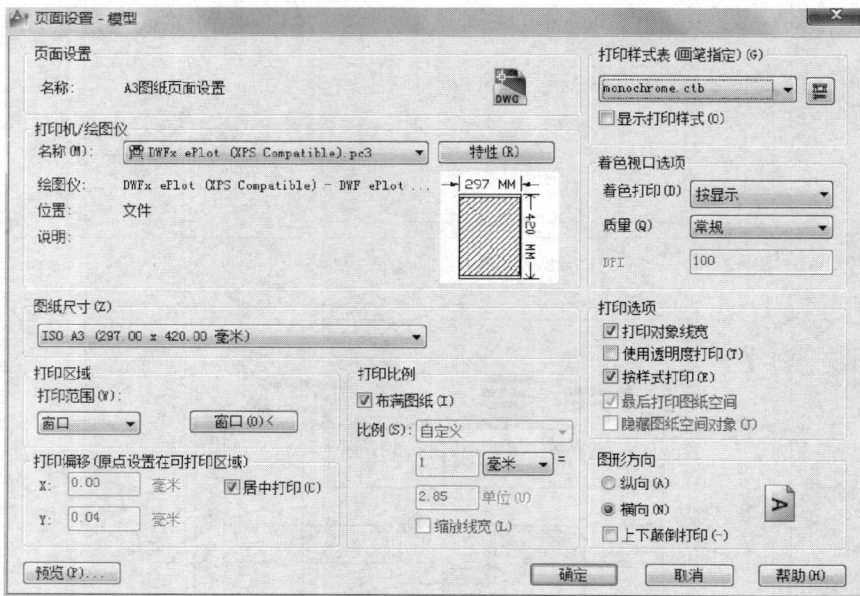

图 6-5 "页面设置"对话框

设置完成后单击"预览"按钮，检查打印效果。

单击"确定"按钮返回"页面设置管理器"对话框，在页面设置列表中可以看见刚才新建的页面设置"A3 图纸页面设置"，选择该页面设置，并单击"置为当前"按钮，如图 6-6 所示。单击"关闭"按钮关闭对话框。

6.2.3 打印

执行"打印"菜单项 ，或按快捷键 Ctrl + P，打开"打印"对话框，如图 6-7 所示。

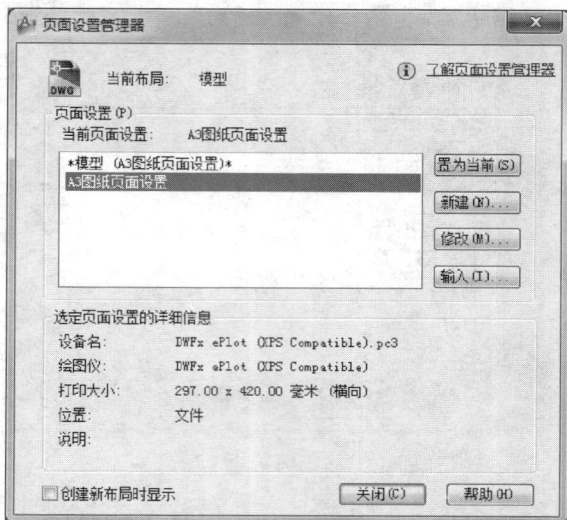

图 6-6 指定当前的页面设置

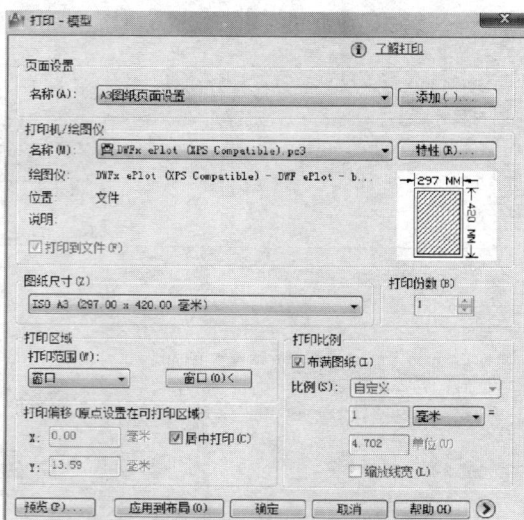

图 6-7 打印对话框

在"页面设置"选项组"名称"列表中选择前面创建的"A3 图纸页面设置"。

单击"打印范围"中"窗口"按钮对需要打印的图形进行框选。

完成设置后，确认打印机与计算机已正确连接，单击"确实"按钮开始打印。

6.3　使用布局打印出图

在"模型"选项卡中完成图形创建后，就可以通过选择布局选项卡进入图纸空间开始编辑要打印的布局或者新建需要的布局。在 AutoCAD 2012 中，可以创建多种布局，每个布局代表一张单独打印输出的图纸，创建新布局后，还可以在布局中创建浮动视口，视口中的各个视图可以用不同的比例打印。在布局设置时，一般有以下途径，但其最终效果是一样的。

（1）入门者如果希望从头开始，配置打印机、确定图纸尺寸、图纸方向、插入标题栏、定义视口、确定图纸插入时的拾取位置到完成，就可以使用"布局向导"，依靠系统提示一步一步完成操作。在向导中所作的设置，如果有不满意的地方可以通过调出"页面设置"对话框再加以修改。

（2）更多的是直接点选"布局"选项卡，弹出"页面设置"对话框，从中可以根据需要指定布局和打印设备的设置。而且，指定的设置与布局可以一起存储为页面设置。创建布局后，还可以修改这些设置。

6.3.1　使用布局向导

使用布局向导，可以通过以下方法调用命令。

（1）单击绘图窗口左下角的"布局 1"或"布局 2"。

（2）在任意"布局"选项卡上单击右键，在弹出的快捷菜单中选择"新建布局"命令，创建新的布局。

（3）在命令行输入：Layoutwizard。

运行命令后，弹出"创建布局—开始"对话框，如图 6-8 所示。

输入新布局的名称，一般命名根据用户需要来定，命名规则遵循 Windows 操作系统的命名规则。命名后选择下一步，弹出"创建布局—打印机"对话框，可以选择系统安装的打印机或 AutoCAD 提供的打印机配置文件，如图 6-9 所示。

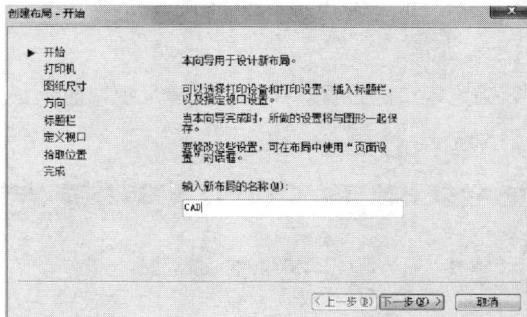

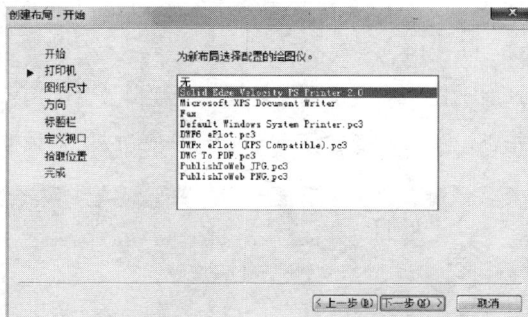

图 6-8　布局向导　　　　　图 6-9　配置打印机

选择需要使用的打印设备后，选择下一步，弹出"创建布局—图纸尺寸"对话框，如图 6-10 所示。

选择使用的图形单位和图纸尺寸，如果上一步中没有选择任何打印设备，即选择了"无"，则下拉列表中将列出所有可能支持的图纸尺寸。选择下一步后，弹出"创建布局—方向"对话框，如图 6-11 所示。

选择图形在图纸上的方向，也就是选择图纸是横着使用还是竖着使用之后，选择下一步，弹出"创建布局—标题栏"对话框，如图 6-12 所示。

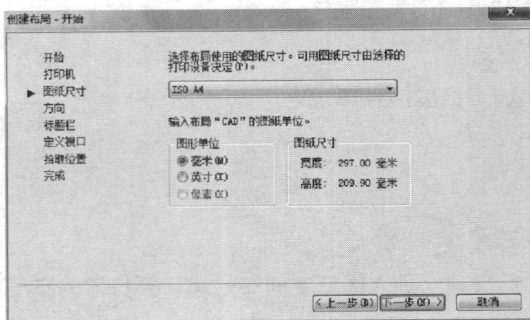

图 6 - 10　选择图形单位和图纸尺寸

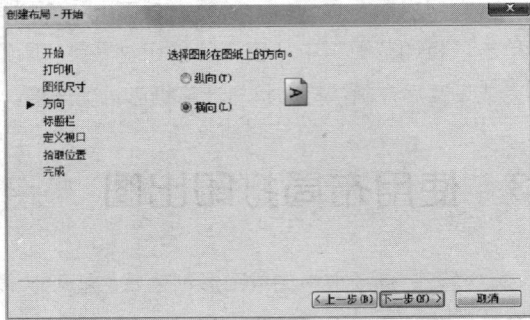

图 6 - 11　选择方向

在列表中可以选择各种图纸规格的标题栏，用户也可以根据系统提供的标题栏，加以修改后再使用，如果选择"无"，用户可以在图纸空间中自己创建标题栏。一般选择将布局以"块"的类型插入即可。插入的默认位置是左下角的原点，即（0，0），可以插入后再根据需要调节，也可以像对块一样，进行编辑和修改图框的操作。选择下一步，弹出"创建布局—定义视口"对话框，如图 6 - 13 所示。

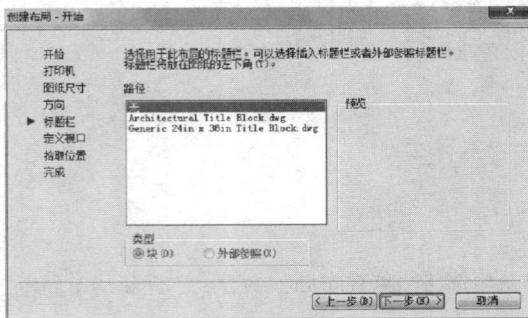

图 6 - 12　选择标题栏

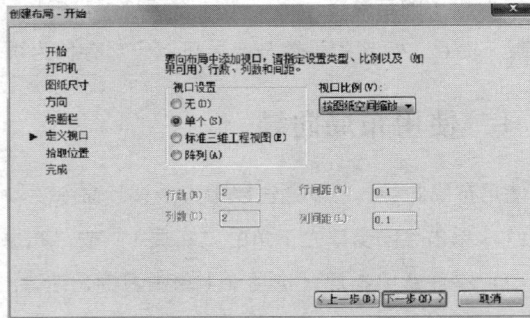

图 6 - 13　定义视口

视口比例即希望模型空间中绘制的图形（以 1：1 的真实大小绘制）以缩小或放大多少倍的比例排布在图纸上，这取决于图纸大小和视口多少。如果选择"按图纸空间缩放"则图形尽可能地布满图纸，比例就不一定精确。选择阵列可以一次创建多个视口；选择无，可以利用"视口"工具栏在完成向导之后自行创建视口或编辑视口，不论哪种方式创建的视口都可以再次修改。选择下一步，弹出"创建布局—拾取位置"对话框，如图 6 - 14 所示。

这时选择"拾取位置"就是指定视口放置的角点和对角点，确定视口的位置。如果上一步义视口时选"无"，则单击下一步后直接显示"创建布局—完成"对话框，如图 6 - 15 所示。

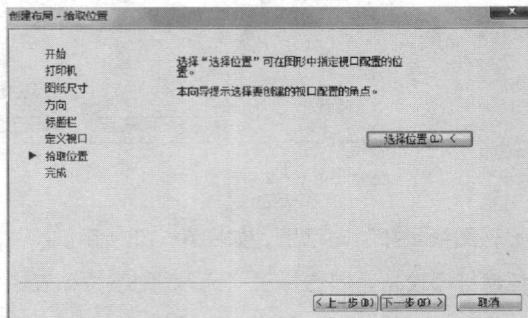

图 6 - 14　拾取位置

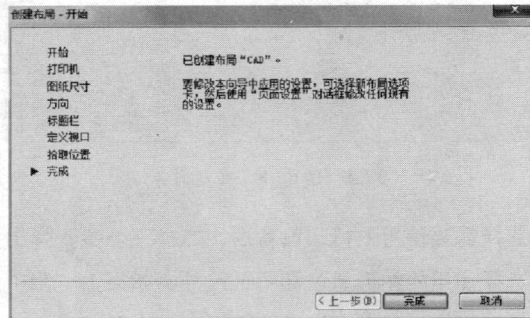

图 6 - 15　完成布局向导

单击完成，结束布局向导，可以看到创建的视口和插入的图框和标题栏。

6.3.2 使用页面设置对话框

接下来可以打开"页面设置管理器"。

（1）鼠标单击"页面设置管理器"按钮：（在功能区／"输出"选项卡／"打印"面板中查找此命令）。

（2）在"菜单浏览器"中"打印"查找"页面设置"选项。

（3）在"模型"选项卡或布局选项卡上单击右键，然后选择"页面设置管理器"。

（4）在命令行输入：pagesetup。

运行命令后弹出"页面设置管理器"对话框，如图 6-16 所示。

单击"修改"，则弹出"页面设置"对话框，用于设置各项打印参数，如图 6-17 所示。

▨ 图 6-16 "页面设置管理器"对话框　　　▨ 图 6-17 "页面设置"对话框

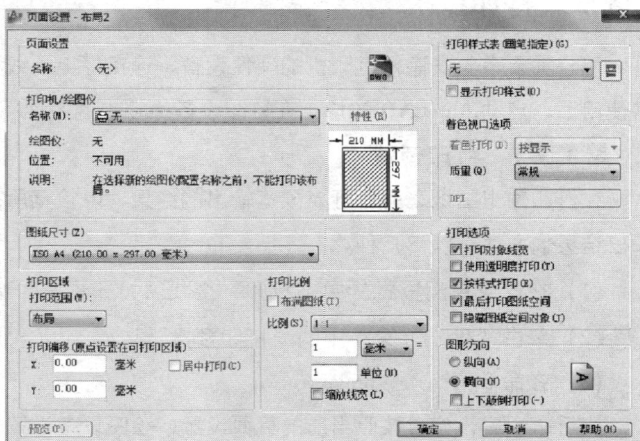

1. 图纸尺寸和图纸单位

选择使用的图纸尺寸和单位，列表中可用的图纸尺寸由当前配置的打印设备决定，一般家用打印机都支持 A4、A3 等小幅面打印纸，如果在打印设备的下拉列表中选择"无"，则列表中显示出从 A4 到 A0，B5 到 B1 等各种 AutoCAD 系统能支持的图纸尺寸。

2. 图形方向

打印图纸时图纸的方向有"横向"和"纵向"两种，使用"横向"设置时，图纸的长边是水平的，使用"纵向"选项时，图纸的短边是水平的。"反向打印"命令控制首先打印图形的顶部还是底部。

3. 打印区域

选择打印区域：选择"布局"，就是打印指定图纸尺寸边界内的所有对象。打印原点为（0，0），也就是页面的左下角；选择"显示"，将打印图形区域中显示的所有对象；选择"范围"，将打印图形中所有可见的对象。选择"视图"，将打印以前保存过的视图，可以从下拉列表中选择。选择"窗口"，可以通过鼠标在图纸空间指定一矩形范围，定义为要打印的区域。

4. 打印比例

设置打印比例，一般在模型空间绘制对象时通常使用实际的尺寸，即按 1∶1 的比例绘图。那么从布局打印图形时，模型空间的对象将以其布局视口的比例显示，用视口的比例打印模型空间对象，就设置为 1∶1 的比例打印布局。

如果是打印草图，通常不需要精确的比例，就可以在下拉列表中选择使用"按图纸空间缩放"，按照能够布满图纸的最大可能尺寸打印布局，尽量将图形布满图纸。一般，如果比例设置为大于 1 的比例，则图形被放大；如果比例设置为小于 1 的比例，则图形被缩小。

如果列表中的比例不能满足需要，可以从下拉列表中选择"自定义"，这时通过"1 毫米 = x 单位"的形式控

271

制打印比例，例如：如果设置了 1 毫米 = 10 单位，则打印的图形中，每 1 毫米的图纸距离表示实际距离 10 毫米。

一般打印出的图纸上的线宽就由图层管理器中设置的线型宽度决定，按线宽尺寸打印，而与打印比例无关。如果勾选了"缩放线宽"，那么线型的宽度也就随之变化，并保持各线型粗细的相对关系。一般在很小的纸上打印大图，为了防止线条过粗才使用此选项。

5. 打印选项

打印选项中一般按照默认设置即可。"最后打印图纸空间"如果选中，则会先打印模型空间对象，再打印图纸空间对象；如果不选，则先打印图纸空间对象。"隐藏图纸空间对象"用于指定是否在图纸空间视口中的对象上应用"消隐"操作。此选项仅在布局选项卡上可用。其设置的效果将反映在打印预览中，在布局中看不到。

6.3.3 打印

用户需要事先安装好打印机的硬件设备，连接好电源线和数据线，之后安装好打印机的驱动程序，检测可以正常使用后，启动 AutoCAD 2012，在打印设备标签中的名称下拉列表中就可以选取安装好的打印机。

6.3.3.1 打印预览

在打印输出图纸之前，可以预览输出的结果，以检查所有的设置是否正确，如有不对，还可以继续修改。预览输出结果的方法有以下几种。

（1）在"菜单浏览器"中"打印"查找"打印预览"选项。

（2）单击"输出"菜单中的"打印预览"。

（3）在命令行输入：preview。

执行命令后，将会按照当前的页面设置、绘图设备设置、绘图样式等在屏幕上显示最终输出的效果。

6.3.3.2 打印图纸

完成诸多设置，预览没有问题后，用户可以通过以下方法调用打印命令。

（1）单击"快速访问工具栏中"中"打印"按钮。

（2）在"菜单浏览器"中"打印"查找"打印"选项。

（3）在命令行输入：plot。

执行命令后，弹出"打印"对话框，如图 6-18 所示。

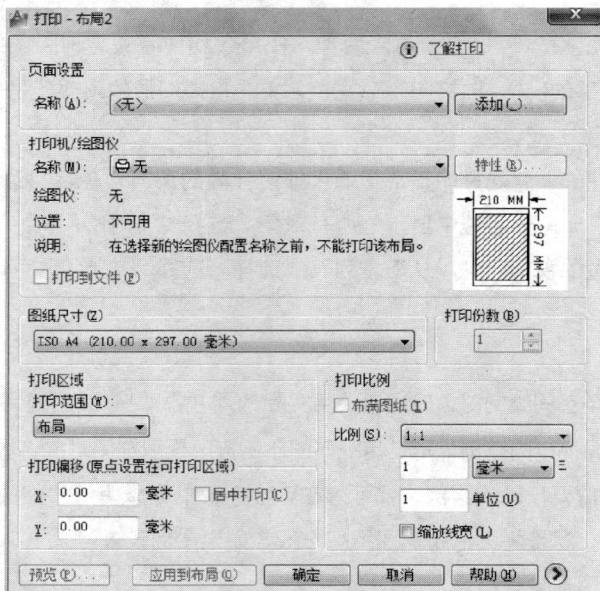

图 6-18 "打印"对话框

可以发现，"打印"对话框和"页面设置"对话框基本相似，用户也可以在这里完成页面设置并配置打印设备和选择打印样式表，再预览打印效果。不同的是，用户可以选择打印的范围是只打印当前的布局，还是把所有的布局都一并打印出来，当需要一次完成所有布局的打印时，选择打印"所有布局选项卡"就很方便，同时可以设置打印多少份。如果勾选了"打印到文件"，则将针对不同的打印配置文件生成相应格式的打印文件。

6.3.3.3　输出文件

1. 输出 PDF 文件

可以通过以下方法将图形输出为 PDF 文件。

（1）单击"PDF"按钮：📄（在功能区/"输出"选项卡/"输出为 DWF/PDF"面板中查找此命令）。

（2）在"菜单浏览器"中"输出"查找"PDF"选项，如图 6-19 所示。

（3）在命令行输入：exportpdf。

运行命令，在绘图区单击鼠标指定底面第一个角点位置，如图 6-20 所示。

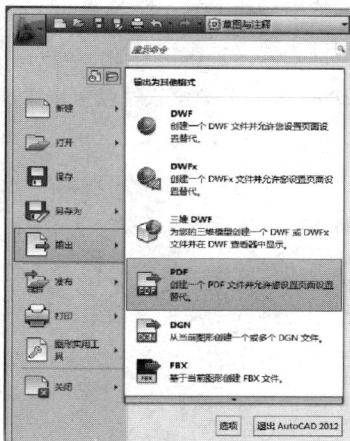
图 6-19　"PDF"选项

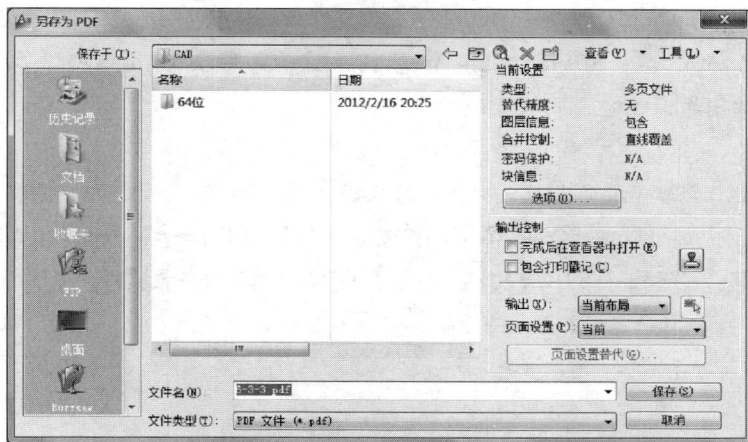
图 6-20　"另存为 PDF"对话框

2. 以其他格式输出文件

如果在另一个应用程序中需要使用 AutoCAD 图形，可以将画好的图形输出以转换为指定的格式，也可以使用 Windows 系统提供的剪贴板，把图形剪贴到其他应用程序的操作环境下。

AutoCAD 可以输出的其他格式包括。

（1）DXF 文件。

DXF 文件即图形交换格式，是包含图形信息的文本文件，其他的 CAD 系统可以读取文件中的信息。如果其他人正使用能够识别 DXF 文件的 CAD 程序，那么以 DXF 格式保存图形后就可以共享该图形。只要从"文件"菜单中选择"另存为"，在"图形另存为"对话框的"文件类型"框中选择 DXF 格式，就可以实现 DXF 文件格式的输出。

（2）WMF 文件。

WMF 即 Windows 图元文件格式，可以包含矢量图形和光栅图形格式。一般 AutoCAD 只在矢量图形中创建 WMF 文件。矢量图形格式与光栅图形格式相比，其最大的优越性在于 Windows 图元文件（图片）格式包含了屏幕矢量信息，而且此类文件可以在不降低分辨率的情况下进行缩放和打印。可以使用这种格式将对象粘贴到支持 WMF 文件的 Windows 应用程序中，而且粘贴到 AutoCAD 中的图元文件比位图图像（BMP 文件）的分辨率还高，能够实现更快的平移和缩放。许多 Windows 应用程序都使用 WMF 格式。从"文件"菜单中选择"输出",在"输出数据"对话框的"文件类型"框中选择"图元文件(*.wmf)"就可以实现 WMF 格式文件的输出。一般,WMF 文件使用 ACDSee 等图像浏览软件就可以查看和打印,也可以通过 Word 的插入功能调入到文档中进行处理。

(3)光栅文件。

可以使用若干命令将对象输出到与设备无关的光栅图像中,光栅图像的格式可以是 BMP、JPEG、TIFF 和 PNG。其对应的输出命令分别是:bmpout、jpgout、tifout、pngout。使用命令后,会弹出"创建光栅文件"对话框,用户选择保存位置,输入文件名称后确定,命令行会提示"选择对象或<全部对象和视口>:",选择对象后回车,就会得到相应格式的文件,如果默认选择全部对象和视口,则会得到整个绘图区的图像。需要注意的是,图像的分辨率是和屏幕显示的分辨率是一致的。

(4)PostScript 文件。

许多桌面发布应用程序使用 PostScript 文件格式类型。其高分辨率的打印能力使其更适用于光栅格式,例如 GIF、PCX 和 TIFF。将图形转换为 PostScript 格式后,还可以使用 PostScript 字体。如果需要输出为 PostScript 文件格式,则需要按照前面讲解过的与配置 JPG 输出设备相同的步骤在打印设备中配置新的 PostScript 输出设备。

(5)3D Studio 文件。

AutoCAD 可以创建 3D Studio(3DS)格式的文件。此过程保存三维几何图形中的视图、光源和材质。这样用户就可以在 LightScape 和 3DSMAX 或者 3DVIZ 中调用 AutoCAD 创建的文件。如果需要将图形输出为 3DS 格式,需要在"文件"菜单中选择输出为 3DS 格式即可。

(6)DWF 文件。

用户可以使用 AutoCAD 创建 Web 图形格式文件,即 DWF 文件。用户可使用这种格式在 Web 或 Internet 网络上发布 AutoCAD 图形。任何人都可以使用 Volo ® View™ 或 Autodesk ® Express Viewer™ 和 Microsoft Internet Explorer 5.01 及其更高版本中打开、查看和打印 DWF 文件。由于 DWF 文件是二维矢量文件,所以 DWF 文件的优势在于支持实时平移和缩放以及对图层和命名视图显示的控制。

附 录
AutoCAD常用快捷键

F1　显示帮助

F2　打开/关闭文本窗口

F3　打开/关闭对象捕捉

F6　打开/关闭动态 UCS

F7　打开/关闭栅格

F8　打开/关闭正交

F9　打开/关闭捕捉

F10　打开/关闭极轴

F11　打开/关闭对象捕捉追踪

F12　打开/关闭动态输入

绘图命令

L：LINE 直线

XL：XLINE 构造线

A：ARC 圆弧

C：CIRCLE 圆

SPL：SPLINE 样条曲线

W：WBLOCK 写块

I：INSERT 插入块

B：BLOCK 块定义

PO：POINT 点

BH：BHATCH 边界填充/剖面线

DT：TEXT 单行文本

T 或者 MT：MTEXT 多行文本

H：BHATCH 填充

PL：PLINE 多段线

ML：MLINE 多线

POL：POLYGON 正多边形

REC：RECTANGLE 矩形

DO：DONUT 圆环

EL：ELLIPSE 椭圆

REG：REGION 面域

DIV：DIVIDE 定数等分

修改命令

O：OFFSET 偏移

X：EXPLODE 分解

M：MOVE 移动

E：Del 键，ERASE 删除

S：STRETCH 拉伸

F：FILLET 倒圆角

CO：COPY 复制

MI：MIRROR 镜像

AR：ARRAY 阵列

RO：ROTATE 旋转

TR：TRIM 修剪

EX：EXTEND 延伸

SC：SCALE 比例缩放

BR：BREAK 打断

CHA：CHAMFER 倒角

ED：DDEDIT 修改文本

Ctrl + A　选择图形中的对象

Ctrl + B 或者 F9　切换捕捉

Ctrl + C　将选择对象复制到剪贴板上

Ctrl + F 或者 F3　切换执行对象捕捉

Ctrl + G 或者 F7　切换栅格

Ctrl + J 或者回车或者空格键　执行上一个命令

Ctrl + L 或者 F8　切换正交模式

Ctrl + N　新建图形文件

Ctrl + O　打开现有图形

Ctrl + P　打印当前图形

Ctrl + R　在布局视口之间循环

Ctrl + S　保存当前图形文件

Ctrl + V　粘贴剪贴板中的数据

Ctrl + X　将对象剪切到剪贴板

Ctrl + Y　重复上一个操作

Ctrl + Z　撤销上一个操作

Ctrl + ［　取消当前命令

DR：DRAWORDER 改变显示顺序　上／下

视图命令

Z ZOOM　视图缩放

Z + A　全屏显示

Z + P　上一次视图

P：PAN　平移视图

注意：在使用快捷键或命令时，确定命令执行，可以用"空格键"或"回车键"。